AF668574

# AICTE'S

## LIST OF PRESCRIBED TEXTBOOKS
*in INDIAN LANGUAGES*
## AS PER MODEL CURRICULUM & OUTCOME BASED EDUCATION ALIGNED WITH
**NATIONAL EDUCATION POLICY 2020**

## DIPLOMA COURSE BOOKS

### ENGLISH EDITION

| S.No. | ISBN | Book Name | Book Code | No. of Pages |
|---|---|---|---|---|
| 1 | 978-93-91505-42-4 | Mathematics-I | DIP119EN | 180 |
| 2 | 978-93-91505-43-1 | Applied Physics-I (with Lab Manual) | DIP120EN | 200 |
| 3 | 978-93-91505-44-8 | Applied Chemistry (with Lab Manual) | DIP121EN | 256 |
| 4 | 978-93-91505-49-3 | Communication Skills in English (with Lab Manual) | DIP122EN | 212 |
| 5 | 978-93-91505-50-9 | Engineering Graphics | DIP123EN | 272 |
| 6 | 978-93-91505-51-6 | Engineering Workshop Practice | DIP124EN | 176 |
| 7 | 978-93-91505-52-3 | Mathematics-II | DIP125EN | 160 |
| 8 | 978-93-91505-57-8 | Applied Physics-II (with Lab Manual) | DIP126EN | 228 |
| 9 | 978-93-91505-58-5 | Introduction to IT Systems (with Lab Manual) | DIP127EN | 220 |
| 10 | 978-93-91505-59-2 | Fundamentals of Electrical and Electronics Engineering (with Lab Manual) | DIP128EN | 212 |
| 11 | 978-93-91505-60-8 | Engineering Mechanics (with Lab Manual) | DIP129EN | 188 |
| 12 | 978-93-91505-65-3 | Environmental Science | DIP130EN | 120 |

# AICTE'S

## LIST OF PRESCRIBED TEXTBOOKS
*in INDIAN LANGUAGES*
## AS PER MODEL CURRICULUM & OUTCOME BASED EDUCATION ALIGNED WITH NATIONAL EDUCATION POLICY 2020

### UNDERGRADUATE COURSE BOOKS

### ENGLISH EDITION

| S.No. | ISBN | Book Name | Book Code | No. of Pages |
|---|---|---|---|---|
| 1 | 978-93-91505-14-1 | Chemistry-I (with Lab Manual) | UG001EN | 220 |
| 2 | 978-93-91505-09-7 | English (with Lab Manual) | UG002EN | 228 |
| 3 | 978-93-91505-21-9 | Programming for Problem Solving (with Lab Manual) | UG003EN | 348 |
| 4 | 978-93-91505-06-6 | Engineering Graphics & Design | UG004EN | 252 |
| 5 | 978-93-91505-15-8 | Basic Electrical Engineering (with Lab Manual) | UG005EN | 412 |
| 6 | 978-93-91505-33-2 | Workshop / Manufacturing Practices (with Lab Manual) | UG006EN | 172 |
| 7 | 978-93-91505-16-5 | Physics (Introduction to Electromagnetic Theory) (with Lab Manual) | UG007EN | 308 |
| 8 | 978-93-91505-05-9 | Physics (Introduction to Mechanics) (with Lab Manual) | UG008EN | 228 |
| 9 | 978-93-91505-25-7 | Physics (Quantum Mechanics for Engineers) (with Lab Manual) | UG009EN | TBA |
| 10 | 978-93-91505-13-4 | Physics (Oscillation, Waves and Optics) (with Lab Manual) | UG010EN | TBA |
| 11 | 978-93-91505-17-2 | Mathematics - I : Calculus and Linear Algebra [For Non-Computer Science Engineering Branches] | UG011EN | 596 |
| 12 | 978-93-91505-27-1 | Mathematics - I : Calculus and Linear Algebra [For Computer Science Engineering Branches] | UG012EN | 412 |
| 13 | 978-93-91505-28-8 | Mathematics - II : Calculus, Ordinary Differential Equations and Complex Variable [For Non-Computer Science Engineering Branches] | UG013EN | TBA |
| 14 | 978-93-91505-41-7 | Mathematics - II: Probability and Statistics [For Computer Science Engineering Branches] | UG014EN | TBA |

# अनुप्रयुक्त भौतिक शास्त्र-II

## (लैब मैन्युअल सहित)

हुसैन जीवाखान

**KHANNA BOOK PUBLISHING CO. (P) LTD.**

PUBLISHER OF ENGINEERING AND COMPUTER BOOKS

4C/4344, Ansari Road, Darya Ganj, New Delhi-110002

**Phone:** 011-23244447-48 **Mobile:** +91-99109 09320

**E-mail:** contact@khannabooks.com

**Website:** www.khannabooks.com

**ISBN:** 978-93-5538-192-7
**Book Code:** DIP181HI

**Applied Physics-II**
*by* Hussain Jeevakhan
**[Hindi Edition]**

**First Edition: 2021**
**Reprint:** Oct, 2022, Feb 2023, **June 2024**

*Published by:*
**Khanna Book Publishing Co. (P) Ltd.**
CIN: U22110DL1998PTC095547

Visit us at: **www.khannabooks.com**
Write us at: **contact@khannabooks.com**

To view complete list of books, Please scan the QR Code: KPH

*Printed in Bharat.*

प्रो. अनिल डी. सहस्रबुद्धे
अध्यक्ष
Prof. Anil D. Sahasrabudhe
Chairman

सत्यमेव जयते

अखिल भारतीय तकनीकी शिक्षा परिषद
(भारत सरकार का एक सांविधिक निकाय)
(शिक्षा मंत्रालय, भारत सरकार)
नेल्सन मंडेला मार्ग, वसंत कुंज, नई दिल्ली–110070
दूरभाष : 011–26131498
ई–मेल : chairman@aicte-india.org

ALL INDIA COUNCIL FOR TECHNICAL EDUCATION
(A STATUTORY BODY OF THE GOVT. OF INDIA)
(Ministry of Education, Govt. of India)
Nelson Mandela Marg, Vasant Kunj, New Delhi-110070
Phone : 011-26131498
E-mail : chairman@aicte-india.org

# प्राक्कथन

इंजीनियरिंग ने सदियों से समाज की प्रगति और विस्तार में बहुत महत्वपूर्ण भूमिका निभाई है। भारतीय उपमहाद्वीप में उपजे इंजीनियरिंग विचारों ने संपूर्ण विश्व के चिंतन को प्रभावित किया है।

अखिल भारतीय तकनीकी शिक्षा परिषद (अभातशिप) ने वर्ष 1987 में अपने स्थापना से ही तकनीकी विद्यार्थियों को सर्व संभव सहायता देने में अग्रणी भूमिका का निर्वहन किया है। अभातशिप का लक्ष्य गुणवत्तापूर्ण तकनीकी शिक्षा को प्रोत्साहन देते हुए इसके माध्यम से उद्योग जगत को नवीन उत्कर्ष पर पहुँचाना एवं अंततः मातृभूमि भारत को एक आधुनिक विकसित राष्ट्र के रूप में स्थापित करना है| यहां यह उल्लेख करना अनुचित नहीं होगा कि इंजीनियर आधुनिक समाज की रीढ़ हैं - बेहतर इंजीनियर अर्थात बेहतर उद्योग और उद्योग जितने बेहतर होंगे राष्ट्र उतना ही विकास करेगा।

राष्ट्रीय शिक्षा नीति 2020 की परिकल्पना है कि सभी के लिए क्षेत्रीय भाषा में शिक्षा उपलब्ध हो, जो सुनिश्चित करती है कि प्रत्येक विद्यार्थी समग्र रूप से सक्षम एवं दक्ष हो ताकि राष्ट्रीय विकास में सकल योगदान दे सके।

अभातशिप का विगत कुछ वर्षों से यह अथक प्रयास रहा है कि, इंजीनियरिंग के सभी विद्यार्थियों को उच्च गुणवत्ता वाली अंतरराष्ट्रीय स्तर की पुस्तकें क्षेत्रीय भाषाओं में तैयार कर, उचित मूल्य पर उपलब्ध कराई जाएँ। ये पुस्तकें न केवल सरल भाषा में व्यावहारिक जीवन के उदाहरणों तथा समृद्ध विषय सामग्री को ध्यान में रखकर तैयार की गई हैं, अपितु इनमें दिन प्रति दिन बदलते वैश्विक परिदृश्य तथा उद्योग जगत की आवश्यकताओं का भी ध्यान रखा गया है । क्षेत्रीय भाषाओं में तैयार की गई ये पुस्तकें, अभातशिप के इंजीनियरिंग एवं प्रौद्योगिकी के मॉडल पाठ्यक्रम - 2018 के अनुरूप हैं।

संपूर्ण भारत के अनुभवी एवं विषय के निष्णात प्रख्यात प्राध्यापकों द्वारा इन पुस्तकों को अकादमिक समुदाय के लाभ के लिए लिखा गया है। अभातशिप को पूर्ण विश्वास है कि, विषय सामग्री की दृष्टि से समृद्ध, ये पुस्तकें तकनीकी शिक्षा के विद्यार्थियों को अधिक सुगमता और गुणवत्ता के साथ विषयों में दक्षता प्राप्त करने में सहायक होंगी |

अभातशिप इन पुस्तकों और इंजीनियरिंग विषयों को अधिक सुस्पष्ट एवं प्रभावी बनाने के लिए सभी मूल लेखकों, समन्वयकों तथा अनुवादकों के अथक प्रयास और परिश्रम की प्रशंसा करता है।

(Anil D. Sahasrabudhe)

आभार

इंजीनियरिंग एवं प्रौद्योगिकी के विद्यार्थियों के लिए तकनीकी पुस्तकों के प्रकाशन हेतु कुशल नियोजन, संयोजन एवं क्रियान्वयन हेतु अखिल भारतीय तकनीकी शिक्षा परिषद् के प्रति लेखक हृदय से कृतज्ञ है।

पुस्तक को विद्यार्थियों के अनुकूल रोचक एवं कलात्मक रूप देने में पुस्तक की समीक्षक श्रीमती कविता अग्रवाल के बहुमूल्य योगदान के प्रति भी लेखक हृदय से आभारी है।

लेखक के लिए अत्यंत गौरव का विषय है कि, यह पुस्तक एआईसीटीई के मॉडल पाठ्यक्रम एवं राष्ट्रीय शिक्षा नीति (NEP) - 2020 के दिशानिर्देशों के अनुरूप तैयार की गई है। साथ ही क्षेत्रीय भाषाओं में शिक्षा को बढ़ावा देने के लिए इस पुस्तक का अनुसूचित भारतीय क्षेत्रीय भाषाओं में भी अनुवाद किया जा रहा है।

मैं इस पुस्तक के हिंदी भाषा में अनुवाद के लिए डॉ. मनोहर कृष्ण डोलिया और श्रीमती कविता अग्रवाल एवं समीक्षा के लिए डॉ. विजय भट के प्रति आभार व्यक्त करता हूँ।

मैं श्री बुद्धा चंद्रशेखर, मुख्य समन्वय अधिकारी (CCO), NEAT, एआईसीटीई के प्रति हार्दिक सम्मान व्यक्त करता हूँ जिनके द्वारा विकसित आर्टिफिशियल इंटेलिजेंस (AI) आधारित ट्रांसलेशन टूल का उपयोग अनुवाद के लिए किया गया।

अंत में, मैं, खन्ना बुक पब्लिशिंग कंपनी प्राइवेट लिमिटेड, नई दिल्ली, के सभी सदस्यों जिन्होंने प्रकाशन के दौरान तत्परता से सहयोग प्रदान किया एवं इसे एक स्मरणीय अनुभव बनाया, के प्रति भी हार्दिक धन्यवाद ज्ञापित करता हूँ।

**-हुसैन जीवाखान**

# प्रस्तावना

"अनुप्रयुक्त भौतिक शास्त्र II" नामक पुस्तक यूजी और पीजी स्तर पर भौतिक शास्त्र के मेरे शिक्षण पाठ्यक्रमों के अनुभव और भौतिक शास्त्र में सामग्री विशिष्ट क्षेत्रों पर तकनीकी शिक्षकों के प्रशिक्षण का परिणाम है। अनुप्रयुक्त भौतिक शास्त्र का महत्व प्रौद्योगिकी के सभी क्षेत्रों में सिद्ध हो चुका है, और सभी ने अनुभव किया है कि भविष्य की प्रौद्योगिकी के विकास में अनुप्रयुक्त भौतिक शास्त्र महत्वपूर्ण है। नतीजतन, उनके प्राथमिक संकाय की परवाह किए बिना, प्रत्येक डिप्लोमा विद्यार्थी को प्रौद्योगिकी की क्षमता और अनुप्रयोग की समझ प्राप्त करने के लिए मौलिक ज्ञान और कौशल में महारत हासिल करनी चाहिए।

इस पुस्तक को लिखने का फोकस अनुप्रयुक्त भौतिक शास्त्र से संबंधित विद्यार्थियों में परिणाम विकसित करने, जैसा कि डिप्लोमा इंजीनियरों से अपेक्षित है और विद्यार्थी को एक सफल अधिगम अनुभव प्रदान करने पर रहा है। पुस्तक में अपनाई गई यूनिट आउटकम्स और कोर्स आउटकम्स को विकसित करने की विधि राष्ट्रीय शिक्षा नीति (एनईपी) 2020 के अनुरूप भौतिकी की अवधारणाओं और सिद्धांतों को दिन-प्रतिदिन के जीवन के अनुभवों और अवलोकनों से जोड़ना है। अवधारणा और सिद्धांतों के अनुरूप, कुछ गतिविधियां और माइक्रोप्रोजेक्ट विद्यार्थियों में रुचि और अधिगम चुनौतियाँ पैदा करने हेतु सुझाए गए हैं और जिससे उनके स्पष्टीकरण में लाभ होगा। शिक्षण अधिगम के लिए उपलब्ध आईसीटी टूल का उपयोग करने के लिए, लगभग सभी विषयों को शामिल करते हुए प्रत्येक अध्याय में सिमुलेशन और वीडियो के ऑनलाइन संसाधनों के लिए क्यूआर कोड और यूआरएल दिए गए हैं, ताकि यह विद्यार्थियों में स्व-अधिगम के तत्व को विकसित कर सके।

प्रत्येक अध्याय के अंत में उस अध्याय से संबंधित प्रायोगिक के लिए प्रयोगशाला निर्देश दिए गए हैं, जो विद्यार्थियों का मार्गदर्शन करेंगे और वांछित परिणाम प्राप्त करने के लिए आवश्यक संसाधनों के साथ सही तरीके से व्यावहारिक प्रदर्शन करेंगे। प्रयोगशाला निर्देशों को इस तरह से डिज़ाइन किया गया है कि यह प्रशिक्षकों और विद्यार्थियों दोनों के लिए सहायक हो।

विद्यार्थी इस पुस्तक को पढ़ने से प्राप्त ज्ञान और कौशल को लागू कर सकते हैं और अपनी आजीविका में वास्तविक दुनिया की समस्याओं से निपटने के लिए प्रयोगशाला और जुड़ी गतिविधियों में सीखने के अनुभवों को व्यावहारिक रूप से लागू कर सकते हैं।

**-हुसैन जीवाखान**

# परिणाम आधारित शिक्षा

परिणाम आधारित शिक्षा (OBE) तीन स्तंभों परिणाम आधारित पाठ्यक्रम (OBC), परिणाम आधारित अधिगम शिक्षण (OBLT) और परिणाम आधारित मूल्यांकन (OBA) पर आधारित है। लर्निंग आउटकम्स प्रोग्राम स्तर (PO), कोर्स स्तर (CO), यूनिट स्तर (UO) एवं सत्र स्तर के आउटकम्स कक्षा अधिगम, प्रयोगों से और अन्य मूलभूत और उन्नत शिक्षण विधियों का उपयोग करके प्राप्त हो सकते हैं। POs व COs एवं COs व UOs के मध्य मेपिंग पुस्तक में दी गई है ताकि विद्यार्थी किसी भी अलग स्तर पर सीखने को सीधे प्रोग्राम स्तर के परिणामों से जोड़ सके। आकलन शिक्षण प्रक्रिया का एक अभिन्न अंग है। इसलिए लर्निंग आउटकम्स का आकलन करने के लिए, पुस्तक में दी गई हल और अनसुलझी समस्याओं का कठिनाई स्तर यूनिट लर्निंग आउटकम्स के संज्ञानात्मक स्तर से मेल खाता है। कोर्स स्तर के आउटकम्स यूनिट आउटकम्स और प्रेक्टिकल आउटकम्स (PrO) द्वारा प्राप्त किए जा सकते हैं। परिणाम आधारित शिक्षा युक्त प्रोग्राम के अंत में, विद्यार्थी निम्नलिखित आउटकम्स पर पहुंचने में सक्षम होंगे:

**PO1** : **मूलभूत एवं अध्ययन संकाय विशिष्ट ज्ञान:** गणित, विज्ञान, इंजीनियरिंग के आधारभूत ज्ञान और इंजीनियरिंग विशेषज्ञता कों इंजीनियरिंग समस्याओं के समाधान के लिए उपयोग करना।

**PO2** : **समस्या विश्लेषण:** संहिताबद्ध मानक विधियों का उपयोग करके सुपरिभाषित इंजीनियरिंग समस्याओं को पहचानना एवं उनका विश्लेषण करना।

**PO3** : **समाधानों की रूपरेखा / विस्तार:** सुपरिभाषित तकनीकी समस्याओं के लिए समाधानों की रूपरेखा (डिजाईन) तैयार करना और निर्दिष्ट आवश्यकताओं को पूरा करने के लिए प्रणाली के घटकों या प्रक्रियाओं के डिजाइन में सहायता करना।

**PO4** : **इंजीनियरिंग उपकरण, प्रयोग और परीक्षण:** मानक परीक्षण और माप करने के लिए आधुनिक इंजीनियरिंग उपकरण और उपयुक्त तकनीक का उपयोग करना।

**PO5** : **समाज एवं पर्यावरणीय स्थायित्व के लिए इंजीनियरिंग कार्यप्रणाली:** समाज, स्थिरता, पर्यावरण और नैतिक कार्यप्रणालियों के संदर्भ में उपयुक्त प्रौद्योगिकी का उपयोग करना।

**PO6** : **परियोजना प्रबंधन:** इंजीनियरिंग और प्रबंधन के सिद्धांतों का उपयोग व्यक्तिगत एवं समूह के सदस्य अथवा प्रमुख के रूप में परियोजना प्रबंधन करना एवं सुपरिभाषित इंजीनियरिंग गतिविधियों के विषय में प्रभावी ढंग से संप्रेषित करना।

**PO7** : **जीवन-पर्यन्त सीखना:** व्यक्तिगत आवश्यकताओं का विश्लेषण करने की क्षमता और तकनीकी परिवर्तनों के व्यापक संदर्भ में जीवन-पर्यन्त सीखना।

# कोर्स आउटकम्स

पाठ्यक्रम पूरा करने के पश्चात विद्यार्थी निम्न में सक्षम होंगे:

**CO-1:** तरंग गतिकी से जुड़े विभिन्न ध्वनिकी और अन्य इंजीनियरिंग अनुप्रयोगों के लिए तरंगों और ध्वनि तरंगों की अवधारणाओं को लागू करना।

**CO-2:** किरण प्रकाशिकी पर आधारित प्रकाशीय उपकरणों का उपयोग करना।

**CO-3:** विद्युत परिपथों में प्रासंगिक संधारित्रों का चयन करना।

**CO-4:** इंजीनियरिंग समस्याओं में धारा वैद्युतिकी के नियम लागू करना।

**CO-5:** पदार्थों के चुंबकीय गुणों का विश्लेषण करके प्रासंगिक पदार्थ का चयन करना।

**CO-6:** इंजीनियरिंग समस्याओं को हल करने में अर्धचालक भौतिकी, लेसर और नैनो तकनीक की मूलभूत अवधारणाओं को लागू करना।

| कोर्स आउटकम्स (COs) | प्रोग्राम आउटकम्स (POs) के साथ अपेक्षित सम्बन्ध *(1-कमजोर सहसंबंध; 2- मध्यम सहसंबंध; 3- मजबूत सहसंबंध)* | | | | | | |
|---|---|---|---|---|---|---|---|
| | PO-1 | PO-1 | PO-1 | PO-1 | PO-1 | PO-1 | PO-1 |
| CO-1 | 3 | 1 | 1 | 2 | 1 | - | 1 |
| CO-2 | 3 | 1 | 1 | 2 | - | - | 1 |
| CO-3 | 3 | 2 | 1 | 2 | - | - | 1 |
| CO-4 | 3 | 2 | 1 | 2 | 1 | - | 1 |
| CO-5 | 3 | 1 | 1 | 2 | - | - | 1 |
| CO-6 | 3 | 1 | 1 | 1 | 1 | - | - |

# संक्षेपण और प्रतीक

## (Abbreviations and Symbols)

### संक्षेपण सूची

| सामान्य शब्द | | | |
|---|---|---|---|
| **संक्षिप्त रूप** | **विस्तृत रूप** | **संक्षिप्त रूप** | **विस्तृत रूप** |
| AC | आल्टरनेटिंग करंट | NDT | नॉन डिस्ट्रक्टिव टेस्टिंग |
| AFM | एटॉमिक फोर्स माइक्रोस्कोप | OHP | ओवरहेड प्रोजेक्टर |
| CO | कोर्स आउटकम | OCT | ऑप्टिकल कोहरेंस टोमोग्राफी |
| CD | कॉम्पैक्ट डिस्क | PE | पोटेंशल एनर्जी |
| DC | डायरेक्ट करंट | PO | प्रोग्राम आउटकम |
| DVD | डिजिटल वीडियो डिस्क | RF | रेडियो फ्रिक्वेंसी |
| DTH | डायरेक्ट टू होम | RI | रिफ्रैक्टिव इंडेक्स |
| FSD | फुल स्केल डिफलेक्शन | RP | रिजॉल्विंग पावर |
| He-Ne | हिलियम - नियॉन | SHM | सिंपलहार्मोनिक मोशन |
| KE | काइनेटिक एनर्जी | SONAR | साउंड नेवीगेशन एंड रेन्जिंग |
| KCL | किरचॉफ करंट लॉ | SET | सिंगल इलेक्ट्रॉन ट्रांजिस्टर |
| KVL | किरचॉफ वोल्टेज लॉ | SI | इंटरनेशनल सिस्टम ऑफ यूनिटस |
| LASER | लाइट एम्प्लीफिकेशन बाय स्टिम्युलेटेड इमिशनऑफ रेडिएशन | SEM | स्कैनिंग इलेक्ट्रॉन माइक्रोस्कोप |
| LC | लीस्ट काउंट | STM | स्कैनिंग टनलिंग माइक्रोस्कोप |
| LCD | लिक्विड क्रिस्टल डिस्पले | TIR | टोटल इंटरनल रिफ्लेक्शन |
| LED | लाइट एमिटिंग डायोड | TV | टेलिविजन |
| NA | न्यूमेरिकल एपर्चर | UO | यूनिट आउटकम |
| **मात्रक** | | | |
| **संक्षिप्त रूप** | **विस्तृत रूप** | **संक्षिप्त रूप** | **विस्तृत रूप** |
| Å | एंगस्ट्रोम | eV | इलेक्ट्रॉन वोल्ट |
| C | कुलाम | kWh | किलोवाट घंटा |
| F | फ़ैरड | mm | मिलिमीटर |
| Hz | हर्ट्ज | ms | मिलिसेकंड |
| W | वाट | mW | मिलिवाट |
| cm | सेंटीमीटर | nm | नेनोमीटर |
| dB | डेसीबल | Ω | ओम |
| esu | इलेक्ट्रोस्टेटिक यूनिट | μF | माइक्रो फैरड |

# प्रतीक सूची

| प्रतीक | विवरण | प्रतीक | विवरण |
|---|---|---|---|
| $Al_2O_3$ | एल्यूमीनियम ऑक्साइड | $i_c$ | क्रांतिक कोण |
| B | चुंबकीय क्षेत्र | k | तरंग संख्या |
| C | धारिता | v | वेग |
| D | स्पष्ट दृष्टि की न्यूनतम दूरी | f | आवृति |
| $E_g$ | बैंड अंतराल ऊर्जा | $f_b$ | विस्पंद आवृति |
| H | चुंबकीय क्षेत्र की तीव्रता | $f_e$ | नेत्रिका की फोकस दूरी |
| $H_c$ | निग्रह चुम्बकीय क्षेत्र | $f_o$ | अभिदृश्यक लेंस की फोकस दूरी |
| I | चुम्बकीय तीव्रता | $v_d$ | अपवाह वेग |
| $I_R$ | चुम्बकीय धारणशीलता | $\varepsilon_r$ | आपेक्षिकविद्युतशीलता |
| $I_s$ | संतृप्त धारा | $\kappa$ | विशिष्ट चालकत्व |
| R | प्रतिरोध | $\lambda$ | तरंग दैर्ध्य |
| $RT_{60}$ | प्रतिध्वनि काल | $\mu$ | अपवर्तनांक |
| T | आवर्त काल | $\rho$ | विशिष्ट प्रतिरोध |
| $T_B$ | विस्पंद काल | $\tau$ | बल आघूर्ण |
| $Y$ | यंग का प्रत्यास्थता गुणांक | $\omega$ | कोणीय वेग |
| $c$ | प्रकाश का वेग | $h$ | प्लांक नियतांक |

# चित्र सूची

## यूनिट 1



## यूनिट 2



## यूनिट 3

## यूनिट 4

## यूनिट 5



## यूनिट 6



## यूनिट 7

# शिक्षकों के लिए दिशानिर्देश

परिणाम आधारित शिक्षा (OBE) के समावेशन एवं क्रियान्वयन करने के लिए उदाहरणार्थ निम्नलिखित रणनीतियां हैं, जिनका उपयोग शिक्षक इस पाठ्यक्रम में विभिन्न परिणामों की प्राप्ति में तेजी लाने के लिए कर सकता है:

- विभिन्न विषयों को पढ़ाने के लिए ऑनलाइन संसाधनों जैसे मैसिव ओपन ऑनलाइन कोर्स (MOOCs) का उपयोग करना चाहिए।
- सूक्ष्म परियोजनाओं को शुरू करने में विद्यार्थियों का मार्गदर्शन करना चाहिए।
- विद्यार्थियों को स्वयं सीखने के लिए प्रोत्साहित करना चाहिए और विभिन्न मूल्यांकन विधियों का उपयोग करके उनका आकलन करना चाहिए।
- पाठ्य सहगामी गतिविधियों के लिए अवसर और प्रावधान बनाने चाहिए।
- इस पाठ्यक्रम के ज्ञान का उपयोग करके पर्यावरण और निरंतरता के मुद्दों को हल करने के तरीकों पर विद्यार्थियों का मार्गदर्शन करना चाहिए।
- जहां कहीं लागू हो, शिक्षण अधिगम के लिए ICT टूल्स का उपयोग करना चाहिए।
- प्रासंगिक विषयों के लिए उन्नत शिक्षण पद्धति और समूह-आधारित शिक्षण विधियों का उपयोग करना चाहिए।
- शिक्षक को आकलन के प्रत्येक चरण में ब्लूम्स टैक्सोनॉमी का पालन करना चाहिए।

**ब्लूम्स टैक्सोनॉमी**

| स्तर | शिक्षक को जाँचना चाहिए | विद्यार्थी को सक्षम होना चाहिए | आकलन का संभावित तरीका |
|---|---|---|---|
| सृजन | विद्यार्थियों की सृजन क्षमता | डिजाइन या सृजन | लघु परियोजना |
| मूल्यांकन | विद्यार्थियों की तर्क एवं मूल्यांकन की क्षमता | तर्क या प्रतिरक्षा | निर्दिष्ट कार्य |
| विश्लेषण | विद्यार्थियों की विश्लेषण क्षमता | पृथक करना या भेद करना | परियोजना / प्रयोगशाला पद्धति |
| अनुप्रयोग | विद्यार्थियों में जानकारी के उपयोग की क्षमता | प्रचालन या प्रदर्शन | तकनीकी प्रस्तुति/ प्रदर्शन |
| समझ | विद्यार्थियों में विचारों की व्याख्या करने की क्षमता | व्याख्या/ या वर्गीकरण | प्रस्तुति/संगोष्ठी |
| स्मरण | विद्यार्थियों की याद करने की क्षमता (या याद रखना) | परिभाषित या याद करना | प्रश्नोत्तरी |

# विद्यार्थियों के लिए दिशानिर्देश

विद्यार्थियों को परिणाम आधारित शिक्षा (OBE) के समावेशन एवं क्रियान्वयन करने के लिए समान जिम्मेदारी लेनी चाहिए। परिणाम आधारित शिक्षा प्रणाली में विद्यार्थियों के लिए कुछ जिम्मेदारियां इस प्रकार हैं:

- UO, CO और PO की अवधारणा और उनके अंतर्संबंध को समझना चाहिए।
- भौतिकी की अवधारणाओं को प्रदर्शित करने के लिए मॉडल तैयार करना चाहिए।
- टीम बनाकर सूक्ष्म परियोजनाओं को शुरू करना चाहिए।
- किसी भी प्रासंगिक विषय पर संगोष्ठी करनी चाहिए।
- स्मार्ट फोन एप्लिकेशन का उपयोग करके भौतिक राशियों को मापना चाहिए।
- शोकेस पोर्टफोलियो तैयार करना चाहिए।
- अधिगम के पुनर्बलन के लिए ऑनलाइन संसाधनों और सिमुलेशन का उपयोग करना चाहिए।

# विषय सूची

# 1 तरंग गति एवं इसके अनुप्रयोग

## यूनिट विशिष्ट

यह अध्याय निम्नलिखित मुख्य पहलुओं पर केंद्रित है:

- तरंग गति
- अनुप्रस्थ और अनुदैर्ध्य तरंगें
- ध्वनि और प्रकाश तरंगें तथा उनके गुण
- तरंग समीकरण
- तरंगों का अध्यारोपण और विस्पंद निर्माण
- सरल आवर्त गति और सरल आवर्ती प्रगामी तरंग
- मुक्त, प्रणोदित और अनुनादी कंपन
- भवनों की ध्वनिकी: प्रतिध्वनि और प्रतिध्वनि काल
- ध्वनि का अवशोषण गुणांक और सेबिन सूत्र
- पराश्रव्य तरंगें और इनके अनुप्रयोग

दैनिक जीवन में तरंगों के अनुप्रयोगों की चर्चा, रुचि पैदा करने के लिए की गई है और विषयों को समझने के लिए गतिविधियों का सुझाव भी दिया गया है। हल की गई अनुप्रयोग आधारित समस्याएं, बहुविकल्पीय प्रश्न और ब्लूम के वर्गीकरण के निचले और उच्च क्रम के संज्ञानात्मक (cognitive) स्तरों के प्रश्न अध्याय में दिए गए हैं ताकि कोई भी अभ्यास के लिए उन्हें हल कर सके, जो अधिगम के पुनर्बलन में सहायक होंगे। विभिन्न विषयों के लिए वीडियो लिंक के क्यूआर कोड भी दिए गए हैं जिन्हें प्रासंगिक सहायक ज्ञान के लिए स्कैन किया जा सकता है।

अवधारणाओं और सिद्धांतों के अनुकरण के लिए क्यूआर कोड भी अध्याय में दिए गए हैं, ताकि विद्यार्थी उपलब्ध सिमुलेशन मॉडल का अनुकरण करने के लिए व्यावहारिक अभ्यास कर सकें। विषय को गहराई से समझने के लिए विद्यार्थी सिमुलेशन मॉडल में विभिन्न मापदंडों को बदल सकते हैं। माइक्रो प्रोजेक्ट गतिविधि का सुझाव दिया गया है जो कोर्स आउटकम को प्राप्त करने में मदद करेगा। अधिक जानिए अनुभाग को विवेकपूर्ण ढंग से डिज़ाइन किया गया है ताकि इस भाग में प्रदान की गई पूरक जानकारी पुस्तक के उपयोगकर्ताओं के लिए फायदेमंद हो। भविष्य में सीखने के लिए विद्यार्थी को प्रेरित करने के लिए विभिन्न पहलुओं पर औद्योगिक अनुप्रयोग और वास्तविक जीवन अनुप्रयोग, केस स्टडी और रचनात्मकता एवं जिज्ञासा के विषय भी अध्याय में शामिल है।

## भूमिका

तरंग एक बहुत ही सामान्य शब्द है जिसका उपयोग हम आम तौर पर अपने दैनिक जीवन में करते हैं। ऊर्जा के कुछ रूप जो हम अपने परिवेश से प्राप्त करते हैं, तरंग संचरण के माध्यम से होते हैं। जब किसी तरंग को माध्यम या निर्वात से गुजारा जाता है तो हम

कहते हैं कि ऊर्जा एक बिंदु से दूसरे बिंदु पर स्थानांतरित हो गई है। ध्वनि तरंगें, प्रकाश तरंगें, मोबाइल संकेत, टीवी संकेत आदि तरंगों के उदाहरण हैं जिनसे हम दैनिक जीवन में संपर्क में आते हैं। विज्ञान और अभियांत्रिकी के हर क्षेत्र में तरंग गति का ज्ञान आवश्यक है। यह अध्याय तरंग गति की मूल अवधारणाओं, इसकी गणितीय अभिव्यक्ति और तरंग गति का वर्णन करने के लिए आवश्यक विभिन्न पदों की व्याख्या करेगा, जो तरंग के विभिन्न अभियांत्रिक उपयोग और सम्बंधित अभियांत्रिकी शाखा में तरंग गति के सिद्धांतों को लागू करने में मदद करेगा।

## पूर्व अपेक्षित ज्ञान

- गणित- त्रिकोणमितीय फलन, बीज गणित, लघु गणक
- भौतिकी- ऊर्जा, dB (डीबी) की अवधारणा, प्रत्यास्थता
- अन्य - कंप्यूटर की मूलभूत तकनीक और मोबाइल एप्लिकेशन का उपयोग

## यूनिट आउटकम्स (UOs)

आउटकम्स की सूची निम्नानुसार है :

U1-O1: अनुदैर्ध्य और अनुप्रस्थ तरंगों के बीच विभेद करना।

U1-O2: गणितीय व्यंजक के साथ तरंगों के व्यतिकरण और विस्पंद निर्माण की व्याख्या करना।

U1-O3: किसी दीगई सरल आवर्त गति का विश्लेषण करने के लिए आवश्यक मापदंड खोजना।

U1-O4: प्रणोदित, मुक्त और अनुनादी कंपनों के मध्य विभेद करना।

U1-O5: किसी दिए गए स्थान के लिए अनुरणन काल को प्रभावित करने वाले कारकों की व्याख्या करना।

U1-O6: अल्ट्रासोनिक तरंग के चिकित्सकीय और अभियांत्रिक अनुप्रयोगों को समझना।

| यूनिट -1 आउटकम्स (UOs) | कोर्स आउटकम्स (COs) के साथ अपेक्षित सम्बन्ध<br>*(1-कमजोर सहसंबंध; 2- मध्यम सहसंबंध; 3- मजबूत सहसंबंध)* | | | | | |
|---|---|---|---|---|---|---|
| | CO-1 | CO-2 | CO-3 | CO-4 | CO-5 | CO-6 |
| U1-O1 | 3 | - | - | 1 | - | 1 |
| U1-O2 | 3 | - | - | 1 | - | 1 |
| U1-O3 | 3 | - | - | - | - | - |
| U1-O4 | 3 | - | - | 1 | - | 1 |
| U1-O5 | 3 | - | - | 1 | - | 1 |
| U1-O6 | 3 | - | - | - | - | - |

## 1.1 तरंग गति

### रोचक तथ्य

- निर्वात में ध्वनि का वेग: क्या यह वायु में ध्वनि के वेग के बराबर है?
- वायुमंडल की विभिन्न परतों में ध्वनि तरंगों का वेग।
- रेडियो और टीवी वांछित सिग्नल पकड़ते हैं : रिमोट कंट्रोल के माध्यम से टीवी रेडियो चैनल एक से दूसरे में कैसे बदलते हैं?

चित्र1.1 : पत्थर से ऊर्जा हस्तांतरण के कारण पानी में उर्मिका (लहर)

जब कोई पत्थर पानी की सतह पर गिराया जाता है तो पत्थर के गिरने की आवाज आती है तथा पानी की सतह में लहरें (उर्मिकाएं) बनती है। ध्वनि हवा के माध्यम से गति करती है और हम उस ध्वनि को अपने कानों से सुनते हैं और साथ ही साथ वृत्ताकार उर्मिकाएं पानी की सतह पर उद्गम बिंदु से चारों ओर के क्षेत्र तक फैलती हैं। (चित्र 1.1) पत्थर की गतिज ऊर्जा का एक हिस्सा पानी के अणुओं में स्थानांतरित हो जाता है और हम कहते हैं कि एक तरंग पानी के माध्यम से संचरित हो गई है। इसी प्रकार, पत्थर की गतिज ऊर्जा का एक भाग ध्वनि ऊर्जा में परिवर्तित हो जाता है और यह हवा के माध्यम से कानों तक पहुंचता है और एक ध्वनि तरंग हवा के माध्यम से संचरित होती है। जब माध्यम के एक बिंदु से दूसरे बिंदु पर ऊर्जा स्थानांतरित की जाती है, तो माध्यम के कणों की माध्यस्थिति को बदले बिना, तरंगों का संचरण होता है। तरंग गति बताती है कि माध्यम में कणों की समग्र स्थिति को बदले बिना एक माध्यम के द्वारा एक तरंग कैसे संचरित होती है।

गतिविधि

- एक नाइलॉन या सूती डोरी लें, डोरी के एक सिरे को सख्त दीवार से बांधें और दूसरे सिरे को हाथ से पकड़ें। डोरी को उसकी लंबाई के अनुदिश कस कर खींचे। हाथ से तार की लंबाई की लंबवत दिशा में एक विक्षोभ दें और निरीक्षण करें।
- अलग-अलग मोटाई के तार के साथ इस गतिविधि को दोहराएं।

इस गतिविधि को एक लंबे स्टील स्प्रिंग (1 मीटर के आसपास फैला हुआ) के साथ दोहराएं और स्प्रिंग की लंबाई के समानांतर विक्षोभ दें।

जैसा कि चित्र 1.2 में दिखाया गया है, हाथ से शुरू किया गया विक्षोभ एक निश्चित वेग के साथ डोरी के साथ-साथ चलेगा। इस स्थिति में हाथ से ऊर्जा डोरी (इस मामले में माध्यम) में स्थानांतरित हो जाती है और एक उभार डोरी की लम्बाई के अनुदिश चलता है।

चित्र 1.2 : डोरी पर स्पंद

इसी तरह, जब किसी माध्यम में कोई विक्षोभ या ऊर्जा दी जाती है तो वह माध्यम की लम्बाई के अनुदिश चलता है और हम कहते हैं कि एक तरंग माध्यम से गुजरी है। वास्तविक स्थितियों में चित्र थोड़ा अलग होता है और चित्र 1.3 में सरल रूप में प्रदर्शित किया गया है। इस चित्र में एक विमीय माध्यम प्रदर्शित किया गया है और वृत्त माध्यम के कणों को प्रदर्शित करते हैं। जब ऊर्जा को इस माध्यम में स्थानांतरित किया जाता है तो ऊर्जा एक कण से दूसरे कण में जाती है जैसे कि डोरी के मामले में। प्रत्येक कण अपनी माध्य स्थिति के अनुदिश कंपन करता है और माध्यम से ऊर्जा का स्थानांतरण होता है। चित्र 1.3(b) अलग-अलग कणों की स्थिति को किसी एक ही समय पर प्रदर्शित करता है और चित्र 1.3(c) एक ही कण के कंपन को एक ही स्थिति में लेकिन अलग-अलग समय पर प्रदर्शित करता है। इसलिए, हम यह निष्कर्ष निकालते हैं कि जब तरंग एक माध्यम से संचरण करती है तो माध्यम के कण एक कण से दूसरे कण में ऊर्जा स्थानांतरित करने के लिए अपनी माध्य स्थिति के इर्दगिर्द कंपन करतेहैं।

दिए गए उदाहरण में तरंग के संचरण की दिशा एक विमीय माध्यम की दिशा के अनुदिश होती है।

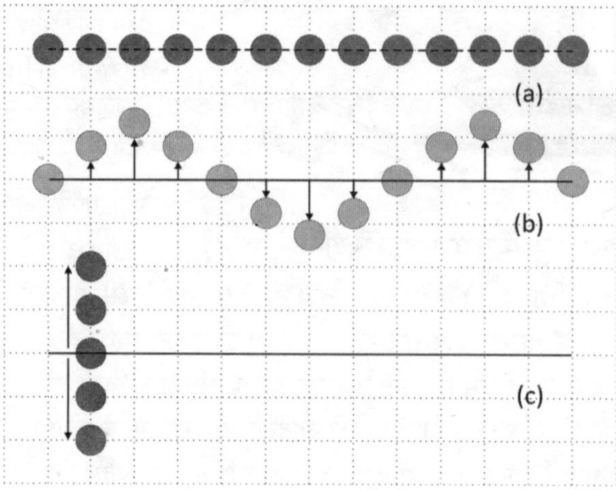

**चित्र 1.3 :** एक दिशीय माध्यम में विक्षोभ

### 1.1.1 अनुप्रस्थ और अनुदैर्ध्य तरंगें

जैसा कि पिछले भाग में बताया गया है कि जब कोई तरंग किसी माध्यम से गुजरती है, तो माध्यम के अवयवी कण अपनी माध्य स्थिति के अनुदिश कंपन करते हैं। यदि कंपनों की दिशा तरंग संचरण के लंबवत है तो तरंगों को अनुप्रस्थ तरंगें कहा जाता है और यदि कंपनों की दिशा तरंग संचरण के अनुदिश होती है तो तरंगें अनुदैर्ध्य तरंगें कहलाती हैं। जैसा कि डोरी से संबंधित गतिविधि के मामले में जहां विक्षोभ डोरी की लंबाई के लंबवत है, यह अनुप्रस्थ तरंग की तरह है और स्प्रिंग की गतिविधि में विक्षोभ स्प्रिंग की लंबाई के अनुदिश है, यह अनुदैर्ध्य तरंग की तरह है।

चित्र 1.4 अनुप्रस्थ (Transverse) और अनुदैर्ध्य (Longitudinal) तरंगों में विभिन्न घटक कणों की सापेक्ष स्थिति को प्रदर्शित करता है। प्रत्येक स्थिति में कण कंपन के दौरान एक निश्चित अधिकतम स्थिति तक पहुँच जाता है और अपनी माध्य स्थिति में वापस आ जाता है और फिर से विपरीत दिशा में अधिकतम स्थिति में विस्थापित हो जाता है। अनुप्रस्थ तरंगों में अधिकतम स्थिति और न्यूनतम स्थिति को क्रमशः श्रृंग (Crest) और गर्त (Trough) के रूप में जाना जाता है। अनुप्रस्थ तरंगों में संबंधित कणों के बीच की दूरी में परिवर्तन नहीं होता है क्योंकि कणों में माध्य स्थिति के इर्दगिर्द लंबवत कंपन होता है।

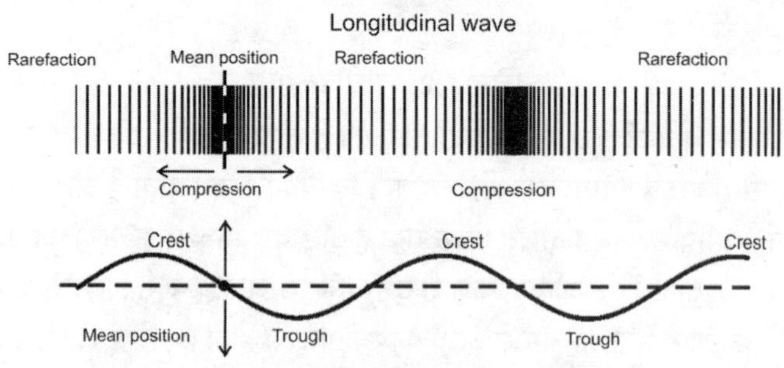


**चित्र 1.4 :** अनुदैर्ध्य और अनुप्रस्थ तरंगें

एक अनुदैर्ध्य तरंग में, अनुप्रस्थ तरंग के श्रृंग और गर्त के अनुरूप, क्रमशः संपीडन और विरलन होते हैं। जैसा कि अनुदैर्ध्य तरंग में कण तरंग संचरण की दिशा में कंपन करता है, अतः संबंधित कणों के बीच की दूरी बदल जाती है। एक संपीड़न (Compression) तब होता है जब माध्यम के कण, जिसके द्वारा तरंग संचरण कर रही होती है ,पास आ जाते हैं या कणों के बीच की दूरी, वास्तविक दूरी से कम होती है, अर्थात जब उनका घनत्व सबसे अधिक होता है। एक विरलन (Rarefaction) तब होता है जब ये कण और दूर होते हैं, कणों के बीच की दूरी वास्तविक दूरी से अधिक होती है या जब उनका घनत्व न्यूनतम होता है।

### 1.1.1.1 तरंग वेग

चित्र 1.2 में, डोरी में दिया गया विक्षोभ डोरी के अनुदिश निश्चित वेग से गति करता है जो डोरी के प्रत्यास्थ गुणों और घनत्व पर निर्भर करता है। यदि विक्षोभ लगातार इर्दगिर्द दिया जाता है, तो तरंग जिस वेग से संचरित होती है, उसे तरंग वेग कहा जाता है और तरंग वेग का परिमाण माध्यम के प्रत्यास्थ गुणों और घनत्व पर निर्भर करता है। इसे 'v' द्वारा दर्शाया जाता है और निम्न सूत्र दिया जाता है

$$v = x/t(m/s) \quad ...(1.1)$$

जहां 'x' समय 't' sec . में तय की गई मीटर में दूरी है

### 1.1.1.2 आवृत्ति

चित्र 1.5 समय के सापेक्ष किसी भी बिंदु 'x' पर माध्यम के कण की माध्य स्थिति के इर्दगिर्द दोलनी गति को प्रदर्शित करता है। यह अपनी माध्य स्थिति से एक दिशा में अधिकतम विस्थापन की ओर जाता है,वापस माध्य स्थिति में आता है और विपरीत दिशा में अधिकतम विस्थापन पर जाता है और फिर से माध्य स्थिति में वापस आ जाता है और यह प्रक्रिया जारी रहती है। बिंदु 'A' और 'C' के बीच का समय एक दोलन पूरा करने का समय है और इसे आवर्त काल "T" के रूप में जाना जाता है।

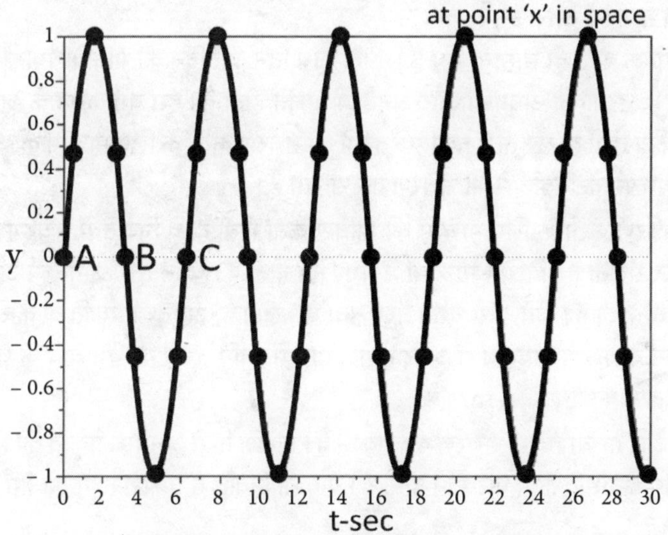


**चित्र 1.5 :** विस्थापन एवं समय के मध्य ग्राफ

आवर्तकाल "T" के व्युत्क्रम को दोलन की आवृत्ति के रूप में जाना जाता है। इसे एक सेकंड में दोलनों की संख्या के रूप में भी परिभाषित किया जाता है। इसकी इकाई हर्ट्ज़ (Hz) है

$$f = 1/T \quad ...(1.2)$$

उदाहरण: यदि एक दोलन का आवर्तकाल 0.5 सेकंड है, तो आवृत्ति 2 Hz होती है अर्थात एक सेकंड में दो दोलन पूरे हो जाएंगे।

### 1.1.1.3 तरंगदैर्ध्य

चित्र 1.6 किसी भी समय 't' पर माध्यम के विभिन्न कणों के उनकी माध्य स्थिति से विस्थापन को प्रदर्शित करता है। प्रत्येक कण माध्य स्थिति से भिन्न विस्थापन पर है। बिंदु 'A' और 'C' पर कण माध्य स्थिति में हैं और विस्थापन की दिशा भी समान है। एक दोलन के लिए 'A' और 'C' के बीच की दूरी को तरंगदैर्ध्य 'λ' के रूप में जाना जाता है, तरंग दैर्ध्य की SI इकाई मीटर (m) है। तरंगदैर्ध्य और आवृत्ति निम्नानुसार संबंधित हैं

$$v = f\lambda \quad ...(1.3)$$

समी. 1.3 की व्युत्पत्ति को भाग 1.1.4 मे दिया गया है।

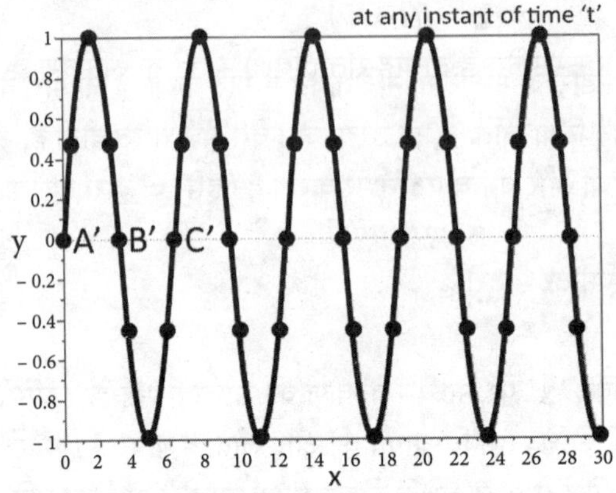


**चित्र 1.6 :** विस्थापन एवं स्थिति के मध्य ग्राफ

### 1.1.2 ध्वनि और प्रकाश तरंगें और उनके गुण

ध्वनि और प्रकाश तरंगें, तरंगों के बहुत ही सामान्य रूप हैं जिनके साथ दिन-प्रतिदिन की गतिविधियों में संपर्क में आते हैं। जैसा कि पिछले भाग में चर्चा की गई है, तरंगों की अनुप्रस्थ और अनुदैर्ध्य प्रकृति होती है। इस वर्गीकरण के अलावा एक और अंतर है कि तरंगें यांत्रिक या विद्युत चुम्बकीय तरंगें हो सकती हैं। यांत्रिक तरंगों को संचरण करने के लिए माध्यम की आवश्यकता होती है, जबकि विद्युत चुम्बकीय तरंगें बिना माध्यम के निर्वात में भी संचरण कर सकती हैं।

ध्वनि तरंगें को चूँकि संचरण करने के लिए माध्यम की आवश्यकता होती है, वे निर्वात में संचरण नहीं कर सकती हैं। वे हवा, ठोस और तरल में संचरण कर सकती है। विभिन्न माध्यमों में वेग भिन्न होता है। ध्वनि तरंगें अनुदैर्ध्य और अनुप्रस्थ दोनों हो सकती है। वायु में ध्वनि तरंगें अनुदैर्ध्य होती हैं। जैसे-जैसे ध्वनि तरंग हवा में चलती है, अनुदैर्ध्य प्रकृति के कारण वायु घनत्व वितरण होता है। अत: संपीडन तथा विरलन के कारण वायुदाब में अंतर होगा। वायु में ध्वनि तरंगों का वेग वायु के घनत्व के साथ बदलता रहता है। वायु में 20°C पर ध्वनि तरंग का वेग 340 m/s है।

प्रकाश तरंग निर्वात में और माध्यम में भी संचरण कर सकती है। प्रकाश तरंगें अनुप्रस्थ प्रकृति की होती हैं। जैसे ही प्रकाश तरंगें चलती हैं, विद्युत और चुंबकीय क्षेत्र सदिशों में परिवर्तन होता है। वायु या निर्वात में प्रकाश तरंग का वेग $3 \times 108$ m/s होता है।

### 1.1.3 तरंग समीकरण

जैसा कि ऊपर चित्र 1.7 में है, विक्षोभ धनात्मक x दिशा में चलता है, यह वेग 'v' से गति करता है। x=0 पर उत्पन्न विक्षोभ , वेग ' v' के साथ समय 't' के बाद x तक पहुंच जाता है।

x=0 पर विस्थापन 'y'समय 't' का फलनहै

$$y = f(t) \qquad ...(1.4)$$

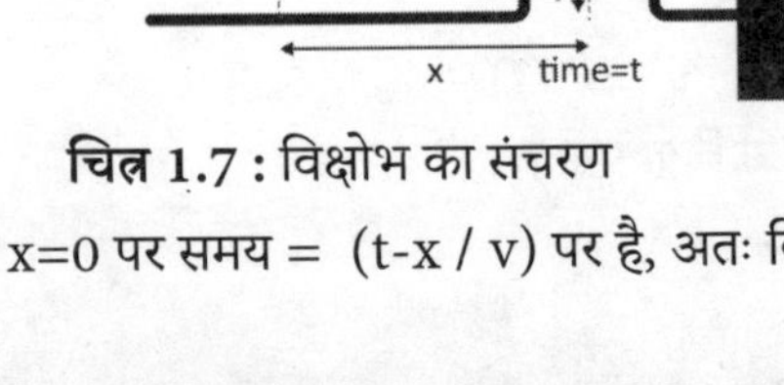


**चित्र 1.7 :** विक्षोभ का संचरण

समय t पर x दूरी पर विस्थापन वही होगा जो x=0 पर समय = (t-x / v) पर है, अतः बिंदु 'x' पर विस्थापन होगा

$$y = f(t-x/v) \quad ...(1.5)$$

यदि हम x = 0 पर एक सतत विक्षोभ देते हैं तो यह सतत विक्षोभ 'x' के अनुदिश वेग 'v' से संचरित होगा। एक दोलनी विस्थापन 'y' के लिए, जिसे निम्नलिखित समीकरण द्वारा परिभाषित किया गया है:

$$y = a\sin(\omega t) = a\sin\{(2\pi/T)t\} \quad ...(1.6)$$

जहाँ, a दोलनी विस्थापन का आयाम है, T आवर्तकाल है

और

$$\omega = 2\pi/T$$

अत: x दूरीपर

$$y = a\sin\{\omega(t-x/v)\} \quad ...(1.7)$$

$$\Rightarrow y = a\sin\{2\pi f(t-x/v)\} \quad ...(1.8)$$

$$\Rightarrow y = a\sin\{2\pi(t/T-x/\lambda)\} \quad ...(1.9)$$

$$\Rightarrow y = a\sin(\omega t-kx) \quad ...(1.10)$$

समी.1.9 और समी.1.10 को सामान्य तरंग समीकरण के रूप में जाना जाता है जो माध्यम में तरंग गति को प्रदर्शित करता है, जहां $k=2\pi/\lambda$ तरंग संख्या है, $\omega=2\pi f$ कोणीय आवृत्ति है। समी.1.9 और 1.10 धनात्मक 'x' दिशा में संचरण करने वाली तथा 'y' दिशा में कणों के विस्थापन वाली तरंग को प्रदर्शित करते हैं और विस्थापन को विस्थापन वेक्टर के रूप में भी दर्शाया जा सकता है तरंग के संचरण के साथ x व t बदलते हैं परन्तु t के बढ़ने के साथ x भी बढ़ता है ताकि समी. 1.10 में sin फलन के कोष्ठक में पद एक स्थिरांक ही रहता है।

$$y \rightarrow \vec{y} \quad ...(1.11)$$

तरंग के संचरण के साथ x व t बदलते हैं परन्तु t के बढ़ने के साथ x भी बढ़ता है ताकि समी. 1.10 में sin फलन के कोष्ठक में पद एक स्थिरांक ही रहता है।

अतः

$$\omega t-kx = constant$$

समय t के सापेक्ष अवकलन करने पर

$$\omega-k(dx/dt) = 0 \quad ...(1.12)$$

$$\omega = k(dx/dt) \quad ...(1.13)$$

$$\omega/k = (dx/dt) \quad ...(1.14)$$

$$v = \omega/k = f\lambda \quad ...(1.15)$$

Waves on string

समी 1.15 आवृत्ति और तरंगदैर्घ्य के पदों में तरंग का वेग देता है।

### *1.1.3.1 आयाम*

समी. 1.9 और 1.10 में, 'a' माध्य स्थिति की किसी भी दिशा में अधिकतम विस्थापन को प्रदर्शित करता है और इसे 'x' दिशा में संचरण करने वाली तरंग के आयाम के रूप में जाना जाता है। तरंग की तीव्रता तरंग के आयाम के वर्ग के समानुपाती होती है।

### *1.1.3.2 कला*

अब तक हम विक्षोभ को माध्य स्थिति से विस्थापन बता रहे हैं, इस विस्थापन में आयाम और दिशा दोनों हैं। इस गतिशील अवस्था को जो कि समय के साथ निरंतर परिवर्तित होती रहती है, की कण को कला कहा जाता है। प्रत्येक बिंदु पर कण की कला हर क्षण बदलती रहती है। किसी भी समय सभी बिन्दुओं की कला अलग अलग होती है। कला एक गतिशील अवस्था है जो विस्थापन की स्थिति और दिशा पर निर्भर करती है। तरंग वेग को कला वेग भी कहा जा सकता है।

### *1.1.3.3 कलांतर*

चित्र 1.8 में, बिंदु A, B और C माध्य स्थिति में हैं, लेकिन बिंदु A और C एक ही कला में हैं। इन दो बिंदुओं के लिए विस्थापन की स्थिति और दिशा समान है। बिंदु B एक ही स्थिति में है, लेकिन विस्थापन की दिशा विपरीत है। इसलिए बिंदु A के साथ इसका

कुछ कलांतर होगा। बिंदु B को अपनी स्थिति बदल कर इसे A के समान कला तक पहुंचने में T/2 समय लगेगा, इसलिए बिंदु B को बिंदु A की कला तक पहुंचने में लगने वाला समय, प्रारंभ में बिंदु A और B के बीच कलांतर के रूप में जाना जाता है। दो बिंदुओं के बीच का कलांतर समान गतिशील स्थिति प्राप्त करने के लिए लगा समयांतर है।

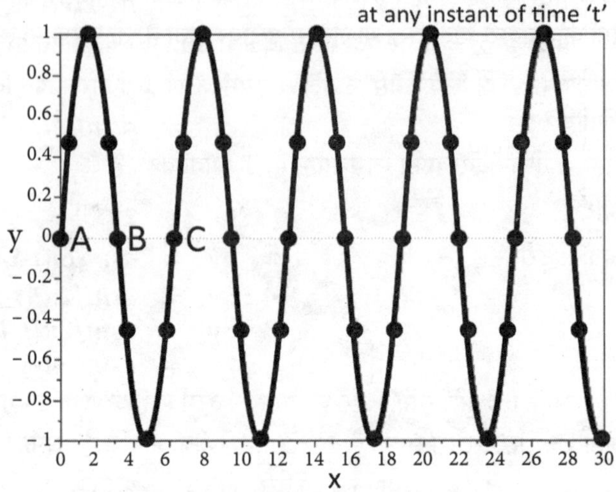


**चित्र 1.8 :** समान और भिन्न कलाओं में कण

चूंकि तरंग गति त्रिकोणमितीय फलन के समान होती है, इसलिए कोण के रूप में कलांतर को व्यक्त करना आसान होता है। 'T' अवधि में, तरंग एक दोलन पूरा करती है। इसी प्रकार, त्रिकोणमितीय फलनों में एक चक्र को पूरा करने में '2π' कोण लगता है। इसलिए 'T' को 2π और T/2 को π आदि के रूप में व्यक्त किया जा सकता है। यदि दो तरंगों का कलांतर T/4 है तो हम कह सकते हैं कि उनका कलांतर π /2 है।

### 1.1.4 तरंगों के अध्यारोपण का सिद्धांत

पिछले भाग में, यह वर्णित किया गया था कि यदि कोई तरंग माध्यम से गुजरती है तो कण दोलन गति करता है। यदि दो तरंगें किसी बिंदु पर मिलती हैं, तो कण की परिणामी गति उस बिंदु पर दो तरंगों के विस्थापनों के सदिश योग का परिणाम होती है और इसे तरंगों का अध्यारोपण कहा जाता है।

परिणामी विस्थापन

$$\vec{y} = \vec{y}_1 + \vec{y}_2 \quad ...(1.16)$$

मानाकि पहली व दूसरी तरंग की आवर्ती समान है तथा इन्हें निम्नानुसार प्रदर्शित किया जाता है

$$y_1 = a_1 sin(\omega t)$$
$$y_2 = a_2 sin(\omega t + \phi)$$

जहाँ $\phi$ दोनों तरंगों में कलांतर है

परिणामी विस्थापन होगा समी. 1.16

$$y = y_1 + y_2 = a_1 sin(\omega t) + a_2 sin(\omega t + \phi) \quad ...(1.17)$$
$$\Rightarrow y = a_1 sin(\omega t) + a_2 sin(\omega t)cos(\phi) + a_2 cos(\omega t)sin(\phi) \quad ...(1.18)$$
$$\Rightarrow y = sin(\omega t)[a_1 + a_2 cos(\phi)] + a_2 cos(\omega t)sin(\phi) \quad ...(1.19)$$
$$a_1 + a_2 cos(\phi) = a' cos(\alpha) \quad ...(1.20)$$
$$a_2 sin(\phi) = a' sin(\alpha) \quad ...(1.21)$$
$$\Rightarrow y = sin(\omega t)a' cos(\alpha) + cos(\omega t)a' sin(\alpha) \quad ...(1.22)$$
$$\Rightarrow y = a' sin(\omega t + \alpha) \quad ...(1.23)$$

यह किसी भी बिंदु पर तरंगों के अध्यारोपण के कारण परिणामी विस्थापन है। परिणामी तरंग का आयाम 'a' होता है और आवृत्ति मिलने वाली तरंगों के समान होती है।

### 1.1.5 विस्पंद निर्माण

गतिविधि

- लगभग समान आवृत्ति (जैसे 380 और 384 हर्ट्ज) के दो स्वरित्र द्विभुज लें और पहले उन्हें अलग-अलग ध्वनि दें और फिर उन्हें एक साथ ध्वनि दें। क्या आप कोई अंतर देखते हैं?

पिछले भाग में, यह माना गया था कि एक ही आवृत्ति की दो तरंगें एक बिंदु पर अध्यारोपण करती हैं। यदि दो अध्यारोपित होने वाली तरंगों की आवृत्ति थोड़ी भिन्न या लगभग बराबर होती है, तो परिणामी तरंग को विस्पंद तरंग के रूप में जाना जाता है और इस घटना को विस्पंद निर्माण के रूप में जाना जाता है।

गणितीय रूप से,

$$y = y_1 + y_2 = a_1 sin(\omega_1 t) + a_2 sin(\omega_2 t + \phi) \quad ...(1.24)$$

मानाकि $\phi=0$ and $a=a_1=a_2$, तब

$$y = y_1 + y_2 = a sin(\omega_1 t) + a sin(\omega_2 t) \quad ...(1.25)$$

$$\Rightarrow y = 2a sin(\omega_1 + \omega_2)t/2 \times cos(\omega_1 - \omega_2)t/2 \quad ...(1.26)$$

$$(\omega_1 + \omega_2)t/2 \approx \omega$$ (जैसा कि दोनों आवृत्तियों में बहुत कम अंतर है)

समी. 1.26 को निम्नानुसार लिखा जा सकता है

$$y = A sin(\omega_1)t \quad ...(1.27)$$

जहाँ,

$$A = 2a cos\{(\omega_1 - \omega_2)t/2\} \quad ...(1.28)$$

समी. 1.27, $\omega_1$ आवृत्ति व A आयाम की विस्पंद तरंग को प्रदर्शित करता है

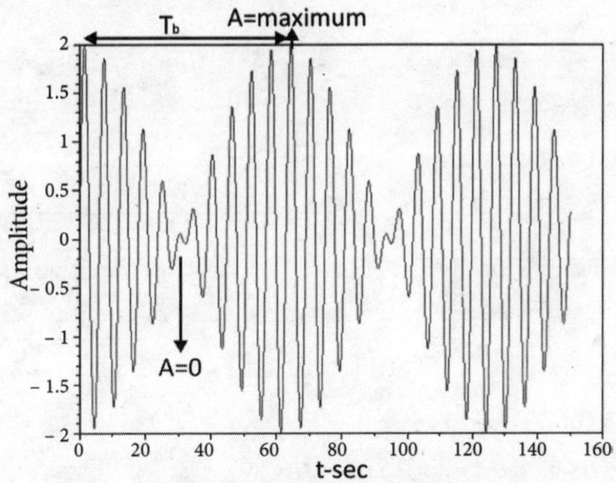


**चित्र 1.9 :** विस्पंद का निर्माण

चित्र 1.9 समी.1.27 द्वारा दिए गए अनुसार विस्पंद तरंग को दर्शाता है। जैसा कि चित्र से स्पष्ट है कि परिणामी आयाम 'A' का, समय के निश्चित अंतराल के बाद बारी बारी से अधिकतम और न्यूनतम मान होता है और दो लगातार अधिकतम आयामों के बीच की अवधि को विस्पंद काल के रूप में जाना जाता है। विस्पंद काल की गणना निम्नानुसार की जा सकती है:

$$cos(n\pi) = \pm 1$$

A के अधिकतम होने के लिए, $(\omega_1 - \omega_2)t/2 = 2\pi[f_1 - f_2]t/2 = n\pi$ $n = 0, 1, 2, 3$ के लिए

$n = 0, t = 0$ के लिए (t = 0 पर उच्चिष्ट)

$n = 1, t = 1/(f_1 - f_2)$, ($t = T_b$ पर प्रथम उच्चिष्ट)

$n = 2, t = 2/(f_1 - f_2)$ ($t = 2T_b$ पर द्वितीय उच्चिष्ट)

अतः हम विस्पंद आवृत्ति ($f_b$) को इस प्रकार परिभाषित करते हैं,

$$f_b = [f_1 - f_2] \quad ...(1.28)$$

इस प्रकार परिणामी तरंग के दो अधिकतम आयामों के मध्य समय को विस्पंद काल ($T_b$) कहा जाता है और निम्नानुसार दिया जाता है।

$$T_b = 1/f_b \quad ...(1.29)$$

## हल किए गए प्रश्न

**उदाहरण 1.1**

1.1 निम्नलिखित चित्र में ज्ञात कीजिये

i. तरंग की आवृत्ति

ii. बिंदु A और B के बीच कलांतर

iii. बिंदु C और D के बीच कलांतर

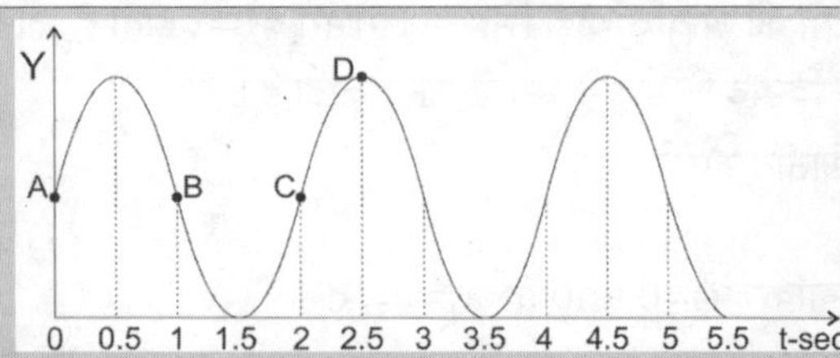


हल :

i. जैसा कि चित्र से,एक सम्पूर्ण चक्र के लिए समय 2sec है

आवर्त काल T = 2sec

आवृति $f = 1/T = 1/2 = 0.5s^{-1}$

ii. A व B के मध्य कलांतर 1sec है जैसा कि यह T का आधा है या $\pi$

iii. C व D के मध्य कलांतर ½sec है जैसा कि यह T का एक चौथाई है या $\pi/2$

**उदाहरण 1.2**

1.2 यदि एक तरंग का आवर्त काल 20 milli second है, तरंग की आवृति ज्ञात कीजिए।

हल :

आवर्त काल (T) = 20 millisecond = $20 \times 10^{-3}$sec

= (20/1000)sec आवृत्ति = 1/T

= 1/(20/1000) = 1000/20 = $50sec^{-1}$ = 50Hz

**उदाहरण 1.3**

1.3 हवा में 340 m/s के वेग से गतिमान 20 Hz के ध्वनि तरंग संकेत की तरंगदैर्घ्य ज्ञात कीजिए। क्या ध्वनि तरंग की यह तरंगदैर्घ्य जल में समान होगी?

हल:

a. वेग $v = f\lambda v = 340\ m/sf = 20Hz = 20s^{-1}\lambda = v/f$

$\lambda = 340/20 = 17m$

b. हवा में ध्वनि तरंग की तरंग्देर्घ्य = 17m

पानी में 20 Hz के ध्वनि तरंग संकेत की तरंगदैर्घ्य 17 मीटर नहीं होगी क्योंकि पानी में ध्वनि तरंग का वेग अलग होता है।

**उदाहरण 1.4**

1.4 यदि एक तरंग को समीकरण $y = a\sin 2\pi(t/0.1 - x/0.02)$ द्वारा निरूपित किया जाता है, जहाँ t सेकंड में है और x मीटर में है, तो ज्ञात कीजिए

i. तरंग की आवृत्ति

ii. तरंग की तरंगदैर्घ्य

iii. दिशा जिसमे तरंग संचरित हो रही है

हल:

समीकरण को तरंग समीकरण $y = a\sin 2\pi(t/T - x/\lambda)$ से तुलना करने पर

i. T = 0.1 sec,अतः f = 1/T = 1/0.1 = 10Hz

$\lambda$ = 0.02 meter = 2cm

x का चिन्ह ऋणात्मक है,तरंग धनात्मक x दिशा में जा रही है

उदाहरण 1.5

1.5 बिंदु 'p' पर परिणामी आयाम ज्ञात कीजिए, यदि समान आवृत्ति और समान आयाम की दो तरंगें उस बिंदु पर
(i) 0 और
(ii) $\pi$ के प्रारंभिक कलांतर के साथ अध्यारोपित की जाती हैं।

हल :

परिणामी आयाम समी. 1.20 और समी. 1.21 से प्राप्त किया जा सकता है

$$a_1 + a_2\cos(\phi) = a'\cos(\alpha)$$

$$a_2 \sin(\phi) = a'\sin(\alpha)$$

उपरोक्त समीकरणों को वर्ग करके जोड़ने पर

$$[a'\cos(\alpha)]^2 + [a'\sin(\alpha)]^2 = [a_1 + a_2\cos(\phi)]^2 + [a_2\sin(\phi)]^2$$

As $\cos^2\alpha + \sin^2\alpha = 1$, $a_1 = a_2$

$$a'^2 = [a_1 + a_1\cos(\phi)]^2 + [a_1\sin(\phi)]^2$$

$$a'^2 = a_1^2 + 2a_1^2\cos(\phi) + a_1^2\cos^2(\phi) + a_1^2\sin^2(\phi) = 2a_1^2 + 2a_1^2\cos(\phi)$$

(i) $\phi = 0$ के लिए

$$a'^2 = 4a_1^2 \Rightarrow a' = 2a_1$$

(ii) $\phi = \pi$ के लिए

$$a'^2 = 2a_1^2 - 2a_1^2 \qquad [\text{as } \cos(\pi) = -1] \qquad \Rightarrow a' = 0$$

## 1.2 सरल आवर्त गति (SHM)

### 1.2.1 सरल आवर्त गति

जैसा कि पिछले भाग में बताया गया है कि तरंग एक माध्यम के द्वारा संचरित होती है एवं इसमें किसी भी बिंदु पर माध्यम के कण की गति माध्य बिंदु के दोनों ओर आवर्ती गति होती है। आवर्त गति को कण के दोलन या कंपन के रूप में भी जाना जाता है। यदि कोई कण अपनी माध्य स्थिति से विस्थापित हो जाता है, तो इस विस्थापन के कारण पास के कण पर प्रत्यास्थ बल लगता है। इसलिए पास का कण भी अपनी माध्य स्थिति से गति करता है और वही प्रक्रिया आगे बढ़ती है।

सरल आवर्त गति दोलन गति का सबसे सरल और विशेष मामला है। सरल आवर्त गति में कण अपनी माध्य स्थिति से सीधी रेखा में दोलन करता है। प्रत्यानयन बल रैखिक होता है और केंद्र की ओर निर्देशित होता है और यह कण को माध्य स्थिति में वापस लाने का प्रयास करता है। प्रत्यानयन बल विस्थापन के समानुपाती तथा विस्थापन की दिशा के विपरीत होता है।

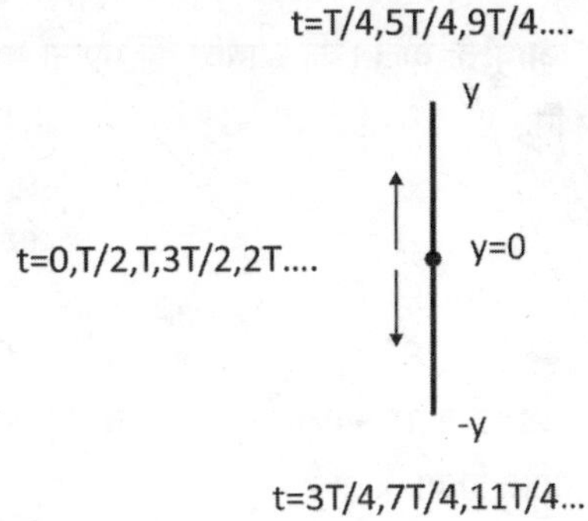


**चित्र 1.10 :** सरल आवर्त गति करने वाला कण

चित्र 1.10 में जब कण को उसकी माध्य स्थिति से y दिशा में अधिकतम विस्थापित किया जाता है तो वह जड़त्व के कारण पुनः माध्य स्थिति में आकर विपरीत दिशा में अधिकतम विस्थापन पर पहुँच जाता है तथा पुनः माध्य स्थिति में आ जाता है। यहाँ प्रत्यानयन बल केंद्र की ओर तथा विस्थापन के विपरीत कार्य करता है। चूंकि प्रत्यानयन बल विस्थापन के समानुपाती होता है, अतः यह अधिकतम होगा जब विस्थापन अधिकतम होगा। इसे हम समीकरण में इस प्रकार लिख सकते हैं

$$F \ \alpha \ -y \qquad ...(1.30)$$

$$F = -ky$$

जहाँ k समानुपातिक नियतांक है और न्यूटन के गति के द्वितीय नियम से

$$F = ma$$
$$a = F/m$$
$$a = -(k/m)y$$

### 1.2.1.1 विस्थापन, वेग, त्वरण, आवर्त काल और आवृत्ति के लिए व्यंजक

पिछले भाग की तरह यदि कोई कण दोलन गति कर रहा है तो उसका विस्थापन इस प्रकार लिखा जा सकता है-

$$y = A\sin(\omega t) \quad ...(1.35)$$

**विस्थापन:** विस्थापन को माध्य स्थिति से दूरी में बदलाव के रूप में परिभाषित किया जाता है और चूंकि यह एक सदिश राशि है, इसलिए विस्थापन की दिशा को माध्य स्थिति के सापेक्ष मापा जाता है, आधे दोलन में यह धनात्मक है और अन्य आधे दोलन में यह ऋणात्मक है।

अधिकतम विस्थापन को सरल आवर्तगति का आयाम कहा जाता है। इसे समी. 1.35 में 'A' के रूप में दर्शाया गया है।

**वेग:** विस्थापन के परिवर्तन की दर वेग है और समी.1.35 को समय के साथ अवकलन कर के दिया जाता है।

$$v = dy/dt = A\omega\cos(\omega t) \quad ...(1.36)$$

सरल आवर्तगति करने वाले कण का वेग 'v' द्वारा दर्शाया जाता है और समी. 1.36 द्वारा दिया जाता है। जैसे-जैसे कण माध्य स्थिति की ओर बढ़ता है, उसका वेग बढ़ता है, माध्य स्थिति में अधिकतम हो जाता है, जहाँ प्रत्यानयन बल और त्वरण शून्य होता है। जैसे-जैसे कण गति करता है, वैसे-वैसे वेग कम होता जाएगा क्योंकि यह विपरीत दिशा में प्रत्यानयन बल के कारण माध्य स्थिति से दूर जाता है और अधिकतम विस्थापन पर यह शून्य हो जाता है।

**त्वरण** :वेग में परिवर्तन की दर त्वरण है और समी. 1.36 को समय के साथ अवकलन करके दिया जाता है।

$$a = dv/dt = -A\omega^2\sin(\omega t) \quad ...(1.37)$$
$$a = -\omega^2 y \quad ...(1.38)$$

समी. 1.34 व 1.38 से

$$\omega^2 = k/m \quad ...(1.39)$$

यह वह समीकरण है जो सरल आवर्त गति से संबंधित कई मापदंडों को समझाने में मदद करता है। कण का त्वरण भी समय के प्रत्येक क्षण पर बल के समानुपाती रूप से बदलता रहता है। माध्य स्थिति में त्वरण शून्य होता है। यह चरम स्थितियों में अधिकतम होता है और इसे समी. 1.38 के रूप में दिया जाता है।

**आवृत्ति:** दोलन की आवृत्ति की गणना समी.1.39 में दी गई कोणीय आवृत्ति से की जाएगी।

जैसा कि,

$$\omega^2 = k/m$$
$$\omega = \sqrt{(k/m)}$$
$$\omega = 2\pi f \Rightarrow f = \omega/2\pi$$

अतः

$$f = (1/2\pi)(\sqrt{(k/m)}) \quad ...(1.40)$$

**आवर्त काल** : दोलन की समयावधि आवृत्ति का व्युत्क्रम है। इसे एक दोलन को पूरा करने में लगने वाले समय के रूप में भी परिभाषित किया जाता है।

इसलिये

$$T = 2\pi(\sqrt{(m/k)}) \quad ...(1.41)$$

सरल आवर्त गति का आवर्त काल उपरोक्त समीकरण द्वारा दिया जाता है और सरल आवर्त गति करने वाले निकाय के आवर्त काल की गणना करने में सहायक है, जैसा कि उपरोक्त समीकरण से स्पष्ट है, सरल आवर्त गति में छोटे विस्थापन के लिए दोलनों का आवर्त काल, आयाम पर निर्भर नहीं करता है।

निम्नलिखित कुछ बुनियादी यांत्रिक निकायों के उदाहरण हैं जो सरल आवर्त गति करते हैं और छोटे और बड़े आयामों के दोलनी निकायों की भौतिकी को स्पष्ट करते हैं। सरल आवर्त गति करने वाले ऐसे निकाय को सरल आवर्ती दोलक के रूप में भी जाना जाता है। इन प्रणालियों (निकायों) के विश्लेषण से शिक्षार्थी को तरंग गति की गति की व्याख्या करने में मदद मिलती है।

a. सरल लोलक

b. स्प्रिंग दोलक

c. केन्टीलीवर

## 1.2.2 सरल आवर्ती प्रगामी तरंग

समी.1.7 तरंग समीकरण को दर्शाता है और समी. 1.35 माध्यम के कण की सरल आवर्त गति को प्रदर्शित करता है। माध्यम का कण सरल आवर्त गति करता है और माध्यम में लगातार संचरित होने वाली तरंग को प्रगामी तरंगें या सरल आवर्ती प्रगामी तरंगें कहा जाता है। समी. 1.7 को लिखा जा सकता है,

$$y = a\sin\{\omega(t-x/v)\}$$

$$y = a\sin\{(2\pi/T)(t-x/v)\} \quad ...(1.42)$$

$$y = a\sin\{(2\pi/vT)(vt-x)\} \quad ...(1.43)$$

$$y = a\sin\{(2\pi/\lambda)(vt-x)\} \quad ...(1.44)$$

समी.1.4 भी सरल आवर्ती प्रगामी तरंगों को प्रदर्शित करता है।

सरल आवर्ती प्रगामी तरंगों की विशेषताएं निम्नलिखित हैं।

- जब सरल आवर्ती प्रगामी तरंग माध्यम से गुजरती है तो माध्यम के सभी कण सरल आवर्त गति करते हैं।
- सभी कण समान आयाम और समान आवृत्ति के साथ कंपन करते हैं।
- माध्यम से ऊर्जा का संचार होता है

### *1.2.2.1 ऊर्जा स्थानांतरण*

चूंकि जब सरल आवर्ती तरंगें माध्यम से गुजरती हैं तो ऊर्जा एक कण से दूसरे कण में स्थानांतरित होती है, सरल आवर्त गति करने वाले कण में गतिज ऊर्जा (K.E.) और स्थितिज ऊर्जा (P.E.) होती है और गतिज ऊर्जा और स्थितिज ऊर्जा का योग अर्थात् कुल ऊर्जा ही वह ऊर्जा होती है जो दूसरे कण को स्थानांतरित होती है। स्थितिज ऊर्जा माध्य स्थिति से विस्थापन के कारण है। गतिज ऊर्जा कण के वेग के कारण होती है। जैसा कि, प्रत्यानयन बल को समी. 1.31 से, इस प्रकार लिखा जाता है

$$F = -ky$$

यदि कण को dy से विस्थापित करने के लिए प्रत्यानयन बल के विरुद्ध किया गया कार्य dW है,तब

$$dW = Fdy \quad ...(1.45)$$

$$dW = -kydy \quad ...(1.46)$$

कण को 0 से y तक विस्थापित करने में किया गया कुल कार्य है

$$W = \tfrac{1}{2}ky^2 \quad ...(1.47)$$

जहाँ ऋणात्मक चिन्ह को हटा दिया गया है जैसा कि यह केवल दिशा का सादृश्य है

अतः

$$PE = \tfrac{1}{2}ky^2 \quad ...(1.48)$$

समी. 1.35 व समी. 1.39 से

$$PE = \tfrac{1}{2}m\omega^2A^2\sin^2(\omega t) \quad ...(1.49)$$

समी. 1.49 क्षण 't' पर कण की गतिज ऊर्जा देता है।यह t=0,T/2,T, 3T/2…. पर शून्य होगी तथा t=T/4, 3T/4, 5T/4…. पर अधिकतम होगी।

गतिज उर्जा कण के वेग के कारण होती है। सरल आवर्त गति कर रहे कण की गतिज ऊर्जा निम्नानुसार दी जाती है

$$K.E. = \frac{1}{2}mv^2 = \frac{1}{2}mA^2\omega^2\cos^2(\omega t) \quad ...(1.50)$$

[समी. 1.36 से v]

t=T/4, 3T/4, 5T/4… पर कण की गतिज ऊर्जा शून्य होगी तथा t=0, T/2, T, 3T/2...पर अधिकतम होगी। किसी क्षण कण की कुल ऊर्जा समी. 1.49 तथा समी. 1.50 को जोड़ कर दी जाती है

$$\text{कुल ऊर्जा} = K.E + P.E = \frac{1}{2}mA^2\omega^2 \quad ...(1.51)$$

समी.1.51 द्वारा दी गई ऊर्जा एक कण से दूसरे कण में स्थानांतरित होती है जब सरल आवर्ती तरंगें माध्यम में संचरित होती हैं। कण की कुल ऊर्जा प्रत्येक क्षण में समान रहेगी।

### 1.2.3 कैंटिलीवर (बाहु धरन) के कंपन

एक कैंटिलीवर एक निकाय है, जिस में बीम, जो प्रत्यास्थ पदार्थ जैसे स्टील से बना होता है, के एक सिरे को दृढ़ आधार के साथ जोड़ा जाता है और दूसरा छोर मुक्त रखा जाता है। कैंटिलीवर की लंबाई, इसकी चौड़ाई की तुलना में बहुत अधिक होती है। विचलन हेतु बल लगाने के लिए एक निश्चित द्रव्यमान वाली वस्तु को मुक्त सिरे पर लटका दिया जाता है। यदि मुक्त सिरे को थोड़ा विक्षेप दिया जाता है और छोड़ा जाता है, तो बीम स्थिर सिरे के साथ कंपन करना शुरू कर देती है, इन कंपनों को कैंटिलीवर कंपन के रूप में जाना जाता है। कंपन का आवर्त काल बीम के पदार्थ के प्रत्यास्थ गुणों और बीम के आयाम पर निर्भर करता है।

चित्र 1.11 में लंबाई L, चौड़ाई w और मोटाई t का एक कैंटिलीवर दिखाया गया है आवर्त गति सरल, का आवर्त काल निम्न द्वारा दिया जाता है

$$T = 2\pi(\sqrt{(m/k)} \quad ...(1.52)$$

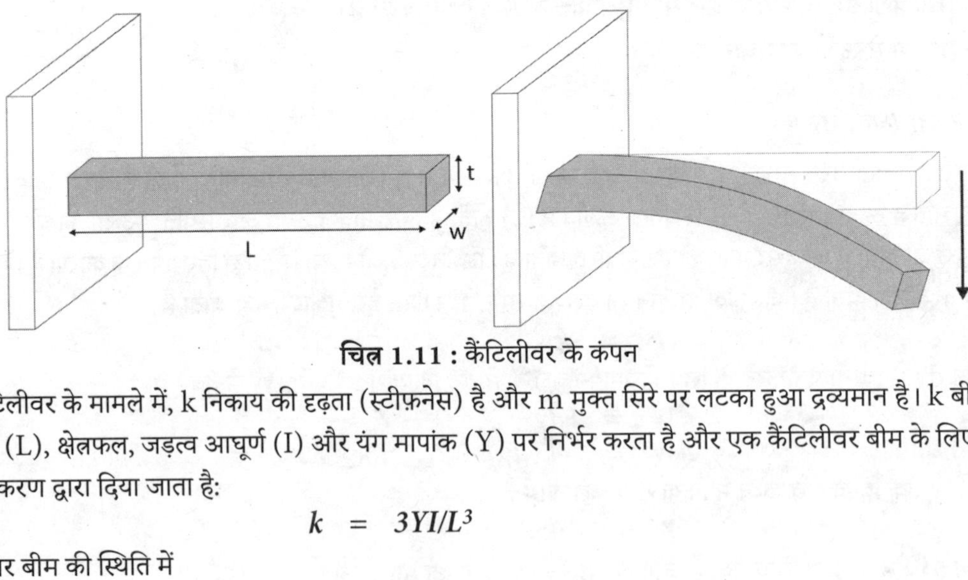


**चित्र 1.11 :** कैंटिलीवर के कंपन

कैंटिलीवर के मामले में, k निकाय की दृढ़ता (स्टीफ़नेस) है और m मुक्त सिरे पर लटका हुआ द्रव्यमान है। k बीम के पदार्थ की लंबाई (L), क्षेत्रफल, जड़त्व आघूर्ण (I) और यंग मापांक (Y) पर निर्भर करता है और एक कैंटिलीवर बीम के लिए k का मान निम्न समीकरण द्वारा दिया जाता है:

$$k = 3YI/L^3$$

आयताकार बीम की स्थिति में

$$I = wt^3/12$$

अतः

$$k = 3Y\,wt^3/12L^3 = Ywt^3/4L^3$$

अतः कैंटिलीवर दोलनों का T निम्न सूत्र से दिया जाता है

$$T = 2\pi(\sqrt{(m4L^3/Y\,wt^3)}$$

जैसा कि उपरोक्त समी.1.53 से, कैंटिलीवर दोलनों का आवर्त काल इसके आकार (लम्बाई, चौड़ाई और ऊचाई) तथा पदार्थ की प्रत्यास्थता पर निर्भर करता है।

## 1.2.4 मुक्त, प्रणोदित और अनुनादी कंपन उदाहरण सहित

सरल आवर्ती दोलक और इसी तरह के अन्य निकायों के दिए गए उदाहरणों के मामले में तीन प्रकार के कंपन उत्पन्न हो सकते हैं। वे स्वतंत्र, प्रणोदित और अनुनादी कंपन हैं।

**मुक्त कंपन**

जब एक साधारण लोलक या केंटिलीवर को प्रारंभिक आयाम या विक्षेप दिया जाता है और बाहरी बल हटा दिया जाता है। तब निकाय एक आवृत्ति के साथ दोलन करता है जिसे इसकी प्राकृतिक आवृत्ति के रूप में जाना जाता है और इस तरह के कंपन को मुक्त कंपन के रूप में जाना जाता है। कंपन आवृत्ति या प्राकृतिक आवृत्ति पूरी तरह से निकाय मापदंडों पर निर्भर करती है।

उदाहरण:

- स्वरित्र द्विभुज को मारना और उसे बजने देना।
- एक साधारण लोलक को विस्थापन दें और इसे दोलन करने दें।

**प्रणोदित कंपन**

जब एक दोलनी निकाय अपनी प्राकृतिक आवृत्ति से कंपन कर रहा होता है। विचलन के समय दी गई निकाय की समग्र ऊर्जा बाहरी अवमंदन बलों के कारण घट जाती है, जैसे सरल लोलक के मामले में वायु घर्षण के कारण। अवमंदन के कारण कंपन का आयाम लगातार घटता जाता है और कंपन बंद हो जाता है, और सिस्टम फिर से विराम अवस्था में आ जाता है।

यदि एक दोलक को लगातार बाहरी ऊर्जा दी जाती है, तो वह अवमंदन पर काबू पा लेगा और लगातार कंपन करता है। ऐसे निकायों में एक बाहरी संकेत (विद्युत हो सकता है), उचित व्यवस्था के माध्यम से दोलक को लगातार ऊर्जा प्रदान करता है। बाहरी दोलक की आवृत्ति दोलक की प्राकृतिक आवृत्ति के बराबर नहीं भी हो सकती है। इस तरह के कंपन को प्रणोदित कंपन के रूप में जाना जाता है। प्रणोदित आवर्ती दोलक के कंपन की आवृत्ति बाहरी स्रोत की आवृत्ति होती है।

उदाहरण :

- एक झूले को ऊर्जा प्रदान की जाती है, जब वह नीचे की ओर झूलता है।
- वाहन की आवाजाही के कारण, लटके हुए (निलंबन) पुल में कंपन।

**अनुनादी कंपन**

प्रणोदित कंपन में बाहरी स्रोत से दोलक में ऊर्जा का स्थानांतरण कम होता है यदि बाहरी स्रोत की आवृत्ति दोलक की प्राकृतिक आवृत्ति से भिन्न होती है। ऊर्जा हस्तांतरण की मात्रा बढ़ जाती है यदि बाहरी स्रोत की आवृत्ति दोलक की प्राकृतिक आवृत्ति की ओर पहुंचती है। जब बाहरी स्रोत की आवृत्ति दोलक की प्राकृतिक आवृत्ति के बराबर होती है, तो ऐसे कंपनों को अनुनादी कंपन के रूप में जाना जाता है

उदाहरण :

- रेडियो स्टेशन का समस्वरण (ट्यूनिंग)।
- समान आवृत्ति के कंपित स्वरित्र द्विभुज के पास रखे स्वरित्रद्विभुज में उत्पन्न कंपन।
- माइक्रोवेव ओवन में पकाना।

Case study on resonance

## हल किए गए प्रश्न

उदाहरण 1.6

1.6 एक सरल आवर्ती दोलक के लिए, बल स्थिरांक (k) ज्ञात कीजिए, जुड़ा हुआ द्रव्यमान 0.2kg है और यह 3s के आवर्त काल से दोलन करता है।

हल: आवर्त काल (T) = $T = 2\pi(\sqrt{(m/k)}$ $T = 3sec$, $m = 0.2Kg$ $T_2 = 4 \times \pi^2(m/k)$

$9 = 4 \times 3.14 \times 3.14 \times (0.2/k)$ $k = 4 \times 3.14 \times 3.14 \times 0.2/9$ $k = 0.876 N/m$

## 1.3 भवनों की ध्वनिकी

**गतिविधि**

- खाली कक्षा में डस्टर को डेस्क पर जोर से रखें या ताली बजाएं, ताकि वह तेज आवाज करे, आवाज का निरीक्षण करें।
- कक्षा या प्रयोगशाला की छत और दीवार की किसी सभागृह या सिनेमा हॉल की छत और दीवार से तुलना करे और पाए गए अंतरों की एक सूची बनाएं।

### 1.3.1 गूंज (इको) और प्रतिध्वनि

पहाड़ी पर्यटन क्षेत्र में इको पॉइंट बहुत ही सामान्य स्थान है, जहां पहाड़ों से ध्वनि का परावर्तन होकर लौटना पाया जाता है। प्रत्यक्ष ध्वनि और स्रोत से उत्पन्न प्रत्यक्ष ध्वनि का परावर्तन जो एक समय अंतराल के साथ श्रोता तक पहुंचता है उसे गूंज (इको) कहते हैं। प्रत्यक्ष और परावर्तित ध्वनि के बीच का समय अंतराल स्रोत और श्रोता से परावर्तक सतह की दूरी के समानुपातिक होता है। कुएँ या नलकूप के तल से उत्पन्न इको इसका एक अन्य उदाहरण है। इको में समय अंतराल बड़ा होता है ताकि कान प्रत्यक्ष ध्वनि और उसकी परावर्तित ध्वनि को अलग कर सके। किसी भी ध्वनि की अनुभूति मानव कान में लगभग 0.1 सेकंड तक बनी रहती है। यदि दो ध्वनि 0.1 सेकंड के अंतराल से आती है तो दोनों ध्वनि अलग अलग स्पष्ट रूप से सुनी जा सकती हैं।

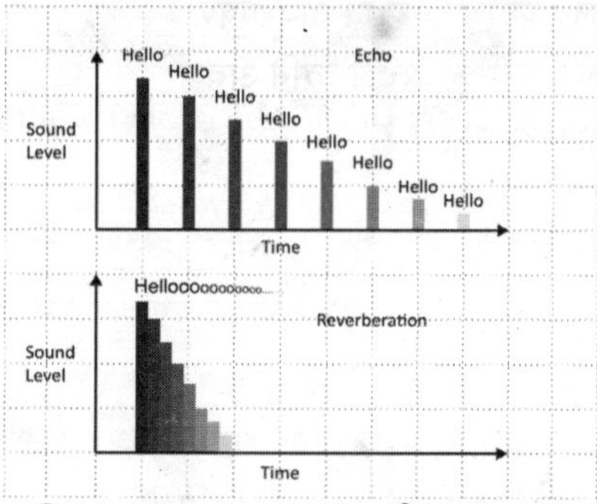

**चित्र1.12 :** गूंज (इको) और प्रतिध्वनि

एक कमरे में स्थिति थोड़ी अलग होती है, क्योंकि दीवार स्रोत व श्रोता के पास होती है और ध्वनि का परावर्तन बहुत कम समय लेता है तथा बहुत कम समय में श्रोता तक पहुंचता है। प्रत्यक्ष ध्वनि और उसके घटती तीव्रता के साथ कई बार परावर्तन बहुत कम समय अंतराल में श्रोता तक पहुँचते हैं इस प्रकार घटती तीव्रता की एक निरंतर ध्वनि श्रोता तक पहुँचती है। इस घटना को प्रतिध्वनि के रूप में जाना जाता है।

### 1.3.2 प्रतिध्वनि काल

बंद कमरे या स्थान में ध्वनि के कई परावर्तन के कारण प्रतिध्वनि होती है और जैसे-जैसे समय बीतता है ध्वनि क्षीण होती जाती है। यद्यपि वह समय जिसके लिए कक्षा या स्थान में ध्वनि बनी रहती है वह छोटा होता है हालाँकि इसे मापा जा सकता है और इसे प्रतिध्वनि काल कहा जाता है। इसे 60dB तक ध्वनि के क्षय होने में लगने वाले समय के रूप में परिभाषित किया जाता है। यदि एक कमरे में ध्वनि को 100 dB से 40 dB तक क्षय होने में 5 सेकंड लगते हैं, तो प्रतिध्वनि काल 5 सेकंड होगा। इसे $T_{60}$ समय के रूप में भी जाना जाता है। जब ध्वनि का क्षय 100 dB से 40 dB हो जाता है, तो स्रोत ध्वनि तथा परावर्तित ध्वनि की तीव्रताओं का अनुपात $10^{10}$ से घटकर $10^4$ हो जाता है।

### 1.3.3 ध्वनि का अवशोषण गुणांक

जब छत, पर्दे, कुर्सियां और दीवार जैसी सतहों से परावर्तित ध्वनि का अवशोषण होता है तो प्रतिध्वनि काम हो जाती है और प्रतिध्वनि काल भी कम हो जाता है। ध्वनि का अवशोषण ध्वनि की ऊर्जा में कमी का माप है जब यह ध्वनि अवशोषण सामग्री से टकराती है और इसे ध्वनि अवशोषक गुणांक '$\alpha$' के रूप में मापा जाता है, जिसे गणितीय रूप से परिभाषित किया जा सकता है।

$$\alpha = (Ea/E_i) \qquad ...(1.54)$$

जहाँ $E_i$-सतह पर आपतित ध्वनि ऊर्जा और

$E_a$-सतह द्वारा अवशोषित ध्वनि ऊर्जा

एक खुली खिड़की एक आदर्श अवशोषक है, क्योंकि खुली खिड़की पर आपतित सभी ध्वनि तरंगें इससे होकर गुजरेंगी। सभी पदार्थों के अवशोषण गुणांकों को खुली खिड़की के संदर्भ में मापा जाता है। किसी भी भौतिक सतह के अवशोषण गुणांक '$\alpha$' को

उसके उस क्षेत्रफल के व्युत्क्रमानुपाती के रूप में भी परिभाषित किया जा सकता है जो खुली खिड़की के इकाई क्षेत्रफल द्वारा अवशोषित ध्वनि ऊर्जा के समान ध्वनि ऊर्जा को अवशोषित करता है। '$\alpha$' का मात्रक सैबिन है।

विभिन्न पदार्थों के लिए ध्वनि अवशोषण गुणांक अलग-अलग होता है और यह ध्वनि की आवृत्ति पर भी निर्भर करता है। छह आवृत्तियां हैं: 125 हर्ट्ज, 250 हर्ट्ज, 500 हर्ट्ज, 1000 हर्ट्ज, 2000 हर्ट्ज और 4000 हर्ट्ज, यदि इन आवृत्तियों के लिए पदार्थ के ध्वनि अवशोषण गुणांक का औसत 0.2 से बड़ाहै, तो पदार्थ को अच्छी ध्वनि अवशोषित पदार्थ के रूप में जाना जाता है।

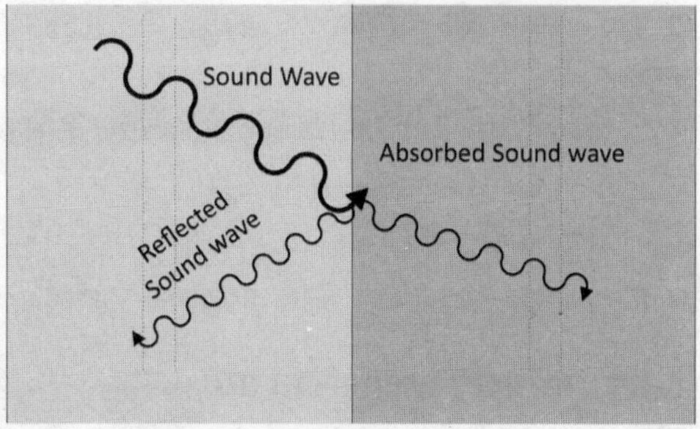


चित्र 1.13 : ध्वनि तरंगों का अवशोषण

तालिका 1.1 कुछ सामान्य पदार्थों के अवशोषण गुणांक को सारांशित करती है।

**तालिका 1.1: अवशोषण गुणांक (f = 500Hz पर)**

| पदार्थ | $\alpha$ सैबिन में |
|---|---|
| लकड़ी का फर्श | 0.1 |
| चमकीली टाइल | 0.01 |
| कंक्रीट (आवरित या पुती हुई) | 0.02 |
| गद्दीदार शीट | 0.76 |

**नोट** :यदि चमकीली टाइल का '$\alpha$' 0.01 है, तो 100 वर्ग मीटर क्षेत्रफल की चमकीली टाइल उतनी ही ध्वनि ऊर्जा अवशोषित करेगी जितना 1 वर्ग मीटर की खुली खिड़की करती है।

## 1.3.4 प्रतिध्वनि काल को नियंत्रित करने की विधियाँ

ध्वनि को स्पष्ट रूप से सुनने के लिए प्रतिध्वनि बाधा है और कभी-कभी सभागार में संगीत समारोहों की तरह ध्वनि की प्रभावशीलता को बढ़ाने की आवश्यकता होती है। हम अपनी आवश्यकता के आधार पर चुनाव करते हैं। निम्नलिखित वे विधियाँ हैं जिनका उपयोग आमतौर पर प्रतिध्वनि काल को कम करने के लिए किया जाता है।

- सॉफ्ट फर्निशिंग
- ध्वनिक पैनलों की स्थापना
- छत और दीवार में ध्वनि अवशोषक पदार्थ का उपयोग
- ध्वनि उपकरणों की उचित स्थापना।
- आवश्यकताओं के अनुसार कमरे की समग्र वास्तुकला
- कमरे में श्रोता
- दीवार पर सजावट जैसे पेंटिंग आदि।

**अनुप्रयोग:** सिनेमाहॉल, सभागार, होम थिएटर, मल्टीप्लेक्स, मीटिंग रूम में स्थान विशेष की ध्वनि की आवश्यकताओं के अनुसार प्रतिध्वनि काल को नियंत्रित करने के तरीकों का उपयोग किया जाता है।

**सैबिन सूत्र**

कमरे या स्थान के प्रतिध्वनि काल की गणना के लिए सैबिन सूत्र का उपयोग किया जाता है

$$RT_{60} = 0.165V/S\alpha \quad ...(1.55)$$

जहाँ,

$RT_{60}$ सेकंड में समय है जो ध्वनि के 60dB तक क्षरण के लिए आवश्यक है,

V$m^3$ में कमरे का आयतन है,

S $m^2$ में पृष्ठीय क्षेत्रफल है,

$\alpha$ दी गई आवृति पर पदार्थ का औसत अवशोषण गुणांक है।

## 1.3.5 पराश्रव्य (अल्ट्रासोनिक) तरंगें

प्रयोगशाला या अन्य अनुप्रयोगों में हमारे द्वारा उपयोग किए जाने वाले किसी भी मापक उपकरण द्वारा मापी जा सकने वाली भौतिक राशि के लिए एक निश्चित "परास" होती है ताकि हम उस उपकरण का उपयोग केवल उस निर्दिष्ट परास के लिए कर सकें।

**उदाहरण**: जिस थर्मामीटर का हम नैदानिक उद्देश्य के लिए उपयोग करते हैं, उसमें कुछ तापमान परास होती है, हम थर्मामीटर का उपयोग केवल उस निर्दिष्ट परास के तापमान को मापने के लिए कर सकते हैं।

हमारी आंखें और कान प्राकृतिक यंत्र हैं, जिनका उपयोग हम क्रमशः प्रकाश और ध्वनि तरंगों के संवेदन के लिए करते हैं। ध्वनि आवृत्तियों की परास जिसके लिए मानव कान संवेदनशील है, 20 हर्ट्ज से 20,000 हर्ट्ज तक है। 20 हर्ट्ज से नीचे की ध्वनि तरंग की आवृत्ति को अवश्रव्य (इन्फ्रासोनिक) के रूप में जाना जाता है और 20,000 हर्ट्ज से ऊपर की आवृत्ति वाली ध्वनि तरंग को पराश्रव्य (अल्ट्रासोनिक) तरंगें कहा जाता है। श्रव्य (सोनिक) ध्वनि 20 हर्ट्ज से 20,000 हर्ट्ज के बीच होती है। इस परास के नीचे और ऊपर की ध्वनितरंग मानव कानों के लिए श्रव्य नहीं है।

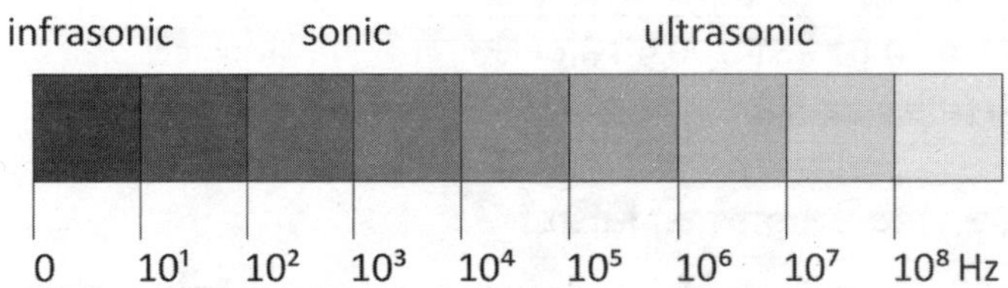


**चित्र 1.14 :** ध्वनि तरंगों के प्रकार

## 1.3.6 पराश्रव्य तरंगों का इंजीनियरिंग व चिकित्सकीय अनुप्रयोग

पराश्रव्य तरंगों के कई चिकित्सा और इंजीनियरिंग अनुप्रयोग हैं। चूंकि पराश्रव्य तरंगों में श्रव्य तरंगों की तुलना में उच्च आवृत्ति और कम तरंगदैर्ध्य होता है, यह श्रव्य तरंगों की तुलना में कम क्षीणन के साथ बड़ी दूरी तय कर सकती है। पराश्रव्य तरंगों के कई व्यावहारिक अनुप्रयोग होते हैं। चमगादड़, डॉल्फ़िन और अन्य जानवर अल्ट्रासाउंड सुन सकते हैं और अपने रास्ते में आने वाली बाधाओं का पता लगाने के लिए इसका इस्तेमाल कर सकते हैं। पराश्रव्य तरंगों के कुछ अनुप्रयोग इस प्रकार हैं:

**(a) अल्ट्रासाउंड जाँच**

इस अनुप्रयोग को आमतौर पर मेडिकल टेस्ट में सोनोग्राफी के रूप में जाना जाता है। इसका मुख्य रूप से अंगों के निदान तथा भ्रूण (अजन्मे बच्चे) की जाँच के लिए उपयोग किया जाता है। यह मुख्य रूप से अंगो या भ्रूणों की कठोर सीमाओं से पराश्रव्य (अल्ट्रासोनिक) तरंगों के परावर्तन और परावर्तित पराश्रव्य (अल्ट्रासोनिक) तरंगों के प्रतिबिम्बों के पुनर्निर्माण पर आधारित है। डायग्नोस्टिक सोनोग्राफी मशीन 2 से 18 मेगाहर्ट्ज़ की आवृति परास में काम करती है।

**(b) गैरविनाशकारीपरीक्षण**

धातु में दरारें धातु की समग्र यांत्रिक शक्ति और इन धातुओं से बनी मशीन जैसे विमान के इंजन आदि की कार्यप्रणाली को प्रभावित करती हैं। अल्ट्रासाउंड स्कैनर को धातु की सतह के चारों ओर घुमाया जाता है और धातु के अंदर की दरार का पता लगाया

जाता है। दरारों पर माध्यम में परिवर्तन के कारण अल्ट्रासाउंड तरंगें दरारों से परावर्तित होती हैं। दरारों का पता लगाने की इस पद्धति को गैर-विनाशकारी परीक्षण (एनडीटी) के रूप में भी जाना जाता है।

### (c) ध्वनि नेविगेशन और रेंजिंग (सोनार)

सोनार पनडुब्बियों द्वारा पास के जहाजों, पनडुब्बियों और अन्य बाधाओं का पता लगाने के लिए उपयोग किया जाने वाला एक अनुप्रयोग है। चूंकि ध्वनि यांत्रिक तरंग है और ध्वनि हवा की तुलना में पानी में तेजी से संचरण करती है। पनडुब्बी द्वारा एक अल्ट्रासोनिक सिग्नल तब भेजा जाता है जब वह सतह के नीचे होती है और उसे उसी सिग्नल की इको (गूंज) प्राप्त होती है। उड़ान का समय संकेत भेजने और इको प्राप्त करने के बीच का समय है।

$$\text{उड़ान का समय} = 2 \times \text{निकटतम पनडुब्बियों की दूरी}/(\text{ध्वनि का वेग})$$

उड़ान के समय को पानी में अल्ट्रासोनिक ध्वनि के वेग से गुणा करने पर इसका मान पास के जहाजों या पनडुब्बी की दूरी के दोगुने के बराबर होता है। इस विधि का उपयोग समुद्र की गहराई का पता लगाने के लिए भी किया जाता है।

### (d) स्थिति सेंसर

सोनार के समान सिद्धांत पर आधारित ऐसे सेंसर अब बाजार में आसानी से उपलब्ध हैं। इसमें पराश्रव्य तरंग का एक प्रेषक और एक ग्राही एंटीना होता है। पराश्रव्य तरंग की उड़ान के समय को मापकर दूरी को मापा जाता है। ध्वनि तरंग का वेग तापमान के साथ बदलता है इसलिए दूरी की गणना करते समय सावधानी बरतनी चाहिए।

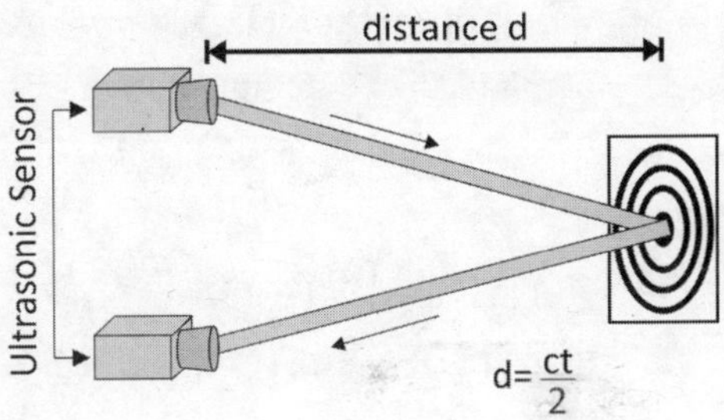


**चित्र 1.15 :** अल्ट्रासोनिक स्थिति सेंसर

### (e) पराश्रव्यीकरण (अल्ट्रासोनिकेशन)

पराश्रव्यीकरण (अल्ट्रासोनिकेशन) रासायनिक प्रतिक्रियाओं के प्रसंस्करण और उद्योगों व प्रयोगशालाओं में रासायनिक उपकरणों की सफाई में मदद करता है। अल्ट्रासोनिकेशन तरल पदार्थों में बारी-बारी से निम्न-दबाव और उच्च-दबाव तरंगें उत्पन्न करता है, जिससे छोटे निर्वात बुलबुलों का गठन और तीव्र टूटन होते है। यह रासायनिक प्रतिक्रिया कक्ष के अंदर हवा के बुलबुले को हटाने में मदद करता है और प्रतिक्रिया को तेज करता है।

प्रतिध्वनि काल को प्रदर्शित (डिस्प्ले) करने के लिए ध्वनि रिकॉर्डर एप्प का उपयोग करना।

- पराश्रव्य तरंगों के दो अनुप्रयोग खोजिये जिन्हें भाग 1.3.6 .में सूची बद्ध नहीं किया गया है।
- उन तरीकों का पता लगाएं जिनसे हम पराश्रव्य ध्वनि उत्पन्न कर सकते हैं और उसका पता लगा सकते हैं।

## हल किए गए प्रश्न

1.7 हवा में एक गूंज (इको) को स्पष्ट रूप से सुन ने के लिए आवश्यक न्यूनतम दूरी की गणना कीजिए (ध्वनि का वेग 340 m/s है)।

हल :

इको के लिए न्यूनतम समयांतराल = 0.1sec

ध्वनिकावेग = 340m/s

दूरी = वेग × समय = 340 × 0.1 = 34 meters

न्यूनतम दूरी = 34/2 = 17m (जैसा कि ध्वनि बाधा की ओर जाती है व लौटती है)

**उदाहरण 1.8**

1.8 एक पराश्रव्य स्थिति सेंसर 40 kHz का संकेत भेजता है और 40ms के बाद बाधा से परावर्तित संकेत का संसूचन करता है। सेंसर से बाधा की दूरी ज्ञात कीजिए। (ध्वनि का वेग 340m/s है)

हल :

पराश्रव्य संकेत की आवृति : 40KHz

संकेत भेजने और प्राप्त करने में लिया गया समय : 40ms = $40 \times 10^{-3}$sec

तरंग का वेग : = 340m/s

दूरी = (समय × वेग)/2

= $(40 \times 10^{-3} \times 340)/2$

= 6.8m = 680cm

बाधा की सेंसर से दूरी 680cm है।

**उदाहरण 1.9**

1.9 एक जहाज से 100 KHz आवृत्ति की एक पराश्रव्य तरंग पानी और हवा के माध्यम से दूर से इस की ओर आते हुए जहाज की दूरी का पता लगाने के लिए भेजी जाती है। पराश्रव्य तरंगों की हवा और पानी में आवृत्ति और तरंगदैर्ध्य ज्ञात कीजिए। (हवा और पानी में तरंगों का वेग क्रमशः 340 ms और 1500 m/s है)।

हल :

जैसा कि आवृति एक मूल राशि है,पराश्रव्य तरंगों की हवा तथा पानी में आवृति 100KHz है।

तरंगदेर्ध्य (λ) = वेग (v)/आवृति (ν)

हवा में तरंगदेर्ध्य = $340ms^{-1}/100$ KHz = $340/100 \times 10^3$ = 0.0034m = 0.34 cm

पानी में तरंगदेर्ध्य = $1500ms^{-1}/100$ KHz = $1500/100 \times 10^3$ = 0.015m = 1.5cm

**उदाहरण 1.10**

1.10 3000 फीट$^3$ आयतन के होमथिएटरमें, प्रतिध्वनिकाल 0.6 सेकंड है। हॉल में कुल अवशोषण की गणना कीजिए।

हल : होमथिएटरका आयतन = 3000 feet$^3$ 1m$^3$ = 35.31ft$^3$

अतः घन मीटर में आयतन = 3000/35.31 = 84.96m$^3$

T = 0.165V/aS = 0.165/कुल अवशोषण

कुल अवशोषण = 0.165 × 84.96/0.6 = 23.36 सैबिनमी $^2$

## यूनिट सारांश

- तरंगों की गति अनुप्रस्थ और अनुदैर्ध्य प्रकृति की होती है।
- ध्वनि तरंगें यांत्रिक तरंगें हैं और संचरण के लिए माध्यम की आवश्यकता होती है।
- प्रत्येक सरल आवर्त गति दोलन है, लेकिन प्रत्येक दोलन सरल आवर्त गति नहीं है
- अनुनादी कंपन के मामले में ऊर्जा हस्तांतरण अधिकतम होता है।
- ध्वनि तरंगों की आवृत्ति परास 20 हर्ट्ज से 20 किलो हर्ट्ज़ तक होती है।
- 20 हर्ट्ज़ से कम और 20 किलो हर्ट्ज़ से ऊपर की ध्वनि तरंग को क्रमशः अवश्रव्य और पराश्रव्य तरंग कहा जाता है

- सोनार और अन्य अनुप्रयोगों में माप के लिए, उड़ान का समय = (वेग× दूरी)/2।
- पराश्रव्य ध्वनि तरंगों के कई औद्योगिक और चिकित्सा अनुप्रयोग है।

## अभ्यास

### बहु विकल्पी प्रश्न

1.1 तरंगदैर्ध्य का मात्रक है -

a. हर्ट्ज़ (Hz)

b. सेकंड (s)

c. मीटर (m)

d. मीटर/सेकंड (m / s)

1.2 वायु के तापमान में परिवर्तन से प्रभावित होने वाला ध्वनि तरंग का गुण-

a. आयाम

b. आवृति

c. तरंगदैर्ध्य

d. तीव्रता

1.3 गलत तथ्य का चयन कीजिए -

a. ध्वनि तरंगों के रूप में यात्रा करती है

b. ध्वनि ऊर्जा का एक रूप है

c. ध्वनि हवा की तुलना में पानी में तेजी से संचरण करती है

d. ध्वनि हवा की तुलना में निर्वात में तेजी से संचरण करती है

1.4 सरल आवर्ती दोलक का आवर्त काल है -

a. $2\pi(\sqrt{(k/m)}$

b. $2\pi(\sqrt{(m/k)}$

c. $2\pi(m/k)$

d. $2\pi( k / m)$

1.5 सैबिन सूत्र $RT_{60}=0.165V/S\alpha$ में, V और S किस मे मापे जाते हैं

a. मीटर

b. सेंटीमीटर

c. फीट

d. इंच

1.6 पदार्थ का अवशोषण गुणांक-

a. मोटाई पर निर्भर करता

b. मोटाई पर निर्भर नहीं करता

c. आवृत्ति के साथ परिवर्तित होता है

d. आवृत्ति पर निर्भर नहीं करता

1.7 20 KHz से अधिक तथा 1 GHz से कम आवृति की ध्वनि कहलाती है -

a. हायपरसोनिक

b. श्रव्य

c. अवश्रव्य

d. पराश्रव्य

1.8 सही कथन का चयन कीजिए -

a. पराश्रव्य ध्वनि तरंग प्रत्येक माध्यम में समान वेग से संचरण करती है।

b. पराश्रव्य ध्वनि तरंग हवा की तुलना में पानी में तेजी से संचरण करती है।

c. पराश्रव्य ध्वनि तरंग पानी की तुलना में हवा में तेजी से संचरण करती है।

d. पराश्रव्य ध्वनि तरंग को संचरण के लिए माध्यम की आवश्यकता नहीं होती है।

1.9 एक पनडुब्बी एक अल्ट्रासाउंड भेजती है जो दूसरी पनडुब्बी से टकराकर 4.12 सेकंड में पुनः लौटती है। यदि समुद्री जल के माध्यम से अल्ट्रासाउंड की गति 1400 $ms^{-1}$ है, तो जहाज के बीच की दूरी होगी

a. 2884m

b. 5768m

c. 2800m

d. 1400m

| बहु विकल्पी प्रश्नों के उत्तर |
|---|
| 1.1 (c), 1.2 (c), 1.3 (d), 1.4 (b), 1.5 (a), 1.6 (c), 1.7 (d), 1.8 (b), 1.9 (a) |

## लघु एवं दीर्घ उत्तरीय प्रश्न

### *श्रेणी-I*

1. दैनिक जीवन में तरंगों के चार उदाहरण दीजिए।
2. अनुप्रस्थ तरंगों को नामांकित चित्र द्वारा समझाइए।
3. अनुदैर्ध्य तरंगों को नामांकित चित्र द्वारा समझाइए।
4. अनुदैर्ध्य और अनुप्रस्थ तरंग के बीच किन्हीं चार बिंदुओं पर अंतर कीजिए।
5. निम्नलिखित पदों को परिभाषित कीजिए: तरंगवेग, आवृत्ति और तरंगदैर्घ्य।
6. ध्वनि और अनुदैर्ध्य तरंगों के बीच किन्हीं चार बिंदुओं पर अंतर कीजिए।

7. क्या ध्वनि तरंगें सदैव अनुदैर्ध्य होती हैं? कारण दीजिए।
8. तरंग समीकरण व्युत्पन्न कीजिए तथा तरंग समीकरण के विभिन्न पदों का वर्णन कीजिए।
9. तरंगों के अध्यारोपण की व्याख्या कीजिए। समान आवृत्ति की तरंगों के अध्यारोपण के कारण परिणामी विस्थापन के लिए समीकरण व्युत्पन्न कीजिए।
10. समान आयाम और आवृत्ति तथा $(\pi/2)$ के प्रारंभिक कलांतर की दो तरंगों के अध्यारोपण के कारण परिणामी आयाम ज्ञात कीजिए।
11. विस्पंद तरंग का चित्र सहित वर्णन कीजिए। विस्पंद तरंग के लिए गणितीय व्यंजक व्युत्पन्न कीजिए।
12. यदि 380 हर्ट्ज़ और 384 हर्ट्ज़ के स्वरित्र द्विभुज एक साथ बजते हैं, तो विस्पंद काल ज्ञात कीजिए।
13. सरल आवर्त गति की व्याख्या कीजिए। क्या प्रत्येक दोलन सरल आवर्त गति है?
14. सरल आवर्त गति करने वाले दोलक की आवृत्ति के लिए व्यंजक व्युत्पन्न कीजिए।
15. मुक्त, प्रणोदित और अनुनादी कम्पनों में उदाहरण सहित अंतर स्पष्ट कीजिए।
16. गूंज (इको) और प्रतिध्वनि में चित्र सहित अंतर स्पष्ट कीजिए।
17. ध्वनि तरंग के अवशोषण को चित्र सहित समझाइए। अवशोषण गुणांक तथा इसे प्रभावित करने वाले कारको की व्याख्या कीजिए।
18. किसी पदार्थ के अच्छे ध्वनि अवशोषक होने की कसौटी स्पष्ट कीजिए।
19. समीकरण में प्रत्येक पद के विवरण के साथ कमरे के प्रतिध्वनि काल की गणना के लिए सैबिन सूत्र लिखें।
20. अवश्रव्य, श्रव्य और पराश्रव्य ध्वनि तरंगों की परास दीजिए।
21. अल्ट्रासाउंड स्कैनिंग में श्रव्य ध्वनि तरंगों के स्थान पर पराश्रव्य ध्वनि तरंगों का उपयोग करने का कारण बताएं।
22. सोनार (SONAR) की सहायता से दो पनडुब्बियों के बीच की दूरी ज्ञात करने की विधि का वर्णन कीजिए।

### *श्रेणी-II*

1. दो निकट स्थित ध्वनित पिंडों द्वारा उत्पन्न प्रगामी तरंगों के समीकरण

   $Y_1 = 4\sin 400\pi t$ तथा $Y_2 = 6\sin 500\pi t$ है,तो

   a. क्या विस्पंद तरंग उत्पन्न होगी?

   b. क्या मानव कान विस्पंदों को सुन पाएंगे?
2. एक तरंग का चित्र बनाइए, तीन बिन्दुओं को $3T/4$ के कलांतर के साथ चिन्हित कीजिए। $3T/4$ कला को $\pi$ के पदों में लिखिए।
3. निम्नलिखित आँकड़ों से 1200 $m^3$ के एक खाली हॉल के प्रति ध्वनिकाल की गणना कीजिए। श्रोताओं से भर जाने पर क्या प्रतिध्वनिकाल बढ़ताहै या घटता है?

| सतह | $m^2$ में क्षेत्रफल | सैबिन में $\alpha$ |
|---|---|---|
| प्लास्टर की हुई दीवारे | 480 | 0.03 |
| लकड़ी का फर्श | 150 | 0.06 |
| प्लास्टर की हुई छत | 150 | 0.08 |

4. सरल आवर्त गति करने वाले एक कण के लिए स्थितिज ऊर्जा और गतिज ऊर्जा वक्र खींचिए। स्थितिज ऊर्जा और गतिज ऊर्जा वक्रों की व्याख्या कीजिए।

## प्रयोग

दो प्रयोगशाला प्रयोग हैं जो इस अध्याय से संबंधित हैं:

- एक केन्टीलीवर का आवर्तकाल ज्ञात करना एवं सत्यापित करना।
- पराश्रव्य इंटरफेरोमीटर का उपयोग करके विभिन्न तरल पदार्थों में पराश्रव्य तरंगों का वेग ज्ञात करना।

### प्रयोग -1 कैंटिलीवर

### *P 1.1 प्रायोगिक कथन*

एक केन्टीलीवर का आवर्तकाल ज्ञात करना एवं सत्यापित करना।

### *P 1.2 प्रायोगिक महत्व*

कैंटिलीवर एक बीम है, जिसमें इसकी चौड़ाई की तुलना में लंबाई बहुत अधिक होती है। यह इमारतों और पुलों में सामान्यतः पायी जाने वाली संरचना है जिसमें एकसिरे को दृढ़ आधार के साथ जोड़ा जाता है। मुक्त सिरे पर भारित द्रव्यमान के साथ बीम का झुकना बीम के पदार्थ की प्रत्यास्थता और बीम के जड़त्व आघूर्ण पर निर्भर करता है। यदि मुक्त सिरे को थोड़ा विस्थापित किया जाता है, तो कैंटिलीवर भी प्राकृतिक आवृत्ति के साथ कंपन करता है। यह प्रयोग कैंटिलीवर की आवृत्ति और कैंटिलीवर के पदार्थ की प्रत्यास्थता को ज्ञात करने में मदद करता है।

### *P 1.3 प्रासंगिक सिद्धांत*

देखें: भाग 1.2.3

### *P 1.4 प्रैक्टिकल आउटकम्स (PrO)*

इस कोर्स के पाठ्यक्रम से प्राप्त होने वाले प्रैक्टिकल आउटकम्स:

Pr O1: किसी दिए गए कैंटिलीवर के आवर्तकाल का निर्धारण करना।

Pr O2 : यंग का प्रत्यास्थता गुणांक ज्ञात करना।

### *P 1.5 प्रायोगिक व्यवस्था (चित्र /स्केच/परिपथ आरेख/कार्य स्थिति)*

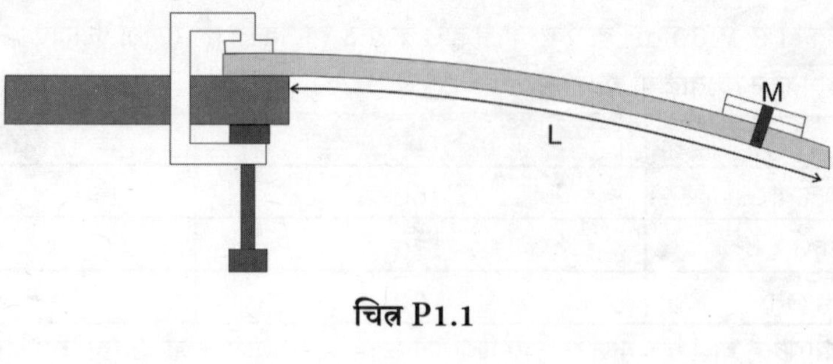


चित्र P1.1

## *P 1.6 आवश्यक संसाधन*

| क्र.सं | सुझाए गए आवश्यक संसाधन मशीनें/औजार /उपकरण महत्वपूर्ण विशिष्टताओं सहित | मात्रा | प्रयुक्त वास्तविक संसाधन मशीनें/ औजार/ उपकरण व्यापक विशिष्टताओं सहित (विद्यार्थी द्वारा भरा जाना है) | | टिप्पणी (यदि कोई हो) |
|---|---|---|---|---|---|
| | | | निर्माता (Make) | विवरण | |
| 1 | क्लैंप, स्टॉप वॉच, कैंटिलीवर बीम | 01 | | | |
| 2 | स्लॉटेड द्रव्यमान | 05 | | | |

## *P 1.7 सावधानियाँ*

1. कैंटिलीवर पर द्रव्यमान को धीरे धीरे लोड कीजिये।
2. कैंटिलीवर के मुक्त सिरे को सावधानी से इस प्रकार विस्थापित करें कि दोलन एक दिशा में हों।
3. कैंटिलीवर के मुक्त सिरे को कम आयाम से विस्थापित कीजिये।
4. गणना के लिए पैन का द्रव्यमान जोड़िये, यदि कोई हो।

## *P 1.8 प्रयोग विधि*

1. कैंटिलीवर सेट कीजिए, एक सिरे को दृढ़ आधार से जोड़िये और मुक्त सिरे पर द्रव्यमान हैंगर लगाइए।
2. मुक्त सिरे पर द्रव्यमान $(m_1) = 50$ ग्राम जोड़िये।
3. मुक्त सिरे पर थोड़ा विस्थापन दीजिए।
4. आवर्त काल को मापने के लिए स्टॉप वॉच को शुरू करके 20 दोलनों के लिए समय मापिये।
5. इस प्रक्रिया को समान द्रव्यमान के साथ दो बार दोहराइए।
6. द्रव्यमान 50 ग्राम बढ़ाते जाएँ और आवर्त काल को मापिये।
7. आगे की गणना के लिए आवर्त काल के वर्ग v/s द्रव्यमान के मध्य ग्राफ खींचिए।

## *P 1.9 प्रेक्षण एवं गणना*

कैंटिलीवर की लंबाई (L) = m कैंटिलीवर की चौड़ाई (w) = m

कैंटिलीवर की मोटाई (t) = m

| क्र.सं. | मुक्त सिरे पर द्रव्यमान | 20 दोलनों के लिए समय (sec) | | | आवर्त काल ($T = t_{माध्य}/20$) | $T^2$ |
|---|---|---|---|---|---|---|
| | | $t_1$ | $t_2$ | $t_{माध्य} = (t_1 + t_2)/2$ | | |
| 1 | | | | | | |
| 2 | | | | | | |
| 3 | | | | | | |
| 4 | | | | | | |
| 5 | | | | | | |

$T^2$ एवं m के मध्य ग्राफ खींचे

ग्राफ का स्लोप :

$$k = 4\pi^2 / slope$$

$$Y = k\,4L^3 / w\,t^3$$

आयताकार कैंटिलीवर के लिए,

## *P 1.10 परिणाम एवं/ अथवा विवेचना*

(विद्यार्थी द्वारा भरा जाना है)

1. ..........................................................................................................

2. ..........................................................................................................

## *P 1.11 निष्कर्ष एवं/ अथवा सत्यापन*

(विद्यार्थी द्वारा भरा जाना है)

1. ..........................................................................................................

2. ..........................................................................................................

## *P 1.12 प्रयोग संबंधित प्रश्न*

(उत्तर के लिए अलग शीट का प्रयोग करें)

नोट: उदाहरण के तौर पर कुछ प्रश्न नीचे दिए गए हैं। पूर्व निर्धारित कोर्स आउटकम की प्राप्ति सुनिश्चित करने के लिए शिक्षकों को ऐसे और अधिक प्रश्न तैयार करने चाहिए।

1. पदार्थ के साथ कैंटिलीवर दोलित्र के आवर्त काल में परिवर्तन का पूर्वानुमान लगाइए।
2. दिए गए प्रायोगिक सेटअप के लिए वह अधिकतम आयाम ज्ञात कीजिए, ताकि दोलन SHM बने रहें।
3. यदि कैंटिलीवर की लंबाई आधी कर दी जाए तो आवर्त काल में परिवर्तन का पूर्वानुमान लगाइए।
4. आवर्त काल के निर्धारण के लिए बीस दोलनों के लिए लगने वाले समय को मापने का कारण दीजिए।
5. वर्तमान प्रयोग में त्रुटियों के स्रोत बताइए।

## *P 1.13 सुझाए गए शिक्षण संसाधन*

- https://vlab.amrita.edu/?sub=3&brch=175&sim=1078&cnt=1

## *P 1.14 सुझाई गई मूल्यांकन योजना*

(शिक्षक द्वारा भरा जाना है)

नीचे दिए गए बिंदु, प्रक्रिया और परिणाम से संबंधित अंकों के मूल्यांकन के लिए एक दिशानिर्देश का कार्य करेंगे।

| निष्पादन सूचक | | % भारिता (वेटेज) | प्राप्तांक |
|---|---|---|---|
| प्रक्रिया संबंधित: .... अंक * (.......%) | | | |
| 1 | प्रयोग व्यवस्थित करना | | |
| 2 | मापन करना | | |
| 3 | ग्राफ खींचना एवं गणना करना | | |

| 4 | व्यक्तिगत और सामूहिक कार्य | | |
|---|---|---|---|
| परिणाम संबंधित: ….. अंक * (…….%) | | | |
| 5 | परिणाम और निष्कर्ष | | |
| 6 | रिपोर्ट की समय पर प्रस्तुति | | |
| | कुल | 100% | |

* परिणाम और प्रक्रिया मूल्यांकन के लिए अंक और प्रतिशत वेटेज शिक्षक द्वारा तय किया जाएगा।

| विद्यार्थी का नाम:………………………………………………… प्राप्तांक | | | शिक्षक के हस्ताक्षर एवं दिनांक |
|---|---|---|---|
| प्रक्रिया संबंधित | परिणाम संबंधित | कुल | |
| | | | |

## प्रयोग-2 पराश्रव्य व्यतिकरणमापी

### *P 2.1 प्रायोगिक कथन*

पराश्रव्य व्यतिकरणमापी का उपयोग करके विभिन्न द्रव पदार्थों में पराश्रव्य तरंगों का वेग ज्ञात करना।

### *P 2.2 प्रायोगिक महत्व*

पराश्रव्य तरंगों के कई चिकित्सा और इंजीनियरिंग अनुप्रयोग होते हैं। चूंकि पराश्रव्य तरंगों में श्रव्य तरंगों की तुलना में उच्च आवृत्ति और कम तरंग दैर्ध्य होती है, इसलिए यह श्रव्य तरंगों की तुलना में कम क्षीणन के साथ बड़ी दूरी तय कर सकती है। विभिन्न माध्यमों में तरंगों का वेग भिन्न होता है। यह प्रयोग विद्यार्थिओं को विभिन्न द्रव पदार्थों में पराश्रव्य तरंगों के वेग को मापने में मदद करेगा।

### *P 2.3 प्रासंगिक सिद्धांत*

एक द्रव में पराश्रव्य तरंगों का वेग v समी.1 द्वारा दिया जाता है

$$v = \upsilon\lambda \qquad ...(1)$$

जहां, $\upsilon$ आवृत्ति है और

$\lambda$ द्रव में पराश्रव्य तरंगों की तरंग दैर्ध्य है

### *P 2.4 प्रैक्टिकल आउटकम (PrO)*

इस कोर्स के पाठ्यक्रम से प्राप्त होने वाला प्रैक्टिकल आउटकम :

Pr O1 : किसी दिए गए द्रव में पराश्रव्य तरंगों के वेग को निर्धारित करने के लिए पराश्रव्य व्यतिकरणमापी का उपयोग करना।

### *P 2.5 प्रायोगिक व्यवस्था (चित्र /स्केच/परिपथ आरेख/कार्य स्थिति)*

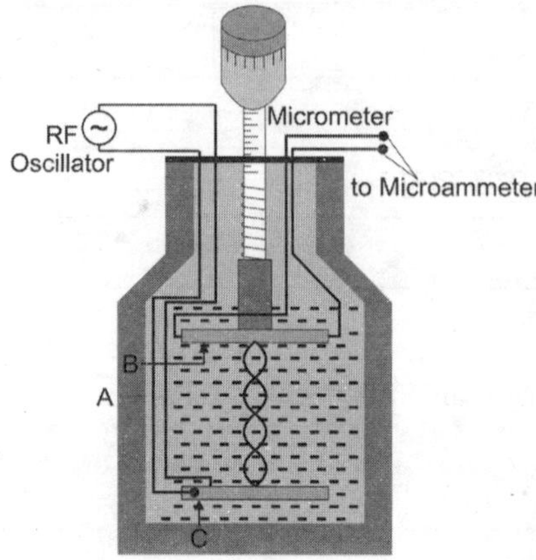


चित्र P2.1

पराश्रव्य व्यतिकरणमापी सेट अप, रेडियो आवृति जनरेटर, पात्र, माइक्रोमीटर और अमीटर से मिलकर बनता है। द्रव (आसुत जल (distilled water) हो सकता है) जिसमें पराश्रव्य तरंगों का वेग निर्धारित किया जाना है, को एक पात्र (A) में भरा जाता है। दो क्वार्ट्ज क्रिस्टल, (B) और (C) को द्रव में रखा गया है, (C) को पात्र (A) के पेंदे पर रखा गया है और (B) को (C) के ऊपर इस तरह रखा गया है कि (B) और (C) द्रव के अंदर समानांतर हैं। क्रिस्टल (B) की स्थिति बदली जा सकती है। क्वार्ट्ज क्रिस्टल (C) को बाहरी रेडियो आवृति दोलित्र (RF oscillator) से इसकी प्राकृतिक आवृत्ति का रेडियो आवृति दोलन दिया जाता है। दाब विद्युत प्रभाव (Pizo electric effect) के कारण क्रिस्टल (C) द्वारा उत्पन्न पराश्रव्य तरंग, जो पात्र के द्रव में ऊपर जाती है। यह पराश्रव्य तरंग क्रिस्टल (B) से परावर्तित होती है। क्रिस्टल (B) की स्थिति को माइक्रोमीटर स्क्रू व्यवस्था के द्वारा इस तरह बदला जाता है कि (C) से आपतित तरंगों तथा (B) से परावर्तित तरंगों के अध्यारोपण के कारण द्रव स्तंभ में अप्रगामी तरंगें बनती हैं। अप्रगामी तरंगों के बनने पर (B) को अधिकतम ऊर्जा स्थानांतरित होती है। पुनः, दाब विद्युत प्रभाव (Pizo electric effect) के कारण, क्रिस्टल (B) के सिरों पर अधिकतम वोल्टेज उत्पन्न होता है जोकि कंपन के लंबवत होता है एवं बाह्य परिपथ में अधिकतम एनोड धारा प्रवाहित होती है, जिसे बाह्य अमीटर द्वारा मापा जा सकता है। जब स्थिति (B) को पुनः बदल दिया जाता है, तो किसी अन्य स्थिति में, एनोड धारा का पुनः अधिकतम मान होता है। अधिकतम एनोड धारा की दो क्रमागत स्थितियों के बीच की दूरी (d) तरंगदैर्घ्य की आधी होती है।

$$d = \lambda/2$$
$$v = 2d\upsilon \quad ...(2)$$

## P 2.6 आवश्यक संसाधन

| क्र.. सं | सुझाए गए आवश्यक संसाधन मशीनें/ औजार /उपकरण महत्वपूर्ण विशिष्टताओं सहित | मात्रा | प्रयुक्त वास्तविक संसाधन मशीनें/ औजार /उपकरण व्यापक विशिष्टताओं सहित (विद्यार्थी द्वारा भरा जाना है) | | टिप्पणी (यदि कोई हो) |
|---|---|---|---|---|---|
| | | | निर्माता (Make) | विवरण | |
| 1 | पराश्रव्य व्यतिकरणमापी सेट अप में रेडियो आवृति दोलित्र, क्वार्ट्ज क्रिस्टल, अमीटर, माइक्रोमीटर स्क्रू गेज शामिल हैं। | | | | |
| 2 | द्रव (आसुत जल distilled water) | | | | |

## *P 2.7 सावधानियाँ*

1. द्रव में पराश्रव्य तरंगों की तरंग दैर्ध्य की तुलना में पात्र की लंबाई बहुत अधिक होनी चाहिए।
2. प्रयोग के दौरान द्रव का तापमान स्थिर रहना चाहिए।
3. बैक लेस त्रुटि से बचने के लिए माइक्रोमीटर स्क्रू को सदैव एक ही दिशा में घुमाना चाहिए।

## *P 2.8 प्रयोग विधि*

1. उपकरण को चित्र P2.1 में दिखाए अनुसार सेट कीजिए।
2. परावर्तक क्रिस्टल B को द्रव के अंदर C से सुविधाजनक ऊँचाई पर रखिए।
3. माइक्रोमीटर का पाठ्यांक नोट कीजिए।
4. रेडियो आवृति शक्ति दोलित्र (RF power oscillator) को चालू करें और इसकी आवृत्ति को क्रिस्टल C की प्राकृतिक आवृत्ति के अनुसार समायोजित करें जोकि उपकरण विशिष्टताओं (apparatus specifications) में दिया होता है। कुछ उपकरणों में यह पहले से ही सेट होता है।
5. B की ऊंचाई धीरे धीरे घटाइए।
6. AC माइक्रोएमीटर के पाठ्यांक का निरीक्षण कीजिए।
7. माइक्रोमीटर का पाठ्यांक नोट कीजिए, जब माइक्रोमीटर अधिकतम मान $x_1$ दर्शाता है।
8. 5-7 की प्रक्रिया को पांच बार दोहराएं और अधिकतम धारा की स्थिति को $x_2, x_3\ldots$ के रूप में नोट कीजिए।
9. $x_1 - x_2, x_2 - x_3, \ldots$ आदि तरंग दैर्ध्य का आधा होते है।
10. सूत्र से अल्ट्रासोनिक तरंग के वेग की गणना कीजिए।

## *P 2.9 प्रेक्षण एवं गणना*

RF दोलित्र की आवृति = .......... Hz

माइक्रोमीटर का अल्पतमांक = .......... mm

| क्र..स | माइक्रोमीटर का पाठ्यांक x (cm) | | | d (cm) |
|---|---|---|---|---|
| | वृत्ताकार पैमाने का पाठ्यांक | मुख्य पैमाने का पाठ्यांक | कुल पाठ्यांक | |
| 1 | | | $x_1$ | $x_1 - x_2 =$ |
| 2 | | | $x_2$ | $x_2 - x_3 =$ |
| 3 | | | $x_3$ | $x_3 - x_4 =$ |
| 4 | | | $x_4$ | ... |

माध्य d = ..........

$v = \upsilon \times 2d$

## *P2.10 परिणाम एवं/ अथवा विवेचना*

(विद्यार्थी द्वारा भरा जाना है)

1. ..........................................................................................................

2. ..........................................................................................................

## *P 2.11 निष्कर्ष एवं/ अथवा सत्यापन*

(विद्यार्थी द्वारा भरा जाना है)

1. ................................................................................................................................................

2. ................................................................................................................................................

## *P 2.12 प्रयोग संबंधित प्रश्न*

(उत्तर के लिए अलग शीट का प्रयोग करें)

नोट: उदाहरण के तौर पर कुछ प्रश्न नीचे दिए गए हैं। पूर्व निर्धारित कोर्स आउटकम की प्राप्ति सुनिश्चित करने के लिए शिक्षकों को ऐसे और अधिक प्रश्न तैयार करने चाहिए।

1. पात्र की लंबाई, पराश्रव्य तरंगों की तरंगदैर्घ्य से अधिक लेने के कारण बताइए।
2. क्या यह प्रयोग किसी अन्य द्रव से भी किया जा सकता है?
3. वर्तमान प्रयोग में त्रुटियों के स्रोत बताइए।
4. त्रुटि को कम करने के लिए विधि सुझाइए।

## *P 2.13 सुझाए गए शिक्षण संसाधन*

- https://vlab.amrita.edu/?sub=1&brch=201&sim=803&cnt=4

## *P 2.14 सुझाई गई मूल्यांकन योजना*

(शिक्षक द्वारा भरा जाना है)

नीचे दिए गए बिंदु, प्रक्रिया और परिणाम से संबंधित अंकों के मूल्यांकन के लिए एक दिशानिर्देश का कार्य करेंगे।

| निष्पादन सूचक | | % भारिता (वेटेज) | प्राप्तांक |
|---|---|---|---|
| प्रक्रिया संबंधित: .... अंक * (.......%) | | | |
| 1 | प्रयोग व्यवस्थित करना | | |
| 2 | अनुनाद पर समस्वरण | | |
| 3 | माइक्रोमीटर से स्थिति का मापन | | |
| 4 | उपकरण का प्रबंधन | | |
| परिणाम संबंधित: ..... अंक * (.......%) | | | |
| 5 | परिणाम और निष्कर्ष | | |
| 6 | रिपोर्ट की समय पर प्रस्तुति | | |
| 7 | प्रयोग से सम्बंधित प्रश्नों के उत्तर | | |
| | कुल | 100% | |

* परिणाम और प्रक्रिया मूल्यांकन के लिए अंक और प्रतिशत वेटेज शिक्षक द्वारा तय किया जाएगा।

| विद्यार्थी का नाम:........................................................ प्राप्तांक | | | शिक्षक के हस्ताक्षर एवं दिनांक |
|---|---|---|---|
| प्रक्रिया संबंधित | परिणाम संबंधित | कुल | |
| | | | |

## अधिक जानिए

विद्यार्थियों के मौजूदा ज्ञान को बढ़ाने के लिए इस अध्याय से संबंधित निम्नलिखित विषयों का सुझाव दिया गया है जो अनुप्रयुक्त भौतिक शास्त्र पाठ्यक्रम में रुचि को बढ़ाता है

- संगीत पैमाने की आवृत्ति
- ध्वनि की गति और लाप्लास संशोधन
- अप्रगामी तरंगों का निर्माण

### अनुप्रयोग

- विभिन्न तरंग दैर्ध्य की ध्वनि तरंगों में वास्तविक जीवन के कई अनुप्रयोग होते हैं जैसे ध्वनि तरंगों की आवृत्ति परास 20 हर्ट्ज 20 किलोहर्ट्ज़ होती है,जो श्रव्य है, सुनने की क्षमता देती है।
- उच्च आवृत्ति की ध्वनि तरंगों का उपयोग चिकित्सा अनुप्रयोगों में किया जाता है
- विद्युत चुंबकीय तरंगों के रेडियो, मोबाइल फोन, उपग्रह संचार सहित कई प्रकार के अनुप्रयोग होते है।
- डाइविंग बोर्ड एक प्रकार का कैंटिलीवर है।
- कैंटिलीवर बीम अवधारणा का उपयोग भवन डिजाइन में किया जाता है।

Cantilever

### आई.सी.टी. के उपयोग

- कैंटिलीवर के सिमुलेशन के लिए विद्यार्थी निम्नलिखित URL देख सकते हैं
- https://mdmv-nitk.vlabs.ac.in/exp1/index.html#
- प्रतिध्वनि काल प्रदर्शित करने के लिए ध्वनि रिकॉर्डर ऐप का प्रयोग कीजिए।

Case study on resonance

### केस स्टडी पर्यावरणीय

निम्नलिखित लिंक में दिए गए टैकोमा-संकीर्ण-पुल की केस स्टडी का विश्लेषण कीजिए।

- https://theconstructor.org/case-study/tacoma-narrows-bridge-case-study/352365/

निम्नलिखित लिंक में दिए गए प्रतिध्वनि काल की गणना के लिए केस स्टडी का विश्लेषण कीजिए।

- https://www.acousticlab.com/en/reverberation-time-and-sabines-formula/

### अभिनव प्रयोग / परियोजनाएँ / गतिविधियों को डिजाइन कीजिए

- स्प्रिंग और डोरी पर अनुप्रस्थ और अनुदैर्ध्य तरंगों को प्रदर्शित करने के लिए मॉडल तैयार कीजिए और यांत्रिक तरंग के वेग को मापिए
- मोबाइल एप्लिकेशन का उपयोग करके संस्थान में विभिन्न स्थानों के लिए प्रतिध्वनि काल को मापिये।

- ध्वनि के वेग को मापने के लिए मॉडल तैयार कीजिये।
- स्वरित्र द्विभुज के साथ विस्पंदों को प्रदर्शित करने के लिए वॉयस रिकॉर्डर ऐप का उपयोग कीजिये।

## कौतुहल एवं जिज्ञासा के विषय

- क्या सुनने की क्षमता उम्र के साथ बदलती है?
- ध्वनि का उतार चढ़ाव (Waxing and waning)।
- क्या प्रत्येक आवधिक गति सरल आवर्त गति है?
- पुल पर सैनिकों की लयबद्ध मार्चिंग।
- प्रसिद्ध कंसर्ट हॉलों के प्रतिध्वनि काल की सूची बनाइए।
- उन प्रकाश तरंगों की तरंग दैर्ध्य परास ज्ञात कीजिए जो मानव आँख से देखी जा सकती है।
- पराश्रव्य तरंगों के वे दो अनुप्रयोग खोजिए, जिन्हें भाग 1.3.6 में सूचीबद्ध नहीं किया गया है।
- उन तरीकों का पता लगाइए जिनसे हम पराश्रव्य ध्वनि उत्पन्न कर सकते हैं और उसका पता लगा सकते हैं।

## संदर्भ एवं अध्ययन हेतु सुझाव


- H C Verma, "Concepts of Physics " 1st ed., vol.1, Bharti Bhawan, 1992.
- Richard Feynman et al "Tha Feynman lectures on Physics", 6th ed.vol1, Addison-Wesley, 1963.
- R K Gaur and S L Gupta "Engineering Physics", 8th ed., Dhanpat Rai, 2011.
- Resnick Hallidayand Krane, "Physics" 5th ed.vol1, Wiley, 2014.
- http://rtlabs.nitk.ac.in/?q=article/free-vibration-cantilever-beam
- https://www.sciencedirect.com/topics/engineering/sound-absorption-coefficient
- Aladin Carovacetal “Application of Ultrasound in Medicine”, Acta Inform Med.2011Sep; 19(3) :168–171.doi:10.5455/aim.2011.19.168-171
- https://cdn.sparkfun.com/datasheets/Sensors/Proximity/HCSR04.pdf
- https://www.acoustic-supplies.com/absorption-coefficient-chart/

# 2 प्रकाशिकी

## यूनिट विशिष्ट

यह अध्याय निम्नलिखित मुख्य पहलुओं पर केंद्रित है:

- परावर्तन और अपवर्तन की प्रकाशिक घटनाएँ
- दर्पणों एवं लेंसों से प्रतिबिम्बों का निर्माण
- लेंस सूत्र
- लेंस दोष
- प्रकाशीय तंतु में प्रकाश संचरण
- प्रकाशीय उपकरण: सूक्ष्मदर्शी एवं दूरदर्शी
- प्रकाशीय प्रोजेक्शन तंत्र

दैनिक जीवन में प्रकाशिकी के अनुप्रयोगों की चर्चा, रुचि पैदा करने के लिए की गई है और विषयों को समझने के लिए गतिविधियों का सुझाव भी दिया गया है। हल की गई अनुप्रयोग आधारित समस्याएं, बहुविकल्पीय प्रश्न और ब्लूम के वर्गीकरण के निचले और उच्च क्रम के संज्ञानात्मक (cognitive) स्तरों के प्रश्न अध्याय में दिए गए हैं ताकि कोई भी अभ्यास के लिए उन्हें हल कर सके, जो अधिगम के पुनर्बलन में सहायक होंगे। विभिन्न विषयों के लिए वीडियो लिंक के क्यूआर कोड भी दिए गए हैं जिन्हें प्रासंगिक सहायक ज्ञान के लिए स्कैन किया जा सकता है।

अवधारणाओं और सिद्धांतों के अनुकरण के लिए क्यूआर कोड भी अध्याय में दिए गए हैं, ताकि विद्यार्थी उपलब्ध सिमुलेशन मॉडल का अनुकरण करने के लिए व्यावहारिक अभ्यास कर सकें। विषय को गहराई से समझने के लिए विद्यार्थी सिमुलेशन मॉडल में विभिन्न मापदंडों को बदल सकते हैं। माइक्रो प्रोजेक्ट गतिविधि का सुझाव दिया गया है जो कोर्स आउटकम को प्राप्त करने में मदद करेगा। अधिक जानिए अनुभाग को विवेकपूर्ण ढंग से डिज़ाइन किया गया है ताकि इस भाग में प्रदान की गई पूरक जानकारी पुस्तक के उपयोगकर्ताओं के लिए फायदेमंद हो। भविष्य में सीखने के लिए विद्यार्थी को प्रेरित करने के लिए विभिन्न पहलुओं पर औद्योगिक अनुप्रयोग और वास्तविक जीवन अनुप्रयोग, केस स्टडी और रचनात्मकता एवं जिज्ञासा के विषय भी अध्याय में शामिल है।

## भूमिका

प्रकाशीय उपकरण हमें अपने आस-पास की चीजों को देखने की शक्ति देते हैं, चाहे वह एक प्राकृतिक प्रकाशीय उपकरण हो जो हमारी आंख है , या यह हमारे मोबाइल फोन का कैमरा हो सकता है। मनुष्य हमेशा उन चीजों को देखने में रुचि रखते हैं जो मनुष्य के आकार की तुलना में या तो बहुत बड़ी हैं या बहुत छोटी हैं। सूक्ष्मदर्शी और दूरबीन जैसे प्रकाशिक उपकरणों ने हमें क्रमशः एक छोटे जीव और दूर के ग्रह का निरीक्षण करने की सुविधा प्रदान की है। विभिन्न इंजीनियरिंग अनुप्रयोगों के लिए प्रकाशिक उपकरण और लेंस और दर्पण जैसी प्रकाशीय युक्तियों के ज्ञान की आवश्यकता होती है। यह अध्याय विद्यार्थियों को विभिन्न इंजीनियरिंग स्थितियों में किरण प्रकाशिकी, लेंस और प्रकाशिक उपकरण की बुनियादी अवधारणाओं (concepts) को लागू करने में मदद करेगा।

## पूर्व अपेक्षित ज्ञान

- गणित- त्रिकोणमिति और बीजगणित
- भौतिकी- लेंस (उत्तल और अवतल) और दर्पण (उत्तल और अवतल)
- अन्य- कंप्यूटर की बुनियादी तकनीक और मोबाइल एप्लिकेशन का उपयोग

## यूनिट आउटकम (UOs)

आउटकम्स की सूची निम्नानुसार है :

U2-O1: किरण मॉडल का उपयोग करके प्रकाश के परावर्तन और अपवर्तन के नियमों की व्याख्या करना।

U2-O2: अवतल और उत्तल पतले लेंस और दर्पण के लिए प्रतिबिम्ब निर्माण के विवरण का पूर्वानुमान करना।

U2-O3: लेंस की शक्ति, आवर्धन और लेंस में दोषों की व्याख्या करना।

U2-O4: पूर्ण आन्तरिक परावर्तन की अवधारणा को लागू करते हुए प्रकाशीय तंतु (ऑप्टिकल फाइबर) की कार्यप्रणाली की व्याख्या करना।

U2-O5: सरल और संयुक्त सूक्ष्मदर्शी में अंतर स्पष्ट करना।

U2-O6: विभेदन क्षमता और अनुप्रयोगों के साथ खगोलीय दुरदर्शी की कार्य प्रणाली का वर्णन करना।

| यूनिट -2 आउटकम्स (UOs) | कोर्स आउटकम्स (COs) के साथ अपेक्षित संबंध *(1-कमजोर सहसंबंध; 2-मध्यम सहसंबंध; 3-मजबूत सहसंबंध )* | | | | | |
|---|---|---|---|---|---|---|
| | CO-1 | CO-2 | CO-3 | CO-4 | CO-5 | CO-6 |
| U2-O1 | - | 3 | - | 1 | - | 1 |
| U2-O2 | - | 3 | - | 1 | - | 1 |
| U2-O3 | - | 3 | - | - | - | - |
| U2-O4 | - | 3 | - | 1 | - | 1 |
| U2-O5 | - | 3 | - | 1 | - | 1 |
| U2-O6 | - | 3 | - | - | - | 1 |

## 2.1 मूलभूत प्रकाशिक नियम

पिछले अध्याय के भाग 1.1 में चित्र 1.2 के अनुसार, जब एक स्पंदन डोरी पर चल रहा होता है और जैसे ही वह बंद सिरे तक पहुँचता है, स्पंदन परावर्तित हो जाएगा। पानी की लहरों के मामले में भी यही घटना देखी जाएगी, जब वे सीमा तक पहुंचेंगी। तरंग चाहे वह ध्वनि तरंग हो या प्रकाश तरंग जब वे उस माध्यम की सीमा तक पहुँचती हैं जिसमें वे संचरण कर रहे हैं, वहाँ या तो परावर्तन होगा या अपवर्तन या दोनों प्रक्रिया हो सकती है। जब भी कोई तरंग एक माध्यम से दूसरे माध्यम में जाती है, तो एक प्रकाशिक घटना देखी जाएगी।

प्रस्तुत अध्याय में प्रकाश से संबंधित परिघटनाओं की व्याख्या करने के लिए किरण मॉडल का उपयोग किया गया है। इस अध्याय में शामिल प्रकाशीय घटना की व्याख्या उसके यथार्थ स्वरुप को प्रभावित किये बिना, प्रकाश को एक किरण मानकर की जा सकती है।

जैसा कि ऊपर बताया गया है, जब माध्यम में परिवर्तन होता है तो कुछ भौतिक गुणों में परिवर्तन होता है, उनमें से एक माध्यम में प्रकाश किरण का वेग होता है। किन्हीं दो माध्यमों, जैसे माध्यम I और II के लिए, दोनों माध्यमों में प्रकाश की गति भिन्न होती है। जिस माध्यम I में प्रकाश की गति कम होती है उसे माध्यम II की तुलना में सघन माध्यम के रूप में जाना जाता है और माध्यम II जिसमें गति अधिक होती है उसे माध्यम I की तुलना में विरल (rarer) माध्यम के रूप में जाना जाता है। आम तौर पर, वह माध्यम जिसमें प्रकाश की गति कम होती है उसे सघन (denser) माध्यम माना जाता है और जिस माध्यम में प्रकाश की गति अधिक होती है उसे विरल माध्यम के रूप में जाना जाता है।

**उदाहरण**: a. प्रकाश किरण के लिए वायु की तुलना में पानी सघन माध्यम है।

b. कांच पानी की तुलना में सघन माध्यम है।

**नोट**: दो माध्यमों की सीमा पर, दो माध्यमों की समन्वय रेखा (इंटरफेस) के लंबवत गुजरने वाली रेखा को अभिलम्ब के रूप में जाना जाता है।

## 2.1.1 परावर्तन

जब प्रकाश की किरण किसी माध्यम में गति करती है और दूसरे माध्यम की समन्वय रेखा (इंटरफेस) पर आपतित होती है, जहां वह अभिलंब से कुछ कोण बनाती है, तो वह अभिलंब के दूसरी ओर उसी माध्यम में उसी कोण से वापस आ जाती है जिससे वह आपतित हुई है। इस घटना को प्रकाश के परावर्तन के रूप में जाना जाता है। मान लीजिए कि आपतित किरण अभिलंब से 'i' कोण (आपतन कोण कहलाता है) बनाती है और किरण 'r' (जिसे परावर्तन कोण कहते हैं) कोण से परावर्तित होती है। परावर्तन कोण हमेशा आपतन कोण के बराबर होता है और इस नियम को परावर्तन के नियम के रूप में जाना जाता है। साथ ही, आपतित किरण, परावर्तित किरण और अभिलंब एक ही तल में स्थित होते हैं, जैसा चित्र 2.1 में दर्शाया गया है।

Laws of reflection

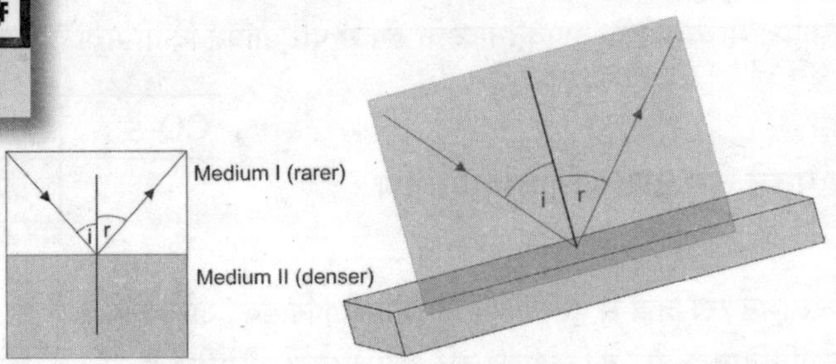


**चित्र 2.1:** परावर्तन की घटना

$$\angle i = \angle r \quad ...(2.1)$$

## 2.1.2 अपवर्तन

जब प्रकाश की किरण विरल माध्यम में गति करती है और विरल और सघन माध्यम के इंटरफेस पर आपतित होती है तो अभिलम्ब से कुछ कोण बनाती है, जब प्रकाश किरण सघन माध्यम में प्रवेश करती है तो अभिलम्ब की ओर झुक जाती है। इस घटना को प्रकाश के अपवर्तन के रूप में जाना जाता है और इसके विपरीत तब होगा जब प्रकाश किरण सघन से विरल माध्यम में जाती है। सघन से विरल माध्यम में प्रवेश करने पर प्रकाश की किरण अभिलम्ब से दूर चली जाती है।

Simulation of bending of light

**चित्र 2.2:** अपवर्तन की घटना

मान लीजिए कि आपतित किरण अभिलंब से 'i' कोण (आपतन कोण कहलाता है) बनाती है और अपवर्तित किरण अभिलम्ब से r' (अपवर्तन कोण कहलाता है) कोण बनाती है। आपतन कोण की ज्या और अपवर्तन कोण की ज्या का अनुपात दोनों माध्यमों में प्रकाश के वेग के अनुपात के बराबर होता है और इस नियम को स्नेल के अपवर्तन के नियम के रूप में जाना जाता है।

$$sin(i) / sin(r') = v_1 / v_2 \quad ...(2.2)$$

जहां $v_1$ विरल माध्यम में प्रकाश का वेग है और $v_2$ सघन माध्यम में वेग है। जब प्रकाश की किरण हवा में संचरण करती हुई किसी सतह पर आपतित होती है, तो यह और सतह से आंशिक रूप से परावर्तित और अपवर्तित हो जाती है। जो सतह अधिक परावर्तन करती है वह चमकदार या अपारदर्शी सतह होती है जैसे दर्पण, धातु की सतह आदि और जो सतह अधिक अपवर्तन करती हैं वे पारदर्शी सतह होती हैं जैसे कांच, पानी की सतह आदि। कोई सतह 100% परावर्तक या 100% अपवर्तक नहीं है।

### 2.1.3 अपवर्तनांक

किसी भी माध्यम के अपवर्तनांक को निर्वात या वायु में प्रकाश के वेग तथा उस माध्यम में प्रकाश के वेग के अनुपात के रूप में परिभाषित किया जाता है। इसे 'μ' और कुछ पुस्तकों में 'n' के रूप में दर्शाया जाता है। यह एक विमाहीन भौतिक राशि है। किसी भी माध्यम का हवा के सापेक्ष अपवर्तनांक '1' से कम नहीं हो सकता।

***(μ)माध्यम का अपवर्तनांक = (हवा या निर्वात में प्रकाश का वेग) / (माध्यम में प्रकाश का वेग)***

**उदाहरण:** कांच का अपवर्तनांक 1.5 है। अपवर्तनांक का मान जितना अधिक होगा, उस माध्यम में प्रकाश का वेग उतना ही कम होगा। अपवर्तनांक की परिभाषा के अनुसार समी. 2.2 को निम्न के रूप में भी लिखा जा सकता है :

$$sin(i) / sin(r') = {}_1\mu_2$$

जहाँ, ${}_1\mu_2$ को निर्वात या हवा माध्यम1 वायु के सापेक्ष माध्यम 2 के अपवर्तनांक के रूप में परिभाषित किया गया है। वायु या निर्वात के अपवर्तनांक का मान '1' होता है।

### 2.1.4 प्रतिबिम्ब तथा दर्पण, लेंस और पतले लेंस द्वारा प्रतिबिम्ब निर्माण

**गतिविधि**

- सादा कागज लें, इसे उस खिड़की के सामने रखें जहां से हल्की धूप आ रही हो। खिड़की और कागज के बीच उत्तल लेंस लगाएं। कागज पर खिड़की का एक प्रतिबिम्ब बनाने की कोशिश करें और कागज और लेंस के बीच की दूरी को मापें।

यदि किसी वस्तु (जैसे बिंदु 'O') से आने वाली प्रकाश की किरण एक लेंस से अपवर्तित होकर गुजरती है या दर्पण पर गिरकर परावर्तित होती है और अपवर्तन / परावर्तन के बाद, एक बिंदु I पर अभिसरित हो जाती है या बिंदु I से अपसरित होती हुई प्रतीत होती है, तो 'I' को बिंदु 'O' का प्रतिबिम्ब कहते हैं।

**वास्तविक प्रतिबिम्ब और आभासी प्रतिबिम्ब**

वास्तविक प्रतिबिंब तब बनता है जब प्रकाश की किरणें लेंस या दर्पण से अपवर्तन या परावर्तन के बाद क्रमशः मिलती हैं। यह उल्टा होता है और इसे पर्दे पर लिया जा सकता है।

आभासी प्रतिबिम्ब तब बनता है जब प्रकाश की किरणें लेंस या दर्पण से क्रमशः अपवर्तन या परावर्तन के बाद मिलती हुई प्रतीत होती हैं। यह सीधा होता है और इसे पर्दे पर नहीं लिया जा सकता है।

**दर्पण, लेंस और पतले लेंस द्वारा प्रतिबिम्ब निर्माण**

लेंस या दर्पण से प्रतिबिम्ब निर्माण की व्याख्या करने के लिए निम्नलिखित बिंदुओं को सम्मिलित किया जा सकता है:

- परावर्तन या अपवर्तन के बाद अक्ष के समानांतर से गुजरने वाली प्रकाश किरण क्रमशः दर्पण या लेंस के फोकस से होकर गुजरती है और दर्पण या लेंस के फोकस से गुजरने वाली प्रकाश किरण क्रमश परावर्तन या अपवर्तन के बाद अक्ष के समानान्तर गुजरती है।

- प्रकाश की जो किरण प्रकाशीय केंद्र से होकर गुजरती है, परावर्तन या अपवर्तन के बाद क्रमशः दर्पण या लेंस से बिना विचलन के चलती है।

**नोट:** विद्यार्थियों को अवतल और उत्तल लेंस तथा दर्पण, ध्रुव, वक्रता केंद्र, फोकस दूरी, वक्रता त्रिज्या, प्रकाश केंद्र और मुख्य अक्ष की अवधारणा को फिर दोहराने की सलाह दी जाती है।

जब वस्तु को प्रकाश केंद्र से अलग-अलग स्थिति में रखा जाता है, तो निम्न तालिकाएं दर्पण और लेंस में प्रतिबिम्ब निर्माण को सारांशित करती हैं।

| तालिका 2.1 | अवतल दर्पण द्वारा प्रतिबिम्ब निर्माण |
|---|---|
| जब वस्तु C से परे स्थित है<br>प्रतिबिम्ब है<br>• F व C के मध्य निर्मित<br>• वास्तविक<br>• उल्टा<br>• छोटा | 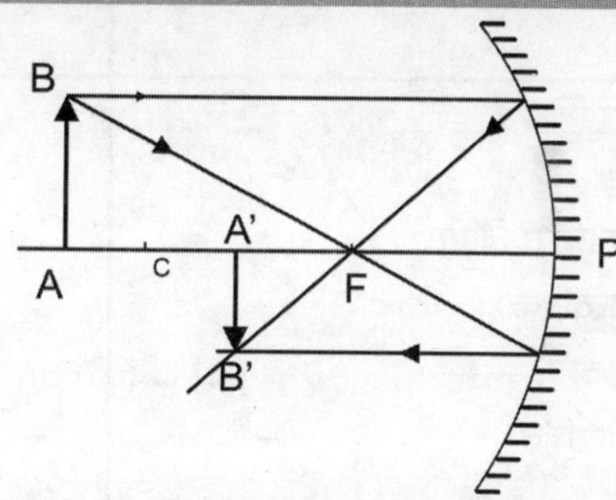 |
| जब वस्तु C पर स्थित है<br>प्रतिबिम्ब है<br>• C पर निर्मित<br>• वास्तविक<br>• उल्टा<br>• समान आकार का | 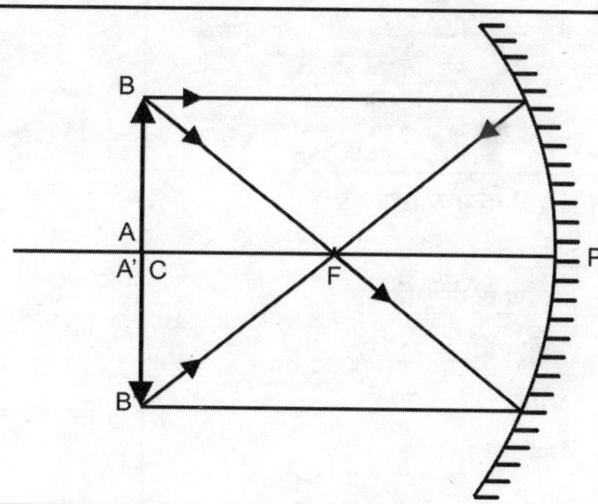 |

Concave mirror ray diagram

| | |
|---|---|
| जब वस्तु C व F के मध्य स्थित है<br>प्रतिबिम्ब है<br>• C से परे निर्मित<br>• वास्तविक<br>• उल्टा<br>• आवर्धित | 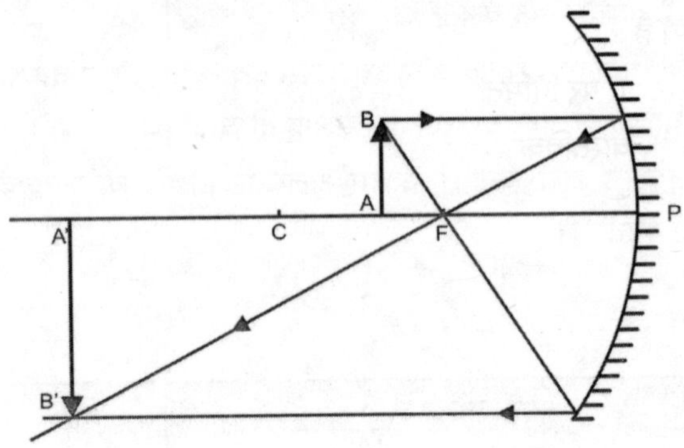  |
| जब वस्तु F पर स्थित है<br>प्रतिबिम्ब है<br>• अनंत पर निर्मित<br>• वास्तविक<br>• उल्टा<br>• आवर्धित | 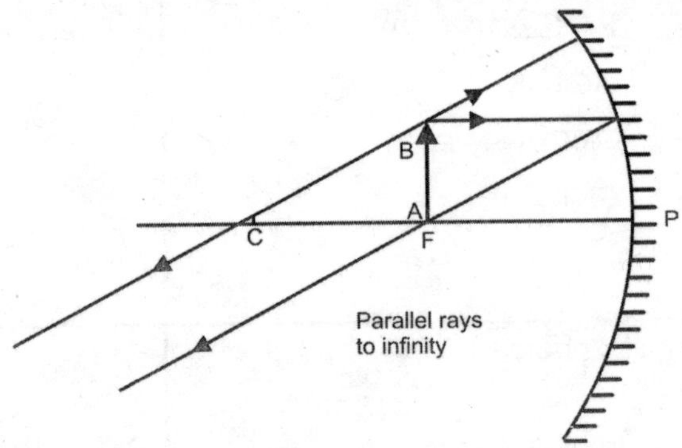  |
| जब वस्तु F व P के मध्य स्थित है<br>प्रतिबिम्ब है<br>• दर्पण के पीछे निर्मित<br>• आभासी<br>• सीधा<br>• आवर्धित | 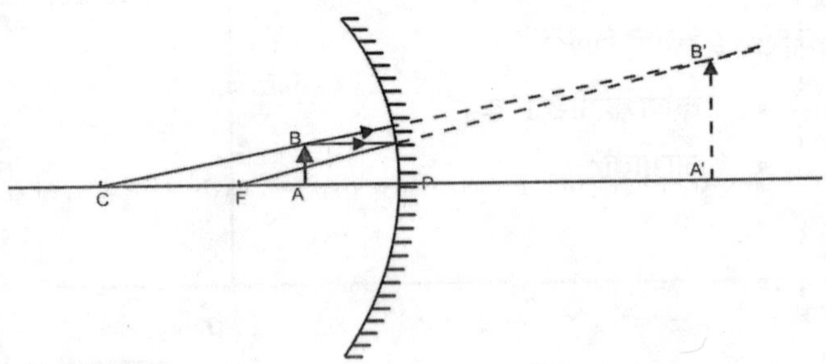  |

| | |
|---|---|
| जब वस्तु अनंत पर स्थित है<br>प्रतिबिम्ब है<br>• F पर निर्मित<br>• वास्तविक<br>• उल्टा<br>• बहुत छोटा (बिंदु आकार का) | 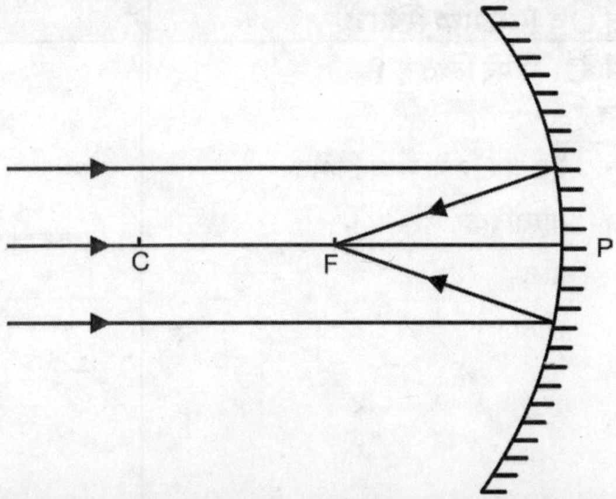 |

| तालिका 2.2 | उत्तल दर्पण द्वारा प्रतिबिम्ब निर्माण |
|---|---|
| जब वस्तु अनंत पर स्थित है<br>प्रतिबिम्ब है<br>• दर्पण के पीछे निर्मित<br>• आभासी<br>• सीधा<br>• बहुत छोटा (बिंदु आकार का) | 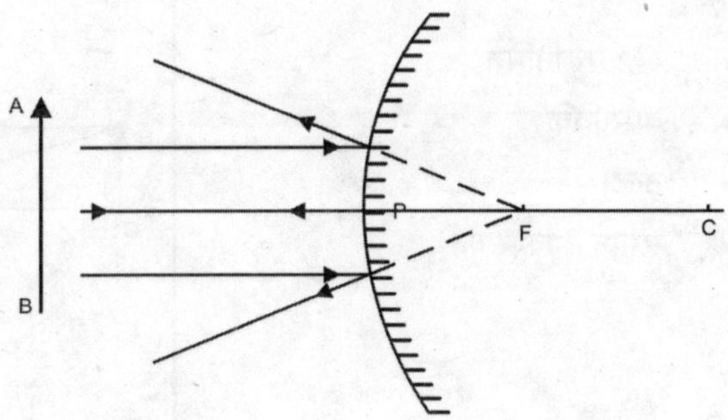 |
| जब वस्तु अनंत व P के मध्य स्थित है<br>प्रतिबिम्ब है<br>• दर्पण के पीछे P व F के मध्य निर्मित<br>• आभासी<br>• उल्टा<br>• छोटा (बिंदु आकार का) | 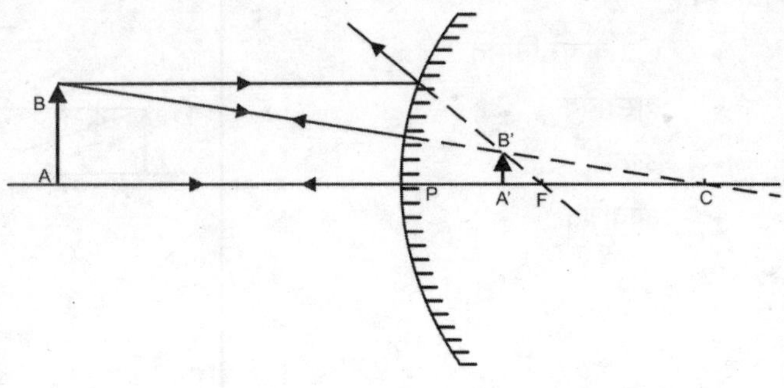 |

| तालिका 2.3 | उत्तल लेन्स द्वारा प्रतिबिम्ब निर्माण |
|---|---|
| जब वस्तु C1 से परे स्थित है<br>प्रतिबिम्ब है<br>• F2 व C2 के मध्य निर्मित<br>• वास्तविक<br>• उल्टा<br>• छोटा | 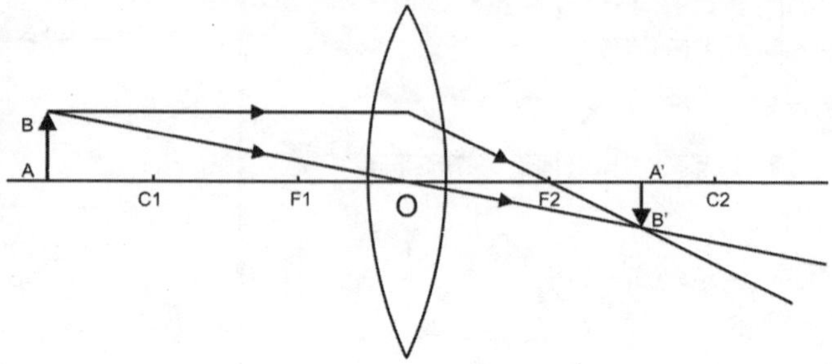 |
| जब वस्तु C1 पर स्थित है<br>प्रतिबिम्ब है ,<br>• C2 पर निर्मित<br>• वास्तविक<br>• उल्टा<br>• समान आकार का | 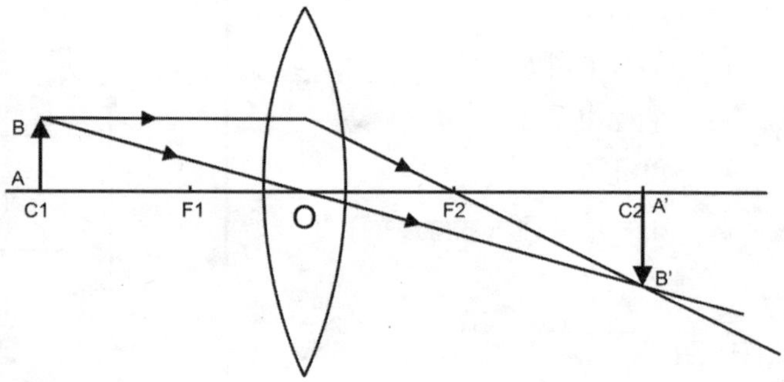 |
| जब वस्तु C1व F1 के मध्य स्थित है<br>प्रतिबिम्ब है<br>• C2 के परे निर्मित<br>• वास्तविक<br>• उल्टा<br>• आवर्धित | 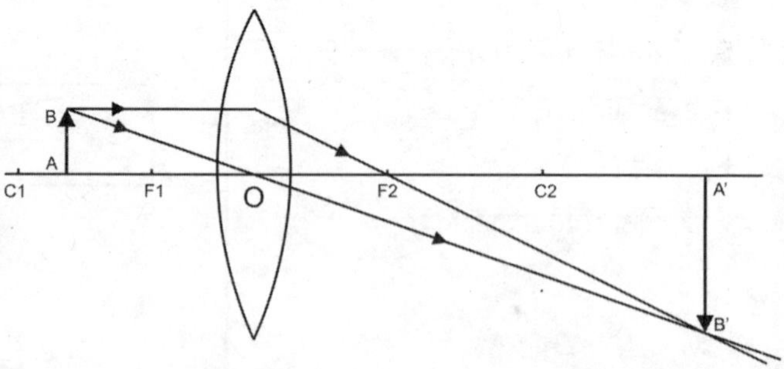 |

| | |
|---|---|
| जब वस्तु F1 पर स्थित है<br>प्रतिबिम्ब है<br>• अनंत पर निर्मित<br>• वास्तविक<br>• उल्टा<br>• आवर्धित | 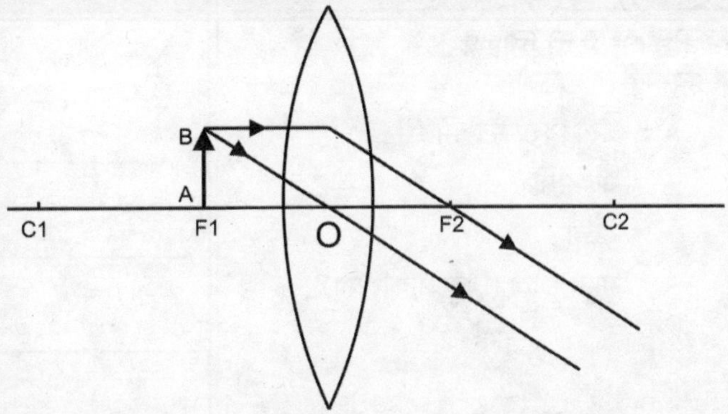 |
| जब वस्तु F1 व O के मध्य स्थित है<br>प्रतिबिम्ब है<br>• वस्तु की दिशा में निर्मित<br>• आभासी<br>• उल्टा<br>• आवर्धित | 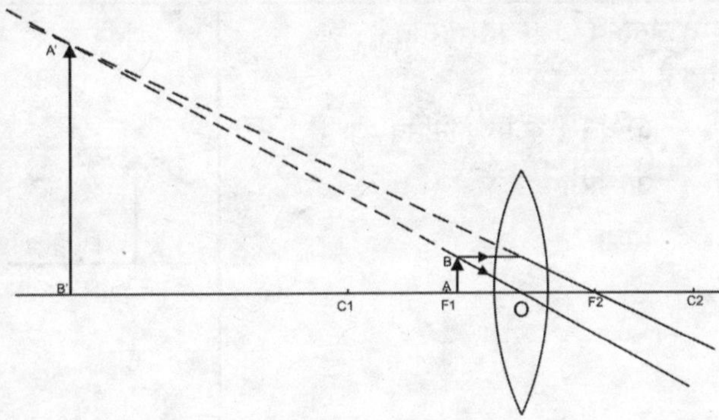 |
| जब वस्तु अनंत पर स्थित है<br>प्रतिबिम्ब है<br>• F2 पर निर्मित<br>• वास्तविक<br>• उल्टा<br>• बहुत छोटा | 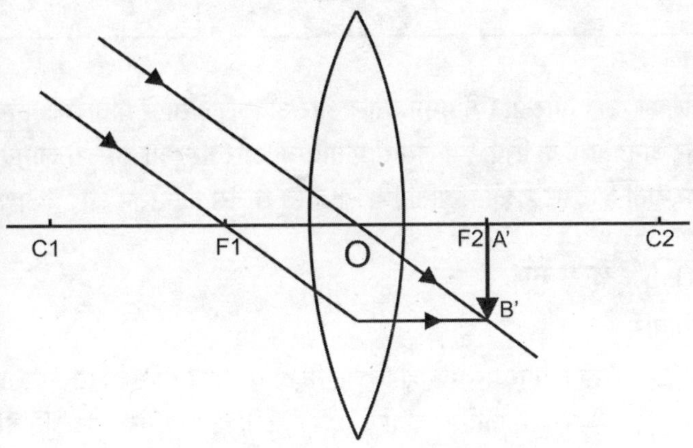 |

| तालिका 2.4 | अवतल लेन्स द्वारा प्रतिबिम्ब निर्माण |
|---|---|
| जब वस्तु अनंत पर स्थित है<br>प्रतिबिम्ब है<br>• उसी दिशा में निर्मित<br>• आभासी<br>• उल्टा<br>• बहुत छोटा (बिंदु आकार का) | 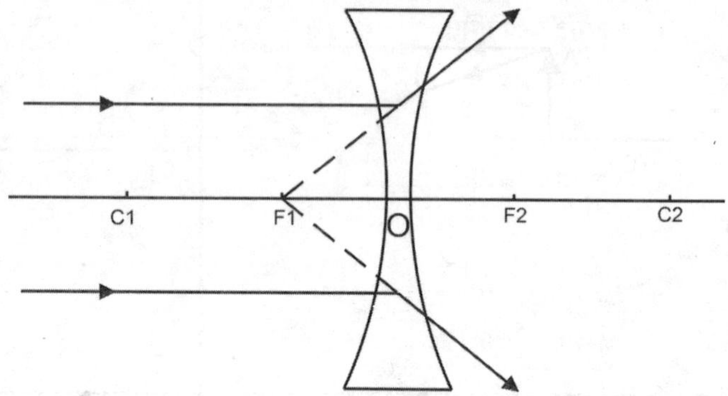  |
| जब वस्तु अनंत व O के मध्य स्थित है<br>प्रतिबिम्ब है<br>• O व F1 के मध्य निर्मित<br>• आभासी<br>• सीधा<br>• छोटा | 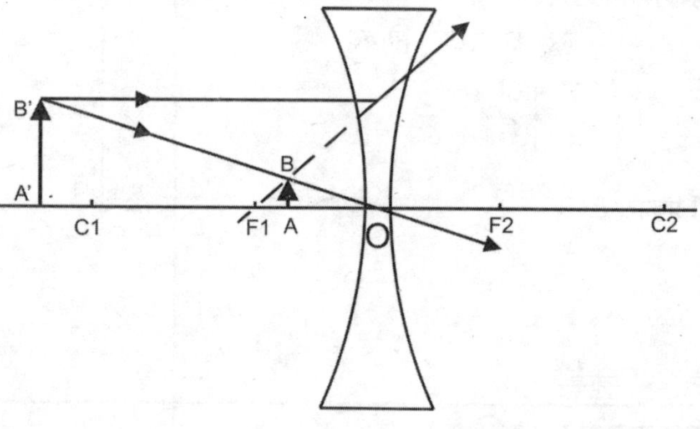  |

**पतले लेंस**

तालिका 2.3 और 2.4 में हमने उत्तल और अवतल लेंसों में प्रतिबिम्ब निर्माण की विभिन्न स्थितियों को देखा है। प्रायोगिक उद्देश्य और अनुप्रयोगों के लिए, हम लेंस से प्रतिबिम्ब और वस्तुओं की दूरी जानना चाहते हैं। पतला लेंस वह लेंस होता है जिसकी मोटाई कम होती है, दूसरे शब्दों में प्रतिबिम्ब या वस्तु से लेंस की सतह और प्रकाश केंद्र की दूरी लगभग बराबर होती है।

## 2.1.5 लेन्स सूत्र

गतिविधि

- ग्राफ पेपर पर एक ही त्रिज्या के दो वृत्तों को प्रतिच्छेदित कर उत्तल लेंस बनाइए। उत्तल लेंस के एक ओर बिंब बनाकर बिंब का प्रतिबिम्ब बनाइए और लेंस के केंद्र से बिंब और प्रतिबिम्ब की दूरी नापिए।

फोकस दूरी 'f' वाले लेंस 'L' के लिए, माना AB एक वस्तु (बिंब) है और इसका प्रतिबिम्ब A'B' है। प्रकाश केंद्र से वस्तु और प्रतिबिम्ब की दूरी क्रमशः u और v है।

f, u तथा v में सामान्य संबंध ज्ञात करते है। दूरी प्रकाश केंद्र से ली जाती है। वह दूरी जो प्रकाश किरण की दिशा में होती है , धनात्मक ली जाती है तथा वह दूरी जो प्रकाश किरण की दिशा के विपरीत होती है, ऋणात्मक ली जाती है। इस प्रकार वर्तमान स्थिति में v को धनात्मक तथा u को ऋणात्मक लिया गया है।

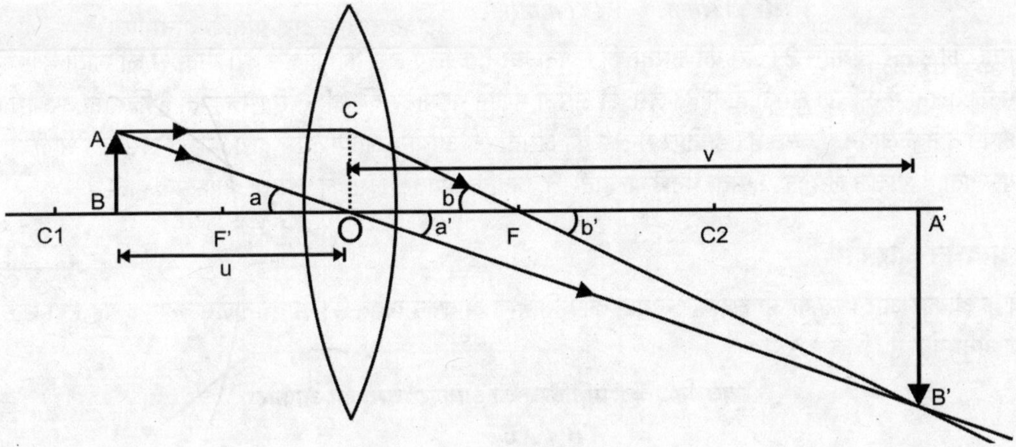


**चित्र 2.3: लेंस से प्रतिबिम्ब निर्माण**

ΔAOB तथा ΔA'OB' में

$$\angle a = \angle a' \quad \text{[शीर्षाभिमुख कोण]}$$
$$\tan(a) = \tan(a')$$
$$AB / OA = A'B' / OA'$$
$$AB / A'B' = -u / v \qquad ...(2.3)$$

इसी प्रकार, ΔCOF तथा ΔA'FB' में

$$\angle b = \angle b' \quad \text{[शीर्षाभिमुख कोण]}$$
$$OC / OF = A'B' / FA'$$
$$AB / A'B' = f / (v - f) \qquad ...(2.4)$$

जैसा कि चित्र से $AB = OC$

समी. 2.3 तथा 2.4 की तुलना से

$$-u / v = f / (v - f)$$
$$-u(v - f) = vf$$
$$-uv + uf = vf \qquad ...(2.5)$$

समी. 2.5 को दोनों तरफ uvf से भाग देने पर

$$-1/f + 1/v = 1/u \quad \text{या}$$
$$1/v - 1/u = 1/f \qquad ...(2.6)$$

समी. 2.6 लेन्स सूत्र कहलाता है, यह अवतल लेन्स के लिए भी वैध है।

**गतिविधि**

- तालिका 2.3 में दी गई प्रतिबिम्ब निर्माण की दूरी का लेंस सूत्र के साथ प्रति परिक्षण (क्रॉस चेक) करें।

## 2.1.6 लेंस की क्षमता

किसी भी लेंस की क्षमता प्रकाश की किरण को मोड़ने की क्षमता होती है। प्रकाश किरणों के अभिसरण का अर्थ है सभी किरणों का एक बिंदु पर मिल जाना और प्रकाश किरणों के अपसरण का अर्थ है प्रकाश किरणों का एक बिंदु से बाहर आना। लेंस की क्षमता को लेंस की अभिसारी या अपसारी क्षमता के रूप में भी परिभाषित किया जा सकता है। गणितीय रूप से, इसे लेंस की फोकस दूरी के व्युत्क्रम के रूप में परिभाषित किया जाता है। जिस लेंस की फोकस दूरी कम होती है, उसकी क्षमता अधिक होती है और जिस लेंस की फोकस दूरी अधिक होती है, उसकी क्षमता कम होती है।

$$\textit{लेंस की क्षमता} = 1/f\ (\textit{मीटर})$$

क्षमता की इकाई डायोप्टर है। लेंस की क्षमता की गणना करने के लिए लेंस की फोकस दूरी मीटर में ली जाती है। मोटे लेंस में पतले लेंस की तुलना में अधिक क्षमता होती है। लेंस की क्षमता मशीन या मोटर की शक्ति से भिन्न होती है जिसका उपयोग हम आम तौर पर अपने दैनिक जीवन में करते हैं। डायोप्टर में लेंस की क्षमता का उपयोग ऑप्टिशियंस द्वारा विभिन्न लेंसों को श्रेणीबद्ध करने के लिए किया जाता है। उत्तल लेंस की क्षमता धनात्मक होती है, जबकि अवतल लेंस की क्षमता ऋणात्मक होती है।

## 2.1.7 आवर्धन और दोष

प्रतिबिम्ब के आकार और वस्तु के आकार के अनुपात को प्रतिबिम्ब आवर्धन कहते हैं। आवर्धन लेंस का एक बहुत ही सामान्य और महत्वपूर्ण अनुप्रयोग है। चित्र 2.3 से

$$\begin{aligned} \textit{आवर्धन} &= \textit{प्रतिबिम्ब का आकार / वस्तु का आकार} \\ &= A'B'/AB \end{aligned}$$

समी. 2.4 से

$$m = (v-f)/f \qquad ...(2.7)$$

लेन्स सूत्र से

$$\begin{aligned} 1/v - 1/u &= 1/f \\ 1/v - 1/f &= 1/u \\ (f-v)/vf &= 1/u \end{aligned}$$

समी. 2.7 व समी. 2.8 की तुलना से

$$(v-f)/f = -v/u \qquad ...(2.8)$$

$$m = -v/u \qquad ...(2.9)$$

यहाँ (-) चिन्ह उल्टा प्रतिबिम्ब दर्शाता है और आवर्धन का परिमाण v/u से दिया जाता है।

**गतिविधि**

- तालिका 2.3 में दी गयी विभिन्न स्थितियों के लिए आवर्धन ज्ञात कीजिए।

**दोष**

इसे लेंस के विपथन के रूप में भी जाना जाता है। उत्तल लेंस की सतह से अलग-अलग दूरी पर रखी गई, किसी वस्तु के प्रतिबिम्ब के निर्माण की व्याख्या तालिका 2.3 में दी गई है। और इसे समी 2.4 से भी समझाया जा सकता है। वास्तविक स्थितियों में प्रतिबिम्ब का निर्माण, तालिका 2.3 में समझाए गए प्रतिबिंबों के निर्माण से भिन्न होता है, यह लेंस के दोष या विपथन के कारण होता है। यह दो प्रकार का होता है:

### *2.1.7.1 वर्ण विपथन*

प्रतिबिम्ब निर्माण में, हमने एकल तरंग दैर्ध्य वाले प्रकाश पर विचार किया है। सफेद प्रकाश में कई रंग के तरंग दैर्ध्य होते हैं। यदि हम श्वेत प्रकाश को स्रोत के रूप में लेते हैं, तो अलग अलग रंग; अलग अलग बिन्दुओ पर प्रतिबिम्ब का निर्माण करते हैं। प्रकाश के विभिन्न रंगों के कारण होने वाले इस दोष को वर्ण विपथन (Chromatic aberration) कहते है।

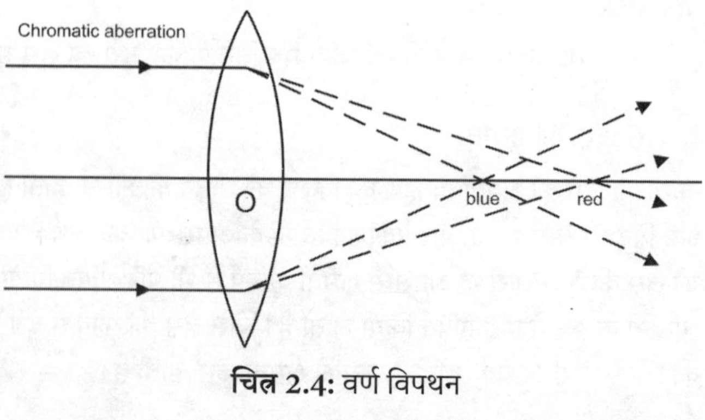


**चित्र 2.4:** वर्ण विपथन

अध्याय I में, हल किए गए उदाहरणों में से एक में,

यह दिया गया था कि ध्वनि तरंग की तरंग दैर्ध्य माध्यम के साथ बदलती है, इसी तरह सफेद रंग के प्रकाश के विभिन्न घटकों की तरंग दैर्ध्य अलग-अलग होगी और इसलिए कांच में अलग-अलग अपवर्तनांक होंगे। स्नेल के नियम के अनुसार, अलग-अलग रंग के प्रकाश में अलग-अलग अपवर्तन कोण होंगे और अलग-अलग बिंदु पर केंद्रित होंगे।

**प्रभाव** : जब सफ़ेद प्रकाश गोलीय लेन्स पर आपतित होता है तो कई रंगों के प्रतिबिम्ब निर्मित होते हैं।

### *2.1.7.2 गोलीय विपथन*

उत्तल या अवतल लेंस में, जब वस्तुओं को अनंत पर रखा जाता है, तो उनके बिंदु प्रतिबिंब फोकस पर बनते हैं। माना जाता है कि प्रकाश की सभी समानांतर किरणें फोकस से होकर गुजरती हैं, लेकिन वास्तविक स्थिति में मुख्य अक्ष के पास की किरणें (Paraxial rays) थोड़ी झुकती है और मुख्य अक्ष से दूर की किरणे (Marginal rays) अधिक झुकती हैं,और इसलिए वे एक बिंदु पर केन्द्रित नहीं होती है। यह दोष लेंस की गोलीय सतह के कारण होता है तथा इसे गोलीय विपथन (Spherical aberration) के रूप में जाना जाता है।

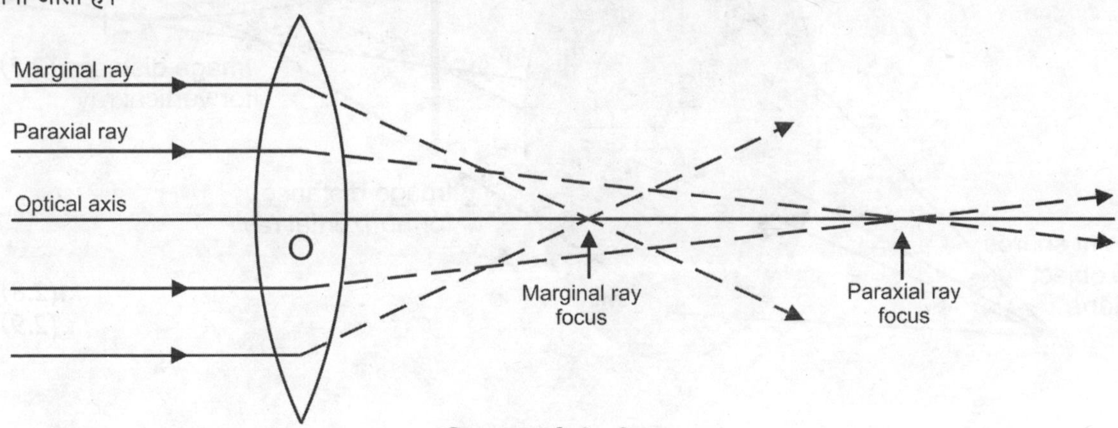


**चित्र 2.5:** गोलीय विपथन

प्रभाव: प्रतिबिम्ब फोकसित नहीं होता है, या प्रतिबिम्ब एक बिंदु पर नहीं होता है।

### *2.1.7.3 कोमा*

गोलीय विपथन में वस्तु से आने वाली प्रकाश किरणें मुख्य अक्ष के समानांतर होती हैं। यदि बिंदु बिम्ब मुख्य अक्ष से दूर है, तो उस बिंदु से आने वाली प्रकाश किरणें मुख्य अक्ष के समानांतर नहीं होती हैं और ऐसी किरणों पर लागू गोलीय विपथन के परिणामस्वरूप उत्पन्न दोष कोमा के रूप में जाना जाता है। इसमें लेंस के विभिन्न क्षेत्रों (Zones) के कारण बनने वाले प्रतिबिम्ब का असमान आवर्धन होता है। बिंदु का वृत्ताकार प्रतिबिम्ब मुख्य अक्ष के लंबवत बनता है।

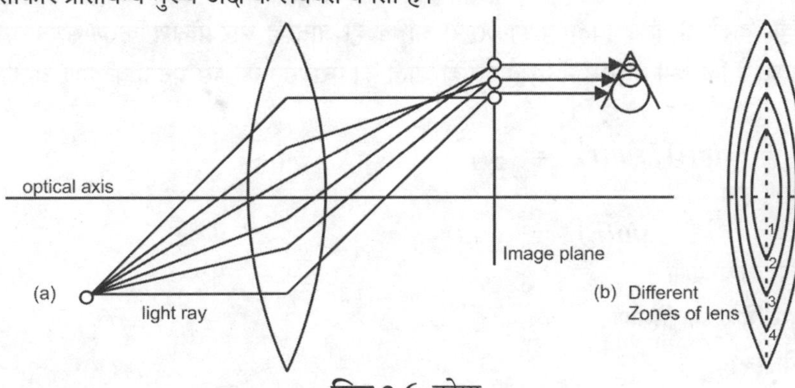


**चित्र 2.6:** कोमा

प्रभाव: प्रतिबिम्ब केंद्र में चमकीला तथा किनारों की तरफ धुंधला होगा।

### *2.1.7.4 दृष्टी वैषम्य*

यदि किसी बिंदु बिम्ब (वस्तु) से आने वाले प्रकाश को लेंस से गुजारा जाता है तो एक दोष रहित लेंस के द्वारा लेंस के विपरीत दिशा में एक केंद्रित चमकीला बिंदु प्रतिबिम्ब बनना चाहिए। परन्तु यदि विभिन्न तलों के लिए लेंस की फोकस दूरी अलग-अलग हो, तो ऐसा कोई तीक्ष्ण फोकस बिंदु नहीं होगा, जहां वस्तु से आपतित सभी प्रकाश किरणें मिलती है।

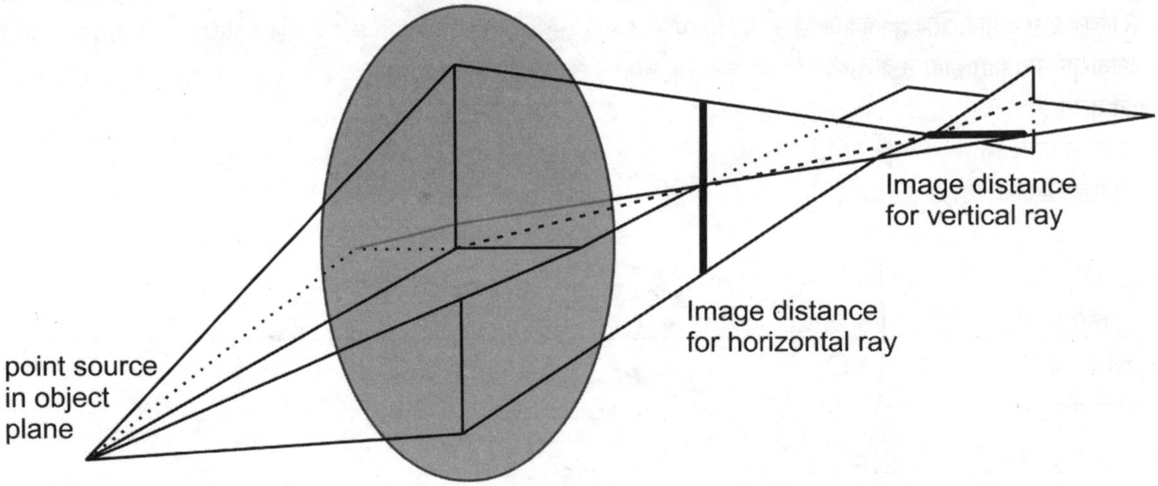


**चित्र** 2.7: दृष्टी वैषम्य

प्रभाव: क्षैतिज और ऊर्ध्वाधर तल से आने वाला प्रकाश क्रमशः लंबवत रेखा और क्षैतिज रेखा पर मिलेगा, परिणामस्वरूप धुंधला प्रतिबिम्ब बनता है। प्रतिबिम्ब का आकार मुख्य अक्ष के साथ बदलता है।

## 2.1.8 पूर्ण आंतरिक परावर्तन (Total Internal Reflection)

स्नेल के अपवर्तन के नियम के अनुसार, जब कोई प्रकाश किरण सघन माध्यम से विरल माध्यम में जाती है, तो वह अभिलम्ब से दूर हट जाती है। यदि हम आपतन कोण बढ़ाते हैं तो अपवर्तन कोण भी बढ़ता है जैसा कि चित्र 2.8 में दिया गया है। एक आपतन कोण पर, अपवर्तन कोण $90^0$हो जाता है। इस आपतन कोण को क्रांतिक कोण के रूप में जाना जाता है। यदि हम आपतन कोण को क्रान्तिक कोण से अधिक करते हैं तो अपवर्तन कोण $90^0$से अधिक हो जाता है और प्रकाश किरण सघन माध्यम में वापिस लौट जाती है या हम कह सकते हैं कि उसी माध्यम में परावर्तित हो जाती है। परावर्तन की इस घटना को पूर्ण आंतरिक परावर्तन के रूप में जाना जाता है।

$$\sin(i)/\sin(r) = {}_2\mu_1$$

यदि $i = i_c$ तो $r = 90^0$ अतः

$$\sin(i_c) = 1/{}_1\mu_2 \quad ...(2.10)$$

उदहारण : हीरे का चमकना

मरीचिका का निर्माण

पेरिस्कोप

**प्रकाशीय तंतु (ऑप्टिकल फाइबर) में पूर्ण आंतरिक परावर्तन के अनुप्रयोग**

आजकल ऑप्टिकल फाइबर का ज्यादातर उपयोग टेलीफोन उपकरणों से दूसरे उपकरण तक सिग्नल भेजने के माध्यम के रूप में किया जाता है। इसके अलावा चिकित्सा और इंजीनियरिंग के क्षेत्रों में ऑप्टिकल फाइबर के कई अनुप्रयोग हैं। ऑप्टिकल फाइबर कांच से बना एक पतला फाइबर या माइक्रोमीटर मोटाई (मानव बाल के बराबर) का तार होता है। यह प्रकाशिक पारदर्शी है और प्रकाश किरण को इसके माध्यम से संचरण करने देता है। ऑप्टिकल फाइबर में प्रकाश किरण पूर्ण आंतरिक परावर्तन की घटना के कारण संचरण करती है। चित्र 2.9 में प्रकाशिक तंतु का आरेख दिया गया है। ऑप्टिकल फाइबर का आंतरिक भाग कोर होता है और इसमें फाइबर के बाहरी हिस्से यानी क्लैडिंग की तुलना में अधिक अपवर्तनांक होता है। ऑप्टिकल फाइबर के माध्यम से भेजने से पहले ऑडियो (श्रव्य)या वीडियो (दृश्य) सिग्नल या डिजिटल सिग्नल को पहले प्रकाश सिग्नल में बदल दिया जाता है।

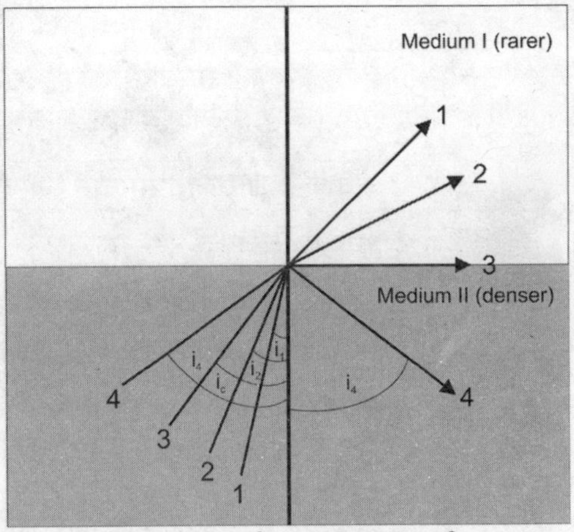


**चित्र 2.8:** पूर्ण आन्तरिक परावर्तन

जब एक प्रकाश किरण ऑप्टिकल फाइबर में प्रवेश करती है, तो कोर अक्ष के साथ कोण i बनाती है, तो यह अपवर्तित हो जाती है, और कोण r कोण i से छोटा होता है। अपवर्तित किरण कोर क्लैडिंग समन्वय रेखा (इंटरफ़ेस) तक पहुँचती है और यदि कोण I' क्रांतिक कोण से अधिक है तो प्रकाश किरण का पूर्ण आंतरिक परावर्तन होगा। इस प्रकार प्रकाश किरण का आगे प्रत्येक कोर क्लैडिंग इंटरफ़ेस पर क्रमिक टीआईआर होगा जब तक कि यह फाइबर के अंत तक नहीं पहुंच जाती। ऑप्टिकल फाइबर में होने वाली टीआईआर की प्रक्रिया निम्नलिखित कारकों पर निर्भर करती है:

- आपतन कोण (i) प्रकाशिक अक्ष के साथ
- कोर और क्लैडिंग का अपवर्तनांक

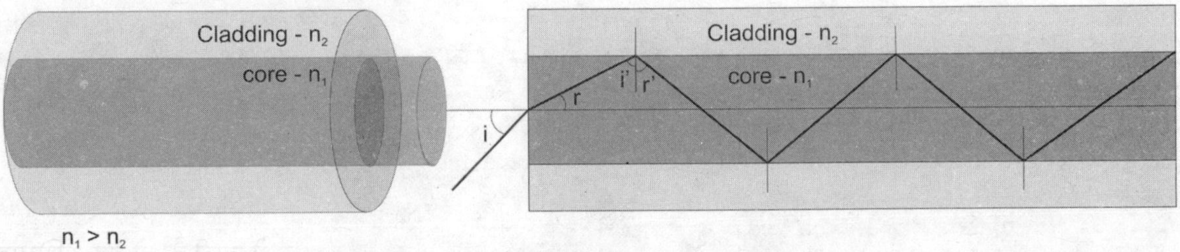


**चित्र 2.9:** प्रकाशीय तंतु में पूर्ण आन्तरिक परावर्तन

## हल किए गए प्रश्न

**उदाहरण 2.1**

2.1 पानी के सापेक्ष काँच का अपवर्तनांक ज्ञात कीजिए।

हल :

पानी के सापेक्ष कांच का अपवर्तनांक $({}_{w}\mu_{g})$ = पानी में प्रकाश का वेग/(कांच में प्रकाश का वेग)

= (पानी में प्रकाश का वेग / कांच में प्रकाश का वेग) × (हवा में प्रकाश का वेग/हवा में प्रकाश का वेग)

= (हवा में प्रकाश का वेग / कांच में प्रकाश का वेग) × (पानी में प्रकाश का वेग/हवा में प्रकाश का वेग)

$= {}_{a}\mu_{g}/(1/{}_{a}\mu_{w})$

$= 3/2 \times 3/4$

$= 9/8$

**उदाहरण 2.2**

2.2 निम्न चित्र में $r_2$ का मान ज्ञात कीजिए।

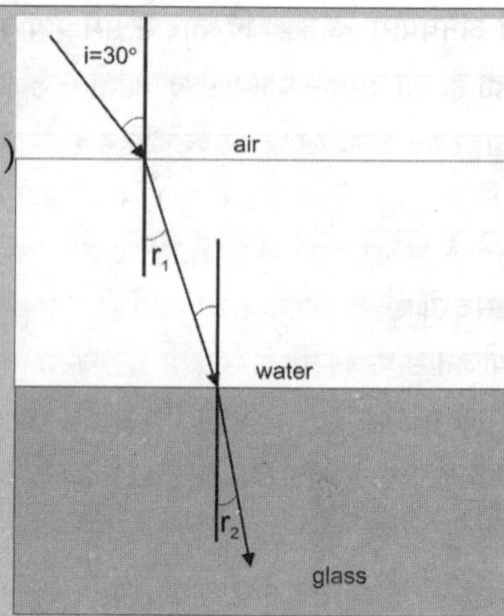


हल :

हवा और पानी समन्वय रेखा (इंटरफेस) के लिए - $\sin(i)/\sin(r_1)$

$= {}_a\mu_w = 4/3$ अतः $\sin(r_1) = 3/4\sin(i)$

अब पानी और कांच समन्वय रेखा (इंटरफेस) के लिए

$\sin(r_1)/\sin(r_2) = {}_w\mu_g$

$\sin(r_2) = 8/9\times\sin(r_1) = 8/9 \times 3/4 \times \sin(30)$

$= 8/9 \times 3/4 \times 1/2$

$= 1/4$

$r_2 = \sin^{-1}(1/3)$

**उदाहरण 2.3**

2.3 निम्न चित्र में OP का मान ज्ञात कीजिए, यदि वस्तु को 2f पर रखा जाता है, जहाँ f लेंस की फोकस दूरी है और आवर्धन भी ज्ञात कीजिए।

हल :

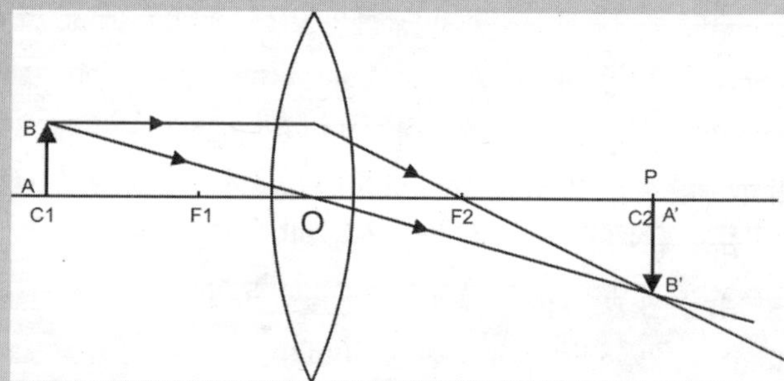


लेन्स सूत्र से $1/v - 1/u = 1/f$

$v = OP$, $u = -2f$ अतः

$1/v - 1/(-2f) = 1/f$

$1/v + 1/2f = 1/f$

$1/v = 1/f - 1/2f$

$1/v = 1/2f v = 2f$

प्रतिबिम्ब लेन्स के दूसरी तरफ 'O' से 2f दूरी पर बनेगा।

आवर्धन (m) = v/u

$= 2f/2f$

$= 1$

प्रतिबिम्ब वस्तु के समान आकार का होगा।

**उदाहरण 2.4**

2.4 कांच हवा इंटरफेस पर पूर्ण आन्तरिक परावर्तन के लिए क्रांतिक कोण ज्ञात कीजिए। (कांच का अपवर्तनांक 1.5 है)

हल :

जैसा कि $\sin(i_C) = {}_2\mu_1$

$\sin(i_C) = {}_g\mu_a = 1/{}_a\mu_g$

$= 1/1.5$

$i_c = \sin^{-1}(0.667)$ अतः $i_c = 42^o$

## 2.2 प्रकाशिक उपकरण

प्रकाशिक उपकरण प्रकाशिकी के सिद्धांत पर आधारित उपकरण हैं और भौतिक राशियों को मापने या वस्तुओं को देखने के लिए लेंस या दर्पण जैसे प्रकाशीय उपकरणों का उपयोग करते हैं। वर्तमान प्रसंग में, किरण प्रकाशिकी पर आधारित कुछ प्रकाशिक उपकरणों

को अनुप्रयोगों के साथ विस्तार से समझाया गया है। प्रत्येक उपकरण को वस्तुओं को देखने के लिए ऊर्जा के स्रोत की आवश्यकता होती है, जो उपकरण प्रकाश स्रोत को ऊर्जा प्रदाता के रूप में उपयोग करते हैं उन्हें प्रकाशिक उपकरण के रूप में जाना जाता है।

**उदाहरण:** मानव आँख, स्पेक्ट्रोमीटर, पेरिस्कोप, सूक्ष्मदर्शी, दूरदर्शी, प्रोजेक्टर

### 2.2.1 सरल और संयुक्त सूक्ष्मदर्शी

सूक्ष्मदर्शी एक प्रकाशिक उपकरण है जिसका उपयोग छोटी वस्तुओं को आवर्धित करने के लिए किया जाता है। यह लेंस या लेंसों के संयोजन से बना होता है। सूक्ष्मदर्शी की आवर्धन क्षमता सूक्ष्मदर्शी बनाने के लिए प्रयुक्त लेंस के प्राचलों और प्रयुक्त प्रकाश स्रोत की तरंगदैर्घ्य पर निर्भर करती है। सूक्ष्म का अर्थ छोटा होता है, और दर्शी का अर्थ देखना होता है, इसलिए नाम से स्पष्ट है कि सूक्ष्मदर्शी का उपयोग छोटी वस्तुओं को देखने के लिए किया जाता है। सूक्ष्मदर्शी के दो मूल प्रकार हैं

- सरल सूक्ष्मदर्शी
- संयुक्त सूक्ष्मदर्शी

**सरल सूक्ष्मदर्शी**

तालिका 2.3 के अनुसार, जब कोई वस्तु उत्तल लेंस के फोकस और प्रकाशिक केंद्र के बीच रखी जाती है तो उसका आभासी और बड़ा प्रतिबिंब बनता है। उत्तल लेंस के इस गुण का उपयोग सरल सूक्ष्मदर्शी को डिजाइन करने में किया जाता है। सरल सूक्ष्मदर्शी का किरण आरेख निम्नहै। इसमें एक उत्तल लेंस होता है। (वास्तविक सूक्ष्मदर्शी का विवरण वीडियो लिंक में दिया गया है)। उत्तल लेंस के पास आँख रखकर वस्तु का अवलोकन किया जाता है और प्रतिबिम्ब स्पष्ट रूप से दिखाई देता है जब यह स्पष्टतम देखने की न्यूनतम दूरी पर बनता है, जो मानव आँख के लिए 25 सेमी है।

मान लीजिए कि 'b' वह कोण है जो आँख $v = D$ पर बने प्रतिबिम्ब से बनाता है और 'a' वह कोण है जिसे आँख (बिना लेंस के) स्पष्टतम देखने की न्यूनतम दूरी पर रखी वस्तु से बनाती है। आवर्धन की गणना कोण 'b' और 'a' के अनुपात के रूप में की जाती है।

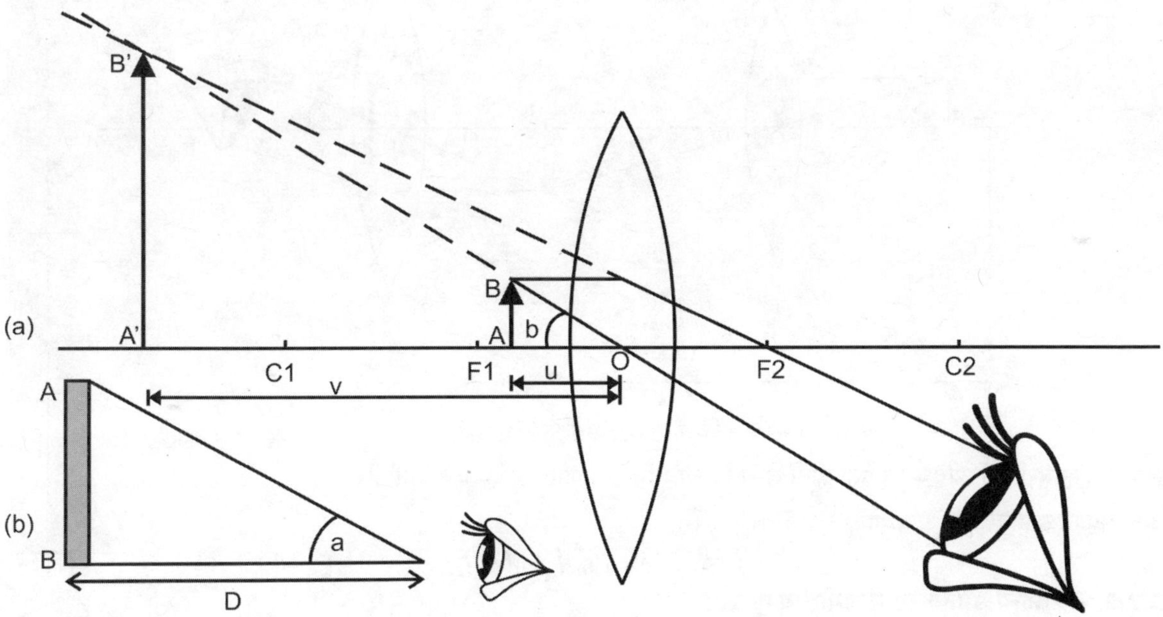


**चित्र 2.10:** सरल सूक्ष्मदर्शी

आवर्धन क्षमता,

$$m = b/a$$

चित्र 2.10 में $\Delta A'B'O$ से a, tan(b) = A'B'/D तथा $\Delta ABO$ से b, tan(a) = AB/D यदि a तथा b बहुत छोटे है तो

$$\tan(b)/\tan(a) = b/a = A'B'/AB \quad ...(2.11)$$

जैसा कि चित्र 2.10(a) से $\Delta A'B'O$ तथा $\Delta ABO$ समरूप त्रिभुज है तो

$$A'B'/AB = -v/u = D/u \quad ...(2.12)$$

$$m = D/u$$

लेन्स सूत्र से

$$1/v - 1/u = 1/f$$

$$(1/-D) - (1/-u) = 1/f$$

$$1/u = 1/D + 1/f$$

दोनों तरफ D से गुणा करने पर $D/u = 1 + D/f$ अतः $m = \{1 + D/f\}$ ...(2.13)

यह समीकरण सरल सूक्ष्मदर्शी का आवर्धन बताती है। यदि हम लेन्स की फोकस दूरी घटाते हैं तो सूक्ष्मदर्शी का आवर्धन बढ़ता है।

**संयुक्त सूक्ष्मदर्शी**

एक सरल सूक्ष्मदर्शी में आवर्धन की एक सीमा होती है, अधिक आवर्धन के लिए दो लेंस के संयोजन युक्त सूक्ष्मदर्शी या संयुक्त सूक्ष्मदर्शी का उपयोग किया जाता है। चित्र 2.11 में संयुक्त सूक्ष्मदर्शी का किरण आरेख दर्शाया गया है। जो लेंस वस्तु के पास होता है वह अभिदृश्यक लेंस होता है और जिस लेंस से प्रतिबिम्ब देखा जाता है वह अभिनैत्रक लेन्स होता है। इनकी फोकस दूरी क्रमशः $f_O$ तथा $f_e$ है।

वस्तु AB को $f_O$ से थोड़ी अधिक दूरी पर इस प्रकार रखा जाता है कि वास्तविक तथा उल्टा आवर्धित प्रतिबिम्ब A'B' अभिदृश्यक लेंस के दूसरी तरफ बनता है। A'B' अभिनैत्रक लेन्स की फोकस दूरी और प्रकाश केंद्र के बीच बनता है। A'B' का बढ़ा हुआ आभासी सीधा प्रतिबिम्ब A"B" अभिनैत्रक लेन्स के माध्यम से देखा जाता है।

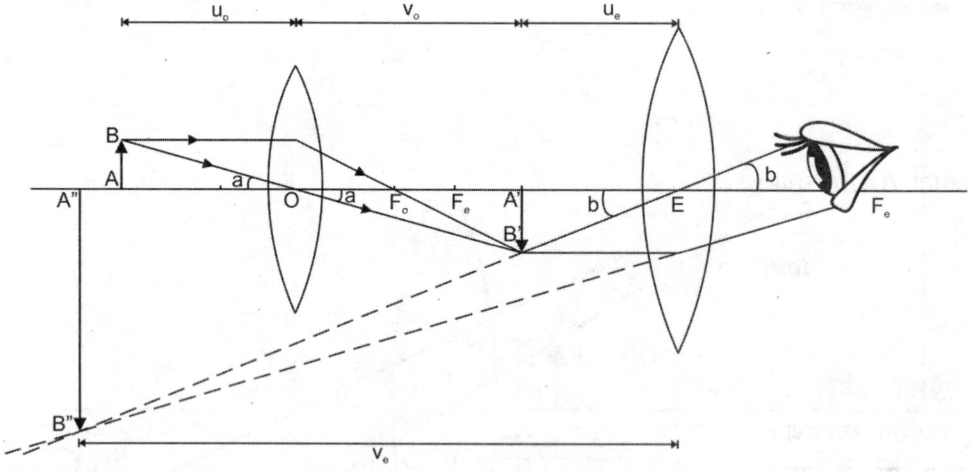


**चित्र 2.11: संयुक्त सूक्ष्मदर्शी**

संयुक्त सूक्ष्मदर्शी की आवर्धन क्षमता दोनों लेन्स के आवर्धन के गुणनफल के तुल्य होती है।

अतः संयुक्त सूक्ष्मदर्शी की आवर्धन क्षमता = $m_O \times m_e$

$$= (-v_o/u_o)[1 + D/f_e] \quad ...(2.14)$$

### 2.2.2 सामान्य समायोजन में खगोलीय दूरदर्शी

'टेली' का अर्थ 'दूर' होता है, इसलिए जैसा कि नाम से पता चलता है कि दूरबीन का उपयोग दूर की वस्तुओं जैसे खगोलीय वस्तुओं या स्थलीय वस्तुओं को देखने के लिए किया जाता है। साधारण खगोलीय दूरदर्शी में दो लेंस होते हैं जैसा कि चित्र 2.12 में खगोलीय

दूरदर्शी के किरण आरेख में दर्शाया गया है। अभिदृश्यक लेंस अधिक फोकस दूरी व बड़े द्वारक का उत्तल लेंस होता है। दूर की वस्तु का वास्तविक प्रतिबिंब अभिदृश्यक लेंस के फोकस पर बनता है। अभिनैत्रक लेन्स कम फोकस दूरी का उत्तल लेंस है। दूरदर्शी का प्रकाशिक तंत्र सूक्ष्मदर्शी की तरह होता है। अभिदृश्यक लेंस वस्तु का वास्तविक और छोटा प्रतिबिम्ब बनाता है। अभिनैत्रक लेन्स प्रतिबिम्ब AB (जो अभिनैत्रक लेन्स के लिए वस्तु है) को बढ़ाता है और आवर्धित आभासी प्रतिबिम्ब बनाता है।

सामान्य समायोजन में प्रतिबिम्ब AB अभिनैत्रक लेन्स के फोकस पर बनता है और इसका आवर्धित और बड़ा आभासी प्रतिबिंब अनंत पर बनता है। यदि अभिनैत्रक लेन्स द्वारा बनाया गया अंतिम प्रतिबिंब अनंत पर स्थित है तो अभिदृश्यक लेंस और अभिनैत्रक लेन्स के बीच की दूरी उनकी फोकस दूरी का योग $f_o + f_e$ होता है,

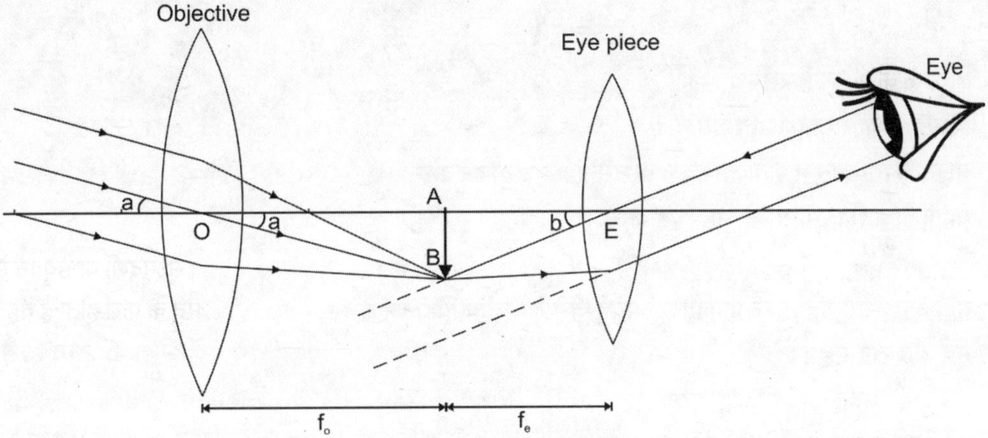


**चित्र 2.12: खगोलीय दूरदर्शी**

### 2.2.3 आवर्धन क्षमता M

आवर्धन क्षमता ज्ञात करने के लिए यह माना जाता है कि आंख अभिनैत्रक लेन्स के बहुत करीब होती है। वस्तु से अभिदृश्यक लेंस की दूरी की तुलना में अभिदृश्यक लेंस और अभिनैत्रक लेन्स के बीच की दूरी बहुत कम है। बिना दूरदर्शी के नेत्र पर वस्तु द्वारा अंतरित कोण 'a' को वस्तु द्वारा अभिदृश्यक लेंस पर अंतरित कोण के रूप में लिया जा सकता है

आवर्धन क्षमता, ***ΔABO*** तथा $$|m| = b/a$$

***ΔABE*** में

$$\tan(b)/\tan(a) = (AB/BE)/(AB/OB) \quad ...(2.15)$$

$$b/a = OB/BE \quad \text{[यदि a तथा b बहुत छोटे हैं]}$$

$$|m| = f_o/f_e \quad ...(2.16)$$

### 2.2.4 विभेदन क्षमता

किसी भी प्रकाशिक उपकरण की विभेदन क्षमता, चाहे वह सूक्ष्मदर्शी, दूरदर्शी या मानव आंख हो, किसी भी दो निकट वस्तुओं का विभेदन करने और उन आस-पास की वस्तुओं का अलग प्रतिबिम्ब बनाने के लिए उपकरण की क्षमता है। दूरदर्शी के मामले में विभेदन क्षमता दो दूर की वस्तुओं या खगोलीय वस्तुओं के अलग-अलग प्रतिबिम्बों को बनाने की क्षमता है। सूक्ष्मदर्शी के मामले में पास की दो छोटी वस्तुओं का विभेदन किया जाता है। हमारी आँख भी एक प्रकाशिक यंत्र है। प्रयोग द्वारा देखा गया है कि यदि दो वस्तुओं द्वारा आँख पर अंतरित कोण 1' (1 मिनट) से कम है तो वस्तुएँ अलग नहीं दिखेंगी। इस कोण को 'नेत्र की विभेदन सीमा' कहते हैं। इसी तरह, प्रत्येक प्रकाशिक उपकरण में दो वस्तुओं को अलग-अलग प्रतिबिम्बों को बनाने के लिए एक सीमा होती है और इसे उस प्रकाशिक उपकरण की विभेदन की सीमा कहा जाता है। कम मान को प्रकाशिक उपकरण की विभेदन सीमा तथा अधिक मान को विभेदन क्षमता कहा जाता है।

दूरदर्शी की विभेदन क्षमता = $d/1.22\,\lambda$

जहाँ, d अभिदृश्यक लेंस का व्यास है और $\lambda$ प्रयुक्त प्रकाश की तरंगदैर्ध्य है।

सूक्ष्मदर्शी की विभेदन क्षमता = $2n\sin(\theta)/\lambda$

जहाँ, n नमूना और लेंस के बीच का अपवर्तनांक है

$\theta$ वस्तु पर अभिदृश्यक लेंस द्वारा बनाए गए कोण का आधा है,

$\lambda$ प्रयुक्त प्रकाश की तरंगदैर्ध्य है।

### 2.2.5 सूक्ष्मदर्शी तथा दूरदर्शी के उपयोग

**सूक्ष्मदर्शी**

- मिट्टी के कणों का विश्लेषण
- विभिन्न त्वचा रोगों का पता लगाना।
- सूक्ष्म जीव विज्ञान में शैवाल, कवक के नमूनों का अध्ययन करना।
- गहनों के बारीक भागों को आवर्धित करना।

**दूरदर्शी**

- ग्रह, आकाशगंगा, ग्रह के प्राकृतिक उपग्रह जैसे खगोलीय पिंडो को देखना।
- सूर्य और चंद्र ग्रहण।
- चंद्रमा की सतह का निरीक्षण करना।

### 2.2.6 प्रकाशिक प्रक्षेपण (प्रोजेक्शन) तंत्र

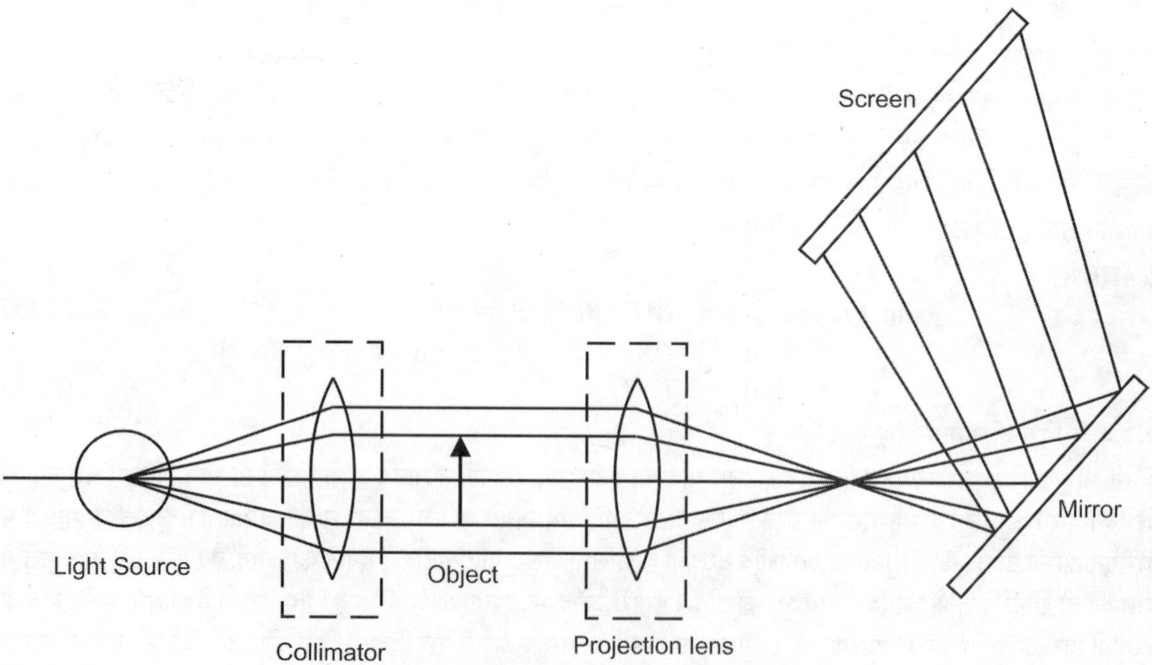


**चित्र 2.13:** प्रकाशिक प्रोजेक्शन तंत्र

प्रकाशिक प्रक्षेपण तंत्र प्रकाशिक युक्तियां हैं जिनका उपयोग किसी वस्तु का आवर्धित प्रक्षेपित (प्रोजेक्टेड) प्रतिबिम्ब बनाने के लिए किया जाता है। ओवरहेड प्रोजेक्टर (ओएचपी), स्लाइड प्रोजेक्टर और एलसीडी प्रोजेक्टर प्रकाशिक प्रोजेक्टर तंत्र (सिस्टम)

के उदाहरण हैं, जो आमतौर पर कक्षा कक्ष और सेमिनार में शिक्षण अधिगम सामग्री, पावर पॉइंट प्रेजेंटेशन आदि को प्रोजेक्ट करने के लिए उपयोग किए जाते हैं। चित्र 2.13 प्रकाशिक प्रोजेक्शन सिस्टम को प्रदर्शित करता है। इसमें प्रकाश स्रोत, समान्तरित्र (कोलिमेटर) लेंस, प्रक्षेपण (प्रोजेक्टर) लेंस और पर्दा शामिल हैं। वस्तु कोलिमीटर और प्रोजेक्टर लेंस के बीच में रखी जाती है। पर्दे पर वस्तु का वास्तविक आवर्धित प्रतिबिंब बनता है। वस्तु का सीधा प्रतिबिम्ब बनाने की व्यवस्था की जानी चाहिए अतः ओएचपी प्रोजेक्टर के मामले में एक सीधा प्रतिबिम्ब बनाने के लिए दर्पण का उपयोग किया जाता है।

## हल किए गए प्रश्न

2.5 एक संयुक्त सूक्ष्मदर्शी के लिए अभिदृश्यक लेंस और अभिनेत्रक लेन्स की फोकस दूरीयां क्रमशः 3 सेमी और 6 सेमी हैं। अभिनेत्रक लेन्स और अभिदृश्यक लेंस के बीच की दूरी 28 सेमी है। अभिदृश्यक लेंस से वस्तु की दूरी और प्रतिबिम्ब के आवर्धन की गणना कीजिए, जब आँख से दिखाई देने वाला प्रतिबिम्ब अभिनेत्रक लेन्स से 25 सेमी की दूरी पर बनता है।

हल:

दिया हुआ है कि $f_o = 3cm$, $f_e = 6cm$, $v_e = 25cm$ व $v_o + u_e = 28cm$

(i) पहले, हम लेन्स समीकरण से $u_e$ ज्ञात करते हैं

$\Rightarrow \quad 1/v_e - 1/u_e = 1/f_e$

$\Rightarrow \quad 1/-25 - 1/u_e = 1/6$

$\Rightarrow \quad -1/u_e = 1/6 + 1/25$

$\Rightarrow \quad -1/u_e = 31/150$

$\Rightarrow \quad u_e = -150/31$

[यहाँ ऋणात्मक चिन्ह दर्शाता है कि प्रतिबिम्ब अभिदृश्यक लेंस तथा अभिनेत्रक लेन्स के मध्य है]

(ii) अब हम $v_o$ ज्ञात करेंगे जैसाकि

$\Rightarrow \quad v_o + u_e = 28cm$

$\Rightarrow \quad v_o = 28 - 150/31$

$\Rightarrow \quad v_o = 718/31$ cm लेन्स समीकरण से

$\Rightarrow \quad 1/v_o - 1/u_o = 1/f_o$

$\Rightarrow \quad 31/718 - 1/u_o = 1/3$

$\Rightarrow \quad 1/u_o = 31/718 - 1/3$

$\Rightarrow \quad 1/u_o = -687/2154$

$\Rightarrow \quad u_o = -2154/687 = -3.14cm$

वस्तु और अभिदृश्यक लेंस के मध्य दूरी 3.14cm है।

संयुक्त सूक्ष्मदर्शी की आवर्धन क्षमता दी जाती है

$m = (-v_o/u_o)[1 + D/f_e]$

$\Rightarrow \quad m = -(718/31) \times (687/2154)[1 + 25/6]$

$\Rightarrow \quad m = -(718/31) \times (687/2154)[31/6]$

$\Rightarrow \quad m = -38.2$

यहाँ ऋणात्मक चिन्ह दर्शाता है कि अंतिम प्रतिबिम्ब उल्टा है।

उदाहरण 2.5

उदाहरण 2.6

2.6 दूरदर्शी के अभिदृश्यक और अभिनैत्रक लेन्स की फोकस दूरी क्रमशः 150 सेमी और 5 सेमी है। यदि दूरदर्शी सामान्य समायोजन पर है, तो अभिदृश्यक और अभिनैत्रक लेन्स के बीच की दूरी ज्ञात कीजिए।

हल :

दिया है, $f_e = 5cm$ व $f_o = 150cm$

यदि दूरदर्शी सामान्य समायोजन पर है, तो वस्तु का प्रतिबिम्ब अभिनैत्रक लेन्स के फोकस पर बनता है।

अतः अभिदृश्यक और अभिनैत्रक लेन्स के मध्य दूरी = $f_e + f_o = 5 + 150 = 155cm$

## यूनिट सारांश

- आपतन कोण परावर्तन कोण के बराबर होता है।
- जब प्रकाश किरण विरल से सघन माध्यम की ओर जाती है तो अभिलम्ब की ओर मुड़ जाती है और इसके विपरीत जब सघन से विरल माध्यम की ओर जाती है तो अभिलम्ब से परे हट जाती है।
- उत्तल लेंस के संयोजन का उपयोग सूक्ष्मदर्शी और दूरदर्शी को डिजाइन करने के लिए किया जाता है।
- प्रकाशीय तंतु (ऑप्टिकल फाइबर) में प्रकाश किरण का संचरण टीआईआर के कारण होता है।
- लेंस की क्षमता फोकस दूरी का व्युत्क्रम है।

## अभ्यास

### बहु विकल्पी प्रश्न

2.1 एक प्रकाशिक उपकरण (दूरदर्शी की तरह) के लिए आवर्धन क्षमता दी जाती है:

a. सामान्य समायोजन के लिए अधिकतम

b. निकट बिंदु समायोजन के लिए अधिकतम

c. उपरोक्त दोनों स्थितियों के लिए समान

d. किसी भी समायोजन से स्वतंत्र

2.2 1/3 m फोकस दूरी का एक उत्तल लेंस वस्तु के आकार का दोगुना उल्टा प्रतिबिम्ब बनाता है, लेंस से वस्तु की दूरी है:

a. 0.5m

b. 0.166m

c. 0.33m

d. 1m

2.3 एक वस्तु को 10 सेंटीमीटर फोकस दूरी के उत्तल लेंस से 20 सेंटीमीटर की दूरी पर रखा जाता है, प्रतिबिंब लेंस के दूसरी तरफ कितनी दूरी पर बनता है:

a. 20cm

b. 10cm

c. 40cm

d. 30cm

2.4 पूर्ण आंतरिक परावर्तन तब हो सकता है जब प्रकाश गुजरता है:

a. सघन माध्यम से विरलमाध्यममें किसी भी आपतन कोण से

b. विरल माध्यम से सघनमाध्यममें किसी भी आपतन कोण से

c. समान अपवर्तनांक वाले एक माध्यम से दूसरे माध्यम में किसी भी आपतन कोण से

d. सघन माध्यम से विरल माध्यममें क्रान्तिक कोण से अधिक आपतन कोण से

2.5 प्रकाश हवा से एक द्रव में गुजरता है, आपतन कोण $60^0$ है। प्रकाश किरण के पथ में $15^0$ का विचलन होता है। द्रव का अपवर्तनांक है:

a. 1.5

b. 1.33

c. 1.22

d. 1.63

| बहु विकल्पी प्रश्नों के उत्तर |
|---|
| 2.1 (a), 2.2 (c), 2.3 (a), 2.4 (c), 2.5 (c) |

## *लघु एवं दीर्घ उत्तरीय प्रश्न*

### *श्रेणी -I*

1. दैनिक जीवन में परावर्तन और अपवर्तन के चार उदाहरण दीजिए।
2. प्रकाश के परावर्तन की घटना को चित्र सहित समझाइए।
3. प्रकाश के अपवर्तन के स्नेल के नियम को चित्र सहित लिखिए।
4. प्रकाश के अपवर्तन और परावर्तन में किन्हीं चार बिंदुओं पर अंतर स्पष्ट कीजिए।
5. निम्नलिखित पदों को परिभाषित कीजिए: अपवर्तनांक, अभिलंब, आपतन कोण, अपवर्तन कोण, प्रतिबिम्ब, वास्तविक प्रतिबिम्ब और आभासी प्रतिबिम्ब।
6. वास्तविक प्रतिबिम्ब और आभासी प्रतिबिम्ब में किन्हीं चार बिन्दुओं पर अन्तर कीजिए।
7. दर्पण और लेंस के लिए किसी एक उदाहरण के साथ प्रतिबिम्ब निर्माण के नियम लिखिए।
8. पतले लेंस में प्रतिबिम्ब निर्माण के लिए लेंस सूत्र व्युत्पन्न कीजिए। लेंस सूत्र लागू करते हुए उत्तल लेंस या अवतल दर्पण में प्रतिबिम्ब निर्माण का वर्णन कीजिए (प्रत्येक का एक उदाहरण दीजिये )।
9. लेंस की क्षमता को मात्रक सहित परिभाषित कीजिए।
10. लेंस के आवर्धन को समझाइए। लेंस सूत्र का उपयोग करके प्रतिबिम्ब के आवर्धन का सूत्र व्युत्पन्न कीजिए।
11. लेंस के दोषों को चित्र सहित समझाइए।

12. आवश्यक शर्तों और किरण आरेख के साथ टीआईआर का वर्णन कीजिए। प्रकाशीय तंतु (ऑप्टिकल फाइबर) की कार्यप्रणाली को समझाइए।
13. दैनिक जीवन में पूर्ण आन्तरिक परावर्तन के अनुप्रयोगों के दो उदाहरण दीजिए।
14. माध्यम के अपवर्तनांक तथा आपतन कोण के बीच संबंध व्युत्पन्न कीजिए।
15. सरल सूक्ष्मदर्शी की कार्यविधि को किरण आरेख की सहायता से समझाइए। सरल सूक्ष्मदर्शी की आवर्धन क्षमता के लिए संबंध व्युत्पन्न कीजिए।
16. संयुक्त सूक्ष्मदर्शी की कार्यप्रणाली को किरण आरेख द्वारा समझाइए। संयुक्त सूक्ष्मदर्शी की आवर्धन क्षमता के लिए संबंध व्युत्पन्न कीजिए।
17. सरल और संयुक्त सूक्ष्मदर्शी में किन्हीं चार बिंदुओं पर अंतर स्पष्ट कीजिए।
18. खगोलीय दूरदर्शी की कार्यविधि समझाइए। सामान्य समायोजन के लिए किरण आरेख बनाइए।
19. खगोलीय दूरदर्शी की आवर्धन क्षमता के लिए संबंध व्युत्पन्न कीजिए।
20. दूरदर्शी की विभेदन क्षमता को परिभाषित कीजिए। उन कारकों का उल्लेख कीजिए जिन पर दूरदर्शी की विभेदन क्षमता निर्भर करती है।

### *श्रेणी-II*

1. सूक्ष्मदर्शी के अभिदृश्यक लेंस और अभिनैत्रक लेन्स की फोकस दूरी क्रमशः 1 सेंटीमीटर और 2 सेंटीमीटर है। यदि इन लेंसों के बीच की दूरी 12 सेंटीमीटर हो और अंतिम प्रतिबिंब अनंत पर बनता है, तो गणना कीजिए:
   a. अभिदृश्यक लेंस से वस्तु की दूरी
   b. अभिदृश्यक लेंस द्वारा प्राप्त रैखिक आवर्धन
   c. सूक्ष्मदर्शी की आवर्धन क्षमता
2. एक खगोलीय दूरदर्शी के अभिदृश्यक लेंस और नेत्रिका की फोकस दूरी क्रमशः 60 सेंटीमीटर और 5 सेंटीमीटर है, जब अंतिम प्रतिबिंब अनंत पर बनता है तो दूरबीन की आवर्धन क्षमता और लंबाई की गणना कीजिए।
3. एक वस्तु को पर्दे से एक निश्चित दूरी पर रखा जाता है। जब वस्तु से 15 सेंटीमीटर की दूरी पर वस्तु और पर्दे के बीच उत्तल लेंस रखा जाता है तो पर्दे पर एक प्रतिबिंब बनता है जिसका आकार वस्तु के आकार का 5 गुना होता है। लेंस की फोकल लंबाई और वस्तु और पर्दे के बीच की दूरी की गणना कीजिए।

## प्रयोग

चार प्रयोगशाला प्रयोग हैं जो इस अध्याय से संबंधित हैं।

- समतल दर्पण/इंटरफ़ेस से परावर्तन के नियमों का सत्यापन करना।
- कांच के स्लैब का उपयोग करके अपवर्तन के नियमों (स्नेल का नियम) को सत्यापित करना।
- उत्तल लेंस की फोकस दूरी और आवर्धन क्षमता को ज्ञात करना।
- एक प्रकाशिक प्रक्षेपण तंत्र (OHP/LCD) का अध्ययन करना - परियोजना रिपोर्ट।

## प्रयोग -3 परावर्तन के नियम

### *P3.1 7प्रायोगिक कथन*

समतल दर्पण/इंटरफ़ेस से परावर्तन के नियमों का सत्यापन करना।

## *P3.2 प्रायोगिक महत्व*

प्रकाश किरणों द्वारा प्रदर्शित की गई परावर्तन की घटना के दैनिक जीवन में कई उदाहरण और अनुप्रयोग हैं, जैसे समतल दर्पण, उत्तल दर्पण, पेरिस्कोप, दूरबीन और माइक्रोस्कोप में प्रतिबिम्ब निर्माण। यह प्रयोग विद्यार्थी को प्रायोगिक दृष्टिकोण से परावर्तन की घटनाओं का अवलोकन करने और आपतन कोण और परावर्तन कोण को मापने में मदद करेगा।

## *P3.3 प्रासंगिक सिद्धांत*

देखें: भाग 2.1.1

## *P3.4 प्रैक्टिकल आउटकम (PrO)*

इस कोर्स के पाठ्यक्रम से प्राप्त होने वाला प्रैक्टिकल आउटकम :

Pr O1: परावर्तन की घटना में आपतन कोण और परावर्तन कोण को मापना।

## *P3.5 प्रायोगिक व्यवस्था (चित्र /स्केच/परिपथ आरेख/कार्य स्थिति)*

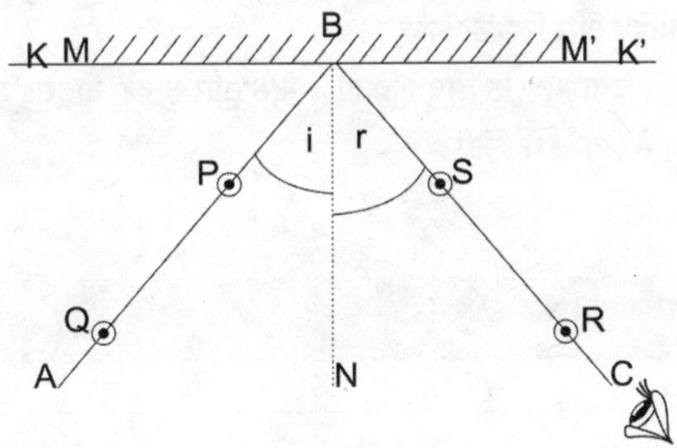


चित्र P3.1

## *P3.6 आवश्यक संसाधन*

| क्र. सं. | सुझाए गए आवश्यक संसाधन मशीनें/ औजार /उपकरण महत्वपूर्ण विशिष्टताओं सहित | मात्रा | प्रयुक्त वास्तविक संसाधन मशीनें/ औजार / उपकरण व्यापक विशिष्टताओं सहित (विद्यार्थी द्वारा भरा जाना है) | | टिप्पणी (यदि कोई हो) |
|---|---|---|---|---|---|
| | | | निर्माता (Make) | विवरण | |
| | सॉफ्ट बोर्ड, कागज की सफेद शीट, पिन, पुश पिन, समतल दर्पण, पेंसिल, चांदा और स्केल | | | | |

### P3.7 सावधानियाँ

1. पूरे प्रयोग के दौरान समतल दर्पण को लंबवत रखना चाहिए।
2. वस्तु और प्रतिबिम्ब अनुरेखण (tracing) के लिए उपयोग किए जाने वाली पिनों को लंबवत रखा जाना चाहिए।

### P3.8 प्रयोग विधि

1. बोर्ड पर A4/A3 आकार का सफ़ेद कागज लगाइए।
2. कागज़ पर दो लंबवत रेखाएँ (KK' और BN) खींचिए।
3. दर्पण को रेखा KK' पर लंबवत रखें। (रेखा BN, KK' पर अभिलम्ब है)
4. एक रेखा (AB) खींचिए जो अभिलंब से $30^0$ (= i) का कोण बनाती है।
5. रेखा AB पर 2 सेमी की दूरी पर दो पिन, P और Q रखें
6. दो अन्य पिन R और S को अभिलंब के दूसरी ओर इस प्रकार रखें कि पिन R, S और P व Q के प्रतिबिम्ब एक ही रेखा पर हों और पिन और प्रतिबिम्बों के बीच कोई लंबन (parallax) नहीं हो।
7. पिन R और S को हटा दीजिए और डॉट्स को एक सीधी रेखा से जोड़ दीजिए।
8. परावर्तन के कोण r को मापिए और रिकॉर्ड कीजिए।
9. कोण $i = 35^0, 40^0, 45^0$ तथा $50^0$ के लिए प्रक्रिया 4,5,6 और 8 को दोहराइए।
10. परिणामों को एक तालिका में रिकॉर्ड कीजिए।

### P3.9 प्रेक्षण एवं गणना

| क्र.सं. | कोण ABN | कोण CBN |
|---|---|---|
| 1 | | |
| 2 | | |
| 3 | | |
| 4 | | |
| 5 | | |
| 6 | | |

### P3.10 परिणाम एवं/ अथवा विवेचना

(विद्यार्थी द्वारा भरा जाना है)

1. ..........................................................................................................................

### P3.11 निष्कर्ष एवं/ अथवा सत्यापन

(विद्यार्थी द्वारा भरा जाना है)

1. ..........................................................................................................................

### P3.12 प्रयोग संबंधित प्रश्न

(उत्तर के लिए अलग शीट का प्रयोग करें )

नोट: उदाहरण के तौर पर कुछ प्रश्न नीचे दिए गए हैं। पूर्व निर्धारित कोर्स आउटकम की प्राप्ति सुनिश्चित करने के लिए शिक्षकों को ऐसे और अधिक प्रश्न तैयार करने चाहिए।

1. प्रयोग में प्रयुक्त होने वाले चाँदे का अल्पतमांक बताइए?
2. क्या पिन और उसके प्रतिबिंब का आकार समान है?
3. यदि हम पिनों को अभिलम्ब पर रखते हैं, तो प्रतिबिम्ब किस स्थिति में बनेगा?
4. प्रयोगों में त्रुटि के कारण बताइए।

## *P 3.13 सुझाए गए शिक्षण संसाधन*

- https://phet.colorado.edu/en/simulation/bending-light
- https://www.youtube.com/watch?v=QZFfm05ZOek

## *P3.14 सुझाई गई मूल्यांकन योजना*

(शिक्षक द्वारा भरा जाना है)

नीचे दिए गए बिंदु, प्रक्रिया और परिणाम से संबंधित अंकों के मूल्यांकन के लिए एक दिशानिर्देश का कार्य करेंगे।

| | निष्पादन सूचक | % भारिता (वेटेज) | प्राप्तांक |
|---|---|---|---|
| प्रक्रिया संबंधित: .... अंक * (.......%) | | | |
| 1 | प्रयोग व्यवस्थित करना | | |
| 2 | मापन करना | | |
| 3 | ग्राफ खींचना एवं गणना करना | | |
| 4 | व्यक्तिगत और सामूहिक कार्य | | |
| परिणाम संबंधित: ..... अंक * (.......%) | | | |
| 5 | परिणाम और निष्कर्ष | | |
| 6 | रिपोर्ट की समय पर प्रस्तुति | | |
| | कुल | 100% | |

* परिणाम और प्रक्रिया मूल्यांकन के लिए अंक और प्रतिशत वेटेज शिक्षक द्वारा तय किया जाएगा।

| विद्यार्थी का नाम:........................................................ प्राप्तांक | | | शिक्षक के हस्ताक्षर एवं दिनांक |
|---|---|---|---|
| प्रक्रिया संबंधित | परिणाम संबंधित | कुल | |
| | | | |

## प्रयोग -4 अपवर्तन के नियम

### *P4.1 प्रायोगिक कथन*

कांच के स्लैब का उपयोग करके अपवर्तन के नियमों (स्नेल के नियम) का सत्यापन करना।

### *P4.2 प्रायोगिक महत्व*

प्रकाश किरणों द्वारा प्रदर्शित अपवर्तन की घटना जब वह प्रकाशीय पारदर्शी माध्यम से गुजरता है, के कई उदाहरण और अनुप्रयोग होते हैं जैसे उत्तल लेंस, अवतल, प्रिज्म और प्रकाशीय उपकरणों में प्रतिबिम्ब निर्माण। यह प्रयोग विद्यार्थी को प्रायोगिक दृष्टिकोण से अपवर्तन की घटनाओं को देखने और आपतन और अपवर्तन के कोणों को मापने में मदद करेगा।

### *P 4.3 प्रासंगिक सिद्धांत*

देखें: भाग 2.1.2

### *P4.4 प्रैक्टिकल आउटकम (PrO)*

इस कोर्स के पाठ्यक्रम से प्राप्त होने वाला प्रैक्टिकल आउटकम :

Pr O1: अपवर्तन की घटना में आपतन और अपवर्तन के कोण को मापना।

### *P4.5 प्रायोगिक व्यवस्था (चित्र /स्केच/परिपथ आरेख/कार्य स्थिति)*

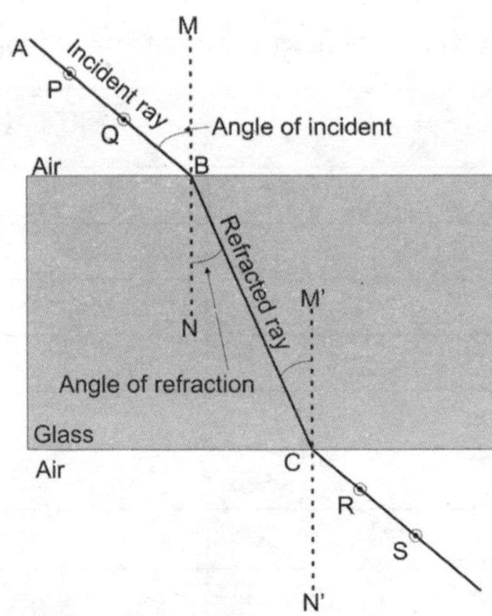


**चित्र P4.1**

### *P4.6 आवश्यक संसाधन*

| क्र. सं. | सुझाए गए आवश्यक संसाधन मशीनें/ औजार /उपकरण महत्वपूर्ण विशिष्टताओं सहित | मात्रा | प्रयुक्त वास्तविक संसाधन मशीनें/ औजार/ उपकरण व्यापक विशिष्टताओं सहित (विद्यार्थी द्वारा भरा जाना है) | | टिप्पणी (यदि कोई हो) |
|---|---|---|---|---|---|
| | | | निर्माता (Make) | विवरण | |
| | सॉफ्ट बोर्ड, कागज की सफेद शीट, पिन, पुशपिन, कांच की स्लैब, पेंसिल, चांदा और स्केल | | | | |

### *P4.7 सावधानियाँ*

1. कांच की स्लैब को पूरे प्रयोग में लंबवत रखना चाहिए।

2. वस्तु तथा प्रतिबिम्ब ट्रेसिंग के रूप में इस्तेमाल की गई पिनों को लंबवत रखा जाना चाहिए।

## *P4.8 प्रयोग विधि*

1. बोर्ड पर A4/A3 आकार के सफ़ेद कागज को लगाइए।
2. आयताकार कांच के स्लैब को कागज के बीच में रखिये और इसके किनारों को ट्रेस कीजिए।
3. कांच की स्लैब को हटा दीजिये।
4. कांच की स्लैब (MN) के किनारों को ट्रेस करके खींचे गए आयत की किसी भी भुजा पर अभिलम्ब बनाइए।
5. अभिलम्ब से $30^0$ (= i) कोण बनाते हुए रेखा (AB) खींचिए।
6. कांच की स्लैब को फिर से रखिए।
7. दो पिनों P और Q को रेखा AB पर 5 सेमी दूरी पर रखिए।
8. इन दो पिनों के प्रतिबिम्ब को कांच के स्लैब के विपरीत से देखिए।
9. दो अन्य पिनों R और S को कांच की स्लैब के दूसरी ओर इस प्रकार रखिए कि वे P और Q के प्रतिबिम्बों के अनुरूप हों।
10. कांच की स्लैब को हटा दीजिये।
11. पिनों R और S को हटा दीजिए और डॉट्स को मिलाते हुए एक सीधी रेखा खींचिए जो आयत को C पर मिलती है।
12. C बिंदु पर अभिलम्ब (M'N') ड्रा कीजिए तथा B और C को मिलाइए।
13. अपवर्तन कोण $\angle r$ अर्थात् $\angle CBN$ को मापिए और रिकॉर्ड कीजिए।
14. 5 से 13 की प्रक्रिया को कोण $\angle i = 35^0, 40^0, 45^0$ और $50^0$ के लिए दोहराइए।
15. परिणाम को तालिका में रिकॉर्ड कीजिए।

## *P4.9 प्रेक्षण एवं गणना*

| क्र.सं. | $\angle ABM$ (आपतन कोण ) | $\angle CBN$ (अपवर्तन कोण) |
|---|---|---|
| 1 | | |
| 2 | | |
| 3 | | |
| 4 | | |
| 5 | | |
| 6 | | |

## *P4.10 परिणाम एवं/ अथवा विवेचना*

(विद्यार्थी द्वारा भरा जाना है)

1. ........................................................................................................................

## *P4.11 निष्कर्ष एवं/ अथवा सत्यापन*

(विद्यार्थी द्वारा भरा जाना है)

1. ........................................................................................................................

## *P4.12 प्रयोग संबंधित प्रश्न*

नोट: उदाहरण के तौर पर कुछ प्रश्न नीचे दिए गए हैं। पूर्व निर्धारित कोर्स आउटकम की प्राप्ति सुनिश्चित करने के लिए शिक्षकों को ऐसे और अधिक प्रश्न तैयार करने चाहिए।

1. प्रयोग में प्रयुक्त प्रोट्रैक्टर (चांदा) के अल्पतमांक का मान बताइए।
2. अगर हम कांच की स्लैब के स्थान पर पानी लेवें, तो अपवर्तन कोण में क्या परिवर्तन होगा?
3. क्या निर्गत किरण आपतित किरण के समानांतर है? यदि हाँ तो कारण बताइए।
4. क्या हम यह प्रयोग बिना चांदे के कर सकते हैं?

## *P4.13 सुझाए गए शिक्षण संसाधन*

- https://www.youtube.com/watch?v=CdjjDsb5Fz81.16

## *P4.14 सुझाई गई मूल्यांकन पद्धति*

(शिक्षक द्वारा भरा जाना है)

नीचे दिए गए बिंदु, प्रक्रिया और परिणाम से संबंधित अंकों के मूल्यांकन के लिए एक दिशानिर्देश का कार्य करेंगे।

| निष्पादन सूचक | | % भारिता (वेटेज) | प्राप्तांक |
|---|---|---|---|
| प्रक्रिया संबंधित: .... अंक * (.......%) | | | |
| 1 | प्रयोग व्यवस्थित करना | | |
| 2 | मापन करना | | |
| 3 | ग्राफ खींचना एवं गणना करना | | |
| 4 | व्यक्तिगत और सामूहिक कार्य | | |
| परिणाम संबंधित: ..... अंक * (.......%) | | | |
| 5 | परिणाम और निष्कर्ष | | |
| 6 | रिपोर्ट की समय पर प्रस्तुति | | |
| | कुल | 100% | |

* परिणाम और प्रक्रिया मूल्यांकन के लिए अंक और प्रतिशत वेटेज शिक्षक द्वारा तय किया जाएगा।

| विद्यार्थी का नाम:............................................................ प्राप्तांक | | | शिक्षक के हस्ताक्षर एवं दिनांक |
|---|---|---|---|
| प्रक्रिया संबंधित | परिणाम संबंधित | कुल | |
| | | | |

## प्रयोग -5 उत्तल लेंस

## *P5.1 प्रायोगिक कथन*

उत्तल लेंस की फोकस दूरी और आवर्धन क्षमता को ज्ञात करना।

## P5.2 प्रायोगिक महत्व

उत्तल लेंस का उपयोग आमतौर पर चश्मे में हाइपरमेट्रोपिया / दूर दृष्टी दोष को ठीक करने, सूक्ष्मदर्शी और दूरदर्शी में प्रतिबिम्ब निर्माण के लिए किया जाता है। उत्तल लेंस की क्षमता इसकी फोकस दूरी पर निर्भर करती है। यह प्रयोग प्रतिबिम्ब निर्माण के लिए उत्तल लेंस का उपयोग करने और इसकी फोकस दूरी ज्ञात करने में मदद करेगा।

## P5.3 प्रासंगिक सिद्धांत

देखें: भाग 2.1.5 तथा तालिका 2.3

## P5.4 प्रैक्टिकल आउटकम (PrO)

इस कोर्स के पाठ्यक्रम से प्राप्त होने वाला प्रैक्टिकल आउटकम :

Pr O1: दिए गए उत्तल लेंस की फोकस दूरी और आवर्धन क्षमता का निर्धारण कीजिए।

## P5.5 प्रायोगिक व्यवस्था (चित्र /स्केच/परिपथ आरेख/कार्य स्थिति)

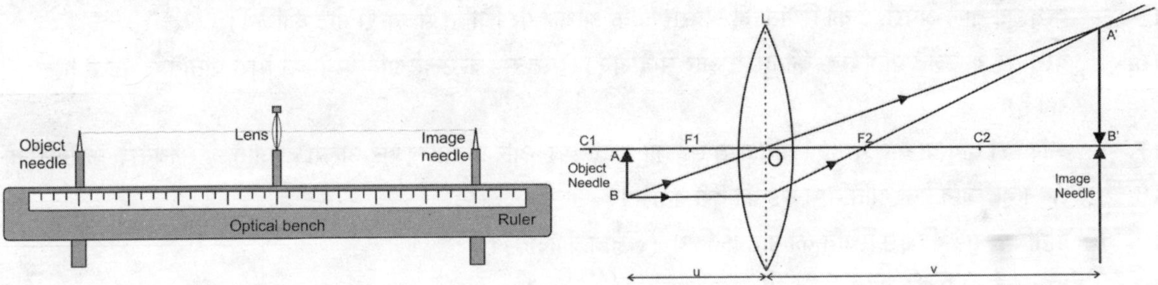


चित्र P5.1

## P5.6 आवश्यक संसाधन

| क्र.सं | सुझाए गए आवश्यक संसाधन मशीनें/ औजार /उपकरण महत्वपूर्ण विशिष्टताओं सहित | मात्रा | सुझाए गए आवश्यक संसाधन मशीनें/औजार / उपकरण महत्वपूर्ण विशिष्टताओं सहित मात्रा | | टिप्पणी (यदि कोई हो) |
|---|---|---|---|---|---|
| | | | निर्माता (Make) | विवरण | |
| | प्रकाशीय बेंच, अपराइट, उत्तल लेंस, लेंस होल्डर, प्रकाशीय सुई और मीटर स्केल | | | | |

## P5.7 सावधानियाँ

1. वस्तु सुई व प्रतिबिम्ब सुई के सिरे और लेंस का केंद्र तीनों एक ही ऊंचाई पर होने चाहिए।
2. पाठ्यांक लेने से पूर्व लंबन (Parallax ) को हटा देना चाहिए।
3. वस्तु सुई का स्थान ऐसा होना चाहिए कि प्रयोग केवल वास्तविक प्रतिबिम्बों के लिए किया जाए।
4. मापन में सूचक शुद्धि (index correction) प्रयुक्त कीजिए।

## P5.8 प्रयोग विधि

1. सादे कागज पर दूर की वस्तु के प्रतिबिम्ब को देखकर उत्तल लेंस की रफ फोकस दूरी को मापिए।
2. स्थिर अपराइट को प्रकाशीय बेंच के केंद्र में लगाइए।

3. इस अपराइट में लेंस के साथ लेंस होल्डर को लगाइए।
4. लेंस को इस प्रकार समंजित कीजिये कि यह उर्ध्वाधर हो तथा प्रकाशीय बेंच की लंबाई के भी लम्बवत हो।
5. पतली प्रकाशीय सुई (वस्तु सुई) को सरकने वाले अपराइट में लगाइए।
6. मोटी प्रकाशीय सुई (प्रतिबिम्ब सुई) को प्रकाशीय बेंच पर सरकने वाले अपराइट में लेंस के दूसरी तरफ लगाइए।
7. प्रतिबिम्ब सुई की ऊंचाई को इस प्रकार समायोजित कीजिये की यह लेंस के प्रकाशीय केंद्र की ऊंचाई के बराबर हो।
8. लेंस और वस्तु सुई के सिरे के बीच ज्ञात दूरी की बुनने की सलाई को रखिये।
9. वस्तु सुई और लेंस के बीच की दूरी को अपराइट के आधार पर लगे सूचक से मापिए।
10. लेंस और प्रतिबिम्ब सुई के सिरे के बीच बुनने की सलाई को रखिये।
11. सूचक से प्रतिबिम्ब सुई और लेंस के बीच की दूरी को मापिए।
12. 8 से 11 तक की प्रक्रिया से सूचक शुद्धि को मापिए (सूचक शुद्धि का अर्थ वास्तविक दूरी को मापना है)।
13. वस्तु सुई के अपराइट को लेंस की रफ फोकस दूरी से लगभग 1.5 गुना दूर रखिये (u निश्चित कीजिए)।
14. वस्तु की ऊंचाई को लेंस के प्रकाशीय केंद्र की ऊंचाई के बराबर सेट कीजिए।
15. वस्तु सुई वाले अपराइट की स्थिति को अपराइट के आधार पर चिह्नित सूचक से नोट कीजिये।
16. वस्तु सुई के उलटे प्रतिबिम्ब को दूसरी ओर से देखिए। (वस्तु सुई के उलटे प्रतिबिम्ब का सिरा प्रतिबिम्ब सुई से मिल रहा है)
17. आंख को दाएं या बाएं घुमाएं। यदि वस्तु सुई का प्रतिबिम्ब और प्रतिबिम्ब सुई अलग हो जाते हैं (लंबन के कारण), तो
18. लंबन हट जाने तक, प्रतिबिम्ब सुई की दूरी बदलिए।
19. प्रतिबिम्ब सुई की इस स्थिति को नोट कीजिये (v ज्ञात कीजिये)।
20. वस्तु सुई की स्थिति को 1 से 2 सेमी तक बदलिए।
21. 11 से 14 तक की प्रक्रिया दोहराएं।
22. u के कम से कम पांच अलग-अलग मानों के लिए v ज्ञात कीजिये।
23. दूसरे चतुर्थांश में u (x अक्ष पर) और v (y अक्ष पर) के बीच ग्राफ खींचिए (आयताकार अतिपरवलय)।
24. x या y अक्ष से 450 का कोण बनाते हुए एक रेखा खींचिए।
25. उस बिंदु के निर्देशांक नोट कीजिये जिस पर रेखा अतिपरवलय को काटती है।
26. उत्तल लेंस की फोकस दूरी की गणना कीजिये।
27. सूत्र का उपयोग करके लेंस की आवर्धक क्षमता की गणना कीजिये, $m = 25/f$

## *P5.9 प्रेक्षण एवं गणना*

बुनाई की सलाई की लम्बाई x = ….cm

वस्तु सुई और लेंस के बीच की दूरी, जब बुनाई की सलाई उनके बीच रखी जाती है y = सेमी

प्रतिबिम्ब सुई और लेंस के बीच की दूरी, जब बुनाई की सलाई उनके बीच रखी जाती है z = सेमी

वस्तु दूरी के लिए सूचक शुद्धि, x – y = ... सेमी

प्रतिबिम्ब दूरी के लिए सूचक शुद्धि, x – z = … cm

लेंस अपराइट के लिए सूचक पाठ्यांक, F = ... cm,

| क्र. सं. | पाठ्यांक | | प्रेक्षित दूरी (cm) | | वास्तविक दूरी [(cm) (सूचक शुद्धि घटाने के पश्चात )] | |
|---|---|---|---|---|---|---|
| | वस्तु सुई का (O) | प्रतिबिम्ब सुई का (I) | u = F – O | v = I – F | u | v |
| 1 | | | | | | |
| 2 | | | | | | |
| 3 | | | | | | |
| 4 | | | | | | |
| 5 | | | | | | |
| 6 | | | | | | |

f = (रेखा और अतिपरवलय के प्रतिच्छेद बिंदु केनिर्देशांक)/2 = ........ cm तथा m = 25/f

## *P5.10 परिणाम एवं/ अथवा विवेचना*

(विद्यार्थी द्वारा भरा जाना है)

1. ..........................................................................................................................................

## *P5.11 निष्कर्ष एवं/ अथवा सत्यापन*

(विद्यार्थी द्वारा भरा जाना है)

1. ..........................................................................................................................................

## *P5.12 प्रयोग संबंधित प्रश्न*

नोट: उदाहरण के तौर पर कुछ प्रश्न नीचे दिए गए हैं। पूर्व निर्धारित कोर्स आउटकम की प्राप्ति सुनिश्चित करने के लिए शिक्षकों को ऐसे और अधिक प्रश्न तैयार करने चाहिए -

1. लंबन में परिवर्तन का वर्णन कीजिये, जब वस्तु सुई को अपनी स्थिति से दोनों ओर ले जाया जाता है।
2. सूचक त्रुटी या बेंच त्रुटी के कारण बताइए।
3. क्या हम इस प्रयोग में 40cm का उत्तल लेंस ले सकते हैं?

## *P5.13 सुझाए गए शिक्षण संसाधन*

- https://phet.colorado.edu/en/simulations/bending-light

## *P5.14 सुझाई गई मूल्यांकन योजना*

(शिक्षक द्वारा भरा जाना है)

नीचे दिए गए बिंदु, प्रक्रिया और परिणाम से संबंधित अंकों के मूल्यांकन के लिए एक दिशानिर्देश का कार्य करेंगे।

| निष्पादन सूचक | | % भारिता (वेटेज) | प्राप्तांक |
|---|---|---|---|
| प्रक्रिया संबंधित: .... अंक * (.......%) | | | |
| 1 | प्रयोग व्यवस्थित करना | | |
| 2 | सूचक शुद्धि का मापन | | |

| | | | |
|---|---|---|---|
| 3 | लंबन दूर करना | | |
| 4 | उपकरण की हैंडलिंग | | |
| 5 | सामूहिक कार्य | | |
| परिणाम संबंधित: ….. अंक * (…….%) | | | |
| 6 | परिणाम और निष्कर्ष | | |
| 7 | रिपोर्ट की समय पर प्रस्तुति | | |
| 8 | ग्राफ खींचना | | |
| 9 | गणना करना | | |
| | कुल | 100% | |

* परिणाम और प्रक्रिया मूल्यांकन के लिए अंक और प्रतिशत वेटेज शिक्षक द्वारा तय किया जाएगा।

| विद्यार्थी का नाम:…………………………………………………… प्राप्तांक | | | शिक्षक के हस्ताक्षर एवं दिनांक |
|---|---|---|---|
| प्रक्रिया संबंधित | परिणाम संबंधित | कुल | |
| | | | |

## प्रयोग-18 प्रकाशिक प्रक्षेपण तंत्र – परियोजना रिपोर्ट

(प्रोजेक्ट रिपोर्ट के लिए सुझावात्मक नमूना)

### *P18.1 शीर्षक*

प्रकाशिक प्रक्षेपण तंत्र (OHP/LCD) का अध्ययन।

### *P18.2 भूमिका*

एलसीडी प्रोजेक्टर का महत्व एवं 100-150 शब्दों में प्रोजेक्ट को करने का कारण

### *P18.3 सम्बंधितअध्ययन सामग्री की समीक्षा*

(मौजूदा स्थिति, लगभग 200 से 500 शब्दों में चुने हुए कार्य को पूरा करने के लिए आवश्यक ज्ञान)

### *P18.4 क्रिया विधि*

(लगभग 200 से 500 शब्दों में अपनाए जाने वाली प्रक्रिया संक्षेप में)

### *P18.5 प्रयुक्त संसाधन*

| क्र.सं. | प्रयुक्त वास्तविक संसाधन मशीनें/औजार/उपकरण व्यापक विशिष्टताओं सहित (विद्यार्थी द्वारा भरा जाए ) | | मात्रा | टिप्पणी (यदि कोई हो) |
|---|---|---|---|---|
| | निर्माता (Make) | विवरण | | |
| 1 | | | | |

| | | | | |
|---|---|---|---|---|
| 2 | | | | |
| 3 | | | | |
| 4 | | | | |

### *P 18.6 परिणाम (एकत्रित आँकड़ों की प्रस्तुति, निष्कर्ष आदि)*

### *P 18.7 परियोजना से प्राप्त अनुभव / शिक्षा (200 से 400 शब्दों में)*

### *P 18.8 सुझाई गई मूल्यांकन योजना*

(शिक्षक द्वारा भरा जाना है)

प्रक्रिया और परिणाम से संबंधित अंकों के मूल्यांकन के लिए नीचे दिए गए बिन्दु एक दिशानिर्देश का कार्य करेंगे।

| निष्पादन सूचक | | % भारिता (वेटेज) | प्राप्तांक |
|---|---|---|---|
| प्रक्रिया संबंधित: .... अंक * (.......%) | | | |
| 1 | सम्बंधित अध्ययन सामग्री की समीक्षा | | |
| 2 | क्रियाविधि | | |
| 3 | परियोजना कार्य के दौरान परस्पर बातचीत | | |
| 4 | उपकरण का रख - रखाव | | |
| परिणाम संबंधित: ..... अंक * (.......%) | | | |
| 5 | परिणाम | | |
| 6 | परियोजना रिपोर्ट की समय पर प्रस्तुति | | |
| 7 | प्रोजेक्ट प्रस्तुतीकरण | | |
| | कुल | 100% | |

* परिणाम और प्रक्रिया मूल्यांकन के लिए अंक और प्रतिशत वेटेज शिक्षक द्वारा तय किया जाएगा।

| विद्यार्थी का नाम:............................................................ प्राप्तांक | | | शिक्षक के हस्ताक्षर एवं दिनांक |
|---|---|---|---|
| प्रक्रिया संबंधित | परिणाम संबंधित | कुल | |
| | | | |

## अधिक जानिए

विद्यार्थियों के मौजूदा ज्ञान को बढ़ाने के लिए इस अध्याय से संबंधित निम्नलिखित विषयों का सुझाव दिया गया है जो अनुप्रयुक्त भौतिक शास्त्र पाठ्यक्रम में रुचि को बढ़ाता है

- लेंस के दोषों को कैसे दूर किया जाता है?
- सूक्ष्मदर्शीऔर दूरदर्शी के आविष्कार की समय रेखा।
- LCD प्रोजेक्टर की कार्य प्रणाली।

## अनुप्रयोग

- प्रतिबिम्ब निर्माण और लेंस का आवर्धन आंखों के दोषों को दूर करने में मदद करता है और यह मानव जाति के लिए प्रकाशिकी के बहुत बड़े अनुप्रयोगों में से एक है।
- लेंस और दर्पण का उपयोग प्रकाशिक उपकरण बनाने के लिए किया जाता है।
- कैमरा, मोबाइल कैमरा और डिजिटल कैमरा लेंस द्वारा प्रतिबिम्ब निर्माण के परिणाम हैं।
- प्रकाशीय तंतु (ऑप्टिकल फाइबर) का दूरसंचार, चिकित्सा और अन्य इंजीनियरिंग अनुप्रयोगों में उपयोग किया जाता है और यह प्रकाश के पूर्ण आंतरिक परावर्तन पर आधारित होता है।

## आई सी टी के उपयोग

लेंसों द्वारा प्रतिबिंब निर्माण के लिए विद्यार्थी निम्न url देख सकते हैं :

- https://courses.lumenlearning.com/physics/chapter/25-6-image-formation-by-lenses/

Refraction and lenses

सिमुलेसन के लिए विद्यार्थी निम्न url देख सकते हैं :

- https://www.physicsclassroom.com/Physics-Interactives/Refraction-and-Lenses/Optics-Bench/Optics-Bench-Refraction-Interactive

## अभिनव प्रयोग / परियोजनाएँ / गतिविधियों को डिजाइन कीजिए

- प्रयोगशाला या बाजार से विभिन्न आकारों के उत्तल और अवतल लेंस एकत्र करें। ऐसे उपाय खोजें जिससे लेंस और दर्पण को उत्तल या अवतल लेंस या दर्पण के रूप में विभेदित किया जा सके।
- प्रयोगशाला में प्रयुक्त सूक्ष्मदर्शी और दूरदर्शी पर विस्तृत रिपोर्ट तैयार कीजिए।

## रचनात्मकता एवं जिज्ञासा के विषय

- दूरदर्शी के बड़े आकार का कारण।
- क्या वस्तुओ के आवर्धन के लिए सूक्ष्मदर्शी एकमात्र उपकरण है ?

## सन्दर्भ एवं अध्ययन हेतु सुझाव


- H C Verma,"Concepts of physics" $1^{st}$ ed., vol.1, Bharti Bhawan, 1992.
- Richard Feynman etal "The Feynman lectures on Physics", $6^{th}$ ed.vol1, Addison-Wesley, 1963.
- R K Gaur and S L Gupta "Engineering Physics", $8^{th}$ ed., Dhanpat Rai, 2011.
- Resnick Halliday and Krane, "Physics" $5^{th}$ ed.vol1, Wiley, 2014.
- N Subrahmanyam etal, "Optics", $24^{th}$ ed., S Chand, 2010.
- Ajoy Ghatak, "Optics", $4^{th}$ ed., McGraw-Hill, 2010.

# 3 स्थिर वैद्युतिकी

## यूनिट विशिष्ट

यह अध्याय निम्नलिखित मुख्य पहलुओं पर केंद्रित है:

- आवेशों के मध्य लगने वाले बलों के लिए कुलाम का नियम तथा इसका सदिश रूप
- विद्युत बल रेखाएँ और उनके गुणधर्म
- विद्युत फ्लक्स
- विद्युत विभव और विद्युत विभवांतर
- गाउस का नियम और उसके अनुप्रयोग
- संधारित्र और उसके प्रकार
- संधारित्रों की धारिता पर परावैद्युत पदार्थों का प्रभाव

दैनिक जीवन में स्थिर वैद्युतिकी के अनुप्रयोगों की चर्चा रुचि पैदा करने के लिए की गई है और विषय को समझने के लिए गतिविधियों का सुझाव भी दिया गया है। हल की गई अनुप्रयोग आधारित समस्याएँ,बहुविकल्पीय प्रश्न और ब्लूम के वर्गीकरण के निचले और उच्च क्रम के संज्ञानात्मक (cognitive) स्तरों के प्रश्न अध्याय में दिए गए हैं ताकि कोई भी अभ्यास के लिए उन्हें हल कर सके, जो अधिगम के पुनर्बलन में सहायक होंगे।

विभिन्न विषयों के लिए वीडियो लिंक के क्यूआर कोड भी दिए गए हैं जिन्हें प्रासंगिक सहायक ज्ञान के लिए स्कैन किया जा सकता है। अवधारणाओं और सिद्धांतों के अनुकरण के लिए क्यूआर कोड भी अध्याय में दिए गए हैं, ताकि विद्यार्थी उपलब्ध सिमुलेशन मॉडल का अनुकरण करने के लिए व्यावहारिक अभ्यास कर सकें। विषय को गहराई से समझने के लिए विद्यार्थी सिमुलेशन मॉडल में विभिन्न मापदंडों को बदल सकते हैं। माइक्रो प्रोजेक्ट गतिविधि का सुझाव दिया गया है जो कोर्स आउटकम को प्राप्त करने में मदद करेगा। "अधिक जानिए" अनुभाग को विवेकपूर्ण ढंग से डिज़ाइन किया गया है ताकि इस भाग में प्रदान की गई पूरक जानकारी पुस्तक के उपयोगकर्ताओं के लिए फायदेमंद हो। भविष्य में सीखने के लिए विद्यार्थियों को प्रेरित करने के लिए विभिन्न पहलुओं पर औद्योगिक अनुप्रयोग एवं वास्तविक जीवन के अनुप्रयोग, तथा रचनात्मकता एवं जिज्ञासा पैदा करना भी अध्याय में शामिल है।

## भूमिका

स्थिर वैद्युतिकी भौतिकी की एक शाखा है जो स्थैतिक आवेशों के मध्य लगने वाले बल से संबंधित है और इसके कई अनुप्रयोग हैं। गर्जन और बिजली का चमकना विद्युत विसर्जन के सबसे सामान्य उदाहरण हैं। कागज की छपाई हो या वैन डी ग्राफ जनरेटर के माध्यम से उच्च वोल्टेज का उत्पादन हो, दोनों ही स्थिर वैद्युतिकी के इंजीनियरिंग अनुप्रयोग हैं। संधारित्र सक्रिय घटक हैं और क्रमशः विद्युत और इलेक्ट्रॉनिक परिपथों में ऊर्जा भंडारण उपकरणों और फिल्टर के रूप में कार्य करते हैं। यह अध्याय स्थिर वैद्युतिकी की मूल बातें, विद्युत क्षेत्र, गॉस के नियम द्वारा विद्युत क्षेत्र ज्ञात करना तथा संधारित्र की व्याख्या करेगा जो स्थिर वैद्युतिकी के इंजीनियरिंग अनुप्रयोगों को समझने और स्थिर वैद्युतिकी से संबंधित समस्याओं को हल करने में मदद करेंगे।

## पूर्व अपेक्षित ज्ञान

- गणित- त्रिकोणमितीय फलन, बीजगणित, कलन, सदिश
- भौतिकी- आवेशों की अवधारणा (concept), विभव, बल
- अन्य - कंप्यूटर की बुनियादी तकनीक और मोबाइल एप्लिकेशन का उपयोग

## यूनिट आउटकम्स(UOs)

आउटकम्स की सूची निम्नानुसार है :

U3-O1: दो आवेशों के मध्य कूलाम बल और स्थिर आवेश के कारण विद्युत क्षेत्र की व्याख्या करना।

U3-O2: दिए गए आवेश वितरण के कारण दो बिंदुओं के मध्य उत्पन्न विभवांतर ज्ञात करना।

U3-O3: दिए गए आवेश वितरण के कारण विद्युत क्षेत्र ज्ञात करने के लिए गाउस का नियम लागू करना।

U3-04: दिए गए समानांतर प्लेट संधारित्र की धारिता ज्ञात करना।

U3-05: संधारित्रों के दिए गए संयोजन के लिए धारिता ज्ञात करना।

| यूनिट - 3 आउटकम्स (UOs) | कोर्स आउटकम्स (COs) के साथ अपेक्षित संबंध *(1- कमजोर सहसंबंध; 2- मध्यम सहसंबंध; 3- मजबूत सहसंबंध)* | | | | | |
|---|---|---|---|---|---|---|
| | CO-1 | CO-2 | CO-3 | CO-4 | CO-5 | CO-6 |
| U3-O1 | - | - | 3 | 2 | - | 1 |
| U3-O2 | - | - | 3 | 1 | 1 | 1 |
| U3-O3 | - | - | 3 | 1 | - | 1 |
| U3-O4 | - | - | 3 | 1 | 1 | 1 |
| U3-O5 | - | - | 3 | 1 | - | 1 |

## 3.1 कूलाम का नियम

### गतिविधि

दो काँच की छड़ों के एक सिरे को रेशम से रगड़ें और प्लास्टिक की छड़ को फर से रगड़ें। एक काँच की छड़ को धागे से लटकाएँ और एक-एक करके -

- दूसरी काँच की छड़ को लटकी हुई काँच की छड़ के पास लाएँ और
- प्लास्टिक की छड़ को लटकी हुई काँच की छड़ के पास लाएँ।

दोनों स्थितियों में छड़ों के बीच बल की प्रकृति का निरीक्षण करें।

आवेश एक सामान्य शब्द है, जिसका उपयोग हमारे दैनिक जीवन में भी किया जाता है। हम कहते हैं कि हमें मोबाइल चार्ज करना है, लेकिन वास्तव में हम मोबाइल की बैटरी को चार्जर के द्वारा मेन पावर सप्लाई से जोड़कर चार्ज कर रहे हैं और इस प्रकार मोबाइल की बैटरी को ऊर्जा प्रदान करते हैं। भौतिक राशि आवेश स्थिर अवस्था में और स्थैतिक आवेशों से संबंधित परिघटनाओं को इस अध्याय में समझाया गया है। स्थैतिक आवेशों के कारण देखी गई घटनाओं के कुछ सामान्य उदाहरण इस प्रकार हैं:

- शुष्क मौसम में, ऊनी कालीन पर चलते समय, यदि हम धातु के दरवाजे के घुंडी को छूते हैं, तो एक चिंगारी उत्पन्न होती है।
- आकाशीय बिजली
- स्टेटिक क्लिंग के कारण कागज़ एक दूसरे से चिपक जाते हैं।

पदार्थ में भारी माला में आवेश छिपा होता है क्योंकि इसमें समान माला में धनात्मक और ऋणात्मक आवेश होते हैं। जब ये आवेश [धनात्मक/ऋणात्मक] समान माला में होते हैं तो वस्तु को विद्युत रूप से उदासीन कहा जाता है। लेकिन जब आवेश की माला असमान होती है, तो वस्तु को धनावेशित या ऋणावेशित कहा जाता है। जैसा कि गतिविधि में आपने देखा है कि आवेशित पिंडों के बीच आकर्षण या प्रतिकर्षण बल होता है। कूलाम का नियम समान और विपरीत आवेशों के मध्य लगने वाले बल का परिमाण बताता है।

**रोचक तथ्य**

- फ्रांसीसी वैज्ञानिक चार्ल्स ऑगस्टिन कूलाम ने 1885 में छोटे आवेशित गोलों के बीच विद्युत बलों का मापन किया। इस प्रक्रिया में, उन्होंने कूलाम के नियम को विकसित किया, जो न्यूटन के सार्वभौमिक गुरुत्वाकर्षण नियम का एक विद्युत प्रतिरूप है।

कूलाम के नियम के अनुसार, दो स्थिर बिंदु आवेशों के बीच आकर्षण या प्रतिकर्षण का बल उनके आवेशों के परिमाण के गुणनफल के समानुपाती होता है तथा उनके बीच की दूरी के वर्ग के व्युत्क्रमानुपाती होता है। यह बल दोनों आवेशों को जोड़ने वाली रेखा के अनुदिश लगता है।

माना कि दो बिंदु आवेश $q_1$ और $q_2$ हैं तथा दोनों के मध्य दूरी r है तो कूलाम के नियम के अनुसार

$$F \; \alpha \; q_1 q_2 \qquad ...(3.1)$$

$$F \; \alpha \; \frac{1}{r^2} \qquad ...(3.2)$$

अतः समी. (3.1) एवं (3.2) से

$$F \; \alpha \; \frac{q_1 q_2}{r^2}$$

$$F = K\frac{q_1 q_2}{r^2} \qquad ...(3.3)$$

जहाँ K समानुपाती नियतांक है और स्थिर वैद्युतांक कहलाता है। जब दो आवेशों को निर्वात में रखा जाता है तो S.I. मालक में K का मान निम्न होता है –

$$K = \frac{1}{4\pi\varepsilon_0} = 9\times10^9\, Nm^2/C^2$$

जहाँ $\varepsilon_0$ निर्वात की विद्युतशीलता है। समी. (3.3) को पुनः इस प्रकार लिख सकते हैं-

$$F = \frac{1}{4\pi\varepsilon_0}\frac{q_1 q_2}{r^2} \qquad ...(3.4)$$

**सदिश रूप** : माना कि दो आवेश $q_1$ और $q_2$, r दूरी पर स्थित है तो

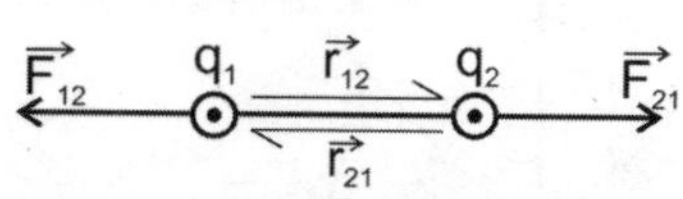


**चिल 3.1 :** आवेशों के मध्य कूलाम बल

Coulomb's Law

कूलाम के नियम से –

$q_1$ के कारण $q_2$ पर लगने वाला बल

$$\vec{F}_{21} = \frac{1}{4\pi\varepsilon_o}\frac{q_1 q_2}{r^2}\hat{r}_{12} \qquad \left[\because \hat{r}_{12} = \frac{\vec{r}_{12}}{|\vec{r}_{12}|} \Rightarrow \hat{r}_{12} = \frac{\vec{r}_{12}}{r}\right] \qquad ...(3.5)$$

$q_2$ के कारण $q_1$ पर लगने वाला बल

$$\vec{F}_{12} = \frac{1}{4\pi\varepsilon_o}\frac{q_1 q_2}{r^2}\hat{r}_{21} \qquad \left[\because \hat{r}_{21} = \frac{\vec{r}_{21}}{|\vec{r}_{21}|} \quad \Rightarrow \hat{r}_{21} = \frac{\vec{r}_{21}}{r}\right] \qquad ...(3.6)$$

चूँकि $\qquad \hat{r}_{21} = -\hat{r}_{12}$

अतः $\qquad \vec{F}_{21} = -\vec{F}_{12}$

लेकिन $\qquad |\vec{F}_{21}| = |\vec{F}_{12}| \qquad ...(3.7)$

परिणामतः कूलाम का नियम न्यूटन के गति के तीसरे नियम के अनुरूप है।

### 3.1.1 आवेश का मात्रक

**SI मात्रक:** आवेश का SI मात्रक कूलाम है। यदि दो समान आवेशों ($q_1 = q_2$) को 1 मीटर की दूरी पर निर्वात या हवा में रखने पर उनके मध्य बल $9 \times 10^9$ N लगता है तो आवेशों को इकाई आवेश (या एक कूलाम आवेश) कहते हैं।

**स्टेट कूलाम (esu) :** यदि 1 सेमी की दूरी पर दो समान एवं बराबर आवेश हैं, जो निर्वात में एक दूसरे को 1 डायन के बल से प्रतिकर्षित करते हैं, तो आवेशों को 1 esu कहा जाता है।

*1 कूलाम* $= 3 \times 10^9$ *स्टेट कूलाम*
$= 3 \times 10^9$ *esu of charge*

### 3.1.2 विद्युत क्षेत्र

आइए हम एक स्रोत आवेश पर विचार करें। इसके आसपास के क्षेत्र में, हमने एक एकांक धनात्मक आवेश रखा है, तो स्रोत आवेश की स्थिति अपरिवर्तित रहते हुए इस एकांक धनात्मक आवेश द्वारा उस बिंदु पर महसूस किए गए बल को विद्युत क्षेत्र या विद्युत क्षेत्र की तीव्रता कहते हैं। दूसरे शब्दों में इकाई आवेश पर लगने वाले बल को विद्युत क्षेत्र की तीव्रता 'E' कहते हैं।

उपरोक्त कथनानुसार विद्युत क्षेत्र की तीव्रता (E)

$$\vec{E} = \lim_{q\to 0}\frac{\vec{F}}{q_0} \qquad ...(3.8)$$

E की विमा, $E = [MLT^{-3}A^{-1}]$

{क्यूँ कि E का मात्रक $E = \frac{N}{C}$ }

माना कोई बिन्दु आवेश q मूल बिंदु पर स्थित है और किसी बिन्दु P पर हम विद्युत क्षेत्र की तीव्रता ज्ञात करना चाहते हैं तो इसके लिए आइए हम P पर एक परीक्षण आवेश $q_o$ की कल्पना करें।

तब बिंदु P पर विद्युत क्षेत्र होगा -

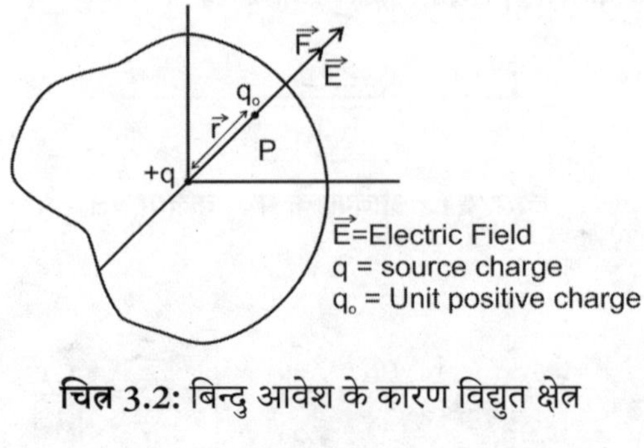


**चित्र 3.2:** बिन्दु आवेश के कारण विद्युत क्षेत्र

$$\vec{E} = \frac{\vec{F}}{q_0}\hat{r}$$

परंतु कूलाम के नियम से

$$\vec{F} = \frac{1}{4\pi\varepsilon_o}\frac{qq_o}{r^2}\hat{r}$$

अतः
$$\vec{E} = \frac{1}{4\pi\varepsilon_0}\frac{q}{r^2}\hat{r} \qquad ...(3.9)$$

विद्युत क्षेत्र की दिशा कूलाम बल की दिशा के समान होती है।

**नोट:** यदि हम किसी विद्युत क्षेत्र में धनात्मक आवेश रखते हैं तो धनात्मक आवेश पर लगने वाला बल आरोपित विद्युत क्षेत्र की दिशा में होता है और यदि हम किसी विद्युत क्षेत्र में ऋणात्मक आवेश रखते हैं तो ऋणात्मक आवेश पर लगने वाला बल आरोपित विद्युत क्षेत्र की विपरीत दिशा में होता है।

### 3.1.3 विद्युत बल रेखाएँ और उनके गुणधर्म

यदि $q_o$ स्रोत धनात्मक आवेश है और एकांक धनात्मक आवेश 'q' विचरण करने के लिए स्वतंत्र है तो यह आवेश दोनों आवेशों के केंद्र को जोड़ने वाली सीधी रेखा के अनुदिश स्रोत आवेश से दूर चला जाएगा (चित्र 3.3 a)। विद्युत बल रेखा एक वक्र है जिसके अनुदिश एकांक धनात्मक आवेश निर्दिष्ट धनात्मक आवेश से दूर जाता है। एक निश्चित दूरी पर रखे गए दो समान और विपरीत आवेशों के कारण उत्पन्न विद्युत बल रेखाओं को चित्र 3.3 b में दिखाया गया है। विद्युत बल रेखा पर स्थित किसी बिंदु पर खींची गई स्पर्श रेखा उस बिंदु पर विद्युत क्षेत्र की दिशा को दर्शाती है।

- विद्युत बल रेखाएँ एक दूसरे को कभी नहीं काटती हैं क्योंकि यदि वे एक बिंदु पर प्रतिच्छेद करती हैं तो उस बिंदु पर विद्युत क्षेत्र की दो दिशाएँ होंगी।
- विद्युत बल रेखाएँ आवेश की सतह के लंबवत होती हैं।
- आवेश का परिमाण और विद्युत बल रेखाओं की संख्या दोनों एक दूसरे के समानुपाती होते हैं।
- विद्युत बल रेखाएँ धनात्मक आवेश से शुरू होती हैं और ऋणात्मक आवेश पर समाप्त होती हैं।

Electric Field Lines

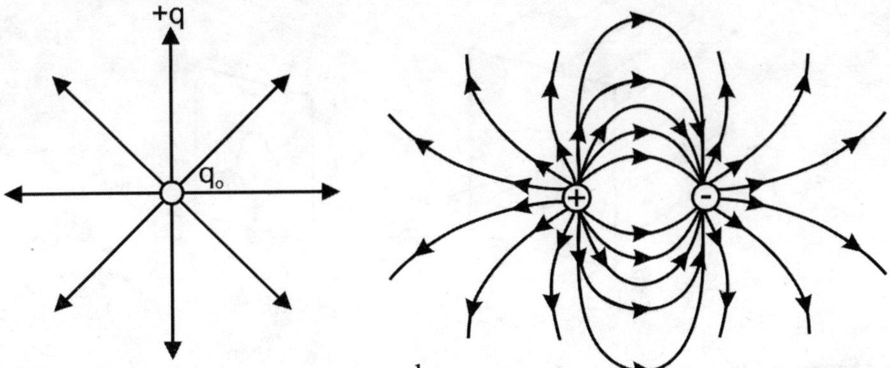


a. b.

**चित्र 3.3:** विद्युत बल रेखाएँ

### 3.1.4 विद्युत फ्लक्स ($\phi$)

विद्युत क्षेत्र में स्थित एक विशिष्ट पृष्ठ के लम्बवत दिशा से गुजरने वाली विद्युत बल रेखाओं की कुल संख्या को उस पृष्ठ से निर्गत विद्युत फ्लक्स कहते हैं।

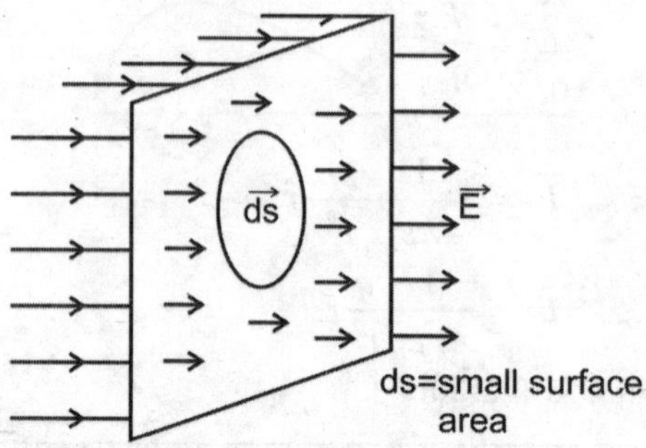


चित्र 3.4: पृष्ठ से पारित विद्युत फ्लक्स

$$\overrightarrow{ds} = \text{अत्यल्प पृष्ठीय क्षेत्रफल}$$

$$d\phi = \vec{E}.\overrightarrow{ds} \qquad ...(3.10)$$

यदि ds विद्युत क्षेत्र E के साथ θ कोण बनाता है तो ds से निर्गत विद्युत फ्लक्स –

$$d\phi = E\,ds\cos\theta \qquad ...(3.11)$$

सम्पूर्ण पृष्ठ के लिए $\int d\phi = \int Eds\cos\theta$

$$\phi = \int Eds\cos\theta \qquad ...(3.12)$$

विद्युत फ्लक्स अदिश राशि है

ϕ का मात्रक = E का मात्रक × S का मात्रक

$$= \left(N/C\right) \times m^2$$

$$= Nm^2/C$$

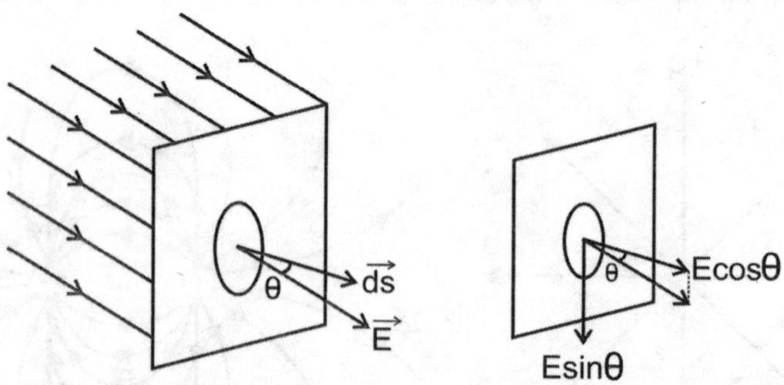


चित्र 3.5: विद्युत क्षेत्र से कोण बना रहे पृष्ठ से पारित विद्युत फ्लक्स

### 3.1.5 विद्युत विभव (V)

माना q धनात्मक आवेश है और q से अनंत दूरी पर एकांक धनात्मक आवेश $q_0$ स्थित है। एक इकाई धनात्मक परीक्षण आवेश को अनंत से बिंदु P तक लाने में विद्युत क्षेत्र के विरुद्ध किया गया कार्य उस बिंदु P पर विद्युत विभव कहलाता है।

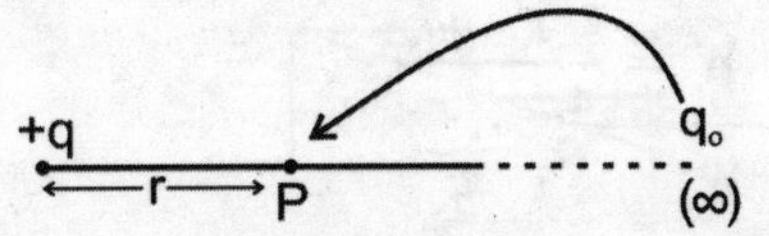


**चित्र 3.6:** बिन्दु आवेश के कारण विद्युत विभव

$$\textit{विद्युत विभव} = \textit{किया गया कार्य / आवेश} \quad ...(3.13)$$

$$V = \frac{W}{q_0}$$

यदि $W = 1J,\ q_0 = 1C$

तो $V = \frac{1J}{1C} = 1volt$

यदि एक कूलाम आवेश को अनंत से विद्युत क्षेत्र के किसी बिंदु तक लाने में क्षेत्र के विरुद्ध किया गया कार्य 1 जूल हो तो उस बिंदु पर विद्युत विभव का मान 1 वोल्ट कहलाता है।

**बिंदु आवेश के कारण विद्युत विभव :** माना कि धनात्मक आवेश q मूल बिंदु O पर स्थित है , अब हम आवेश q से r दूरी पर स्थित बिंदु P पर विद्युत विभव ज्ञात करेंगे।

विद्युत विभव की परिभाषानुसार अनंत से किसी एकांक परीक्षण धन आवेश को बिंदु P तक विद्युत क्षेत्र की दिशा के विरुद्ध लाने में किया गया कार्य उस बिंदु पर विद्युत विभव के बराबर होगा।

माना कि बिंदु 'A' पर आवेश $q_o$ स्थित है तो

$$F = \frac{1}{4\pi\varepsilon_0}\frac{qq_0}{x^2} \quad ...(3.14)$$

आवेश $q_0$ को A से B तक विस्थापित करने में किया गया अल्प कार्य –

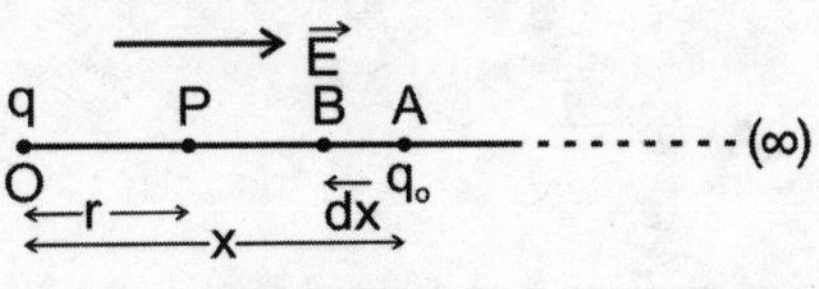


**चित्र 3.7:** आवेश को विस्थापित करने में किया गया कार्य

$$dw = \vec{F}.\vec{dx}$$
$$dw = Fdx\cos(180)$$
$$dw = -Fdx$$
$$dw = -\frac{1}{4\pi\varepsilon_0}\frac{qq_0}{x^2}dx$$
$$\int dw = -\frac{1}{4\pi\varepsilon_0}qq_0\int_{\infty}^{r}\frac{1}{x^2}dx$$
$$W = \frac{-qq_0}{4\pi\varepsilon_0}\int_{\infty}^{r}x^{-2}dx$$

अतः
$$W = \frac{-qq_0}{4\pi\varepsilon_0}\left[\frac{-1}{x}\right]_{\infty}^{r}$$

आवेश $q_0$ को अनंत से P तक विस्थापित करने में किया गया कुल कार्य

$$W = \frac{1}{4\pi\varepsilon_0}\frac{qq_0}{r}$$

और

$$\frac{W}{q_0} = \frac{1}{4\pi\varepsilon_0}\frac{q}{r}$$

$$\left[\frac{W}{q_0} = V \text{ विद्युत विभव}\right]$$

$$V = \frac{1}{4\pi\varepsilon_0}\frac{q}{r} \quad ...(3.15)$$

### 3.1.6 विद्युत विभवांतर

एकांक धनात्मक आवेश $q_0$ को विद्युत क्षेत्र में एक बिंदु से दूसरे बिंदु तक ले जाने में किया गया कार्य विद्युत विभवांतर कहलाता है।

अतः,

$$V = V_B - V_A = W_{AB} \quad ...(3.16)$$

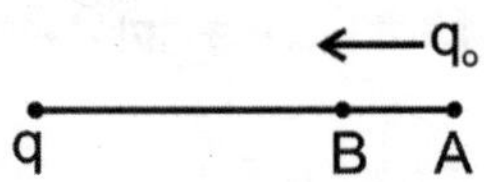


**चित्र 3.8:** विद्युत विभवांतर

### 3.1.7 गाउस की प्रमेय

अब तक बिंदु आवेश के कारण विद्युत क्षेत्र की तीव्रता एवं विद्युत फ्लक्स की गणना की गई है। एकल आवेश के स्थान पर आवेशों का वितरण होने की स्थिति में तस्वीर काफी अलग होगी।

आवेश वितरण के कारण किसी बिंदु पर उत्पन्न विद्युत क्षेत्र की गणना के लिए प्रत्येक आवेश से उस बिंदु पर उत्पन्न विद्युत क्षेत्र के योगदान को ध्यान में रखा जाना चाहिए। गाउस की प्रमेय आवेश वितरण के कारण उत्पन्न विद्युत क्षेत्र की गणना के लिए एक सरल समाधान प्रदान करती है।

गाउस की प्रमेय के अनुसार किसी बंद पृष्ठ से निर्गमित कुल विद्युत फ्लक्स ($\phi$) उस पृष्ठ में परिबद्ध कुल आवेश और $1/\varepsilon_0$ के गुणनफल के तुल्य होता है।

$$\phi = \frac{1}{\varepsilon_o}\times q \quad ...(3.17)$$

**उत्पत्ति**

माना कि $+q$ आवेश r त्रिज्या के गोले के केंद्र पर स्थित है तो अल्पांश क्षेत्रफल ds से प्रगमित विद्युत फ्लक्स होगा –

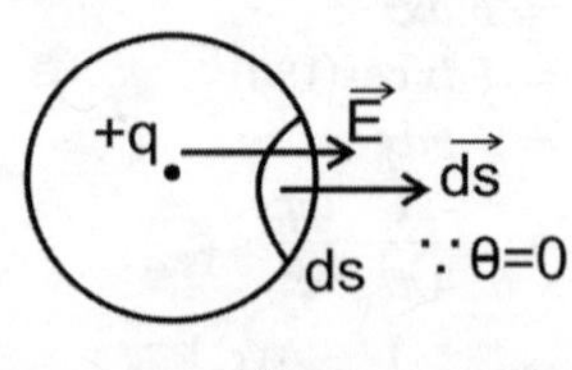


**चित्र 3.9:** गाउस के नियम का चित्रण

$$d\phi = \vec{E}.\vec{ds}$$

$$d\phi = Eds\cos\theta$$

$$d\phi = Eds \quad (\text{क्योंकि } \theta = 0)$$

संपूर्ण पृष्ठ से निर्गमित विद्युत फ्लक्स

$$\int d\phi = \int Eds$$

$$\phi = E\int ds$$

$$\left[\because E = \frac{1}{4\pi\varepsilon_0}\frac{q}{r^2}\right]$$

$$\phi = \frac{1}{4\pi\varepsilon_0}\frac{q}{r^2}\int ds$$

$$\phi = \frac{1}{4\pi\varepsilon_0}\frac{q}{r^2}\times 4\pi r^2$$

इसलिये
$$\phi = \frac{1}{\varepsilon_0}\times q \qquad ...(3.18)$$

बंद पृष्ठ से निर्गत फ्लक्स के मान की गणना करके गाउस की प्रमेय की सहायता से विद्युत क्षेत्र की गणना की जा सकती है।

### 3.1.8 गाउस के नियम के अनुप्रयोग

#### (a) अनंत लंबाई के आवेशित तार के कारण विद्युत क्षेत्र की तीव्रता

माना कि एक समान रेखीय आवेश घनत्व ($\lambda$) (एकांक लंबाई पर आवेश की मात्रा) वाला अनंत लंबा पतला तार है। सर्वप्रथम हम इस रेखीय आवेश के कारण विद्युत क्षेत्र की दिशा ज्ञात करते हैं। रेखीय आवेश वितरण में बिंदु O से r दूरी पर एक बिंदु P पर विचार करते हैं। हम यह भी मान सकते हैं कि बिंदु O के ऊपर और नीचे x दूरी पर समान लंबाई dl के अल्पांश आवेश हैं। चित्र 3.10 से इन दोनों अल्पांश आवेशों के कारण बिंदु P पर परिणामी क्षेत्र की दिशा सदैव रेखीय आवेश के लंबवत होती है।

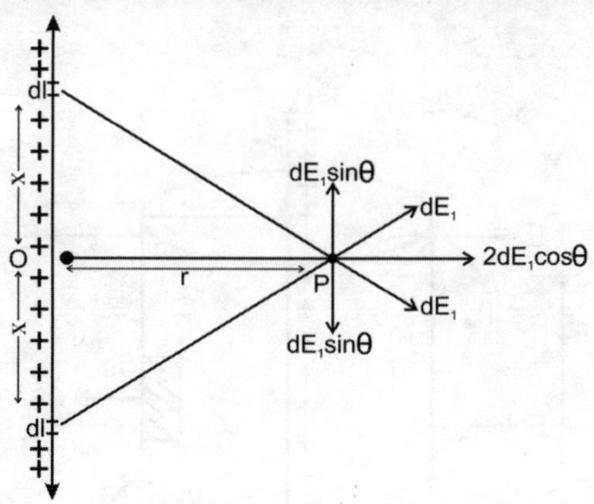


**चित्र 3.10:** अनंत लंबाई के आवेशित तार के कारण विद्युत क्षेत्र की दिशा

अतः सममिति द्वारा रेखीय आवेश के कारण परिणामी विद्युत क्षेत्र की दिशा सदैव रेखीय आवेश के लंबवत होगी एवं इसका परिणाम गाउस के नियम से ज्ञात किया जा सकता है।

रेखीय आवेश से r दूरी पर विद्युत क्षेत्र ज्ञात करने के लिए हम r त्रिज्या एवं l लंबाई के बेलनाकार गाउसियन पृष्ठ का चयन करते हैं। इसमें तीन पृष्ठ $S_1$, $S_2$ और $S_3$ हैं।

सबसे पहले हम पृष्ठ $S_3$ के लिए गणना करते हैं, आइए हम $S_3$ में एक अल्पांश क्षेत्रफल ds और इससे निर्गत विद्युत फ्लक्स पर विचार करें।

$$d\phi = \vec{E}.\vec{ds}$$

बेलनाकार पृष्ठ के लिए

$$\int d\phi = \oint \vec{E}.\vec{ds}$$

$$\phi = \int E ds \cos\theta \quad \because \theta = 0$$

$$\phi = E\int ds$$

$$\phi = E \times 2\pi rl \qquad ...(3.19)$$

गाउस की प्रमेय से

$$\phi = \frac{q}{\varepsilon_o} \qquad ...(3.20)$$

रेखीय आवेश घनत्व

समी. (3.19) एवं समी. (3.20) की तुलना करने पर

$$E \times 2\pi rl = \frac{q}{\varepsilon_o}$$

$$E = \frac{1}{2\pi\varepsilon_o}\frac{q}{rl} \qquad \left[\because \frac{q}{l} = \lambda \text{ रेखीय आवेश घनत्व}\right]$$

$$E = \frac{1}{2\pi\varepsilon_o}\frac{\lambda}{r} \qquad ...(3.21)$$

पृष्ठ $S_3$ के किसी भी बिंदु पर विद्युत क्षेत्र का परिमाण समीकरण (3.21) द्वारा दिया जाता है।

पृष्ठ $S_1$ और $S_2$ पर विद्युत क्षेत्र का परिमाण शून्य होगा क्योंकि विद्युत क्षेत्र सदिश और प्रत्येक सतह के क्षेत्रफल सदिश के बीच का कोण $90^0$ है।

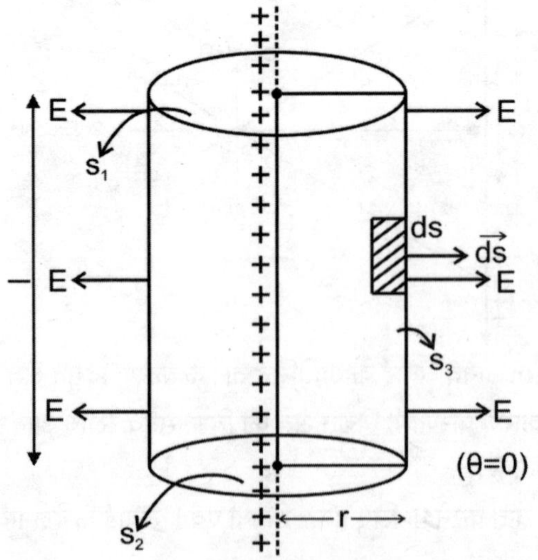


**चित्र 3.11:** गाउस के नियम से अनंत लंबाई के आवेशित तार के कारण विद्युत क्षेत्र

### (b) एक समान आवेशित समतल चादर के कारण विद्युत क्षेत्र

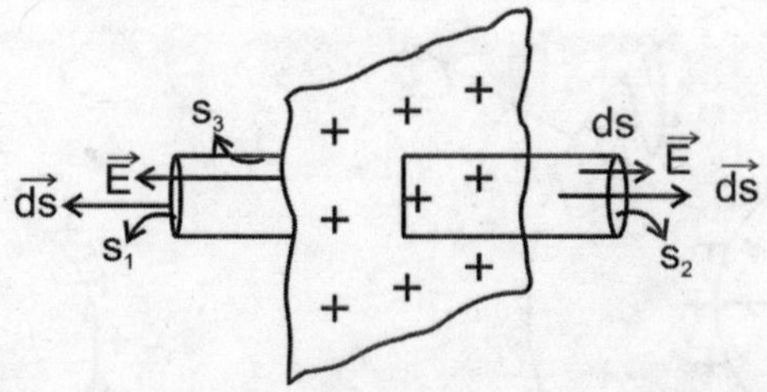


**चित्र 3.12:** एक समान आवेशित समतल चादर के कारण विद्युत क्षेत्र

माना कि +q आवेश एक अनंत विस्तार की समतल चादर को दिया जाता है ताकि आवेश सतह पर समान रूप से वितरित हो। तथा जिसका पृष्ठ आवेश घनत्व "$\sigma$" (एकांक क्षेत्रफल पर आवेश की मात्रा) है। आवेश के एकसमान वितरण के कारण विद्युत क्षेत्र की गणना बेलन के रूप में गाउसियन पृष्ठ खींचकर कर सकते हैं। बेलन में $S_1$, $S_2$ और $S_3$ पृष्ठ होते हैं। सबसे पहले हम सतह $S_1$ और $S_2$ के लिए गणना करते हैं।

अतः दोनों सतहों ($S_1$ एवं $S_2$) पर ds से निर्गत विद्युत फ्लक्स

$$d\phi = 2\vec{E}.\vec{ds}$$

सम्पूर्ण चादर के लिए

$$\int d\phi = 2\int Eds\cos(0)$$

$$\phi = 2E\int ds$$

$$[\int ds = S \text{ सम्पूर्ण पृष्ठीय क्षेत्रफल}] \qquad ...(3.22)$$

$$\phi = 2ES$$

गाउस के नियम से

$$\phi = \frac{q}{\varepsilon_o}$$

$$2ES = \frac{q}{\varepsilon_o}$$

$$E = \frac{q}{2\varepsilon_o S}$$

$$[\text{पृष्ठ आवेश घनत्व } \sigma = \frac{q}{S}]$$

अतः

$$E = \frac{\sigma}{2\varepsilon_o} \qquad ...(3.23)$$

सतह $S_3$ पर विद्युत क्षेत्र का परिमाण शून्य है क्योंकि विद्युत क्षेत्र सदिश और पृष्ठ $S_3$ के क्षेत्रफल सदिश के बीच का कोण $90^0$ है।

### (c) एकसमान आवेशित गोले के कारण विद्युत क्षेत्र

त्रिज्या R के धातु के एक गोले पर विचार करें जब इसे q आवेश दिया जाता है, तो आवेश सतह पर समान रूप से वितरित हो जाएगा, अतः इसका -

$$\sigma = \frac{q}{4\pi R^2} \quad \Rightarrow q = 4\pi R^2\sigma$$

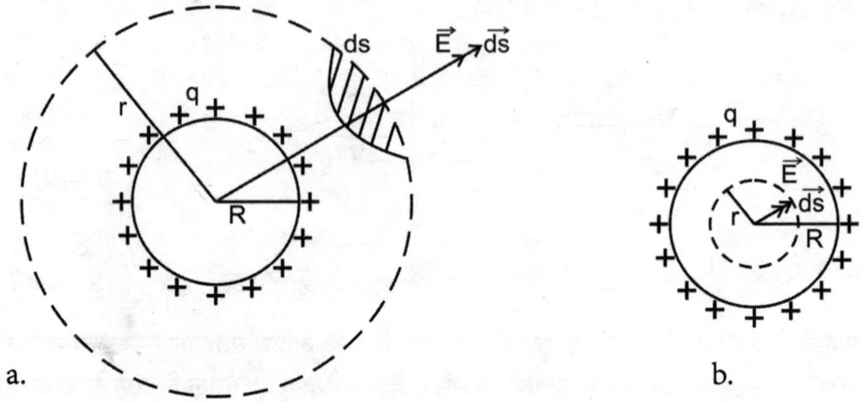


**चित्र 3.13:** एकसमान आवेशित गोले के कारण विद्युत क्षेत्र

**(i) गोले के बाहर विद्युत क्षेत्र (चित्र 3.13 a)**

त्रिज्या r की एक गाउसियन गोलाकार सतह खींचिए, और छोटे क्षेत्र ds द्वारा विद्युत फ्लक्स की गणना करें

$$d\phi = \vec{E}.\vec{ds}$$

$$\int d\phi = \int \vec{E}.\vec{ds}$$

सम्पूर्ण पृष्ठ के लिए $\phi = \int E_1 ds \cos(0)$

$$\phi = E_1 \int ds$$

$$\phi = E_1 \times 4\pi r^2 \quad ...(3.24)$$

तथा गाउस के नियम से

$$\phi = \frac{q}{\varepsilon_o}$$

अतः समीकरण (3.24)से $E_1 \times 4\pi r^2 = \frac{q}{\varepsilon_o}$

$$E_1 = \frac{1}{4\pi\varepsilon_o}\frac{q}{r^2} \quad ...(3.25)$$

$$\because q = 4\pi R^2 \sigma$$

$$E_1 = \frac{1}{4\pi\varepsilon_o}\frac{4\pi R^2\sigma}{r^2}$$

$$E_1 = \frac{R^2\sigma}{\varepsilon_o r^2} \quad ...(3.26)$$

**(ii) गोले की सतह पर विद्युत क्षेत्र**

समीकरण (3.26) में

r = R रखने पर

$$E_2 = \frac{\sigma}{\varepsilon_o} \quad ...(3.27)$$

**(iii) गोले के अंदर :** गोले के अंदर r त्रिज्या की गोलाकार गाउसियन सतह पर विचार करे (चित्र 3.13 b)

$$r < R$$

चूंकि आवेश त्रिज्या R के गोले की सतह पर समान रूप से वितरित है

इसलिए त्रिज्या r के गोले के अंदर कोई आवेश नहीं है

$$\because q = o$$

अतः गाउस के नियम से $\quad E_3 = o$

अर्थात् धात्विक गोले के अंदर किसी भी बिन्दु पर विद्युत क्षेत्र का मान शून्य है।

**हल किए गए प्रश्न**

3.1 अति लघु आवेशित गोले जिन पर क्रमशः 2 माइक्रो कूलाम और 4 माइक्रो कूलाम का आवेश है, एक दूसरे से 20 सेमी की दूरी पर स्थित हैं तो निम्न की गणना करें -

(i) गोलों के बीच बल

(ii) यदि आवेशों को दोगुना और पृथक्करण को आधा कर दिया जाए तो बल में परिवर्तन

हल :

दिया है : $q_1$ = 2 माइक्रो कूलाम = $2 \times 10^{-6}$ C and $q_2$ = 4 माइक्रो कूलाम = $4 \times 10^{-6}$ C

r = 20 cm = 0.2 m

(i) $$F = \frac{1}{4\pi\varepsilon_0}\frac{q_1 q_2}{r^2}$$

$\Rightarrow F = 9 \times 10^{9} \times 2 \times 4 \times 10^{-12} / 0.2 \times 0.2$

$F = 1800 \times 10^{-3} = 1.8$ N

(ii ) यदि आवेश दोगुना कर दिया जाए और पृथक्करण आधा कर दिया जाए तो

$$F_1 = \frac{1}{4\pi\varepsilon_0}\frac{2q_1 \times 2q_2}{\left(\frac{r}{2}\right)^2}$$

$$F_1 = 16 \times \frac{1}{4\pi\varepsilon_0}\frac{q_1 q_2}{r^2}$$

$$F_1 = 16 \times F$$

अतः, $F_1 = 16 \times 1.8$ N = 28.8 N

उदाहरण 3.1

3.2 हवा में 8 सेमी की दूरी पर दो बिंदु A और B हैं जिन पर क्रमशः +20 μc और + 5 μc के बिंदु आवेश हैं। बिंदु A से उस बिंदु की स्थिति ज्ञात कीजिए जिस पर परिणामी क्षेत्र शून्य है।

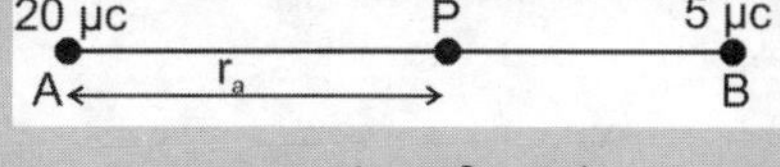


हल : मान लीजिए कि A और B के बीच का परिणामी बिंदु P है, जहाँ + 20 μc और 5 μc आवेश के कारण विद्युत क्षेत्र समान और विपरीत दिशा में है और यह A से $r_a$ दूरी पर है

बिंदु A पर स्थित आवेश के कारण परिणामी बिंदु P पर विद्युत क्षेत्र –

$$E_1 = \frac{1}{4\pi\varepsilon_0}(20 \times 10^{-6}) / (r_a)^2$$

बिंदु B पर स्थित आवेश के कारण परिणामी बिंदु P पर विद्युत क्षेत्र –

उदाहरण 3.2

उदाहरण 3.2

$E_2 = \frac{1}{4\pi\varepsilon_0}(5 \times 10^{-6}) / (0.08 - r_a)^2$

$E_1 = E_2$

$\frac{1}{4\pi\varepsilon_0}(20 \times 10^{-6}) / (r_a)^2 = \frac{1}{4\pi\varepsilon_0}(5 \times 10^{-6}) / (0.08 - r_a)^2$

$(20 \times 10^{-6}) / (r_a)^2 = (5 \times 10^{-6}) / (0.08 - r_a)^2$

$4 / (r_a)^2 = 1 / (0.08 - r_a)^2$

$2/ (r_a) = 1 / (0.08 - r_a)$

$0.16 - 2\, r_a = r_a$

$r_a = (0.16/3)\ m = 5.33\ cm$

अतः बिन्दु A से 5.33 cm की दूरी पर बिन्दु P स्थित है।

उदाहरण 3.3

3.3 5 μC के आवेश के कारण हवा में 5 सेमी दूर स्थित बिंदु P पर विभव की गणना कीजिए। 1 μC आवेश को उस बिंदु पर लाने के लिए किए गए कार्य की गणना कीजिए।

हल :

दिया है $q = 5 \times 10^{-6}\ C$, $r = 5\ cm = 0.05\ m$

$$V = \frac{1}{4\pi\varepsilon_0}\frac{q}{r}$$

$V = 9 \times 10^9 \times 5 \times 10^{-6} / 0.05$

$V = 9 \times 10^5$ Volts

ii) आवेश $q = 1\mu C = 1 \times 10^{-6}\ C$ को बिन्दु P तक लाने में किया गया कार्य

$W = qV$

$W = 1 \times 10^{-6} \times 9 \times 10^5\ V = 0.9$ Joule

उदाहरण 3.4

3.4 5 सेमी व्यास की एक वृत्ताकार शीट को 50 N/C के एकसमान विद्युत क्षेत्र में रखा गया है, जिसका अभिलंब क्षेत्र के साथ 30° का कोण बना रहा है। वृत्ताकार शीट से निर्गत विद्युत फ्लक्स की गणना करें।

हल :

दिया है : व्यास = 5 cm, अतः $r = 2.5\ cm = 0.025\ m$

E= 50N/C और कोण = $30^o$ $\phi = \int E ds \cos\phi$

$\phi = E \times \pi r^2 \times \cos(30)$

$\phi = 50 \times 3.14 \times (0.025)^2 \times \sqrt{3}/2$

$\phi = 0.085\ Nm^2/C$

## 3.2 संधारित्र और इसकी कार्यप्रणाली

अब तक इस इकाई में स्थिरवैद्युत बल, विद्युत क्षेत्र, विद्युत विभव तथा आवेश वितरण द्वारा विद्युत क्षेत्र एवं फ्लक्स ज्ञात करने की विधि के बारे में विस्तार से चर्चा की गई है। इस खंड में संधारित्र और उसकी कार्यप्रणाली को समझाया जाएगा, जिसमें इस इकाई में पहले चर्चा की गई सभी अवधारणाओं को लागू किया जाएगा। संधारित्र एक व्यवस्था है जिसमें दो चालकों को एक दूसरे से कुछ दूरी पर रखते हैं। इसका उपयोग आवेश का संग्रहण करने के लिए किया जाता है। चालकों के बीच निर्वात, वायु या परावैद्युत पदार्थ होता है।

**संधारित्र का सिद्धांत :**

किसी धनावेशित प्लेट A के पास रखी धातु की अनावेशित प्लेट B पर विचार करें, प्रेरण के कारण प्लेट A के निकट के फलक पर प्लेट B पर ऋणात्मक आवेश उत्पन्न होता है और B के दूसरे फलक पर धनात्मक आवेश उत्पन्न होता है। प्लेट B को पृथ्वी से जोड़ने पर प्लेट B पर स्थित धनावेश पृथ्वी में प्रवाहित हो जाएगा और प्लेट B पर केवल ऋणात्मक आवेश रह जाएगा, जिसके कारण प्लेट A का विभव कम हो जाता है। प्लेट A का विभव बढ़ाने के लिए, यह अधिक आवेश एकत्रित कर सकता है। आवेश संग्रहण के लिए दो चालकों से बनी इस व्यवस्था को संधारित्र कहते हैं।

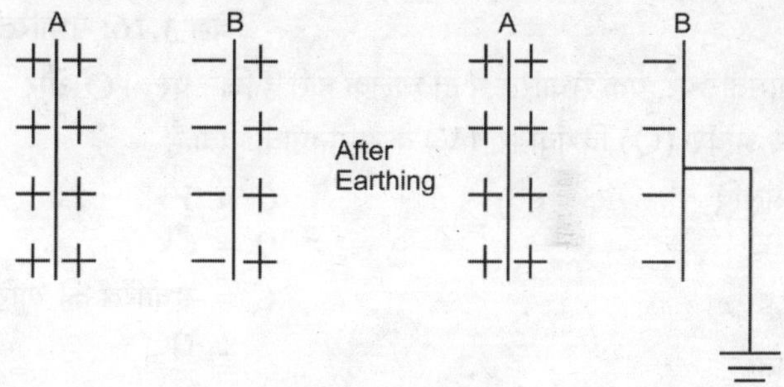


**चित्र3.14:** संधारित्र

किसी धनावेशित प्लेट A के पास रखी धातु की अनावेशित प्लेट B पर विचार करें, प्रेरण के कारण प्लेट A के निकट के फलक पर प्लेट B पर ऋणात्मक आवेश उत्पन्न होता है और B के दूसरे फलक पर धनात्मक आवेश उत्पन्न होता है। प्लेट B को पृथ्वी से जोड़ने पर प्लेट B पर स्थित धनावेश पृथ्वी में प्रवाहित हो जाएगा और प्लेट B पर केवल ऋणात्मक आवेश रह जाएगा, जिसके कारण प्लेट A का विभव कम हो जाता है। प्लेट A का विभव बढ़ाने के लिए, यह अधिक आवेश एकत्रित कर सकता है। आवेश संग्रहण के लिए दो चालकों से बनी इस व्यवस्था को संधारित्र कहते हैं।

### 3.2.1 संधारित्र के प्रकार

संधारित्र को निम्नलिखित आधार पर विभेदित किया जा सकता है-

- इलेक्ट्रोड की आकृति के आधार पर
  - समानांतर प्लेट, गोलाकार और बेलनाकार
- इलेक्ट्रोडो के मध्य पदार्थ के आधार पर
  - परावैधुत (अध्रुवीय संधारित्र) और इलेक्ट्रोलाइटिक (ध्रुवीय संधारित्र)
- धारिता के आधार पर
  - नियत एवं परिवर्ती

संधारित्र के निम्न प्रतीक चिन्ह हैं -

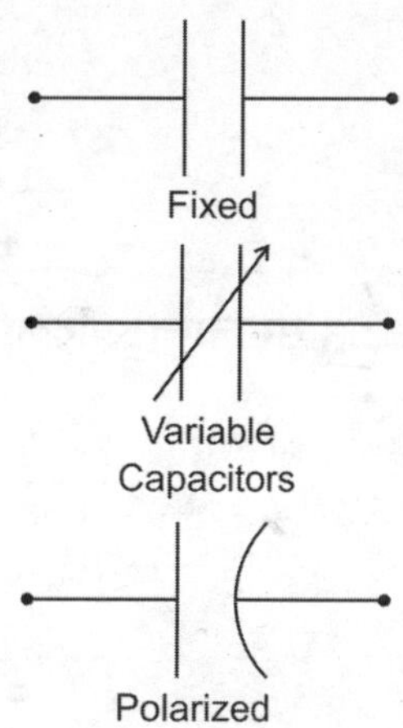


**चित्र 3.15:** संधारित्र के प्रकार

### 3.2.2 धारिता एवं इसका मात्रक

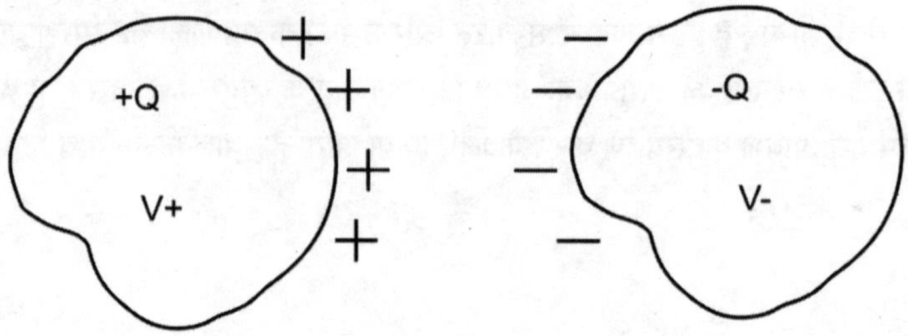


**चित्र 3.16:** संधारित्र पर आवेश

आमतौर पर, एक संधारित्र में दो चालक होते हैं जिन पर +Q और -Q आवेश होते हैं। किसी दिए गए संधारित्र के लिए संधारित्र पर आवेश (Q) विभवांतर (V) के समानुपाती होता है

इसलए $Q \alpha V$

$Q = CV$

$C =$ संधारित्र की धारिता

अतः $C = \frac{Q}{V}$

जब V = 1V तब $C = Q$

इसलिए, संधारित्र के विभव में एकांक वृद्धि के लिए आवश्यक आवेश को संधारित्र की धारिता कहते हैं।

$$\because Q = CV$$

$$C = \frac{Q}{V}$$

जब $Q = 1C, \; V = 1volt$

$$C = \frac{1C}{1volt}$$

$= 1$ F (फ़ैरड़ F)

1 माइक्रो फ़ैरड़ $1\mu F = 10^{-6} F$

1 पिको फ़ैरड़ $1pF = 10^{-12} F$

### 3.2.3 समानान्तर पट्टिका संधारित्र

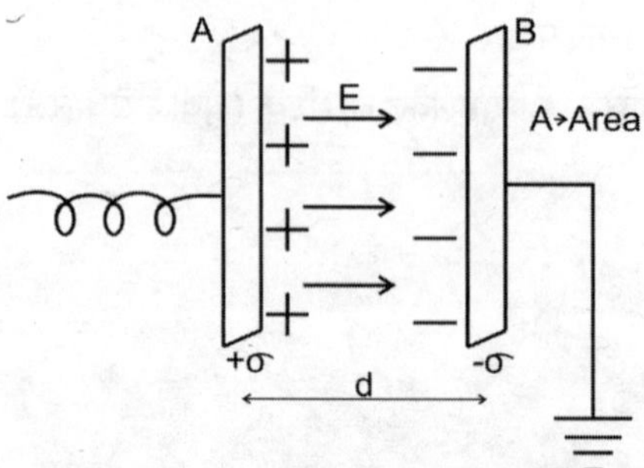


**चित्र 3.17:** समानान्तर पट्टिका संधारित्र

इसमें दो बड़ी समतल समानान्तर चालक पट्टिकाएँ होती हैं , जिनके मध्य दूरी d अल्प होती है।

प्लेटों के बीच विद्युत क्षेत्र-

$$E = \frac{\sigma}{\varepsilon_o} \quad \text{यहाँ } \sigma = \text{ सतह आवेश घनत्व}$$

एक समान विद्युत क्षेत्र के लिए

$$E = \frac{V}{d} \Rightarrow V = Ed$$

$$V = \frac{\sigma}{\varepsilon_o} \times d \quad \left\{\sigma = \frac{Q}{A}\right\}$$

इसलिए

$$V = \frac{Qd}{\varepsilon_o A} = \frac{Qd}{\varepsilon_o A}$$

$$\because Q = VC$$

$$C = \frac{Q}{V} = \frac{Q}{\frac{Qd}{\varepsilon_0 A}} \Rightarrow C = \frac{\varepsilon_o A}{d}$$

इस प्रकार, समानान्तर पट्टिका संधारित्र के लिए

$$C \ \alpha \ A \text{ क्षेत्रफल}$$

$$C \ \alpha \ \frac{1}{d} \text{ दूरी}$$

$$C \ \alpha \ \varepsilon_0 \text{ पट्टिकाओं के बीच माध्यम की विद्युतशीलता}$$

## 3.2.4 संधारित्रों का श्रेणीक्रम और समानांतर संयोजन

### 1. संधारित्रों का श्रेणीक्रम संयोजन

जब एक संधारित्र की ऋणात्मक प्लेट को दूसरे की धनात्मक प्लेट से और दूसरे की ऋणात्मक को तीसरे की धनात्मक प्लेट से जोड़ा जाता है और इसी तरह आगे भी, तो इस संयोजन को संधारित्रों का श्रेणीक्रम संयोजन कहते हैं।

संधारित्रों के सिरों पर विभवांतर –

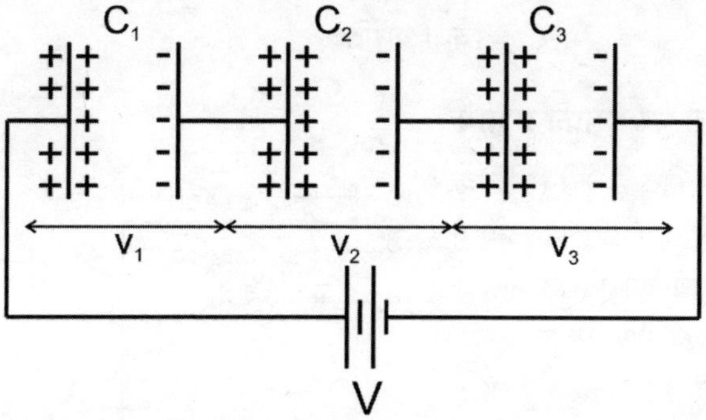


**चित्र 3.18:** संधारित्रों का श्रेणीक्रम संयोजन

$$V_1 = \frac{Q}{C_1}, \ V_2 = \frac{Q}{C_2}, \ V_3 = \frac{Q}{C_3}$$

चूँकि कुल विभवांतर

$$V = V_1 + V_2 + V_3$$

या
$$\frac{Q}{C} = \frac{Q}{C_1} + \frac{Q}{C_2} + \frac{Q}{C_3}$$
$$\frac{1}{C} = \frac{1}{C_1} + \frac{1}{C_2} + \frac{1}{C_3}$$

जहाँ C कुल धारिता है।

**2. संधारित्रों का समानांतर संयोजन**

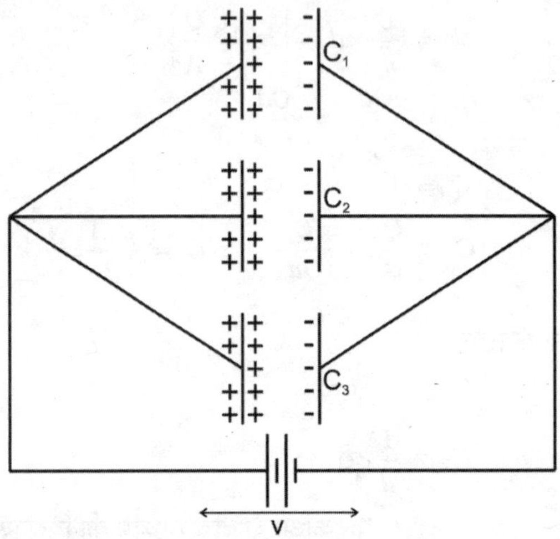


**चित्र 3.19:** संधारित्रों का समानांतर संयोजन

जब सभी संधारित्रों की धनात्मक प्लेट को एक उभयनिष्ठ बिंदु से और सभी ऋणात्मक प्लेटों को दूसरे उभयनिष्ठ बिंदु से जोड़ा जाता है। तो इसे संधारित्रों का समानांतर संयोजन कहा जाता है।

सभी संधारित्रों पर समान विभवांतर V है लेकिन अलग-अलग आवेश हैं जिनका मान होगा -
$$Q_1 = C_1V,\ Q_2 = C_2V,\ Q_3 = C_3V$$
$$\because Q = Q_1 + Q_2 + Q_3$$
या
$$CV = C_1V + C_2V + C_3V$$
$$C = C_1 + C_2 + C_3$$
$$C = \text{कुल धारिता}$$

### 3.2.5 परावैद्युत और धारिता पर इसका प्रभाव

परावैद्युत पदार्थ कुचालक पदार्थ होते हैं जैसे सिरेमिक, अभ्रक, काँच, प्लास्टिक और विभिन्न धातुओं के ऑक्साइड। जब परावैद्युत पदार्थ को विद्युत क्षेत्र E (माना कि एक समानांतर पट्टिका संधारित्र के अंदर) में रखा जाता है, तो इसका विद्युत ध्रुवीकरण होता है, अर्थात परावैद्युत पदार्थ के भीतर धनात्मक आवेश विद्युत क्षेत्र की दिशा में सूक्ष्म रूप से विस्थापित हो जाते हैं, और ऋणात्मक आवेश विद्युत क्षेत्र की विपरीत दिशा में सूक्ष्म रूप से विस्थापित हो जाते हैं। आवेश के पृथक्करण या ध्रुवीकरण के कारण परावैद्युत पदार्थ के अंदर का विद्युत क्षेत्र कम हो जाता है क्योंकि परावैद्युत पदार्थ के अंदर उत्पन्न विद्युत क्षेत्र बाह्य विद्युत क्षेत्र E के विपरीत होता है। परिणामी विद्युत क्षेत्र के कम हो

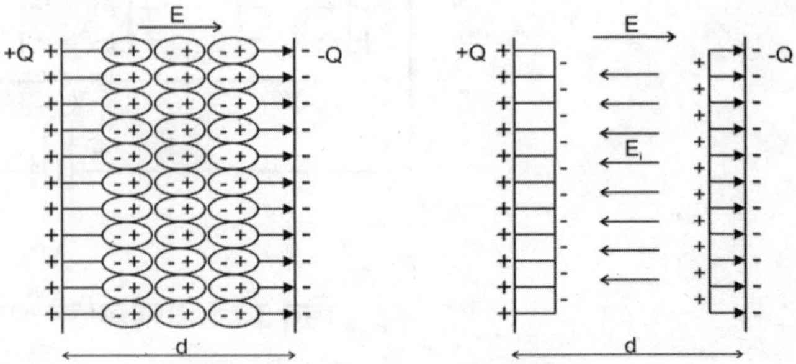


**चित्र 3.20:** संधारित्र में परावैद्युत

जाने से प्लेटों के बीच V घट जाता है और धारिता बढ़ जाती है। परावैद्युतांक 'K' प्रत्येक परावैद्युत पदार्थ का गुणधर्म है। यह पदार्थ की विद्युतशीलता एवं वायु की विद्युतशीलता का अनुपात होता है। वायु का परावैद्युतांक एक होता है एवं अन्य कुचालकों के लिए इसका मान एक से अधिक होता है।

संधारित्र की धारिता होती है –

$$C_0 = \frac{\varepsilon_o A}{d}$$

जब दो पट्टिकाओं के मध्य परावैद्युत पदार्थ होता है तो धारिता का मान K गुना बढ़ जाता है

$$C = \frac{K\varepsilon_o A}{d}$$

$$C = KC_0$$

### 3.2.6 परावैद्युत भंजन (डाइलेक्ट्रिक ब्रेकडाउन)

परावैद्युत पदार्थ कुचालक होते हैं और वे धारा के प्रवाह को रोकते हैं। कुचालक पदार्थ द्वारा धारा के प्रवाह को रोक पाने की असफलता को परावैद्युत भंजन कहते हैं। जब आरोपित विद्युत क्षेत्र का मान एक निश्चित मान से अधिक हो जाता है तो पदार्थ का ध्रुवीकरण हो जाता है जिसके कारण बड़ी संख्या में इलेक्ट्रान एवं आयन उत्पन्न होते हैं। $3 \times 10^6$ V/m विद्युत क्षेत्र पर हवा का विद्युत डिस्चार्ज होना परावैद्युत भंजन का उदाहरण है।

समानांतर पट्टिका संधारित्र में यदि हम प्लेटों पर वोल्टेज बढ़ाते हैं, तो विद्युत क्षेत्र भी बढ़ता है। भंजन वोल्टेज (ब्रेकडाउन वोल्टेज) वह वोल्टेज है जिस पर परावैद्युत भंजन (डाइलेक्ट्रिक ब्रेकडाउन) होता है। प्रत्येक संधारित्र जिसे हम बाजार से खरीदते हैं या प्रयोगशाला में उपलब्ध होते हैं, उसका कुछ अधिकतम वोल्टेज मान होता है, हम उस वोल्टेज से परे संधारित्र का उपयोग नहीं कर सकते हैं, अन्यथा संधारित्र में परावैद्युत भंजन हो जाता है और परावैद्युत पदार्थ फिर विद्युत कुचालक नहीं रहता।

### हल किए गए प्रश्न

**उदाहरण 3.5**

3.5 तीन संधारित्र $C_1$, $C_2$, $C_3$ एक 12V बैटरी से जुड़े हैं, तीनों संधारित्रों पर आवेश ज्ञात कीजिए

हल : दिए गए चित्र में $C_2$ और $C_3$ समानांतर में हैं और $C_1$ के साथ श्रृंखला में जुड़े हुए हैं। प्रथमतः $C_2$ और $C_3$ के समानांतर संयोजन के कारण परिणामी धारिता C' होगी –

$C' = C_2 + C_3$

$C' = 10\mu F + 10\mu F = 20\ \mu F$

परिपथ की कुल धारिता C, C' और $C_1$ का श्रृंखला संयोजन है अतः

$1/C = 1/C_1 + 1/C'$

$1/C = 1/20\mu F + 1/20\mu F$

$1/C = 2/20\mu F$ या $C = 10\mu F$

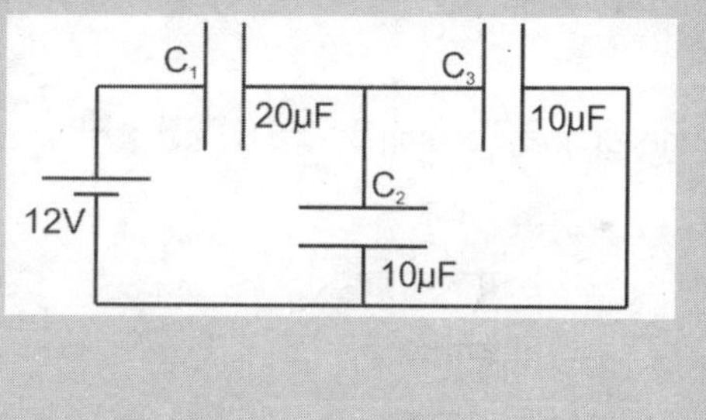


परिपथ में आवेश Q का मान होगा

$Q = CV$

$Q = 10\mu F \times 12\ V = 120 \times 10^{-6}\ C$

यही Q, $C_1$ और C' पर होगा।

चूँकि $C_2$ और $C_3$ समान हैं, अतः Q, $C_2$ और $C_3$ पर समान रूप से विभाजित होगा।

अतः $C_1$ पर आवेश $12 \times 10^{-5}$ C, $C_2$ पर आवेश $6 \times 10^{-5}$ C तथा $C_3$ पर आवेश $6 \times 10^{-5}$ C होगा।

## यूनिट सारांश

- आवेशों के बीच लगने वाला कूलाम बल दूरी के वर्ग के व्युत्क्रमानुपाती होता है।
- विद्युत क्षेत्र एक सदिश राशि है।
- विद्युत विभव अदिश राशि है।
- आवेश वितरण के कारण उत्पन्न विद्युत क्षेत्र का निर्धारण करने में गाउस प्रमेय मदद करती है।
- संधारित्र की धारिता इलेक्ट्रोडों के क्षेत्रफल और इलेक्ट्रोडों के बीच पदार्थ के परावैद्युतांक पर निर्भर करती है।

## अभ्यास

### वस्तुनिष्ठ प्रश्न

3.1 आवेश q, Q और q' को X-अक्ष के अनुदिश रखा गया है जैसा कि चित्र में दिखाया गया है। आवेश q संतुलन में है। Q/q' का अनुपात है –

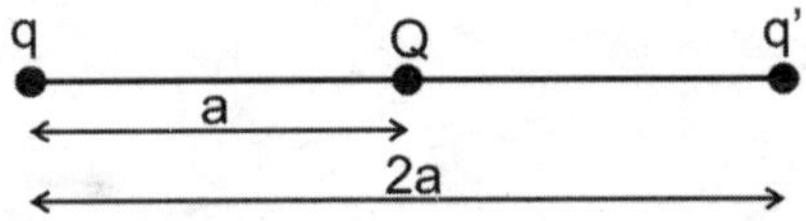


a. -4
b. +4
c. 1/4
d. -1/4

3.2 1 वोल्ट बराबर है –

a. 300 esu
b. 1/300 esu
c. $3 \times 10^8$ esu
d. $3 \times 10^9$ esu

3.3 कुचालक का परावैधयुतांक 'K' हो सकता है –

a. 4
b. -4
c. 0
d. 0.4

3.4 यदि दो आवेशित कणों के बीच की दूरी आधी कर दी जाए, तो उनके बीच कूलाम बल हो जाएगा -

a. आधा
b. एक चौथाई
c. दुगुना
d. चार गुना

3.5 बिंदु A से B तक 5μF आवेश को ले जाने में किया गया कार्य 8 mJ है तो A और B के बीच विभव का अंतर है -

a. 160 V

b. 16 V

c. 1.6 k V

d. 16 k V

3.6 एक समान रूप से आवेशित अनंत चादर के कारण चादर से r दूरी पर विद्युत क्षेत्र की तीव्रता है –

a. $E \ \alpha \ r$

b. $E \ \alpha \ r^{-1}$

c. $E \ \alpha \ r^{-2}$

d. $E$ का मान r पर निर्भर नहीं करता

3.7 एक ग्राम हाइड्रोजन में $6 \times 10^{23}$ परमाणु होते हैं। कल्पना कीजिए कि सभी नाभिक पृथ्वी के उत्तरी ध्रुव पर और इलेक्ट्रॉनों को पृथ्वी के दक्षिणी ध्रुव (त्रिज्या 6400 किमी) पर रखा गया है। आवेशों के बीच बल है –

a. $1.0 \times 10^6$ N

b. $5.0 \times 10^5$ N

c. $2.5 \times 10^5$ N

d. $2.0 \times 10^5$ N

3.8 एक समानान्तर पट्टिका संधारित्र को आवेशित किया जाता है और फिर अलग किया जाता है। पट्टिकाओं में पृथक्करण बढ़ने का प्रभाव होगा -

| | आवेश | विभव | धारिता |
|---|---|---|---|
| a. | नियत | बढ़ेगा | घटेगा |
| b. | बढ़ेगा | बढ़ेगा | घटेगा |
| c. | नियत | घटेगा | बढ़ेगा |
| d. | नियत | बढ़ेगा | घटेगा |

| वस्तुनिष्ठ प्रश्नों के उत्तर |
|---|
| 1.1 (a), 1.2 (a), 1.3 (a), 1.4 (d), 1.5 (c), 1.6 (d), 1.7 (d ), 1.8 (d) |

## लघु और दीर्घ उत्तरीय प्रश्न

1. कूलाम का स्थिरवैद्युत बल का नियम लिखिए।
2. आवेश के एस. आई. मात्रक और सी.जी.एस. मात्रक को परिभाषित करें और उनके बीच संबंध ज्ञात करें।
3. कूलाम के नियम के सदिश रूप की व्याख्या कीजिए।
4. विद्युत क्षेत्र की अवधारणा को व्युत्पत्ति सहित समझाइए।

5. विद्युत क्षेत्र की दिशा ज्ञात करने के लिए प्रयुक्त विधि को उदाहरण सहित बताइए।
6. धनात्मक और ऋणात्मक आवेश से निकलने वाली विद्युत क्षेत्र की रेखाएँ खींचिए। विद्युत फ्लक्स की अवधारणा को चित्र सहित समझाइए।
7. विद्युत विभव को उसके मात्रक सहित परिभाषित कीजिए।
8. स्थिरवैद्युत स्थितिज ऊर्जा के लिए व्यंजक व्युत्पन्न कीजिए।
9. स्थिरवैद्युत स्थितिज ऊर्जा का संबंध व्युत्पन्न कीजिए। स्थिरवैद्युत स्थितिज ऊर्जा का एस. आई. मात्रक लिखिए।
10. गाउस के नियम और उसके गणितीय रूप की व्याख्या कीजिए।
11. धारिता तथा उसके मात्रक को परिभाषित करें।
12. संधारित्र की कार्यप्रणाली को चित्र सहित समझाइए।
13. संधारित्र के प्रकारों को चित्र सहित समझाइए।
14. समानांतर पट्टिका संधारित्र की धारिता के लिए संबंध व्युत्पन्न कीजिए।
15. संधारित्रों के श्रेणीक्रम और समानांतर क्रम संयोजनों की परिणामी धारिता के लिए संबंध व्युत्पन्न करें।
16. संधारित्रों में परावैद्युत पदार्थों की भूमिका का वर्णन कीजिए।
17. गाउस के नियम की सहायता से निम्नलिखित आवेश वितरण के कारण उत्पन्न विद्युत क्षेत्र की तीव्रता ज्ञात कीजिए।
    - अ. रेखीय आवेश वितरण
    - ब. समतल आवेश वितरण
    - स. गोलाकार सतह पर आवेश वितरण
18. उन इलेक्ट्रॉनों की संख्या ज्ञात कीजिए जिनका कुल आवेश 1 कूलॉम हो।
19. 4 सेमी की दूरी पर स्थित 2 C के दो आवेशों के बीच कार्य करने वाला स्थिरवैद्युत बल ज्ञात कीजिए।
20. -10 C आवेश से 5 सेमी दूरी पर स्थित बिंदु 'P' पर विद्युत क्षेत्र का परिमाण और दिशा ज्ञात कीजिए।
21. 1 सेमी भुजा वाले एक समबाहु त्रिभुज के शीर्ष बिंदुओं पर रखे गए तीन समान आवेशों पर विचार कीजिए तथा त्रिभुज के केन्द्रक पर स्थित आवेश Q पर परिणामी बल ज्ञात कीजिए।
22. एक बिंदु जहाँ विद्युत विभव -10 V है यहाँ से 4C के विद्युत आवेश को दूसरे बिंदु पर जहाँ विद्युत विभव V वोल्ट है स्थानांतरित करने में 100 J कार्य किया जाता है, तो V का मान ज्ञात कीजिए।

### *श्रेणी- II*

1. दो प्रोटोनों के मध्य स्थिरवैद्युत बल की तुलना गुरुत्वाकर्षण बल से करें।

$$m_p = 1.67\times10^{-27}\,kg,\;\; G = 6.67\times10^{-11}\,\frac{Nm^2}{kg^2},\;\; e = 1.6\times10^{-19}\,C$$

2. चार-बिंदु आवेश $q_A = 4\mu c$, $q_B = -10\mu c$, $q_C = 4\mu c$, $q_D = -10\mu c$ को एक वर्ग ABCD जिसकी भुजा 5 सेमी है के शीर्ष बिंदुओं पर रखा गया है। वर्ग के केंद्र में रखे $1\mu C$ आवेश पर लगने वाले बल की गणना कीजिए।
3. एक बिंदु आवेश + $20\mu c$, 20 सेमी भुजा वाली वर्गाकार चादर के केंद्र से सीधे 10 सेमी ऊपर है। वर्गाकार चादर से प्रवाहित विद्युत फ्लक्स की गणना करें। तथा यदि आवेश वर्गाकार शीट के केंद्र से 5 सेमी ऊपर है तब भी वर्गाकार शीट से प्रवाहित फ्लक्स ज्ञात कीजिए।
4. निम्न संयोजन में बिन्दु A और B के बीच तुल्य धारिता की गणना करें।

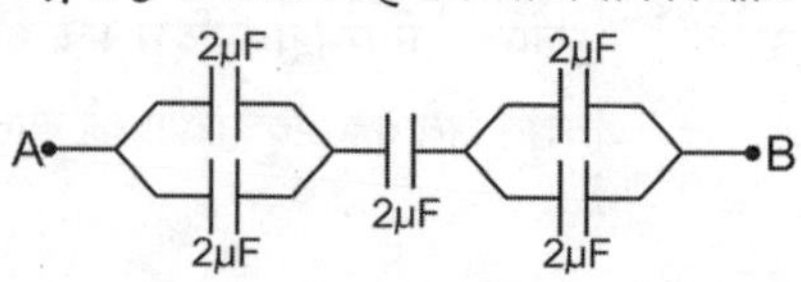

## प्रयोग

एक प्रयोगशाला प्रयोग है जो इस इकाई से संबंधित है।

- समानांतर प्लेट संधारित्र की धारिता की विभिन्न कारकों पर निर्भरता का अध्ययन करना और एक स्थान पर हवा की वैद्युतशीलता ज्ञात करना।

### *P10.1 प्रायोगिक कथन*

समानांतर प्लेट संधारित्र की धारिता की विभिन्न कारकों पर निर्भरता का अध्ययन करना तथा किसी भी स्थान पर हवा की विद्युतशीलता का निर्धारण करना।

### *P10.2 प्रायोगिक महत्व*

संधारित्र विद्युत परिपथ में सक्रिय अवयव होते हैं जिनका उपयोग प्रत्यावर्ती (AC) परिपथ में कला पश्चता (Phase delay) उत्पन्न करने और फिल्टर परिपथ में प्रत्यावर्ती धारा (AC) को गुजरने देने और दिष्ट धारा (DC) को रोकने के लिए किया जाता है। इनके अलावा भी संधारित्र के कई अनुप्रयोग होते है। यह प्रयोग विद्यार्थी को समानांतर प्लेट संधारित्र की धारिता में परिवर्तन करने तथा समानांतर प्लेट संधारित्र की धारिता प्रभावित करने वाले कारकों का निर्धारण करने में मदद करता है।

### *P10.3 प्रासंगिक सिद्धांत*

देखें: इस अध्याय का भाग 3.2.3

### P10.4 प्रैक्टिकल आउटकम्स (PROs)

प्रैक्टिकल आउटकम्स इस कोर्स के पाठ्यक्रम से प्राप्त होते हैं :

PrO1: प्लेटों के क्षेत्रफल और उनके पृथक्करण के साथ समानांतर प्लेट संधारित्र की धारिता में परिवर्तन का निर्धारण करना।

PrO2: हवा की विद्युतशीलता ज्ञात करने के लिए संधारित्र का उपयोग करना।

### *P10.5 प्रायोगिक व्यवस्था (चित्र/स्केच/परिपथ आरेख/कार्य स्थिति)*

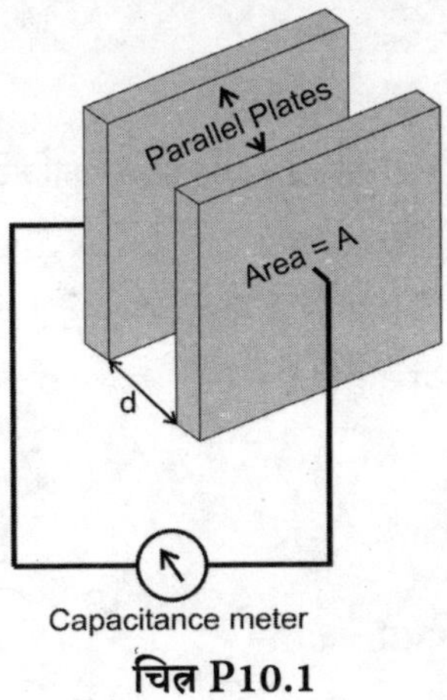


चित्र P10.1

## P10.6 आवश्यक संसाधन

| क्र. सं. | सुझाए गए आवश्यक संसाधन मशीनें/ औजार /उपकरण महत्वपूर्ण विशिष्टताओं सहित | मात्रा | प्रयुक्त वास्तविक संसाधन मशीनें/ औजार/ उपकरण व्यापक विशिष्टताओं सहित | | टिप्पनी (यदि कोई हो) |
|---|---|---|---|---|---|
| | | | निर्माता (Make) | विवरण | |
| 1 | समानांतर प्लेट संधारित्र | 01 | | | |
| 2 | धारितामापी | 03 | | | |
| 3 | संयोजन तार | 03 | | | |

## P10.7 सावधानियाँ

1. संयोजन दृढ़ होने चाहिए।
2. संधारित्र की प्लेटें समानांतर होनी चाहिए।
3. दूरी का परिशुद्ध (Accurate) मापन कीजिए।

## P10.8 प्रयोग विधि

दूरी (d) के प्रभाव को मापने के लिए

1. प्लेटों के क्षेत्रफल को मापिए।
2. प्लेटों के मध्य पार्थक्य (separation) 5 सेमी रखिये।
3. 10V के DC प्रदाय से संधारित्र को आवेशित कीजिये।
4. चित्र P 10.1 में प्रदर्शित परिपथ आरेख के अनुसार कनेक्शन कीजिये।
5. धारितामापी या बहुलमापी (मल्टीमीटर) से धारिता C का मापन कीजिये।
6. धीरे-धीरे प्लेटों के बीच की दूरी को कम कीजिये तथा धारिता C का मापन कीजिये।

क्षेत्रफल (A) के प्रभाव को मापने के लिए

1. प्लेटों के मध्य पार्थक्य 2 सेमी रखिये।
2. 10V के DC प्रदाय से संधारित्र को आवेशित कीजिये।
3. धारितामापी या बहुलमापी (मल्टीमीटर) से धारिता C का मापन कीजिये।
4. संधारित्र की प्लेटों में से एक को पार्श्व में खिसकाइये।
5. धारिता में परिवर्तन को नोट कीजिए।
6. पांच प्रेक्षणों के लिए 4 और 5 की प्रक्रिया दोहराइए।

## P10.9 प्रेक्षण सारणी एवं गणना

धारितामापी का अल्पतमांक = ..........

प्लेटों का क्षेत्रफल = ..........    प्लेटों के मध्य पार्थक्य = cm

**सारणी:1 - A के प्रभाव को मापने के लिए**

| क्र.सं. | प्लेटों का क्षेत्रफल | धारिता |
|---|---|---|
| 1 | | |
| 2 | | |
| 3 | | |
| 4 | | |

**सारणी: 2 – d के प्रभाव को मापने के लिए**

| क्र.सं. | प्लेटों के मध्य पार्थक्य | धारिता |
|---|---|---|
| 1 | | |
| 2 | | |
| 3 | | |
| 4 | | |

C एवं 1/d के मध्य ग्राफ 1 खींचे तथा $\varepsilon$ = स्लोप /A

C एवं A के मध्य ग्राफ 2 खींचे तथा $\varepsilon$ = स्लोप xd

## *P10.10 परिणाम एवं /अथवा विवेचना*

(विद्यार्थी द्वारा भरा जाना है)

1. ........................................................................................................................

2. ........................................................................................................................

## *P10.11 निष्कर्ष और/ या सत्यापन*

(विद्यार्थी द्वारा भरा जाना है )

1. ........................................................................................................................

2. ........................................................................................................................

## *P10.12 प्रयोग संबंधित प्रश्न*

(उत्तर के लिए अलग शीट का प्रयोग कीजिए)

उदाहरण के तौर पर कुछ प्रश्न नीचे दिए गए हैं। पूर्व निर्धारित कोर्स आउटकम की प्राप्ति सुनिश्चित करने के लिए शिक्षकों को ऐसे और अधिक प्रश्न तैयार करने चाहिए।

1. क्या प्लेटों के मध्य वोल्टेज में परिवर्तन होता है, यदि हम d बदलते हैं?
2. इस प्रयोग में त्रुटि के कारण बताइए।
3. क्या संधारित्र पर चार्ज बदलता है, यदि हम d बदलते हैं?

## *P10.13 सुझाए गए शिक्षण संसाधन*

- https://phet.colorado.edu/en/simulation/capacitor-lab-basics

## *P10.14 सुझाई गई मूल्यांकन पद्धति*

(शिक्षक द्वारा भरा जाना है)

नीचे दिए गए बिंदु, प्रक्रिया और परिणाम से संबंधित अंकों के मूल्यांकन के लिए एक दिशानिर्देश का कार्य करेंगे।

| निष्पादन सूचक | | % भारिता (वेटेज) | प्राप्तांक |
|---|---|---|---|
| प्रक्रिया संबंधित: .... अंक * (.......%) | | | |
| 1 | विद्युत संयोजन करना | | |
| 2 | धारिता का मापन | | |
| 3 | A तथा d का मापन | | |
| 4 | उपकरण को हेंडिल करना | | |
| परिणाम संबंधित: ..... अंक * (.......%) | | | |
| 5 | ग्राफ खींचना एवं गणना करना | | |
| 6 | परिणाम और निष्कर्ष | | |
| 7 | रिपोर्ट की समय पर प्रस्तुति | | |
| 8 | प्रयोग संबंधित प्रश्नों के उत्तर | | |
| | कुल | 100% | |

* परिणाम और प्रक्रिया मूल्यांकन के लिए अंक और प्रतिशत वेटेज शिक्षक द्वारा तय किया जाएगा।

| विद्यार्थी का नाम:.......................................................<br>प्राप्तांक | | | शिक्षक के हस्ताक्षर मय दिनांक |
|---|---|---|---|
| प्रक्रिया संबंधित | परिणाम संबंधित | कुल | |
| | | | |

## अधिक जानिए

विद्यार्थियों के मौजूदा ज्ञान को मजबूत करने तथा अनुप्रयुक्त भौतिकी के पाठ्यक्रम में रुचि बढ़ाने के लिए इस अध्याय से संबंधित निम्नलिखित विषयों के बारे में जानने का सुझाव दिया गया है:

- आवेशों की क्वान्टम प्रकृति
- विद्युत क्षेत्र का अध्यारोपण।

### अनुप्रयोग

संधारित्र का उपयोग किया जाता है –

- ए. सी. परिपथों में फेज विलंब हेतु, उदाहरण: पंखे में
- फिल्टर सर्किट में प्रत्यावर्ती धारा को प्रवाहित होने देने के लिए और दिष्ट धारा को रोकने के लिए।
- जनरेटर में आवेश संग्राहक उपकरण के रूप में।
- तरंग रूप जनरेटर सर्किट में आउटपुट सिग्नल की आवृत्ति सेट करने के लिए।

## ICT के उपयोग

स्थिर वैद्युतिकी में सिमुलेशन के लिए विद्यार्थी निम्नलिखित यूआरएल पर जा सकते हैं:

- https://phet.colorado.edu/en/simulation/balloons-and-static-electricity
- https://phet.colorado.edu/en/simulation/charges-and-fields
- https://phet.colorado.edu/en/simulation/coulombs-law
- https://phet.colorado.edu/en/simulation/capacitor-lab-basics

## अभिनव प्रयोग /परियोजनाएँ /गतिविधियाँ डिजाइन करें-

- स्थानीय बाजार या प्रयोगशाला में उपलब्ध विभिन्न धारिता और वोल्टेज वाले ध्रुवीय और अध्रुवीय संधारित्र एकत्र करें। संधारित्र में लिखी गई धारिता, वोल्टेज या किसी अन्य प्राचल (parameter) की सूची तैयार करें।
- एक ध्रुवीय संधारित्र मान लीजिए 10 $\mu$F का लें। संधारित्र के अंदर क्या है? यह खोजने का प्रयास करें।
- धातु की प्लेटों के साथ समानांतर प्लेट संधारित्र डिजाइन करें। बनाए गए संधारित्र की धारिता को मापने में आने वाली कठिनाइयों की सूची बनाइए।

## रचनात्मकता एवं जिज्ञासा विषय

- क्या दो प्रोटोनों या दो इलेक्ट्रॉनों के बीच गुरुत्वाकर्षण बल और स्थिरवैद्युत बल समान हैं?
- प्रकृति में बिन्दु आवेश के उदाहरण।
- पोलर और नॉन पोलर संधारित्र।
- क्या एक विलगित आवेशित संधारित्र हमेशा के लिए आवेशित रहता है?

## संदर्भ एवं अध्ययन हेतु सुझाव


- H C Verma, "Concepts of physics" $1^{st}$ ed., vol. 1, Bharti Bhawan, 1992.
- Richard Feynman et al "The Feynman lectures on Physics", $6^{th}$ ed. vol1, Addison-Wesley, 1963.
- R K Gaur and S L Gupta "Engineering Physics", $8^{th}$ ed., Dhanat Rai, 2011.
- Resnick Halliday and Krane, "Physics" $5^{th}$ ed. vol1, Wiley, 2014.

# 4 धारा वैद्युतिकी

## यूनिट विशिष्ट

यह अध्याय निम्नलिखित मुख्य पहलुओं पर केंद्रित है:

- विद्युत धारा
- विद्युत धारा एवं अपवाह वेग में संबंध
- दिष्ट एवं प्रत्यावर्ती धारा में अंतर
- प्रतिरोध एवं विशिष्ट प्रतिरोध
- प्रतिरोधों का संयोजन
- ओम का नियम
- किरचॉफ का धारा एवं वोल्टता का नियम
- व्हीटस्टोन सेतु एवं इसका मीटर सेतु के रूप में अनुप्रयोग
- विद्युत वाहक बल और टर्मिनल विभवांतर की अवधारणा
- धारा के ऊष्मीय प्रभाव एवं विद्युत शक्ति

दैनिक जीवन में धारा वैद्युतिकी के अनुप्रयोगों की चर्चा रुचि पैदा करने के लिए की गई है और विषय को समझने के लिए गतिविधियों का सुझाव भी दिया गया है। हल की गई अनुप्रयोग आधारित समस्याएँ, बहुविकल्पीय प्रश्न और ब्लूम के वर्गीकरण के निचले और उच्च क्रम के संज्ञानात्मक (cognitive) स्तरों के प्रश्न अध्याय में दिए गए हैं ताकि कोई भी अभ्यास के लिए उन्हें हल कर सके, जो अधिगम के पुनर्बलन में सहायक होंगे।

विभिन्न विषयों के लिए वीडियो लिंक के क्यूआर कोड भी दिए गए हैं जिन्हें प्रासंगिक सहायक ज्ञान के लिए स्कैन किया जा सकता है। अवधारणाओं और सिद्धांतों के अनुकरण के लिए क्यूआर कोड भी अध्याय में दिए गए हैं, ताकि विद्यार्थी उपलब्ध सिमुलेशन मॉडल का अनुकरण करने के लिए व्यावहारिक अभ्यास कर सकें। विषय को गहराई से समझने के लिए विद्यार्थी सिमुलेशन मॉडल में विभिन्न मापदंडों को बदल सकते हैं। माइक्रो प्रोजेक्ट गतिविधि का सुझाव दिया गया है जो कोर्स आउटकम को प्राप्त करने में मदद करेगा। "अधिक जानिए" अनुभाग को विवेकपूर्ण ढंग से डिज़ाइन किया गया है ताकि इस भाग में प्रदान की गई पूरक जानकारी पुस्तक के उपयोगकर्ताओं के लिए फायदेमंद हो। भविष्य में सीखने के लिए विद्यार्थियों को प्रेरित करने के लिए विभिन्न पहलुओं पर औद्योगिक अनुप्रयोग एवं वास्तविक जीवन के अनुप्रयोग, तथा रचनात्मकता एवं जिज्ञासा पैदा करना भी अध्याय में शामिल है।

## भूमिका

धारा वैद्युतिकी भौतिकी की एक शाखा है जो आवेश के प्रवाह अर्थात धारा से संबंधित घटनाओं से संबंधित है। प्रतिरोध,धारा, धाराओं

के प्रकार और विद्युत वाहक बलों की अवधारणा एवं सिद्धांत जो इन अवधारणाओं से संबंधित है, किसी भी विद्युत जाल (Electric Network), इलेक्ट्रॉनिक सर्किट, उपकरणों की शक्ति और उनके अनुप्रयोगों के कार्यों को समझने में मदद करता है। यह अध्याय धारा वैद्युतिकी की मूल बातें और संबंधित विषयों की व्याख्या करेगा जो डिप्लोमा के विद्यार्थीं को धारा वैद्युतिकी से संबंधित विभिन्न समस्याओं को हल करने में मदद करेगा।

## पूर्व अपेक्षित ज्ञान

- गणित- त्रिकोणमितीय फलन, बीजगणित, सदिश,ज्यामिति
- भौतिकी- आवेश, इलेक्ट्रोकेमिकल सेल, विद्युत विभव, ऊर्जा
- अन्य - कंप्यूटर की बुनियादी तकनीक और मोबाइल एप्लिकेशन का उपयोग

## यूनिट आउटकम्स (UOs)

आउटकम्स की सूची निम्नानुसार है :

U4-O1: दिष्ट एवं प्रत्यावर्ती धाराओं के बीच अंतर करना।

U4-O2: प्रतिरोधों के दिए गए संयोजनों का परिणामी प्रतिरोध ज्ञात करना।

U4-O3: दिए गए परिपथ की समस्या को हल करने के लिए ओम और किरचॉफ के नियम को लागू करना।

U4-04: अज्ञात तार का प्रतिरोध ज्ञात करने के लिए व्हीटस्टोन ब्रिज का सिद्धांत लागू करना।

U4-05: विद्युत वाहक बल और टर्मिनल विभावांतर के बीच अंतर करना।

U4-06: धारा के ऊष्मीय प्रभाव, विद्युत शक्ति तथा विद्युत ऊर्जा एवं इनके अनुप्रयोगों की व्याख्या करना।

| यूनिट - 4 आउटकम्स (UOs) | कोर्स आउटकम्स (COs) के साथ अपेक्षित संबंध *(1- कमजोर सहसंबंध; 2- मध्यम सहसंबंध; 3- मजबूत सहसंबंध)* | | | | | |
|---|---|---|---|---|---|---|
| | CO-1 | CO-2 | CO-3 | CO-4 | CO-5 | CO-6 |
| U4-O1 | - | - | - | 3 | - | 1 |
| U4-O2 | - | - | - | 3 | - | 1 |
| U4-O3 | - | - | - | 3 | 2 | 1 |
| U4-O4 | - | - | - | 3 | 2 | 1 |
| U4-O5 | - | - | - | 3 | 2 | 1 |
| U4-O6 | - | - | - | 3 | 2 | 1 |

## 4.1 विद्युत धारा और इसके मात्रक

पिछली इकाई में, अन्य आवेशों के कारण स्थैतिक आवेश पर लगने वाले बल और आवेश एवं आवेश वितरण के कारण उत्पन्न विद्युत क्षेत्र के बारे में बताया गया है। वर्तमान इकाई में गतिशील आवेश से संबंधित परिघटना पर विचार किया जा रहा है। भौतिकी की वह शाखा जिसमें गतिशील आवेश का अध्ययन किया जाता है, धारा वैद्युतकी कहलाती है। धातु के तारों में आवेश की गति (वर्तमान संदर्भ में यह मुक्त इलेक्ट्रॉन होगा) बाह्य विद्युत क्षेत्र की उपस्थिति के कारण होती है।

किसी चालक के अनुप्रस्थ काट से विद्युत आवेश (जैसे इलेक्ट्रॉन) के प्रवाह की दर को विद्युत धारा कहते हैं।

$$\text{विद्युत धारा} = (\text{कुल प्रवाहित आवेश})/(\text{समय}) = Q/t \qquad ...(4.1)$$

***1 एम्पीयर = (1 कुलाम )/(1 सेकंड) = 1 C/s***

यह धारा का एस.आई. (S.I.) मात्रक है। सी.जी. एस. (CGS) मात्रक स्टेट एम्पीयर है, 1 A = $3 \times 10^9$ स्टेट एम्पीयर

**विद्युत धारा की दिशा**

जल के प्रवाह (जो उच्च स्तर से निम्न स्तर की ओर बहता है) तथा ऊष्मा के प्रवाह (उच्च तापमान से निम्न तापमान की ओर) के अनुरूप धारा (current) का प्रवाह धनात्मक सिरे (उच्च विभव) से ऋणात्मक सिरे (निम्न विभव) की ओर होता है। धारा एक अदिश राशि है : चित्र 4.2 में दिया गया उदाहरण यह प्रदर्शित करता है कि धारा का मान दिशा पर निर्भर नहीं करता है।

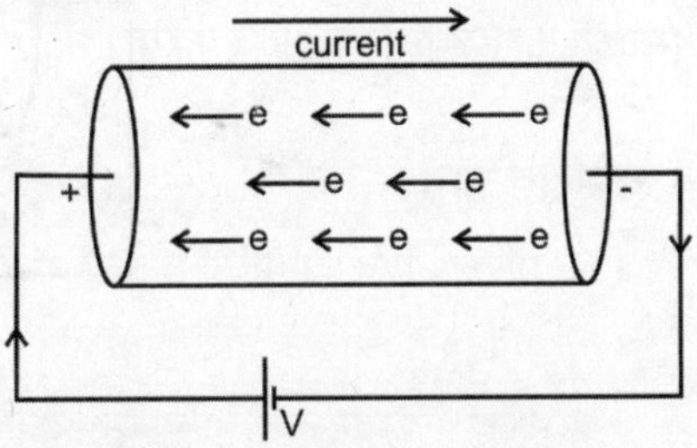


**चित्र 4.1:** विद्युत धारा की दिशा

चित्र 4.2 a एवं 4.2 b में संधि बिन्दु B के पश्चात पथ BC तथा पथ BD की दिशा अलग है परंतु फिर भी संधि बिन्दु के बाद धारा का विभाजन ($I_0$) इन दोनों पथ पर ($I_1$ एवं $I_2$) अपरिवर्तित रहेगा।

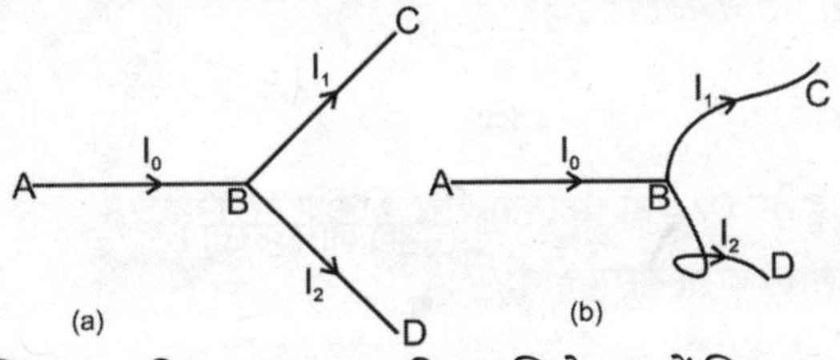


**चित्र 4.2:** विद्युत धारा का अदिश राशि के रूप में चित्रण

**चालक में विद्युत धारा:** एक धात्विक चालक में बड़ी संख्या में मुक्त इलेक्ट्रॉन (लगभग $10^{23}$) होते हैं। ऊष्मीय ऊर्जा के कारण ये मुक्त इलेक्ट्रॉन प्रत्येक दिशा में अनियमित गति करते रहते हैं। अतः इलेक्ट्रॉनो का औसत ऊष्मीय वेग शून्य होता है।

यदि $\vec{u}_1, \vec{u}_2, \vec{u}_3, .........., \vec{u}_n$ n इलेक्ट्रॉनों का ऊष्मीय वेग है तो

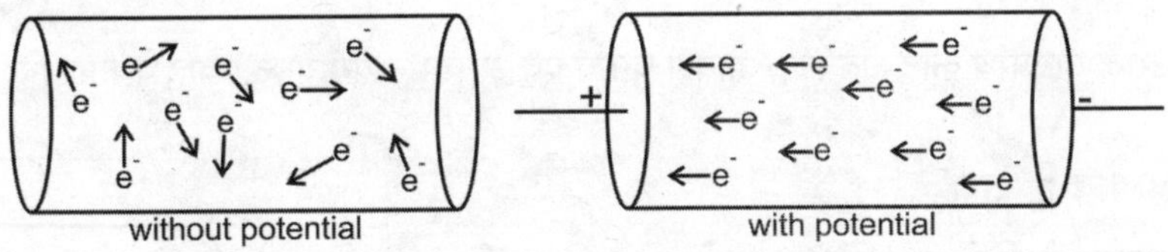


**चित्र 4.3:** चालक में विद्युत धारा

तो
$$\vec{u}_{av} = \frac{\vec{u}_1 + \vec{u}_2 + \vec{u}_3 + .......... + \vec{u}_n}{n} = 0 \qquad ...(4.2)$$

जब चालक पर बाह्य विद्युत क्षेत्र लगाते हैं तो, मुक्त इलेक्ट्रॉन ज़िग ज़ैग गति करते हुए (प्रारंभिक ऊष्मीय वेग और आयन एवं इलेक्ट्रॉनों के साथ टक्कर के कारण) धनात्मक टर्मिनल की ओर बढ़ते हैं। बाह्य विद्युत क्षेत्र के प्रभाव में मुक्त इलेक्ट्रॉन जिस औसत वेग से चालक के धनात्मक सिरे की ओर गति करते हैं उसे अपवाह वेग ($v_d$) या अनुगमन वेग (drift velocity) कहते हैं।

**धारा एवं अपवाह वेग में संबंध**

माना कि एक चालक है जिसकी लंबाई (length) l और अनुप्रस्थ काट क्षेत्रफल A है, इस चालक का आयतन Al होगा, यदि इलेक्ट्रॉन घनत्व n है, तो कुल मुक्त इलेक्ट्रॉनों की संख्या Aln होगी। एक इलेक्ट्रान का आवेश e है तो

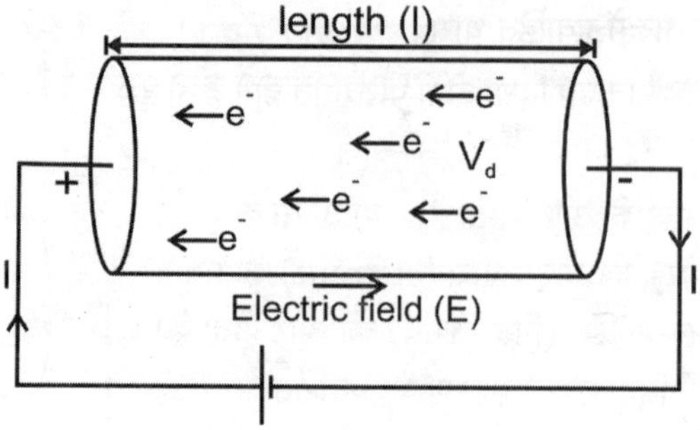


DC current Builder

चित्र 4.4: धारा एवं अपवाह वेग

मुक्त इलेक्ट्रॉनों का आवेश $\quad q = Alne$

माना कि $\quad V =$ ***चालक के सिरों पर विभवांतर***

एवं $\quad E = \frac{V}{l}$

इस विद्युत क्षेत्र (Electric field) के कारण मुक्त इलेक्ट्रॉन अपवाह वेग ($v_d$) से धनात्मक सिरे की ओर गति करते हैं। मुक्त इलेक्ट्रॉन द्वारा चालक के एक सिरे से दूसरे सिरे तक पहुँचने में लगने वाला समय होगा –

$$t = l/v_d \qquad ...(4.3)$$

$$I = \frac{q}{t} = \frac{Alne}{l/v_d} = Anev_d \qquad ...(4.4)$$

$$I = Anev_d \qquad ...(4.5)$$

अतः चालक में धारा उसके अनुप्रस्थ काट क्षेत्रफल, आवेश घनत्व एवं अनुगमन वेग या अपवाह वेग पर निर्भर करती है।

## 4.2 दिष्ट एवं प्रत्यावर्ती धारा

चालक में धारा का प्रवाह उसके सिरों पर उपस्थित विद्युत क्षेत्र की प्रकृति पर निर्भर करता है। धारा का मान एवं दिशा चालक के सिरों पर लगाए गए विद्युत क्षेत्र के अनुसार बदलता रहता है। इस आधार पर धारा को दो वर्गों में बाँटा जा सकता है :

### दिष्ट धारा (DC)

यदि तार AB में धारा इस प्रकार प्रवाहित हो की धारा एकदिशीय हो अर्थात धारा सदैव बिंदु A से बिंदु B की तरफ प्रवाहित हो। धारा का मान परिवर्तित हो तो भी दिशा में परिवर्तन नहीं हो तो इस प्रकार की धारा को दिष्ट धारा कहते हैं। दिष्ट धारा दो प्रकार की होती है : परिवर्ती दिष्ट धारा एवं अपरिवर्ती दिष्ट धारा। परिवर्ती दिष्ट धारा में धारा का मान समय के साथ परिवर्तित होता रहता है जबकि अपरिवर्ती दिष्ट धारा में धारा का मान समय के साथ नहीं बदलता है।

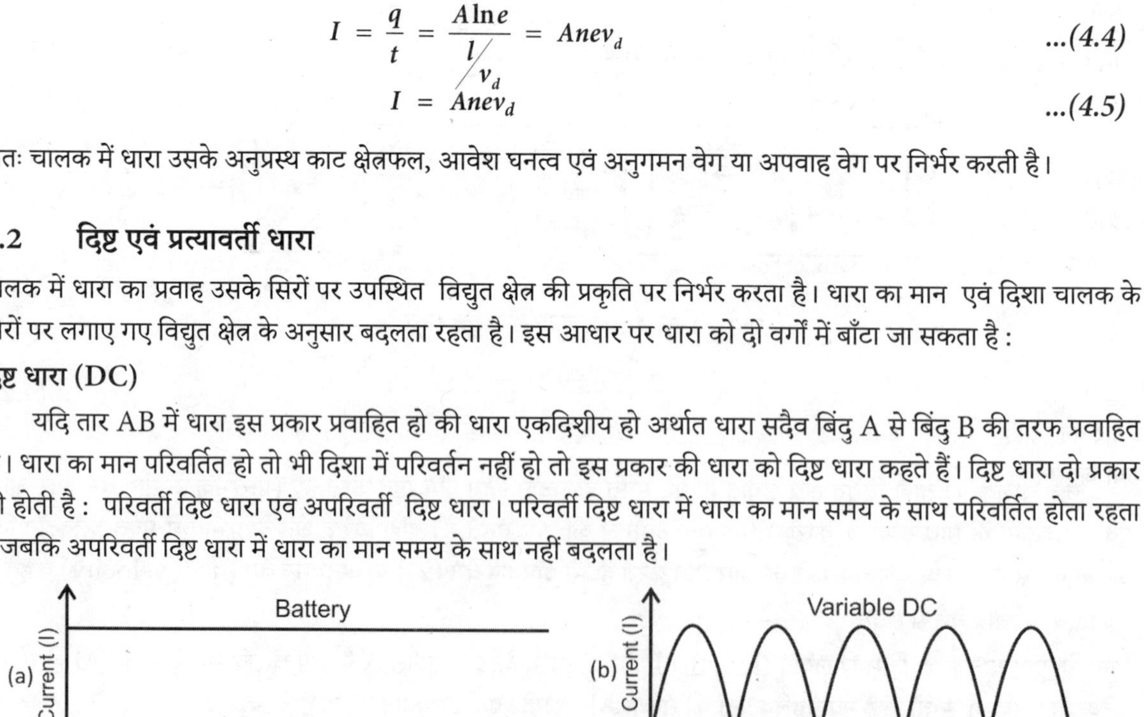


चित्र 4.5: दिष्ट धारा

उदाहरण : तार को बैटरी से जोड़ने पर तार में प्रवाहित धारा।

**प्रत्यावर्ती धारा ( AC )** – यदि धारा का मान एवं दिशा दोनों परिवर्तित होते हैं तो इस प्रकार की धारा को प्रत्यावर्ती धारा कहते हैं। प्रत्यावर्ती धारा में धारा का मान लगातार बदलता रहता है तथा दिशा में परिवर्तन आवर्ती होता है।

उदाहरण : घर के तारों में धारा का प्रवाह या तारा को प्रत्यावर्ती स्त्रोत से जोड़ने पर तार में प्रवाहित धारा।

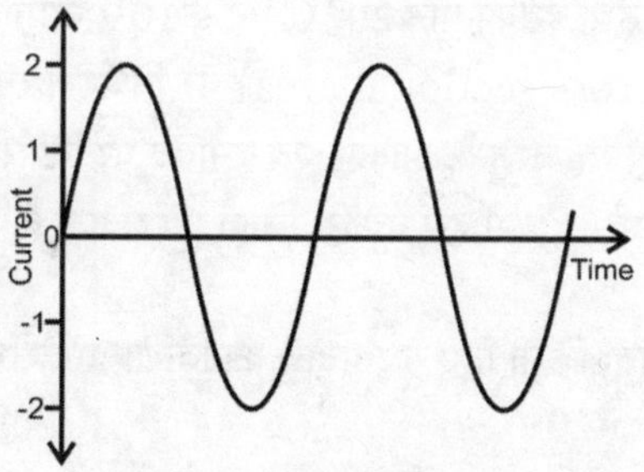


**चित्र 4.6:** प्रत्यावर्ती धारा

प्रत्यावर्ती धारा का चित्र 4.6 आपको अध्याय 1 में तरंग की अवधारणा का स्मरण करा रहा होगा। तरंग की तरह ही प्रत्यावर्ती धारा की भी आवृत्ति एवं आवर्त काल होता है।

हमारे घर में आ रही बिजली (ए.सी. मेंस) की आवृत्ति 50Hz तथा आवर्त काल 20ms है।

## 4.3 प्रतिरोध (R) एवं इसका मात्रक

आवेशों का प्रवाह ही धारा है। जब आवेशित कण अर्थात इलेक्ट्रॉन चालक में गति करते हैं तो दूसरे इलेक्ट्रॉनों एवं आयनों से चालक में इनकी टक्कर होती है। इलेक्ट्रॉन प्रतिकर्षण बल एवं आयन आकर्षण बल इन आवेशित कणों पर लगाते हैं जिसके कारण इन आवेशित कणों अर्थात इलेक्ट्रॉनों की गति में अवरोध उत्पन्न होता है। आवेश के प्रवाह में उत्पन्न इस अवरोध को पदार्थ के गुणधर्म के रूप में मापते हैं एवं इसे विद्युत प्रतिरोध कहते हैं। प्रतिरोध का मात्रक ओम ($\Omega$) है।

चालको का प्रतिरोध (उदाहरणार्थ - ताँबा एवं एलुमिनियम) का बहुत कम $10^{-3}\ \Omega$ कोटि का होता है जबकि कुचालक पदार्थों (उदाहरणार्थ – लकड़ी, प्लास्टिक इत्यादि ) का बहुत अधिक $10^{6}\ \Omega$ कोटि का होता है।

## 4.4 विशिष्ट प्रतिरोध ($\rho$)

आवेश के प्रवाह की तुलना पाइप में बह रहे द्रव से की जा सकती है। यदि पाइप की लंबाई बढ़ाई जाए तो प्रवाह कम हो जाता है एवं अनुप्रस्थ काट क्षेत्रफल बढ़ाने पर द्रव का प्रवाह बढ़ जाता है। चूँकि प्रतिरोध आवेश के प्रवाह में अवरोध है। अतः किसी धातु के तार का प्रतिरोध उसकी लंबाई के समानुपाती एवं क्षेत्रफल के व्युत्क्रमानुपाती होता है।

$$R \alpha l$$

$$R \alpha \frac{1}{A}$$

$$R \alpha \frac{l}{A} \quad \Rightarrow R = \frac{\rho l}{A} \qquad ...(4.6)$$

$\rho$ तार का विशिष्ट प्रतिरोध है जो पदार्थ की प्रकृति एवं तापमान पर निर्भर करता है। विशिष्ट प्रतिरोध का मात्रक निम्न प्रकार ज्ञात किया जा सकता है –

$$\rho = \frac{RA}{l} \qquad ...(4.7)$$

$$\rho \text{ का मात्रक } = \frac{ohm-m^2}{m} = ohm-m$$

$$\rho \text{ का विमीय सूत्र } = \frac{RA}{l} = \frac{\left[M^1L^2T^{-3}A^{-2}\right]L^2}{L}$$

$$= \left[ML^3T^{-3}A^{-2}\right]$$

चाँदी का विशिष्ट प्रतिरोध न्यूनतम है जिसका मान $20^0$ C पर $1.6 \times 10^{-8}$ ओम – मीटर है।क्वार्ट्ज का विशिष्ट प्रतिरोध अधिकतम

है तथा इसका मान $20^0$ C पर ~ $10^{17}$ ओम – मीटर है। प्रतिरोध वस्तु की भौतिक विमाओं जैसे लंबाई एवं अनुप्रस्थ काट क्षेत्रफल (cross sectional area) पर निर्भर करता है जबकि विशिष्ट प्रतिरोध या प्रतिरोधकता दिए गए पदार्थ का नैसर्गिक गुण धर्म है एवं यह वस्तु के आकार एवं बनावट पर निर्भर नहीं करती। यदि हम एकांक लंबाई एवं एकांक अनुप्रस्थ काट क्षेत्रफल का तार ले तो समी. 4.7 से इस प्रकार लिखा जा सकता है –

$$\rho = R$$

अतः किसी दिए गए पदार्थ का विशिष्ट प्रतिरोध उस पदार्थ से बने एकांक लंबाई के घन के प्रतिरोध के तुल्य होता है।

## 4.5 चालकत्व (G)

प्रतिरोध आवेश के प्रवाह में उत्पन्न अवरोध का मापांक है जबकि चालकत्व पदार्थ में आवेश के प्रवाह की सुगमता का द्योतक है। चालकत्व, प्रतिरोध का व्युत्क्रम है , इसका संकेत G है तथा इसका मात्रक म्हो (mho : ओम का व्युत्क्रम) या सीमेंस (Siemens S) है।

$$G = 1/R$$

## 4.6 विशिष्ट चालकत्व (κ)

जैसे चालकत्व प्रतिरोध का व्युत्क्रम है उसी तरह दिए गए पदार्थ का विशिष्ट चालकत्व या चालकता उस पदार्थ के विशिष्ट प्रतिरोध या प्रतिरोधकता का व्युत्क्रम है।

इसे κ (kappa) से निरूपित किया जाता है। इसका मात्रक सीमेंस/मीटर (S/m) है।

विशिष्ट चालकत्व या चालकता का सूत्र, $\kappa = G(l/A)$ ...(4.8)

(क्यूँकि यह प्रतिरोधकता का व्युत्क्रम है)

## 4.7 प्रतिरोधों का श्रेणी एवं समांतर क्रम संयोजन

जैसा कि हम जानते हैं कि $R = \frac{\rho l}{A}$

यदि हम दो तार एक ही पदार्थ एवं समान अनुप्रस्थ काट क्षेत्रफल के $l_1$ एवं $l_2$ लंबाई के लें

तो एक तार का प्रतिरोध होगा $R_1 = \frac{\rho l_1}{A}$

एवं दूसरे तार का प्रतिरोध होगा $R_2 = \frac{\rho l_2}{A}$

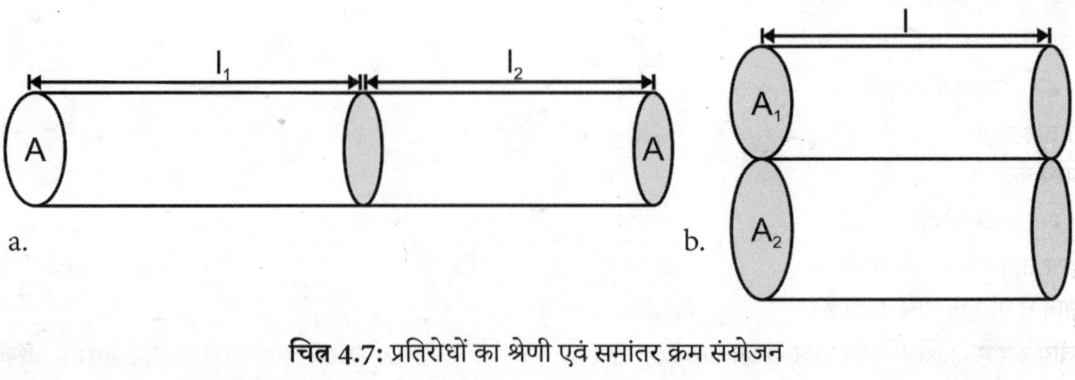


**चित्र 4.7:** प्रतिरोधों का श्रेणी एवं समांतर क्रम संयोजन

यदि इन दो तारों को श्रेणी क्रम में जोड़ा जाए अर्थात् अनुप्रस्थकाट के क्षेत्रफलों को मिलाते हुए तो जुड़े हुए तारों का कुल प्रतिरोध होगा (चित्र 4.7a) -

$$R = \frac{\rho l}{A} \qquad \because l = l_1 + l_2$$

$$R = \frac{\rho(l_1 + l_2)}{A} = \frac{\rho l_1}{A} + \frac{\rho l_2}{A}$$

$$R = R_1 + R_2 \qquad ...(4.9)$$

**अब**

यदि हम समान पदार्थ एवं समान लंबाई के दो तार लें जिन का अनुप्रस्थ काट क्षेत्रफल $A_1$ एवं $A_2$ है

तो एक तार का प्रतिरोध होगा $R_1 = \frac{\rho l}{A_1}$

और दूसरे तार का प्रतिरोध होगा $R_2 = \frac{\rho l}{A_2}$

यदि इन दोनों तारों को समांतर क्रम में लंबाई के अनुदेश जोड़ा जाए तो इन जुड़े हुए तारों का कुल प्रतिरोध होगा (चित्र 4.7 b)-

$$R = \frac{\rho l}{A} = \frac{\rho l}{(A_1 + A_2)}$$

$$R = \frac{1}{(A_1 / \rho l + A_2 / \rho l)}$$

$$R = \frac{1}{(1/R_1 + 1/R_2)}$$

$$\frac{1}{R} = \left(\frac{1}{R_1} + \frac{1}{R_2}\right) \qquad ...(4.10)$$

समी. 4.9 एवं 4.10 क्रमशः प्रतिरोधों के श्रेणी एवं समांतर क्रम संयोजन के तुल्य प्रतिरोध का मान प्रदर्शित करती हैं। आने वाले भाग में इन्हीं सूत्रों को ओम के नियम की सहायता से व्युत्पन्न करेंगे।

## 4.8 तार के प्रतिरोध को प्रभावित करने वाले कारक

तार के प्रतिरोध को निम्न कारक प्रभावित करते हैं -

- लंबाई $\quad R \; \alpha \; l$

लंबाई में वृद्धि के साथ प्रतिरोध में वृद्धि होती है।

- अनुप्रस्थ काट का क्षेत्रफल $\quad R \; \alpha \; \frac{l}{A}$

यदि अनुप्रस्थ काट का क्षेत्रफल बढ़ता है तो प्रतिरोध का मान घटता है।

- पदार्थ की प्रकृति

किसी तार का प्रतिरोध तार के पदार्थ की प्रतिरोधकता पर निर्भर करता है। भिन्न-भिन्न पदार्थों से बने दो समान लंबाई एवं समान अनुप्रस्थ काट के क्षेत्रफल के तारों का प्रतिरोध भिन्न-भिन्न होता है।

- चालक का तापमान

प्रतिरोध तापमान पर भी निर्भर करता है। चालकों का प्रतिरोध ताप गुणांक ($\alpha$) धनात्मक होता है। अर्थात चालकों का प्रतिरोध तापमान में वृद्धि के साथ बढ़ता है।

गणितीय रूप से $\alpha$ = प्रतिरोध में परिवर्तन / (प्रारम्भिक प्रतिरोध x तापमान में परिवर्तन)

$$\alpha = (R_2 - R_1)/\{R_1 \times (t_1 - t_2)\}$$

जहाँ $R_1 = t_1^0$ C पर प्रतिरोध

जहाँ $R_2 = t_2^0$ C पर प्रतिरोध

## 4.9 कार्बन प्रतिरोध एवं वर्ण कोडिंग

प्रतिरोध बनाने के लिए कई सामग्रियों का उपयोग किया जाता है, इस उद्देश्य के लिए धातुओं और मिश्र धातुओं जैसे नाइक्रोम, पीतल, प्लैटिनम और टंगस्टन मिश्र धातुओं का भी उपयोग किया जाता है। इन पदार्थों की विद्युत प्रतिरोधकता कम होती है। इनकी मदद से उच्च विद्युत धारा क्षमता वाले निम्न प्रतिरोध मान के प्रतिरोधक बनाए जा सकते हैं लेकिन इन मिश्र धातुओं से उच्च प्रतिरोध मान के प्रतिरोधक बनाना बहुत मुश्किल है क्योंकि यह बहुत विशालकाय होगा। इसलिए उच्च प्रतिरोध मान के प्रतिरोधक बनाने के लिए कार्बन एक अच्छा विकल्प है। कार्बन से बने इस प्रकार के प्रतिरोधों को कार्बन प्रतिरोध के रूप में जाना जाता है। ये छोटे हैं और उच्च प्रतिरोध प्रदान कर सकते हैं। कार्बन प्रतिरोध के प्रतिरोध का मान वर्ण कोड को डिकोड करके ज्ञात किया जा सकता है।

वर्ण कोडिंग प्रणाली में विभिन्न रंगों की धारियाँ प्रतिरोध की सतह पर बनाई हुई होती है। इन धारियों का रंग बाएँ से दाएँ नोट किया जाता है।

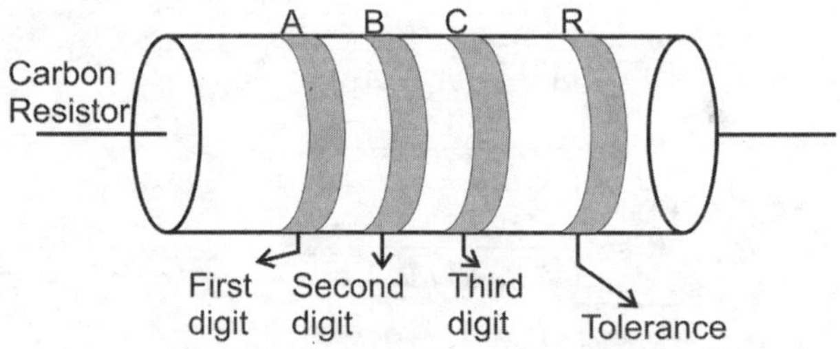


**चित्र 4.8:** कार्बन प्रतिरोध की वर्ण कोडिंग

कार्बन प्रतिरोध पर बनी धारियों (A, B एवं C) का रंग एक निश्चित संख्या (0 से 9) को प्रदर्शित करता है। इन धारियों के रंगों की पहचान कर प्रतिरोध का मान निम्न प्रकार ज्ञात किया जा सकता है।

1. A - प्रतिरोध का पहला अंक ओम में
2. B - प्रतिरोध का दूसरा अंक ओम में
3. C - A एवं B के बाद आने वाले शून्यों की संख्या
4. R - प्रतिरोध के मान में संभावित प्रतिशत त्रुटि

**तालिका 4.1 :** कार्बन प्रतिरोध का वर्ण कोड

| रंग (A, B) | प्रारम्भिक अक्षर | संगत संख्या | गुणांक (C ) | रंग (R) | त्रुटि सीमा |
|---|---|---|---|---|---|
| Black काला | B | 0 | $10^0$ | Gold सुनहरा | ±5% |
| Brown भूरा | B | 1 | $10^1$ | Silver चाँदी | ±10 % |
| Red लाल | R | 2 | $10^2$ | No colour रंगहीन | ±20% |
| Orange नारंगी | O | 3 | $10^3$ | | |
| Yellow पीला | Y | 4 | $10^4$ | | |
| Green हरा | G | 5 | $10^5$ | | |
| Blue नीला | B | 6 | $10^6$ | | |
| Violet बेंगनी | V | 7 | $10^7$ | | |

| Grey सलेटी | G | 8 | $10^8$ | | | |
|---|---|---|---|---|---|---|
| White सफेद | W | 9 | $10^9$ | | | |
| Gold सुनहरा | | | $10^{-1}$ | | | |
| Silver चाँदी | | | $10^{-2}$ | | | |

कार्बन प्रतिरोध के वर्ण कोड को याद रखने के लिए निम्न कथन को याद किया जा सकता है –

B B ROY of Great Britain has Very Good Wife wearing Gold Silver necklace.

## 4.10 ओम का नियम एवं इसका सत्यापन

**कथन:** यदि किसी चालक की भौतिक अवस्थाएँ यथा (तापमान आदि) स्थिर रखी जाए तो चालक से प्रवाहित धारा उसके सिरों पर लगाए गए विभवांतर के अनुक्रमानुपाती होती है।

$$I \alpha V \quad or \quad V \alpha I$$

$$V = RI$$

$$R = \frac{V}{L} \qquad ...(4.11)$$

Ohm's Law

यहाँ R समानुपाती स्थिरांक है एवं चालक का प्रतिरोध कहलाता है। माना कि l लंबाई एवं A अनुप्रस्थ काट के क्षेत्रफल के चालक के सिरों को परिवर्ति दिष्ट वोल्टता स्त्रोत (0-V) से जोड़ा गया है। यदि हम वोल्टता स्रोत के वोल्टेज में परिवर्तन करते हैं तो चालक के सिरों पर विभवांतर के मान में 0-V वोल्ट परिवर्तन होता है। प्रत्येक विभवांतर के लिए हम चालक से बहने वाली धारा का मान नोट करते हैं। चालक के सिरों पर वोल्टेज बढ़ाने पर धारा के मान में वृद्धि होती है तथा विभवांतर एवं धारा में ग्राफ खींचने पर सरल रेखा प्राप्त होगी तथा इस रेखा के ढाल का व्युत्क्रम चालक का प्रतिरोध होगा।

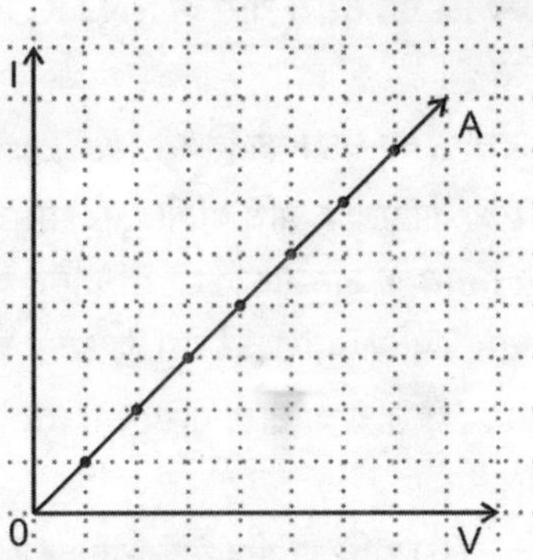

**चित्र 4.9:** विभवांतर एवं धारा में ग्राफ

**ओम के नियम के अनुप्रयोग -**

1. ओम के नियम की सहायता से दिए गए परिपथ में धारा का मान ज्ञात कर सकते हैं।
2. यदि परिपथ में कई अवयव है तो प्रत्येक अवयव के सिरों पर विभवांतर का मान ओम के नियम से ज्ञात कर सकते हैं।
3. प्रतिरोधों के श्रेणी एवं समांतर क्रम संयोजन के लिए तुल्य प्रतिरोध का मान ओम के नियम की सहायता से निम्न प्रकार से ज्ञात किया जा सकता है।

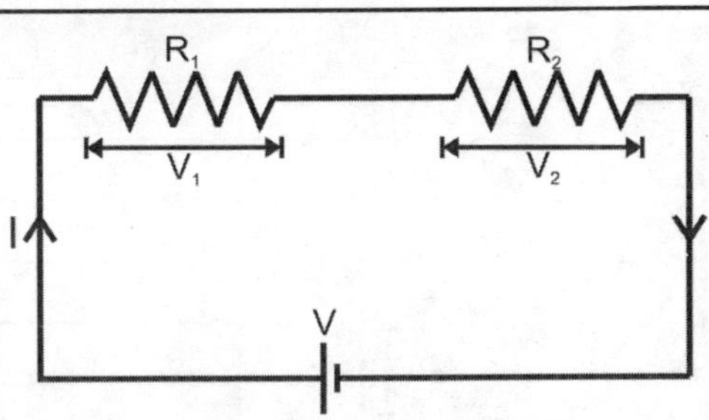


**श्रेणीक्रम संयोजन**

चूँकि V = IR (R = कुल प्रतिरोध) $V_1 + V_2 = IR$

$IR_1 + IR_2 = IR$ (दोनों प्रतिरोध श्रेणी क्रम में जुड़े हैं अतः दोनों में समान धारा बहेगी)

अतः $R = R_1 + R_2$

<table>
<tr>
<td>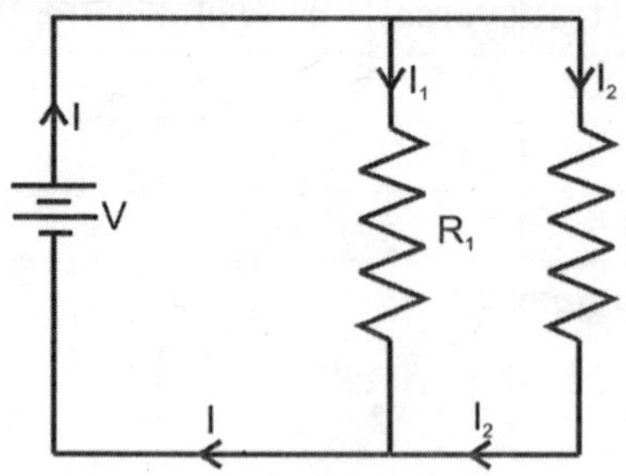
</td>
<td>समांतर संयोजन<br>$V = IR$ ($R$ = कुल प्रतिरोध, $I$ = परिपथ में धारा)<br>$I_1R_1 = V$ एवं $I_2R_2 = V$ (दोनों प्रतिरोधों पर समान वोल्टेज है क्यूँ कि ये समांतर क्रम में जुड़े हैं)<br>$I_1 = V/R_1$, $I_2 = V/R_2$ एवं $V = (I_1 + I_2)R$<br>(क्यूँकि $I = I_1 + I_2$)<br>$V/R = (V/R_1 + V/R_2)$<br>$1/R = (1/R_1 + 1/R_2)$</td>
</tr>
</table>

**तालिका 4.2**

## 4.11 किरचॉफ के नियम

किरचॉफ के नियम हमें किसी विद्युत परिपथ का विश्लेषण करने में मदद करते हैं। किरचॉफ ने दो नियम दिए, एक वोल्टता के लिए (KVL) एवं दूसरा धारा के लिए (KCL)। ये नियम दिए गए परिपथ में वोल्टता का मान तथा धारा का मान ज्ञात करने में मदद करते हैं।

**किरचॉफ का धारा का नियम (KCL)**

परिपथ की प्रत्येक संधि या नोड पर समस्त धाराओं का बिजीय योग शून्य होता है। इस नियम के अनुसार किसी संधि बिंदु पर आवेश का संचय नहीं होता है। अर्थात जितना आवेश प्रवेश कर रहा है, उतना ही बाहर जाना चाहिए।

नोट : (i) संधि या नोड, परिपथ में वह बिन्दु है जहाँ दो या दो से अधिक शाखाएँ मिलती है।

(ii) संधि या नोड की तरफ बहने वाली धारा को धनात्मक एवं संधि या नोड से दूर जाने वाली धारा को ऋणात्मक लेते हैं।

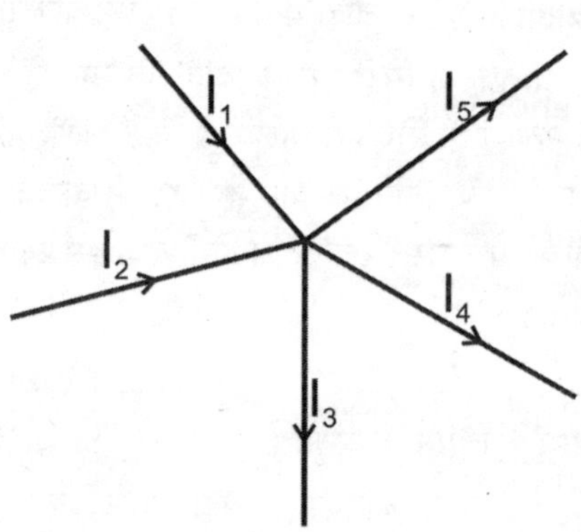


**चित्र 4.10:** किरचॉफ का धारा का नियम

$$I_1 + I_2 - I_3 - I_4 - I_5 = 0$$
$$I_1 + I_2 = I_3 + I_4 + I_5 \quad ...(4.12)$$

**किरचॉफ का वोल्टता का नियम (KVL)**

वोल्टता के नियम के अनुसार किसी विद्युत जाल के बंद परिपथ में समस्त वोल्टताओं का बीजीय योग शून्य होता है। दिए गए बंद लूप में उपस्थित सभी वोल्टता स्त्रोतों की वोल्टताओं का योग उस लूप में उपस्थित सभी प्रतिरोधों एवं उनमें प्रवाहित धाराओं के गुणनफल के योग के तुल्य होता है। बंद लूप को इस तरह परिभाषित कर सकते हैं कि किसी नोड या संधि बिन्दु से प्रारंभ कर परिपथ में किसी मार्ग पर चलते हुए पुनः उसी संधि बिंदु पर पहुँच जाएँ। किसी भी अवयव की वोल्टता का चिन्ह उस अवयव से बहने वाली धारा की दिशा के अनुसार लिया जाता है। वोल्टता का चिन्ह धनात्मक लेते हैं यदि मार्ग (transversal) की दिशा तथा धारा की दिशा समान हो एवं ऋणात्मक

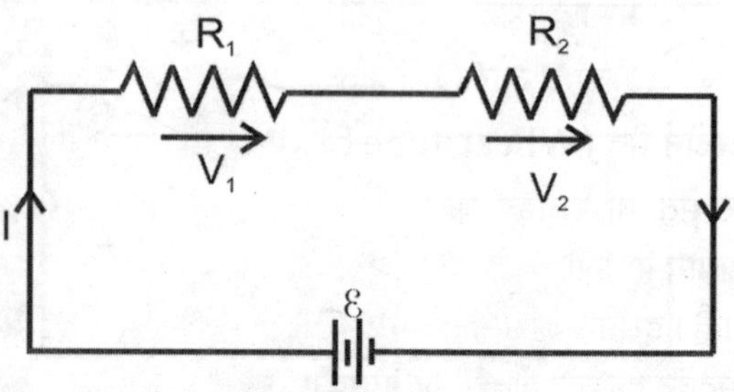


**चित्र 4.11:** किरचॉफ का वोल्टता का नियम

यदि दिशाएँ विपरीत हो। वोल्टेज स्रोत की वोल्टता ऋणात्मक लेते हैं यदि मार्ग (transversal) की दिशा ऋणात्मक सिरे से धनात्मक सिरे की तरफ हो तथा इसका उल्टा होने पर धनात्मक लेते हैं।

$$-\varepsilon + V_1 + V_2 = 0$$

$$\varepsilon = V_1 + V_2 = I(R_1 + R_2) \qquad ...(4.13)$$

$$I = \varepsilon / (R_1 + R_2)$$

$$\sum V = \sum IR \qquad \text{लूप के लिए}$$

## 4.12 व्हीटस्टोन सेतु एवं इसके अनुप्रयोग

**रोचक तथ्य**

यह विधि सर्वप्रथम ब्रिटिश भौतिकविद सर चार्ल्स एफ. व्हीटस्टोन द्वारा 1843 में सुझाई गई थी।

कथन - यह चार प्रतिरोधों की एक युक्ति है जिसमें इनमें से किसी एक प्रतिरोध का मान बचे हुए तीन प्रतिरोधों की सहायता से सटीक एवं त्वरित ज्ञात किया जा सकता है।

जब सेतु संतुलन की स्थिति में होता है तब बिंदु B एवं D दोनों पर विभव का मान समान होता है तथा धारामापी में कोई धारा प्रवाहित नहीं होती है। अर्थात धारामापी में विक्षेप शून्य होता है।

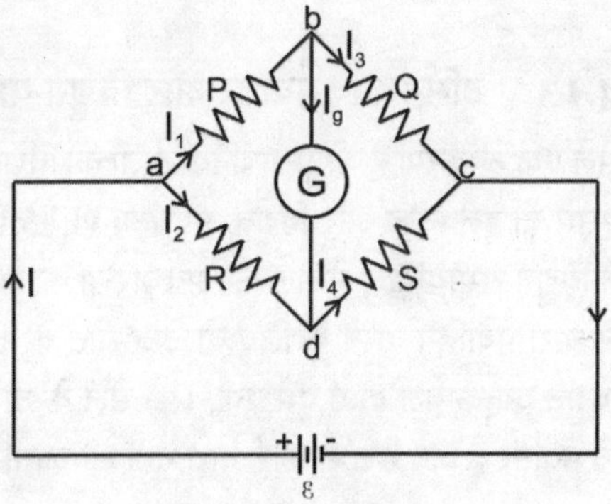


**चित्र 4.12:** व्हीटस्टोन सेतु

लूप abda के लिए $\quad I_1P + GI_g - I_2R = 0$

लूप bcdb के लिए $\quad I_3Q - I_4S - GI_g = 0$

संतुलन की स्थिति में $\quad I_g = 0$

अतः $\quad I_1P = I_2R \qquad ...(4.14)$

$I_3Q = I_4S \qquad ...(4.15)$

समी.(4.14) को समी.(4.15) से विभाजित करने पर

$$P/Q = R/S \qquad \{\text{चूँकि } I_g = 0, \therefore I_1 = I_3 \text{ and } I_2 = I_4\} \qquad ...(4.16)$$

**लाभ**

- यह एक अविक्षेप विधि है, इसलिए वोल्टेज स्रोत का आंतरिक प्रतिरोध और धारामापी का प्रतिरोध अविक्षेप बिंदु को प्रभावित नहीं करता है।
- चूँकि इसमें वोल्टेज और धारा के माप की कोई भागीदारी नहीं होती है, इसलिए मापक यंत्र की विशेषताएँ मापन को प्रभावित नहीं करती है।
- भुजा P और Q में प्रतिरोध के अनुपात को बढ़ाकर अज्ञात प्रतिरोध को उच्च सटीकता के साथ मापा जा सकता है।

**व्हीटस्टोन सेतु (Wheatstone bridge) का अनुप्रयोग : स्लाइड वायर ब्रिज**

मीटर सेतु या स्लाइड वायर ब्रिज व्हीटस्टोन सेतु का सबसे सरल अनुप्रयोग है, जिसका उपयोग अज्ञात प्रतिरोध को मापने के लिए किया जाता है। इसमें एक समान अनुप्रस्थ काट का 1 मीटर लंबा मैंगनीन या कॉन्सटेटन का तार होता है जो समकोण पर मुड़ी हुई धातु की पट्टियों के बीच कसा हुआ होता है। धातु की पट्टियों के मध्य दो अंतराल होते हैं जहाँ दो प्रतिरोधों (एक ज्ञात (R) और एक अज्ञात (S)) को जोड़ा जा

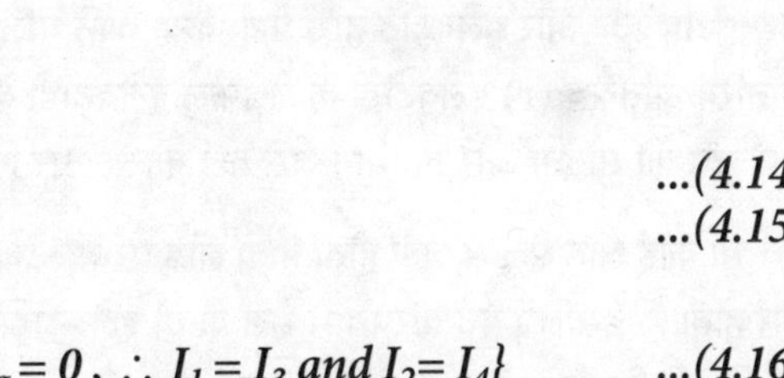


**चित्र 4.13:** मीटर सेतु

सकता है। जिन दो सिरों पर तार को कसा जाता है, उन सिरों को एक कुंजी (key) के माध्यम से एक सेल या बैटरी (Battery) या वोल्टेज स्रोत से जोड़ दिया जाता है। धारामापी का एक सिरा दो अंतरालों के बीच स्थित धातु की पट्टी से जुड़ा होता है। धारामापी का दूसरा सिरा विसर्पी कुंजी (jockey) से जुड़ा होता है। विसर्पी कुंजी को तार पर सरकाया जाता है और संतुलन बिंदु ज्ञात किया जाता है। विसर्पी कुंजी की एक विशेष स्थिति में, धारामापी में धारा शून्य हो जाती है। यदि संतुलन बिन्दु पर तार की लम्बाई l है तो

$$\frac{R}{S} = \frac{R_{cm} l}{R_{cm}(100-l)} = \frac{l}{100-l}$$

{जहाँ $R_{cm}$ = तार की एकांक लम्बाई का प्रतिरोध}

$$S = (100-l)R/l \qquad ...(4.17)$$

## 4.13 टर्मिनल विभवांतर और विद्युत वाहक बल की अवधारणा

सेल एक उपकरण है जो रासायनिक ऊर्जा को विद्युत ऊर्जा में परिवर्तित करता है। इसमें दो इलेक्ट्रोड और विद्युत अपघट्य (Electrolyte) होते हैं। विद्यार्थियों ने विद्युत रासायनिकी में सेल की अवधारणा को समझा होगा। सेल बाह्य परिपथ में धारा प्रवाहित करने के लिए वोल्टेज स्रोत के रूप में कार्य करता है। सेल का विद्युत वाहक बल या ई.एम.एफ. (ε) सेल के दो इलेक्ट्रोड के बीच अधिकतम विभवांतर है जब सेल से कोई धारा नहीं ली जाती है।

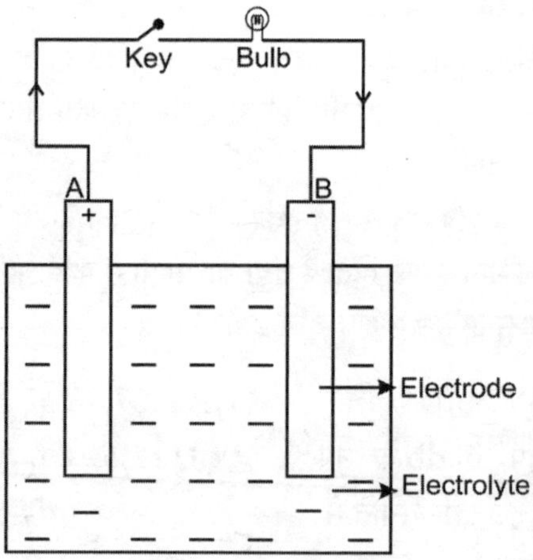


**चित्र 4.14:** विद्युत सेल

प्रत्येक वोल्टेज स्त्रोत जैसे कि डीसी वोल्टेज स्रोत, बैटरी या सेल में कुछ आंतरिक प्रतिरोध (r) होता है जो सेल में विद्युत धारा के प्रवाह में सेल के विद्युत अपघट्य और इलेक्ट्रोड द्वारा पेश किया जाने वाला प्रतिरोध है। सेल का आंतरिक प्रतिरोध (r) इलेक्ट्रोडों के क्षेत्रफल,इलेक्ट्रोडों के बीच की दूरी, विद्युत अपघट्य की सांद्रता और तापमान जैसे कई कारकों पर निर्भर करता है।

जब भी कोई लोड सेल से जुड़ा होता है तो लोड पर वोल्टेज हमेशा ई.एम.एफ. से कम होता है, इसलिए बंद परिपथ में सेल के दो इलेक्ट्रोडों के बीच विभवांतर को सेल का टर्मिनल विभवांतर कहते हैं। इसे V द्वारा निरूपित किया जाता है और वोल्ट में मापा जाता है।

हमेशा $$V < \varepsilon$$

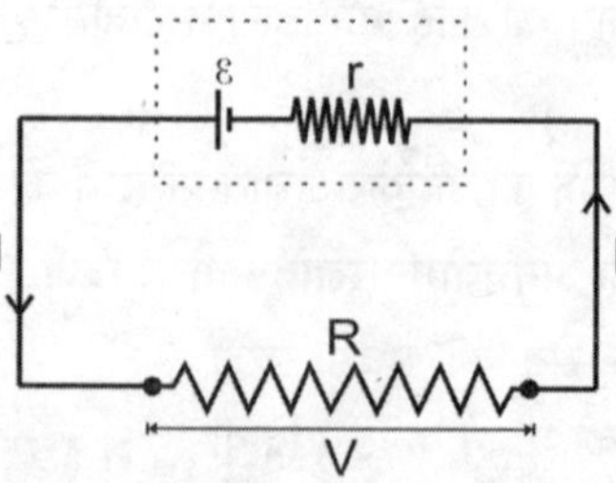


**चित्र 4.15:** विद्युत वाहक बल और टर्मिनल विभवांतर

ओम के नियम से

धारा का मान $$I = \frac{\varepsilon}{R+r}$$

r के सिरों पर विभवांतर $$V_r = Ir$$

लोड के सिरों पर $$V = \varepsilon - V_r = \varepsilon - Ir \quad \text{(खुले परिपथ में I = 0, तब V = ε)}$$

$$r = \frac{\varepsilon - V}{I}$$

R के सिरों पर विभवांतर $$V = IR,\ I = \frac{V}{R}$$

अतः $$r = \frac{(\varepsilon - V)}{V} \times R \qquad ...(4.18)$$

समी. (4.18) से सेल का आंतरिक प्रतिरोध ज्ञात किया जा सकता है।

## 4.14 धारा का ऊष्मीय प्रभाव

**रोचक तथ्य:**

- बिजली के बल्ब के तार का प्रतिरोध बहुत कम होता है, फिर भी उसे 220V दिया जाता है।

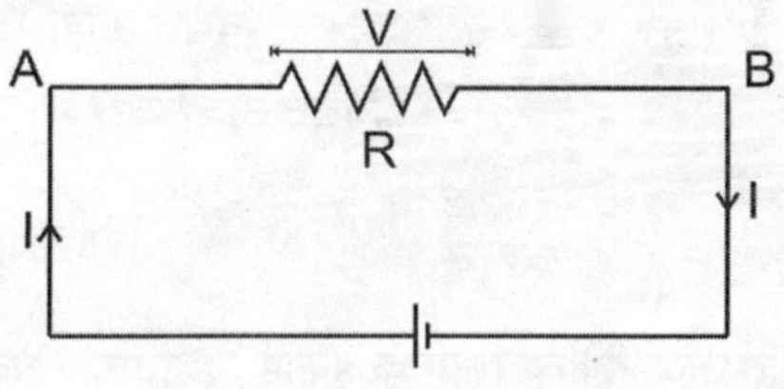


**चित्र 4.16:** विद्युत परिपथ में धारा का ऊष्मीय प्रभाव

जब भी किसी चालक से विद्युत धारा प्रवाहित होती है, तो विद्युत धारा द्वारा उत्पन्न ऊष्मा के कारण चालक का तापमान बढ़ जाता है। यदि चालक AB जिसका प्रतिरोध R है तथा जिसके सिरों पर विभवांतर V है एवं उससे I धारा t समय के लिए प्रवाहित हो तो

चालक में आवेश को A से B तक ले जाने के लिए विद्युत क्षेत्र द्वारा किया गया कार्य -

$$W = V \times q$$

$$W = IR \times It \qquad \text{(क्यूँकि V = IR; q = It)}$$

$$W = I^2Rt$$

चालक द्वारा उत्पन्न प्रतिरोध को दूर करने के लिए उपरोक्त कार्य ऊष्मीय ऊर्जा में बदल जाता है।

$$H = W = I^2Rt$$

इसलिए i) दिए गए प्रतिरोध R के लिए H, $I^2$ के समानुपाती है।

ii) दिए गए I के लिए H, R के समानुपाती है।

iii) दिए गए प्रतिरोध R और धारा I के लिए H, t के समानुपाती होता है।

ऊपर बताए गए नियम को जूल के ऊष्मा के नियम के रूप में जाना जाता है।

## 4.15 विद्युत शक्ति

जिस दर पर एक उपकरण विद्युत ऊर्जा को ऊर्जा के अन्य रूपों में परिवर्तित करता है उसे विद्युत शक्ति के रूप में जाना जाता है

**उदाहरण** : विद्युत बल्ब की शक्ति वह दर है जिस पर वह विद्युत ऊर्जा को प्रकाश में परिवर्तित करता है। उच्च शक्ति का एक बल्ब अधिक विद्युत ऊर्जा की खपत करता है और कम शक्ति के बल्ब की तुलना में अधिक प्रकाश ऊर्जा देता है। हमारे घर के उपकरण अपने कार्य के अनुसार बिजली की खपत करते हैं।

$$P = \frac{W}{t} = \frac{VIt}{t} = VI\ {}^{J}\!/_{s} \qquad ...(4.20)$$

$$\text{शक्ति (वाट में)} = \text{वोल्ट} \times \text{एम्पीयर}$$

$$1 \text{ वाट} = 1 \text{ वोल्ट} \times \text{एम्पीयर}$$

शक्ति की बड़ी इकाइयाँ है – kW एवं MW

$$1\,kW = 10^3\,W, \quad 1MW = 10^6\,W$$

एवं 1 अश्व शक्ति (HP) = 746 वाट

$$P = VI \quad \text{एवं} \quad V = IR, \quad I = V/R$$

इसलिए

$$P = I^2R$$

अथवा

$$P = V^2/R \qquad ...(4.21)$$

## 4.16 विद्युत ऊर्जा एवं इसका मात्रक

एक निश्चित समय के लिए विद्युत धारा को बनाए रखने में ई.एम.एफ. के स्रोत द्वारा किए गए कुल कार्य को सर्किट में विद्युत ऊर्जा की खपत कहा जाता है।

$$\text{विद्युत ऊर्जा } W = VIt = P.t$$

$$\text{विद्युत ऊर्जा} = \text{विद्युत शक्ति} \times \text{समय}$$

$$\text{विद्युत ऊर्जा जूल में} = 1 \text{ वोल्ट} \times 1 \text{ एम्पीयर} \times 1 \text{ सेकंड}$$

$$= 1 \text{ वाट} \times 1 \text{ सेकंड}$$

विद्युत ऊर्जा की व्यवसायिक इकाई किलवाट - घंटा (kWh)है

$$1\,kWh = (1000W)(60 \times 60s)$$

$$= 3.6 \times 10^6\,J$$

## 4.17 ऊर्जा के अन्य रूपों पर विद्युत ऊर्जा के लाभ

- विद्युत ऊर्जा को आसानी से ऊर्जा के अन्य रूपों में बदला जा सकता है- जैसे
  - हीटर और ओवन में ऊष्मा,
  - बिजली के बल्ब और ट्यूब-लाइट में रोशनी,
  - इलेक्ट्रिक मोटर ग्राइंडर में यांत्रिक ऊर्जा,
  - सेल या बैटरी चार्जिंग में रासायनिक ऊर्जा।
- नियंत्रण में आसानी: विद्युत स्विच और सर्किट के माध्यम से
- लचीला: तारों के माध्यम से आसानी से ले जाया जाता है
- कुशल और विश्वसनीय

## हल किए गए प्रश्न

उदाहरण 4.1

4.1 यदि 0.5 $cm^2$ के समान अनुप्रस्थ काट क्षेत्रफल वाले 50 cm लंबे तार में उसकी लम्बाई के अनुदिश 1A धारा प्रवाहित होती है तो दिए गए तार के पदार्थ का विशिष्ट प्रतिरोध और विशिष्ट चालकत्व ज्ञात करें यदि तार के दोनों सिरों पर विभवांतर 5 वोल्ट है।

हल :

दिया है $A = 0.05\ cm^2 = 0.05 \times 10^{-4}\ m^2$, $l = 50\ cm = 0.5\ m$, $I = 1A$ and $V = 5$ Volts

सर्वप्रथम हम R ज्ञात करेंगे, $R = V/I = 5/1 = 5\ \Omega$

विशिष्ट प्रतिरोध $\rho = (R \times A)/l = (5 \times 0.05 \times 10^{-4})/(0.5) = 0.5 \times 10^{-4} = 5 \times 10^{-5}\ \Omega\text{-m}$

विशिष्ट चालकत्व $(\kappa) = 1/\rho = 1/(5 \times 10^{-5}) = 2 \times 10^{4}$ S/m.

**उदाहरण 4.2**

4.2 यदि 10 सेमी लंबाई और 10 ओम प्रतिरोध वाले तार को वृत्त के रूप में इस प्रकार मोड़ा जाता है कि तार के दोनों सिरे आपस में जुड़े हों तो इसके व्यास के अनुदिश किन्हीं दो बिंदुओं के बीच प्रतिरोध ज्ञात कीजिए।

हल :

दिया है लम्बाई = 10 cm = 0.1m, $R = 10\ \Omega$

तार को वृत्त के रूप में मोड़ा गया है

बिंदु A और B के बीच प्रतिरोध (R) ऊपरी आधे तार और निचले आधे तार के प्रतिरोध के समानांतर संयोजन के बराबर होगा।

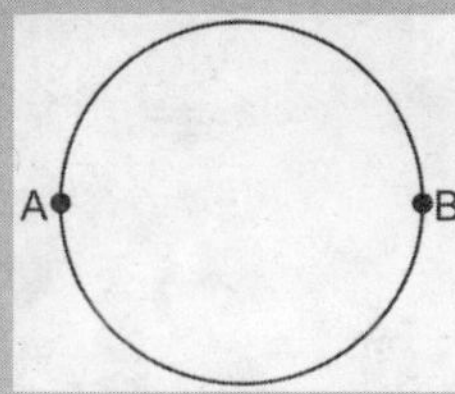


आधे तार का प्रतिरोध = 5 Ohm

इसलिए,

$1/R = 1/5 + 1/5 = 2/5$

R = 2.5 Ohms

**उदाहरण 4.3**

4.3 लंबाई l और अनुप्रस्थ काट A के क्षेत्रफल के एक तार को इस प्रकार खींचा गया है कि पूरे तने हुई तार में अनुप्रस्थ काट का क्षेत्रफल एकसमान रहते हुए उसकी लंबाई दुगुनी हो जाती है एवं आयतन नियत रहता है। यदि बिना खिंचे तार का प्रतिरोध 2 ओम है तो खींचे गए तार का प्रतिरोध ज्ञात कीजिए।

हल :

माना कि बिना खिंचे तार का प्रतिरोध, त्रिज्या और क्षेत्रफल क्रमशः $R_1$, $r_1$ और $A_1$ है

और खींचे गए तार का प्रतिरोध, त्रिज्या और क्षेत्रफल क्रमशः $R_2$, $r_2$ और $A_2$ है।

तो बिना खिंचे तार का आयतन $V_1 = \pi r_1^2 l$

और खिंचे हुए तार का आयतन $V_2 = \pi r_2^2 \times 2l$

चूँकि $V_1 = V_2$

$\Rightarrow \quad \pi r_1^2 l = \pi r_2^2 \times 2l$

$\Rightarrow \quad r_2^2 = r_1^2/2$

अब $R_1 = \rho l/A_1$, $R_2 = \rho \times 2l/A_2$,

$R_2/R_1 = (2l \times \rho/A_2)/(\rho l/A_1) = 2\,A_1/A_2 = 2 \times \pi r_1^2/\pi r_2^2 = \{2 \times (2\,r_2^2)\}/(r_2^2) = 4$

$\Rightarrow$ इसलिए $R_2 = 4R_1$ और अतः $R_2 = 8$ Ohm

**उदाहरण 4.4**

4.4 वर्ण कोडिंग से निम्न कार्बन प्रतिरोध का प्रतिरोध ज्ञात कीजिए

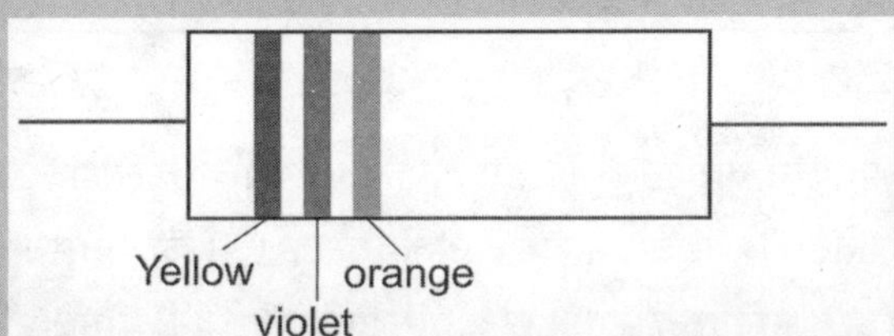


हल :

वर्ण कोड से पीला - 4, बेंगनी -7 एवं नारंगी -3

अतः प्रतिरोध $= 47 \times 10^3$ Ohm = 47 K Ohm

4.5 किरचॉफ के नियम की सहायता से, दिए गए परिपथ में 'r' के सिरों पर वोल्टेज ज्ञात करें,वोल्टेज स्रोत का आंतरिक प्रतिरोध शून्य है।

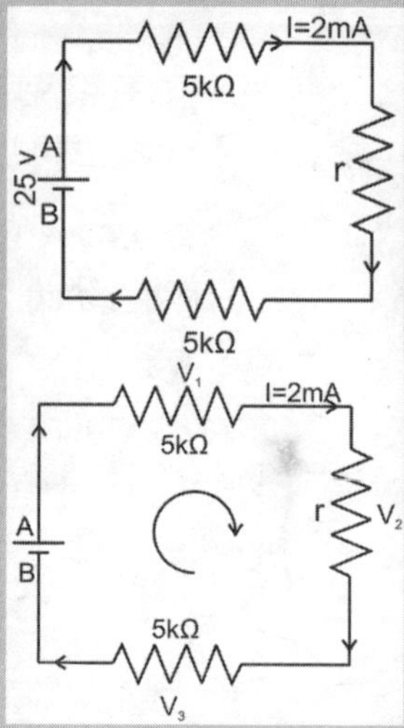


हल :

लूप ABA पर विचार करने पर,

किरचॉफ के नियम से

$V_1 + V_2 + V_3 - 25V = 0$

$V_1 + V_2 + V_3 = 25V$

$V_1 = 5 \times 10^3\,\Omega \times 2 \times 10^{-3}A = 10V$

$V_2 = ?$

$V_3 = 5 \times 10^3\,\Omega \times 2 \times 10^{-3}A = 10V$ (ओम के नियम से)

अतः $10V + V_2 + 10\,V = 25\,V$

$V_2 = 25V - 20\,V = 5\,V$

उदाहरण 4.5

4.6 दिए गए परिपथ में धारा का मान ज्ञात कीजिए, वोल्टता स्रोत का आंतरिक प्रतिरोध 2 Ω है।

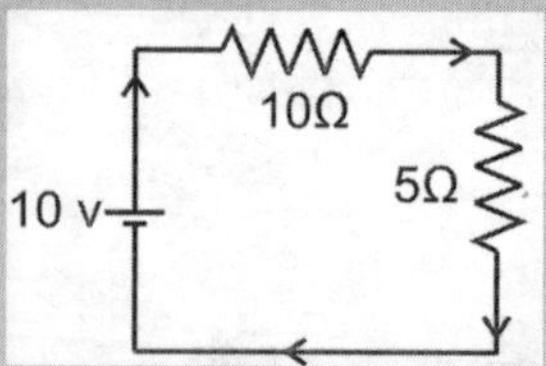


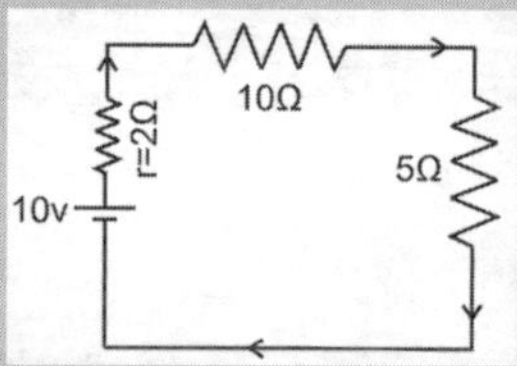


हल : आंतरिक प्रतिरोध वोल्टेज स्रोत के साथ श्रृंखला में जुड़े प्रतिरोध की तरह है अतः परिपथ को पुनः बनाया जा सकता है

परिपथ का कुल प्रतिरोध होगा $R = 2 + 10 + 5 = 17\Omega$

परिपथ में धारा = 10/17 = 0.59 A

उदाहरण 4.6

4.7 यदि स्विच 30 सेकंड के लिए खुला है तो निम्नलिखित परिपथ में ऊर्जा का क्षय ज्ञात कीजिए।

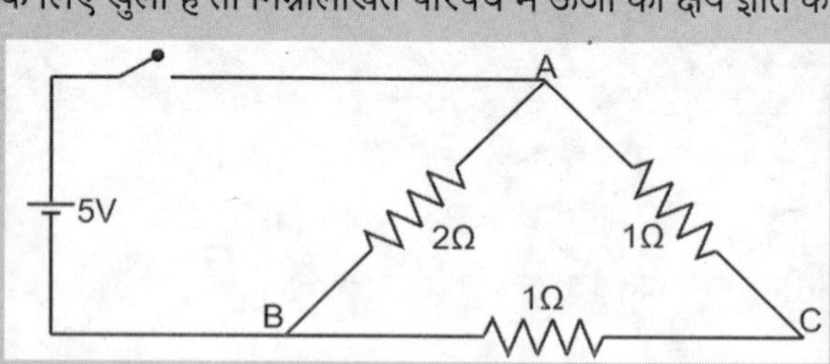


हल :

सर्वप्रथम हम परिपथ में प्रवाहित धारा निकालेंगे इस हेतु हम परिपथ का कुल प्रतिरोध ज्ञात करेंगे

भुजा AC एवं BC के प्रतिरोध श्रेणी क्रम में जुड़े हैं अतः भुजा ACB का प्रतिरोध = 1 + 1 = 2Ω

ACB का प्रतिरोध एवं AB समांतर क्रम में है अतः परिणामी प्रतिरोध R होगा -

$1/R = 1/2 + 1/2 = 1\,\Omega,\ R = 1\Omega$

परिपथ में धारा (I) = 5/1 = 5 एम्पीयर

30 सेकंड में ऊष्मा के रूप में परिपथ में ऊर्जा (E) का क्षय, $E = I^2R\,t = 25 \times 1 \times 30 = 750$ जूल

उदाहरण 4.7

## यूनिट सारांश

- आवेश के प्रवाह की दर को धारा कहते हैं।
- दिष्ट धारा में केवल धारा का परिमाण बदलता है, जबकि प्रत्यावर्ती धारा (AC) में धारा के परिमाण के साथ ही धारा की दिशा भी बदल जाती है।
- प्रतिरोधकता और चालकता पदार्थ की विशेषता है और यह वस्तु के आकार पर निर्भर नहीं करती बल्कि तापमान पर निर्भर करती है।
- तार में प्रवाहित धारा आरोपित वोल्टेज के समानुपाती होती है, बशर्ते कि भौतिक स्थिति में परिवर्तन न हो।
- व्हीटस्टोन सेतु का उपयोग अज्ञात प्रतिरोध का मान सटीक रूप से ज्ञात करने के लिए किया जाता है।
- टर्मिनल विभवांतर हमेशा सेल के ईएमएफ से कम होता है।
- यदि $3.6 \times 10^6$ J विद्युत ऊर्जा की खपत होती है, तो वाणिज्यिक विद्युत मीटर की रीडिंग एक इकाई बढ़ जाएगी।

## अभ्यास

### बहु विकल्पी प्रश्न

4.1 चालकत्व किसका व्युत्क्रम है -

a. प्रेरकत्व

b. धारिता

c. प्रतिरोध

d. चुम्बकीय परिपथ प्रतिरोध

2. ओम के नियम को व्यक्त करने वाला वक्र है- (जब भौतिक अवस्था में परिवर्तन नहीं होता है):

a. रेखिक

b. कोसाइन फलन

c. परवलय

d. अतिपरवलय

3. धारा का SI मात्रक है –

a. एम्पीयर

b. वोल्ट

c. ओम

d. सीमन्स

4. A और B के बीच परिपथ का तुल्य प्रतिरोध है -

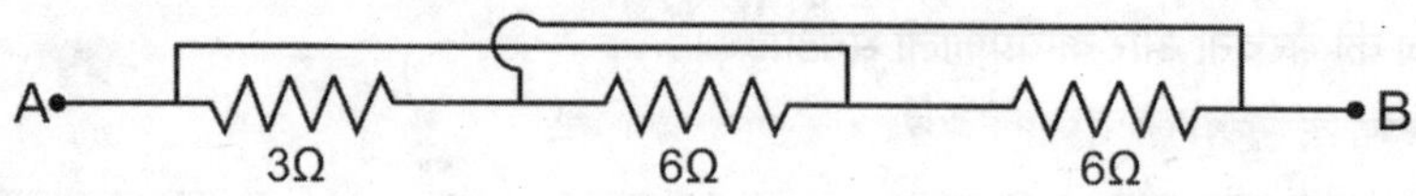


a. 3 Ω

b. 6Ω

c. 2/3 Ω

d. 3 /2Ω

5. चित्र में दिखाए गए परिपथ में $E_1 = 5$ V, $E_2 = 10$ V $R_1 = R_2 = 5\ \Omega$ और $R_3 = 10\ \Omega$ है। प्रतिरोध $R_3$ से प्रवाहित धारा है -

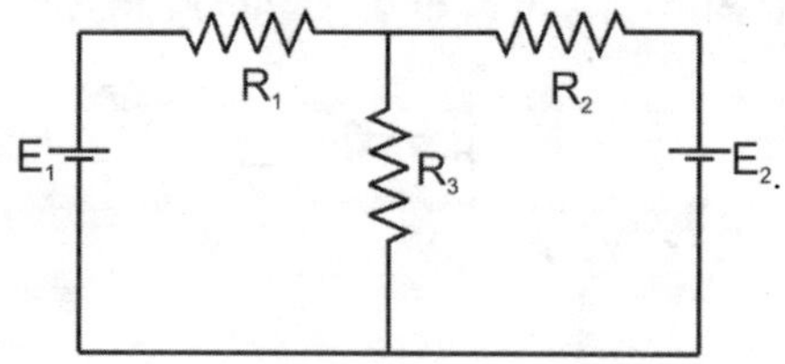


a. 2/5 A

b. 1/5 A

c. 4/5 A

d. 3/5 A

| बहु विकल्पी प्रश्नों के उत्तर |
|---|
| **4.1 (c), 4.2 (a), 4.3 (a), 4.4 (d), 4.5 (d)** |

## लघु एवं दीर्घ उत्तरीय प्रश्न

### *श्रेणी-I*

1. SI और CGS मात्रकों के साथ विद्युत धारा का वर्णन करें।
2. चित्रों के साथ DC एवं AC में अंतर स्पष्ट करें।
3. निम्नलिखित पदों को इकाइयों और गणितीय संबंधों के साथ समझाइए।
   a. प्रतिरोध
   b. चालकत्व
   c. प्रतिरोधकता
   d. चालकता
4. प्रतिरोधों के श्रृंखला और समानांतर संयोजन के कारण परिणामी प्रतिरोध ज्ञात करे।
5. तार के प्रतिरोध को प्रभावित करने वाले कारकों को स्पष्ट कीजिए।
6. ओम के नियम को चित्र सहित समझाइए।
7. किरचॉफ के धारा और वोल्टता के नियम (KCL और KVL) का वर्णन करें।

8. व्हीटस्टोन सेतु के सिद्धांत की व्याख्या करें।
9. मीटर ब्रिज की संरचना और कार्यप्रणाली समझाइए।
10. जूल के ऊष्मा के नियम को ऊर्जा और धारा के बीच गणितीय संबंध के साथ समझाइए।
11. ईएमएफ (emf) और टर्मिनल विभवांतर के बीच अंतर स्पष्ट करें।
12. ईएमएफ (emf) और लोड प्रतिरोध के संदर्भ में वोल्टेज स्रोत के आंतरिक प्रतिरोध के लिए सूत्र ज्ञात करें। ऊर्जा के अन्य रूपों की तुलना में विद्युतं ऊर्जा के लाभों की सूची बनाएँ।
13. ऊर्जा के अन्य रूपों की तुलना में विद्युत ऊर्जा के लाभों की सूची बनाएँ।
14. निम्नलिखित परिपथ चित्र में बिंदु A और B के बीच तुल्य प्रतिरोध ज्ञात कीजिए।

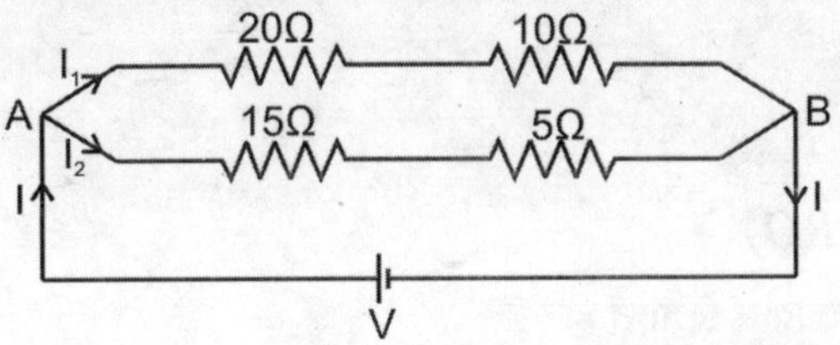


## श्रेणी -II

1. यदि 10 सेमी लंबाई और 10 ओम प्रतिरोध वाले तार को "8" की आकृति के रूप में मोड़ा जाता है, तथा तार विधयुतरोधी नहीं है तो दो बिंदु A और B के बीच प्रतिरोध ज्ञात करें। यदि तार को विद्युतरोधी (इन्सुलेट) किया गया है तो क्या A और B के बीच प्रतिरोध में कोई परिवर्तन होगा?

2. प्रत्येक वोल्टेज स्रोत में कुछ आंतरिक प्रतिरोध होता है, उदाहरण के साथ सेल के लोड करंट और टर्मिनल विभवांतर पर आंतरिक प्रतिरोध के प्रभाव का विश्लेषण करें।
3. मीटर ब्रिज प्रयोग में तार के आकार परिवर्तन (व्यास या अनुप्रस्थ काट के क्षेत्रफल) का तार की संतुलन लम्बाई पर पड़ने वाले प्रभाव की उदाहरण सहित विवेचना कीजिए।
4. जब चालक में प्रवाहित धारा बढ़ती है और तार का तापमान भी बढ़ता है तो वोल्टेज बनाम धारा के वक्र का अनुमान लगाइए।

## प्रयोग

**चार प्रयोगशाला प्रयोग हैं जो इस इकाई से संबंधित हैं।**

- धारा और विभवांतर के बीच ग्राफ बनाकर ओम के नियम को सत्यापित करना।
- श्रृंखला और समानांतर संयोजन में प्रतिरोधों के नियमों को सत्यापित करना।
- विद्युत कंपित्र (vibrator) का उपयोग करके एसी मेन मेंस की आवृत्ति ज्ञात करना।
- विद्युत परिपथों का उपयोग करके किरचॉफ के नियम को सत्यापित करना।

## प्रयोग 6 ओम का नियम

### *P 6.1 प्रायोगिक कथन*

धारा और विभवान्तर के मध्य ग्राफ बनाकर ओम के नियम का सत्यापन करना।

### *P 6.2 प्रायोगिक महत्व*

किसी दिए गए विद्युत परिपथ में विद्युत धारा, वोल्टेज और प्रतिरोध का मापन प्रत्येक शाखा के डिप्लोमा इंजीनियरों के लिए बहुत आवश्यक है। ओम का नियम विद्युत परिपथों को डिजाइन करने में मदद करता है और यह प्रयोग किसी दिए गए विद्युत परिपथ के वोल्टेज, धारा और प्रतिरोध के बीच संबंध खोजने में मदद करता है।

### *P 6.3 प्रासंगिक सिद्धांत*

देखें: इस अध्याय 4 का भाग 4.10

### *P 6.4 प्रैक्टिकल आउटकम (PRO)*

प्रैक्टिकल आउटकम इस कोर्स के पाठ्यक्रम से प्राप्त होते हैं:

PR O1: ओम के नियम का उपयोग करके दिए गए परिपथ में धारा, वोल्टेज और प्रतिरोध ज्ञात करना।

### *P 6.5 प्रायोगिक व्यवस्था (चित्र/स्केच/परिपथ आरेख/कार्य स्थिति)*

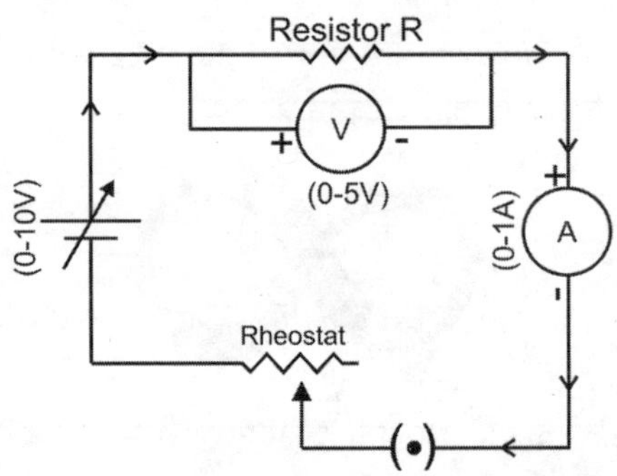


चित्र : P6.1

### *P 6.6 आवश्यक संसाधन*

| क्र. सं. | सुझाए गए आवश्यक संसाधन मशीनें/औजार /उपकरण महत्वपूर्ण विशिष्टताओं सहित | मात्रा | प्रयुक्त वास्तविक संसाधन मशीनें/ औजार/ उपकरण व्यापक विशिष्टताओं सहित (विद्यार्थी द्वारा भरा जाना है) | | टिप्पणी (यदि कोई हो) |
|---|---|---|---|---|---|
| | | | निर्माता (Make) | विवरण | |
| 1 | परिवर्ती DC पॉवर सप्लाई (0-10 V) | 1 | | | |
| 2 | अमीटर 0-1 A, वोल्टमीटर 0-10 V | 1 | | | |
| 3 | धारा नियंत्रक | 1 | | | |
| 4 | कुंजी | 1 | | | |
| 5 | प्रतिरोध तार 1 मीटर नाइक्रोम | 1 | | | |

## *P 6.7 सावधानियाँ*

1. संयोजन दृढ होने चाहिए।
2. सभी अवयवों को इस प्रकार रखा जाना चाहिए कि उन्हें ठीक से जोड़ा जा सके।
3. अमीटर/वोल्टमीटर का संकेतक शून्य चिह्न से मेल खाना चाहिए।
4. कनेक्शन से पूर्व शक्ति प्रदाय (power supply) की जाँच कीजिए।
5. शिक्षक की मदद से संयोजन की जाँच कीजिए।
6. अमीटर को श्रेणीक्रम में तथा वोल्टमीटर को समान्तर क्रम में संयोजित कीजिए।
7. प्रेक्षण लेते समय ही कुंजी लगानी चाहिए।

## P 6.8 प्रयोग विधि

1. परिपथ चित्र के अनुसार कनेक्शन कीजिये।
2. अमीटर और वोल्टमीटर के अल्पतमांक और परास को नोट कीजिए।
3. पॉवर सप्लाई चालू करें और कुंजी बंद कीजिए।
4. धारा नियंत्रक की स्थिति को अधिकतम प्रतिरोध पर रखिए।
5. अमीटर और वोल्टमीटर के पाठ्यांक नोट कीजिए।
6. धारा नियंत्रक की परिवर्तनशील भुजा की स्थिति को धीरे-धीरे बदलिए।
7. अमीटर और वोल्टमीटर के पाठ्यांक में संगत परिवर्तन नोट कीजिए।
8. 6 से 7 तक की प्रक्रिया आठ बार दोहराइए।
9. X-अक्ष पर विद्युत धारा (I) तथा Y-अक्ष पर वोल्टेज (V) के मध्य ग्राफ बनाइये।
10. ग्राफ बनाकर रेखा का ढाल (slope) ज्ञात कीजिए।

## *P 6.9 प्रेक्षण सारणी एवं गणना*

अमीटर का अल्पतमांक = .........   अमीटर की परास =.........

वोल्टमीटर का अल्पतमांक =.........   वोल्टमीटर की परास =..........

| क्र.सं. | I (एम्पीयर) | V (वोल्ट) | R = V/I |
|---|---|---|---|
| | | | |
| | | | |
| | | | |
| | | | |
| | | | |
| | | | |
| | | | |
| | | | |

माध्य R = .........

ग्राफ का ढाल : .........

## *P 6.10 परिणाम एवं /अथवा विवेचना*

(विद्यार्थी द्वारा भरा जाना है)

1. ..........................................................................................................................................................

## *P 6.11 निष्कर्ष एवं /अथवा सत्यापन*

(विद्यार्थी द्वारा भरा जाना है)

1. ..........................................................................................................................................................

## *P 6.12 प्रयोग संबंधित प्रश्न*

नोट: उदाहरण के तौर पर कुछ प्रश्न नीचे दिए गए हैं। पूर्व निर्धारित कोर्स आउटकम की प्राप्ति सुनिश्चित करने के लिए शिक्षकों को ऐसे और अधिक प्रश्न तैयार करने चाहिए।

1. प्रयोग में प्रयुक्त होने वाले अमीटर तथा वोल्टमीटर के अल्पतमांक बताइए।
2. वोल्टमीटर को प्रतिरोध तार के समानांतर जोड़ने के कारण बताइए।
3. धारा नियंत्रक को अधिकतम प्रतिरोध पर रखने का कारण बताइए।
4. क्या पूरे प्रयोग के दौरान तार और परिपथ का प्रतिरोध स्थिर रहता है?

## *P 6.13 सुझाए गए शिक्षण संसाधन*

- amrita.olabs.edu.in/?sub=1&brch=6&sim=22&cnt=2

## *P 6.14 सुझाई गई मूल्यांकन योजना*

(शिक्षक द्वारा भरा जाना है)

प्रक्रिया और परिणाम से संबंधित अंकों के मूल्यांकन के लिए नीचे दिए गए बिन्दु एक दिशानिर्देश का कार्य करेंगे।

| निष्पादन सूचक | | % भारिता (वेटेज) | प्राप्तांक |
|---|---|---|---|
| प्रक्रिया संबंधित: .... अंक * (.......%) | | | |
| 1 | विद्युत कनेक्शन बनाना | | |
| 2 | वोल्टेज और विद्युत धारा का मापन | | |
| 3 | तार के प्रतिरोध की गणना | | |
| 4 | उपकरण की हैंडलिंग | | |
| परिणाम संबंधित: ..... अंक * (.......%) | | | |
| 5 | परिणाम और निष्कर्ष | | |
| 6 | रिपोर्ट की समय पर प्रस्तुति | | |
| | कुल | 100% | |

* परिणाम और प्रक्रिया मूल्यांकन के लिए अंक और प्रतिशत वेटेज शिक्षक द्वारा तय किया जाएगा।

| विद्यार्थी का नामः.................................................. प्राप्तांक | | | शिक्षक के हस्ताक्षर मय दिनांक |
|---|---|---|---|
| प्रक्रिया संबंधित | परिणाम संबंधित | कुल | |
| | | | |

## प्रयोग 7 : प्रतिरोधों का श्रेणी एवं समानांतर क्रम संयोजन

### *P 7.1 प्रायोगिक कथन*

प्रतिरोधों के श्रेणी और समानांतर संयोजन के नियमों को सत्यापित करना।

### *P 7.2 प्रायोगिक महत्व*

श्रेणी और समानांतर परिपथ विद्युत उपकरणों में लगे होते हैं। धारा नियंत्रण उपकरण और फ़्यूज़ वोल्टेज स्रोत के साथ श्रृंखला में जुड़े हुए होते हैं। समानांतर परिपथों का उपयोग हमारे घर की प्रकाश व्यवस्था में किया जाता है। श्रेणी और समानांतर परिपथ संयोजन के अनुप्रयोगों को हमारे घरों और उद्योग में स्पष्ट रूप से देखा जा सकता है। इस प्रयोग में, प्रतिरोधक तारों को श्रेणी और समानांतर क्रम में जोड़ा जाता है और ओम के नियम का उपयोग करके परिपथ का तुल्य प्रतिरोध ज्ञात किया जाता है।

### *P 7.3 प्रासंगिक सिद्धांत*

देखें : इस अध्याय का भाग 4.7 तथा 4.10

### *P 7.4 प्रैक्टिकल आउटकम (PrO)*

प्रैक्टिकल आउटकम इस कोर्स के पाठ्यक्रम से प्राप्त होते हैं:

PrO1: किसी दिए गए परिपथ की समस्या को हल करने में प्रतिरोधों के श्रेणी और समानांतर क्रम संयोजन के सिद्धांत का उपयोग करना।

### *P 7.5 प्रायोगिक व्यवस्था (चित्र/स्केच/परिपथ आरेख/कार्य स्थिति)*

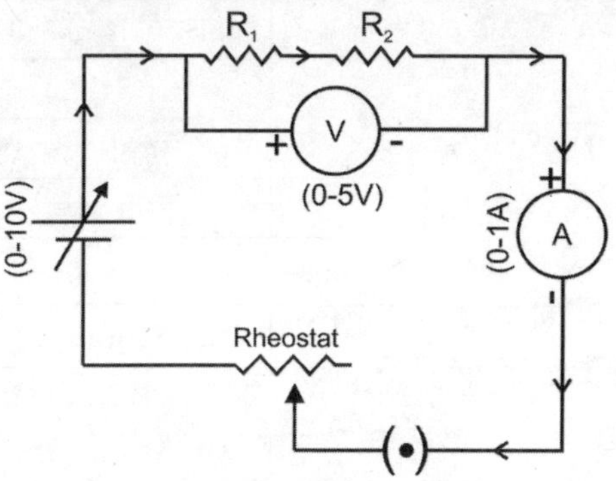


चित्र P7.1

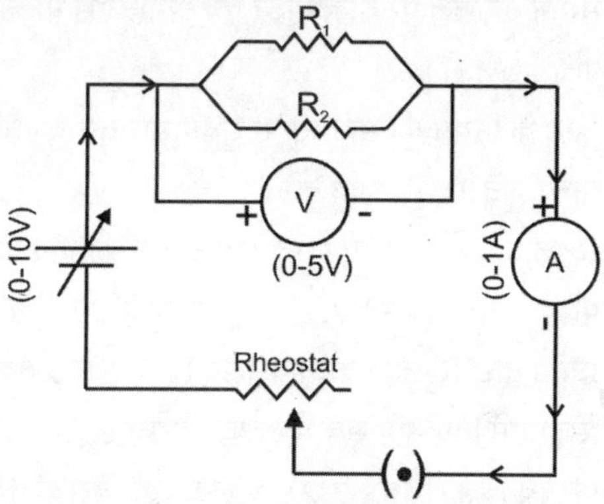


चित्र P7.2

## P 7.6 आवश्यक संसाधन

| क्र. सं. | सुझाए गए आवश्यक संसाधन मशीनें/औजार /उपकरण महत्वपूर्ण विशिष्टताओं सहित | मात्रा | प्रयुक्त वास्तविक संसाधन मशीनें/ औजार /उपकरण व्यापक विशिष्टताओं सहित (विद्यार्थी द्वारा भरा जाना है) | | टिप्पणी (यदि कोई हो) |
|---|---|---|---|---|---|
| | | | निर्माता (Make) | विवरण | |
| 1 | परिवर्ती DC पॉवर सप्लाई (0-10 V), वोल्टमीटर 0-10 V, धारा नियंत्रक 500 Ohm, कुंजी, अमीटर 0-1 A | 1 | | | |
| 2 | प्रतिरोध तार (लम्बाई 1 मीटर, नाइक्रोम) | 2 | | | |

## P 7.7 सावधानियाँ

1. संयोजन दृढ़ होने चाहिए।
2. सभी अवयवों को इस प्रकार रखा जाना चाहिए कि उन्हें ठीक से जोड़ा जा सके।
3. अमीटर/वोल्टमीटर का संकेतक शून्य चिह्न से मेल खाना चाहिए।
4. संयोजन से पूर्व पॉवर सप्लाई की जाँच कीजिए।
5. शिक्षक की मदद से संयोजन की जाँच कीजिए।
6. अमीटर को श्रेणीक्रम में तथा वोल्टमीटर को समानांतर क्रम में संयोजित कीजिए।
7. प्रेक्षण लेते समय ही कुंजी लगानी चाहिए।

## P 7.8 प्रयोग विधि

1. चित्र P7.1 में दर्शाए गए परिपथ चित्र के अनुसार परिपथ का संयोजन $R_1$ के साथ करें।
2. धारा नियंत्रक की सहायता से परिपथ में धारा परिवर्तित करें।
3. समान अंतराल पर वोल्टमीटर एवं अमीटर से पाठ्यांक नोट करें।
4. पाँच प्रेक्षण लें।
5. ओम के नियम की सहायता से सूत्रानुसार तार का प्रतिरोध ज्ञात करें।
6. माध्य प्रतिरोध $R_1$ ज्ञात करें।
7. $R_2$ ज्ञात करने के लिए बिन्दु 1 से 6 तक की प्रक्रिया दोहराएँ।
8. परिपथ चित्र (चित्र P7.1) के अनुसार प्रतिरोधों $R_1$ एवं $R_2$ को श्रेणी क्रम में जोड़ें।
9. प्रयोग द्वारा $R_S$ ज्ञात करने के लिए बिन्दु 2 से 6 तक की प्रक्रिया दोहराएँ।
10. सिद्धांत में दिए गए सूत्र से तुल्य प्रतिरोध $R_S$ की गणना करें।
11. परिपथ चित्र (चित्र P7.2) के अनुसार प्रतिरोधों $R_1$ एवं $R_2$ को समानांतर क्रम में जोड़ें।
12. प्रयोग द्वारा $R_P$ ज्ञात करने के लिए बिन्दु 2 से 6 तक की प्रक्रिया दोहराएँ।
13. सिद्धांत में दिए गए सूत्र से तुल्य प्रतिरोध $R_P$ की गणना करें।

## *P 7.9 प्रेक्षण सारणी एवं गणना*

अमीटर का अल्पतमांक =.........   अमीटर की परास =.........

वोल्टमीटर का अल्पतमांक =.........   वोल्टमीटर की परास =.........

सारणी 1 ($R_1$ एवं $R_2$ के लिए)

| क्र.सं. | I (एम्पीयर) | V (वोल्ट) | $R_1 = V/I$ | I (एम्पीयर) | V (वोल्ट) | $R_2 = V/I$ |
|---|---|---|---|---|---|---|
| 1 | | | | | | |
| 2 | | | | | | |
| 3 | | | | | | |
| 4 | | | | | | |

माध्य $R_1$=.........  माध्य $R_2$=........

सारणी 2 ($R_1$ एवं $R_2$ के श्रेणी क्रम तथा समानांतर क्रम संयोजन के लिए)

| | श्रेणी क्रम | | | समानांतर क्रम | | |
|---|---|---|---|---|---|---|
| क्र. सं. | I (एम्पीयर) | V (वोल्ट) | $R_S = V/I$ | I (एम्पीयर) | V (वोल्ट) | $R_P = V/I$ |
| 1 | | | | | | |
| 2 | | | | | | |
| 3 | | | | | | |
| 4 | | | | | | |
| 5 | | | | | | |

सिद्धांत द्वारा $R_s = R_1 + R_2$ = .........; प्रयोग द्वारा $R_s$ (सारणी 2 से) = .........

सिद्धांत द्वारा $R_P = R_1 \times R_2/(R_1 + R_2)$ = .........; प्रयोग द्वारा $R_P$ (सारणी 2 से) = .......

## *P 7.10 परिणाम एवं /अथवा विवेचना*

(विद्यार्थी द्वारा भरा जाना है)

1. ..........................................................................................................................

## *P 7.11 निष्कर्ष और/ या सत्यापन*

(विद्यार्थी द्वारा भरा जाना है)

1. ..........................................................................................................................

## *P 7.12 प्रयोग संबंधित प्रश्न*

(उत्तर के लिए अलग शीट का प्रयोग करें)

नोटः उदाहरण के तौर पर कुछ प्रश्न नीचे दिए गए हैं। पूर्व निर्धारित कोर्स आउटकम की प्राप्ति सुनिश्चित करने के लिए शिक्षकों को ऐसे और अधिक प्रश्न तैयार करने चाहिए।

1. प्रयोग में प्रयुक्त होने वाले अमीटर तथा वोल्टमीटर का अल्पतमांक बताइए।
2. वोल्टमीटर को प्रतिरोध तार के समानांतर क्रम में जोड़ने के कारण बताइए।
3. प्रयोग प्रारंभ करते समय धारा नियंत्रक को अधिकतम स्थिति में रखने के कारण बताइए।
4. क्या तार एवं परिपथ का प्रतिरोध प्रयोग के दौरान नियत रहता है ?

## *P 7.13 सुझाए गए शिक्षण संसाधन*

- amrita.olabs.edu.in/?sub=1&brch=5&sim=168&cnt=2
- https://phet.colorado.edu/en/simulation/circuit-construction-kit-dc-virtual-lab

## *P 7.14 सुझाई गई मूल्यांकन पद्धति*

(शिक्षक द्वारा भरा जाना है)

प्रक्रिया और परिणाम से संबंधित अंकों के मूल्यांकन के लिए नीचे दिए गए बिन्दु एक दिशानिर्देश का कार्य करेंगे।

| | निष्पादन सूचक | % भारिता (वेटेज) | प्राप्तांक |
|---|---|---|---|
| प्रक्रिया संबंधित: .... अंक *(.......%) | | | |
| 1 | विद्युत संयोजन करना | | |
| 2 | वोल्टता एवं विद्युत धारा का मापन | | |
| 3 | श्रेणी एवं समानांतर क्रम में जुड़े प्रतिरोधों के तुल्य प्रतिरोध की गणना करना | | |
| 4 | उपकरण का रख-रखाव | | |
| परिणाम संबंधित: ..... अंक * (.......%) | | | |
| 5 | परिणाम और निष्कर्ष | | |
| 6 | रिपोर्ट की समय पर प्रस्तुति | | |
| 7 | प्रयोग संबंधित प्रश्नों के उत्तर | | |
| | कुल | 100% | |

* परिणाम और प्रक्रिया मूल्यांकन के लिए अंक और प्रतिशत वेटेज शिक्षक द्वारा तय किया जाएगा।

| विद्यार्थी का नाम:........................................................ प्राप्तांक | | | शिक्षक के हस्ताक्षर मय दिनांक |
|---|---|---|---|
| प्रक्रिया संबंधित | परिणाम संबंधित | कुल | |
| | | | |

## प्रयोग 8 : AC मेंस की आवृति

### *P 8.1 प्रायोगिक कथन*

विद्युत कंपित्र (Electric vibrator) की सहायता से AC मेंस (AC Mains) की आवृत्ति ज्ञात करना।

## P 8.2 प्रायोगिक महत्व

घरेलु विद्युत परिपथों में 220 वोल्ट और 50 हर्ट्ज के एसी मेंस से आपूर्ति की जाती है। प्रत्यावर्ती धारा का समय के साथ परिमाण और दिशा बदलती रहती है। यह प्रयोग ए.सी. मेंस की आवृत्ति को ज्ञात करने में मदद करता है और अप्रगामी तरंगों (Standing Waves) के निर्माण, यांत्रिक तरंगों के वेग में डोरी के तनाव के साथ परिवर्तन और अनुनाद घटना को भी प्रदर्शित करता है।

## P 8.3 प्रासंगिक सिद्धांत

जब प्रति एकांक लंबाई 'm' द्रव्यमान की एक डोरी विद्युत कंपित्र (AC मेन्स के साथ जिसे आपूर्ति की गई है) की कंपन छड़ से जुड़ी होती है और उसे तनाव T (Tension) के साथ खींचा जाता है, तो डोरी खंडों में कंपन करती है। तनी हुई डोरी की आवृत्ति कंपन करने वाली छड़ की आवृत्ति के समान होती है, जो AC मेन्स की आवृत्ति के साथ कंपन कर रही होती है। यदि 'l' इस कंपित डोरी के एक लूप की लंबाई है, तो इसके कंपन की आवृत्ति निम्न सूत्र से दी जाती है -

$$f = \frac{1}{2l}\sqrt{\frac{T}{m}}$$

जहाँ, T (डोरी में तनाव) = Mg, M = कुल द्रव्यमान (प्लेट का द्रव्यमान + प्लेट पर रखा द्रव्यमान), l = एक लूप की लंबाई, g = गुरुत्वीय त्वरण और m = डोरी का प्रति एकांक लंबाई द्रव्यमान।

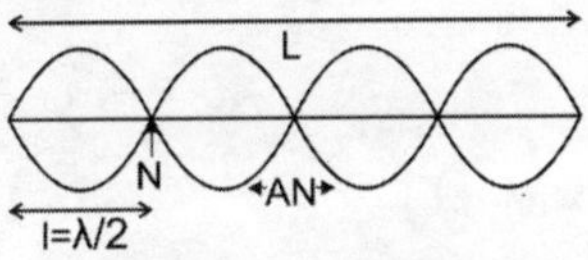


अप्रगामी तरंगों का निर्माण

## P 8.4 प्रैक्टिकल आउटकम (PRO)

प्रैक्टिकल आउटकम इस कोर्स के पाठ्यक्रम से प्राप्त होते हैं:

PrO1: विद्युत कंपित्र की सहायता से AC मेंस की आवृति ज्ञात करना।

## P 8.5 प्रायोगिक व्यवस्था (चित्र/स्केच/परिपथ आरेख/कार्य स्थिति)

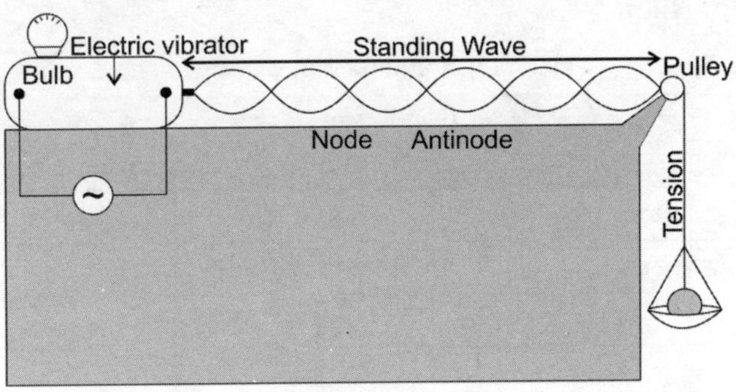


चित्र P8.1

## P 8.6 आवश्यक संसाधन

| क्र. सं. | सुझाए गए आवश्यक संसाधन मशीनें/ औजार /उपकरण महत्वपूर्ण विशिष्टताओं सहित | मात्रा | प्रयुक्त वास्तविक संसाधन मशीनें/ औजार / उपकरण व्यापक विशिष्टताओं सहित (विद्यार्थी द्वारा भरा जाना है) | | विवरण |
|---|---|---|---|---|---|
| | | | निर्माता (Make) | विवरण | |
| | विद्युत कंपित्र, डोरी,प्लेट, भार बॉक्स, क्लैम्प और चरखी के साथ एक स्टैन्ड | 01 each | | | |

## P 8.7 सावधानियाँ

1. प्लेट पर धीरे-धीरे द्रव्यमान चढ़ाएँ।
2. डोरी एक समान होनी चाहिए।
3. जब लूप का आयाम अधिकतम हो तब मापन किया जाना चाहिए।
4. गणना के लिए प्लेट के द्रव्यमान को जोड़ें।

## P 8.8 प्रयोग विधि

1. प्लग को AC मेंस से जोड़कर कंपित्र चालू करें।
2. प्लेट पर थोड़ा भार (मान लीजिए 20 g) चढ़ाएँ।
3. 4 या 5 लूप प्राप्त करने के लिए डोरी की लम्बाई समायोजित करें।
4. अधिकतम आयाम के लिए लम्बाई सेट करें।
5. लूपों की संख्या, प्लेट पर चढ़ाया द्रव्यमान तथा डोरी की लम्बाई नोट करें।
6. अलग – अलग द्रव्यमान तथा अलग- अलग लूपों की संख्या के लिए समान प्रक्रिया को दोहराएं।
7. AC मेंस की आवृति ‘f’ की गणना करें।

## P 8.9 प्रेक्षण सारणी एवं गणना

प्लेट का द्रव्यमान = .......... ग्राम, डोरी का प्रति एकांक लंबाई द्रव्यमान = ..........

| क्र. सं. | लूपों की संख्या (n) | डोरी की लम्बाई (L) | एक लूप की लम्बाई ($l = L/n$) | प्लेट पर द्रव्यमान | तनाव ($T = Mg$) |
|---|---|---|---|---|---|
| 1 | | | | | |
| 2 | | | | | |
| 3 | | | | | |
| 4 | | | | | |
| 5 | | | | | |

A.C. मेंस की आवृति = ..........

माध्य = ..........

## P 8.10 परिणाम एवं /अथवा विवेचना

(विद्यार्थी द्वारा भरा जाना है)

1. ........................................................................................................................

## P 8.11 निष्कर्ष और/या सत्यापन

(विद्यार्थी द्वारा भरा जाना है)

1. ........................................................................................................................

## P 8.12 प्रयोग संबंधित प्रश्न

(उत्तर के लिए अलग शीट का प्रयोग करें)

नोट: उदाहरण के तौर पर कुछ प्रश्न नीचे दिए गए हैं। पूर्व निर्धारित कोर्स आउटकम की प्राप्ति सुनिश्चित करने के लिए शिक्षकों को ऐसे और अधिक प्रश्न तैयार करने चाहिए।

1. लूपों के बनने के कारण बताइए?
2. चरखी के अंत में, निस्पंद (Node) या प्रस्पंद (Antinode) बनता है या नहीं? कारण बताइए।
3. यदि डोरी का प्रति एकांक लम्बाई द्रव्यमान बढ़ाया जाए तो लूपों के निर्माण में क्या परिवर्तन होगा?
4. इस प्रयोग में डोरी पर बनने वाली तरंग की प्रकृति क्या है? कारण सहित बताइए। क्या वे विद्युत चुम्बकीय या यांत्रिक तरंगे हैं?
5. विद्युत कंपित्र में बल्ब जोड़ने का कारण बताइए।

## P 8.13 सुझाए गए शिक्षण संसाधन

- http://www.olabs.edu.in/?sub=1&brch=6&sim=151&cnt=4

## P 8.14 सुझाई गई मूल्यांकन पद्धति

(शिक्षक द्वारा भरा जाना है)

प्रक्रिया और परिणाम से संबंधित अंकों के मूल्यांकन के लिए नीचे दिए गए बिन्दु एक दिशानिर्देश का कार्य करेंगे।

| | निष्पादन सूचक | % भारिता (वेटेज) | प्राप्तांक |
|---|---|---|---|
| प्रक्रिया संबंधित: .... अंक * (.......%) | | | |
| 1 | अधिकतम आयाम (अनुनाद) के लूप के निर्माण के लिए डोरी की लम्बाई परिवर्तित करना | | |
| 2 | मापन करना | | |
| 3 | प्रयोग के दौरान सुरक्षा उपाय | | |
| 4 | व्यक्तिगत एवं सामूहिक कार्य | | |
| परिणाम संबंधित: ..... अंक * (.......%) | | | |
| 5 | परिणाम और निष्कर्ष | | |
| 6 | रिपोर्ट की समय पर प्रस्तुति | | |
| | कुल | 100% | |

* परिणाम और प्रक्रिया मूल्यांकन के लिए अंक और प्रतिशत वेटेज शिक्षक द्वारा तय किया जाएगा।

| विद्यार्थी का नामः......................................................... प्राप्तांक | | | शिक्षक के हस्ताक्षर मय दिनांक |
|---|---|---|---|
| प्रक्रिया संबंधित | परिणाम संबंधित | कुल | |
| | | | |

## प्रायोग 9 : किरचॉफ के नियम

### *P 9.1 प्रायोगिक कथन*

विद्युत परिपथों का उपयोग करके किरचॉफ के नियम को सत्यापित करना।

### *P 9.2 प्रायोगिक महत्व*

किरचॉफ के नियमों का उपयोग किसी दिए गए परिपथ का विश्लेषण करने के लिए किया जाता है। किरचॉफ के दो नियम, एक वोल्टता के लिए किरचॉफ का वोल्टता नियम (KVL)और एक धारा के लिए किरचॉफ का धारा का नियम (KCL) हमें दिए गए परिपथ में क्रमशः वोल्टता और धारा ज्ञात करने में मदद करता है। यह प्रयोग विद्यार्थियों को संधि बिन्दु पर धाराओं का योग तथा लूप में विभिन्न घटकों पर वोल्टता को प्रयोगात्मक रूप से मापने में मदद करता है।

### *P 9.3 प्रासंगिक सिद्धांत*

देखें: अध्याय 4 का खंड 4.11

### *P 9.4 प्रैक्टिकल आउटकम (PRO)*

इस कोर्स के पाठ्यक्रम से प्राप्त होने वाले प्रैक्टिकल आउटकम :

PrO1: किरचॉफ के नियम का उपयोग किसी दिए गए परिपथ के अवयवों में धारा और वोल्टता को ज्ञात करने के लिए करना।

### *P 9.5 प्रायोगिक व्यवस्था (चित्र /स्केच/परिपथ आरेख/कार्य स्थिति)*

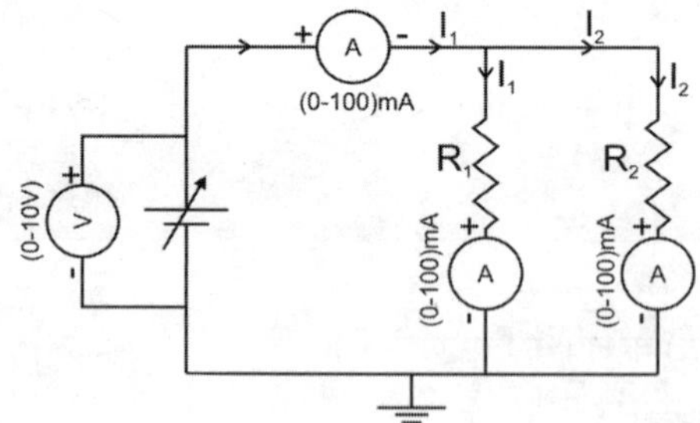


चित्र P9.1

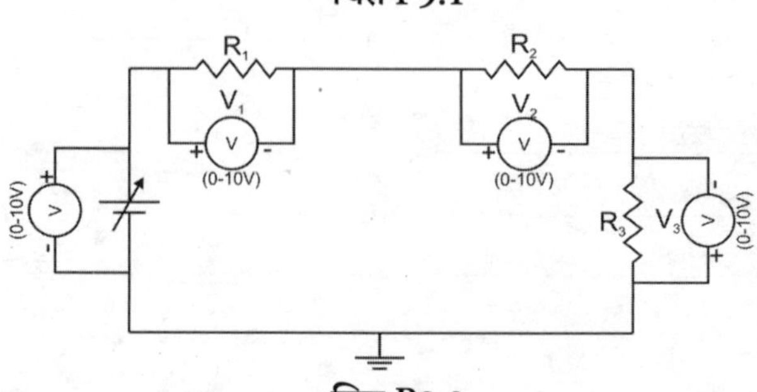


चित्र P9.2

## P 9.6 आवश्यक संसाधन

| क्र. सं. | सुझाए गए आवश्यक संसाधन मशीनें/ औजार /उपकरण महत्वपूर्ण विशिष्टताओं सहित | मात्रा | प्रयुक्त वास्तविक संसाधन मशीनें/ औजार /उपकरण व्यापक विशिष्टताओं सहित (विद्यार्थी द्वारा भरा जाना है) | | टिप्पणी (यदि कोई हो) |
|---|---|---|---|---|---|
| | | | निर्माता (Make) | विवरण | |
| 1 | परिवर्ती DC पॉवर सप्लाई 0-10 V | 01 | | | |
| 2 | अमीटर 0-500m A | 03 | | | |
| 3 | वोल्टमीटर 0- 10 V | 04 | | | |
| 4 | प्रतिरोध 100Ω, 220Ω, 330Ω, 1000Ω, 2200Ω, 3300Ω | 06 | | | |
| 5 | कुंजी | 01 | | | |

## P 9.7 सावधानियाँ

1. संयोजन दृढ़ होने चाहिए।
2. सभी उपकरणों को इस तरह रखा जाना चाहिए कि उन्हें ठीक से जोड़ा जा सके।
3. अमीटर/वोल्टमीटर का संकेतक शून्य चिह्न से मेल खाना चाहिए।
4. संयोजन से पूर्व पॉवर सप्लाई की जाँच करें।
5. शिक्षक की मदद से संयोजन की जाँच करें।
6. अमीटर को श्रृंखला में और वोल्टमीटर को समानांतर में जोड़ें।
7. पाठ्यांक लेते समय ही कुंजी का प्लग लगाना चाहिए।

## P 9.8 प्रयोग विधि

KCL के लिए

1. चित्र P 9.1 में दिए गए परिपथ आरेख के अनुसार संयोजन बनाएँ।
2. अमीटर और वोल्टमीटर के अल्पतमांक और परास को नोट करें।
3. पॉवर सप्लाई चालू करें और कुंजी बंद करें।
4. $I, I_1$ एवं $I_2$ के लिए अमीटर का पाठ्यांक नोट करें।
5. पॉवर सप्लाई के वोल्टेज को बदलें और चरण 4 को दोहराएँ।

KVL के लिए

6. चित्र P 9.2 में दिए गए परिपथ आरेख के अनुसार संयोजन बनाएँ।
7. पॉवर सप्लाई चालू करें और कुंजी बंद करें।
8. $V, V_1, V_2$ एवं $V_3$ के लिए वोल्टमीटर का पाठ्यांक नोट करें।
9. पॉवर सप्लाई के वोल्टेज को बदलें और चरण 8 को दोहराएँ।

## P 9.9 प्रेक्षण सारणी एवं गणना

अमीटर 1 का अल्पतमांक (Least Count) =......... अमीटर 1 की परास (Range) = .........

अमीटर 2 का अल्पतमांक = ......... अमीटर 2 की परास = .........

अमीटर 3 का अल्पतमांक = ......... अमीटर 3 की परास = .........

वोल्टमीटर का अल्पतमांक = ......... वोल्टमीटर की परास = .........

**सारणी 1 KCL के लिए**

| क्र. | वोल्टेज (V) | $I_1$ | $I_2$ | I | $I_1 + I_2$ |
|---|---|---|---|---|---|
| 1 | | | | | |
| 2 | | | | | |
| 3 | | | | | |
| 4 | | | | | |
| 5 | | | | | |

वोल्टमीटर का अल्पतमांक = ......... वोल्टमीटर की परास = .........

वोल्टमीटर 1 का अल्पतमांक = ......... वोल्टमीटर 1 की परास = .........

वोल्टमीटर 2 का अल्पतमांक = ......... वोल्टमीटर 2 की परास = .........

वोल्टमीटर 3 का अल्पतमांक = ......... वोल्टमीटर 3 की परास = .........

**सारणी 2 KVL के लिए**

| क्र. | वोल्टेज (V) | $V_1$ | $V_2$ | $V_3$ | $V_1 + V_2 + V_3$ |
|---|---|---|---|---|---|
| 1 | | | | | |
| 2 | | | | | |
| 3 | | | | | |
| 4 | | | | | |
| 5 | | | | | |

## P 9.10 परिणाम एवं /अथवा विवेचना

(विद्यार्थी द्वारा भरा जाना है)

1. ....................................................................................................................................

## P 9.11 निष्कर्ष एवं /अथवा सत्यापन

(विद्यार्थी द्वारा भरा जाना है)

1. ....................................................................................................................................

## P 9.12 प्रयोग संबंधित प्रश्न

(उत्तर के लिए अलग शीट का प्रयोग करें)

नोट: उदाहरण के तौर पर कुछ प्रश्न नीचे दिए गए हैं। पूर्व निर्धारित कोर्स आउटकम की प्राप्ति सुनिश्चित करने के लिए शिक्षकों को ऐसे और अधिक प्रश्न तैयार करने चाहिए।

1. प्रयोग में प्रयुक्त होने वाले अमीटर तथा वोल्टमीटर का अल्पतमांक बताइए।
2. क्या चित्र P 9.1 में परिपथ का प्रतिरोध वैयक्तिक (individual) प्रतिरोध से कम होगा या अधिक होगा?
3. क्या हम इस प्रयोग द्वारा वोल्टेज स्रोत का आंतरिक प्रतिरोध ज्ञात कर सकते हैं ?

## *P 9.13 सुझाए गए शिक्षण संसाधन*

- https://vlab.amrita.edu/?sub=1&brch=75&sim=217&cnt=1

## *P 9.14 सुझाई गई मूल्यांकन पद्धति*

(शिक्षक द्वारा भरा जाना है)

प्रक्रिया और परिणाम से संबंधित अंकों के मूल्यांकन के लिए नीचे दिए गए बिन्दु एक दिशानिर्देश का कार्य करेंगे।

| | निष्पादन सूचक | % भारिता (वेटेज) | प्राप्तांक |
|---|---|---|---|
| प्रक्रिया संबंधित: .... अंक * (.......%) | | | |
| 1 | विद्युत संयोजन करना | | |
| 2 | वोल्टता एवं विद्युत धारा का मापन | | |
| 3 | उपकरण का रख-रखाव | | |
| परिणाम संबंधित: ..... अंक * (.......%) | | | |
| 4 | परिणाम और निष्कर्ष | | |
| 5 | रिपोर्ट की समय पर प्रस्तुति | | |
| 6 | प्रयोग संबंधित प्रश्नों के उत्तर | | |
| | कुल | 100% | |

* परिणाम और प्रक्रिया मूल्यांकन के लिए अंक और प्रतिशत वेटेज शिक्षक द्वारा तय किया जाएगा।

| विद्यार्थी का नाम:.................................................. प्राप्तांक | | | शिक्षक के हस्ताक्षर मय दिनांक |
|---|---|---|---|
| प्रक्रिया संबंधित | परिणाम संबंधित | कुल | |
| | | | |

## अधिक जानिए

विद्यार्थियों के मौजूदा ज्ञान को बढ़ाने के लिए इस अध्याय से संबंधित निम्नलिखित विषयों का सुझाव दिया गया है जो अनुप्रयुक्त भौतिक शास्त्र पाठ्यक्रम में रुचि को बढ़ाता है।

- धारा घनत्व
- ओम का नियम अवकलन रूप में

### अनुप्रयोग

- सभी गैजेट्स और कंप्यूटर उपकरणों में डिजिटल सर्किट होते हैं और वे डीसी वोल्टेज पर काम करते हैं।

- घरेलू परिपथों में प्रत्यावर्ती धारा (एसी करंट) का उपयोग किया जाता है।
- तापीय उपकरणों में धारा के ऊष्मीय प्रभाव का उपयोग किया जाता है।

### आईसीटी के उपयोग

- धारा वैद्युतिकी में सिमुलेशन के लिए विद्यार्थी निम्नलिखित URL देख सकते हैं
- https://phet.colorado.edu/en/simulation/ohms-law

Ohm's Law simulation

### अभिनव प्रयोग, परियोजनाएँ / गतिविधियाँ डिजाइन करें

- ओम के नियम को प्रदर्शित करने के लिए मॉडल तैयार करें।
- प्रतिरोधों के श्रेणी और समानांतर संयोजनों को प्रदर्शित करने के लिए मॉडल तैयार करें।

### रचनात्मकता एवं जिज्ञासा के विषय

- क्या वोल्टेज बनाम धारा संबंध हमेशा रैखिक होता है?
- कार्बन प्रतिरोध को उपयोग करने के कारण।
- क्या हम अपने मोबाइल फोन की बैटरी का आंतरिक प्रतिरोध ज्ञात कर सकते हैं?
- बंद एवं चालू टंगस्टन बल्ब के प्रतिरोध में अंतर

## संदर्भ एवं अध्ययन हेतु सुझाव


- H C Verma, "Concepts of physics" 1st ed., vol. 2, Bharti Bhawan, 1992.
- Richard Feynman et al "The Feynman lectures on Physics", 6th ed. vol1, Addison-Wesley, 1963.
- R K Gaur and S L Gupta "Engineering Physics", 8th ed., Dhanat Rai, 2011.
- Resnick Halliday and Krane , "Physics" 5th ed. vol1, Wiley, 2014.
- https://phys.libretexts.org/

# 5 विद्युत चुम्बकत्व

## यूनिट विशिष्ट

यह अध्याय निम्नलिखित मुख्य पहलुओं पर केंद्रित है:

- प्रतिचुम्बकीय, अनुचुम्बकीय एवं लौहचुम्बकीय पदार्थ
- चुंबकीय क्षेत्र, चुम्बकीय तीव्रता एवं चुंबकन
- फैराडे के विद्युत चुम्बकीय प्रेरण के नियम
- चुंबकीय क्षेत्र में गतिमान आवेश पर लोरेंट्ज़ बल
- चुंबकीय क्षेत्र में रखे धारावाही तार एवं आयताकार कुंडली पर लगने वाला बल
- चल कुंडली धारामापी
- धारामापी को अमीटर और वोल्टमीटर में बदलना

दैनिक जीवन में विद्युत चुम्बकत्व के अनुप्रयोगों की चर्चा, रुचि पैदा करने के लिए की गई है और विषयों को समझने के लिए गतिविधियों का सुझाव भी दिया गया है। हल की गई अनुप्रयोग आधारित समस्याएं, बहुविकल्पीय प्रश्न और ब्लूम के वर्गीकरण के निचले और उच्च क्रम के संज्ञानात्मक (cognitive) स्तरों के प्रश्न अध्याय में दिए गए हैं ताकि कोई भी अभ्यास के लिए उन्हें हल कर सके, जो अधिगम के पुनर्बलन में सहायक होंगे। विभिन्न विषयों के लिए वीडियो लिंक के क्यूआर कोड भी दिए गए हैं जिन्हें प्रासंगिक सहायक ज्ञान के लिए स्कैन किया जा सकता है।

अवधारणाओं और सिद्धांतों के अनुकरण के लिए क्यूआर कोड भी अध्याय में दिए गए हैं, ताकि विद्यार्थी उपलब्ध सिमुलेशन मॉडल का अनुकरण करने के लिए व्यावहारिक अभ्यास कर सकें। विषय को गहराई से समझने के लिए विद्यार्थी सिमुलेशन मॉडल में विभिन्न मापदंडों को बदल सकते हैं। माइक्रो प्रोजेक्ट गतिविधि का सुझाव दिया गया है जो कोर्स आउटकम को प्राप्त करने में मदद करेगा। अधिक जानिए अनुभाग को विवेकपूर्ण ढंग से डिज़ाइन किया गया है ताकि इस भाग में प्रदान की गई पूरक जानकारी पुस्तक के उपयोगकर्ताओं के लिए फायदेमंद हो। भविष्य में सीखने के लिए विद्यार्थी को प्रेरित करने के लिए विभिन्न पहलुओं पर औद्योगिक अनुप्रयोग और वास्तविक जीवन अनुप्रयोग, केस स्टडी और रचनात्मकता एवं जिज्ञासा के विषय भी अध्याय में शामिल है।

## भूमिका

विद्युत चुम्बकत्व भौतिकी की एक शाखा है जो चुंबकत्व, विद्युत चुम्बकीय प्रेरण और विद्युत चुम्बकीय प्रेरण के अनुप्रयोग से संबंधित है। विद्युत शक्ति का उत्पादन और नवीकरणीय और और गैर नवीकरणीय ऊर्जा का विद्युत ऊर्जा में रूपांतरण विद्युत चुम्बकीय प्रेरण के मुख्य अनुप्रयोग हैं। कई मापक उपकरण विद्युत प्रवाह के कारण चुंबकीय क्षेत्र के उत्पादन के सिद्धांत पर काम करते हैं। यांत्रिक ऊर्जा को विद्युत ऊर्जा में या विद्युत ऊर्जा को यांत्रिक ऊर्जा में बदलना विद्युत चुंबकीय प्रेरण का एक अनुप्रयोग है। यह अध्याय विद्युत चुम्बकत्व से संबंधित विषयों की मूल अवधारणाओं (concepts) की व्याख्या करेगा जो विद्युत चुम्बक के अभियांत्रिक उपयोगों को समझने में और विद्युत चुंबकत्व से संबंधित समस्याओं को हल करने में मदद करेगा।

## पूर्व अपेक्षित ज्ञान

- गणित-त्रिकोणमितीय फलन, बीजगणित, कलन, सदिश
- भौतिकी-चुंबक, चुंबकीय द्विध्रुव, विद्युत धारा
- अन्य-कंप्यूटर की बुनियादी तकनीक और मोबाइल एप्लिकेशन का उपयोग

## यूनिट आउटकम्स (UOs)

आउटकम्स की सूची निम्नानुसार है :

U5-O1: दिए गए पदार्थ का चुंबकीय गुणों के आधार पर चयन करना।

U5-O2: चुंबकीय क्षेत्र, चुंबकन और फैराडे के विद्युत चुम्बकीय प्रेरण के नियमों की व्याख्या करना।

U5-O3:चुंबकीय क्षेत्र में गतिमान आवेश की दिशा ज्ञात करने के लिए लोरेंट्ज़ बल लगाना।

U5-O4: चुंबकीय क्षेत्र में रखी धारावाही आयताकार कुंडली पर लगने वाले बल का पूर्वानुमान लगाना।

U5-O5: चल कुंडली धारामापी की संरचना और कार्य प्रणाली की व्याख्या करना।

U5-O6: दिए गए धारामापी को वांछित परास के अमीटर और वोल्टमीटर में बदलना।

| यूनिट -5 आउटकम्स (UOs) | कोर्स आउटकम्स (COs) के साथ अपेक्षित संबंध (1-कमजोर सहसंबंध;2-मध्यम सहसंबंध;3-मजबूत सहसंबंध) | | | | | |
|---|---|---|---|---|---|---|
| | CO-1 | CO-2 | CO-3 | CO-4 | CO-5 | CO-6 |
| U5-O1 | - | - | - | - | 3 | 1 |
| U5-O2 | - | - | 1 | - | 3 | 1 |
| U5-O3 | - | - | - | 1 | 3 | 1 |
| U5-O4 | - | - | - | 1 | 3 | 1 |
| U5-O5 | - | - | - | 1 | 3 | 1 |
| U5-O6 | - | - | - | 1 | 3 | 1 |

## 5.1 चुम्बकीय पदार्थों के प्रकार

ओर्स्टेड के प्रयोग के अनुसार धारावाही तार चुम्बक का कार्य करता है। जैसा कि पिछली इकाई में बताया गया है, धारा के ऊष्मीय प्रभाव के अलावा, धारा का चुंबकीय प्रभाव भी होता है। पदार्थ परमाणुओं से बने होते हैं, और परमाणुओं में इलेक्ट्रॉन होते हैं। इलेक्ट्रॉनों को चुंबकीय आघूर्ण के साथ एक छोटा चुंबक माना जा सकता है। इलेक्ट्रॉन गति दो प्रकार की होती है : कक्षीय तथा चक्रण (स्पिन) (चित्र 5.1)। परमाणुओं में कई इलेक्ट्रॉन होते हैं जो स्वयं की अक्ष पर चक्रण करते हैं और नाभिक के चारों ओर घूर्णन करते हैं। प्रत्येक प्रकार की गति से जुड़ा इलेक्ट्रॉनों का चुंबकीय आघूर्ण एक सदिश राशि है, जोकि क्रमशः कक्षा के लंबवत और इलेक्ट्रॉनों के चक्रण की अक्ष के समानांतर होता है। परमाणु के चुंबकीय आघूर्ण की गणना सभी इलेक्ट्रॉनों के चुंबकीय आघूर्णों का सदिश योग करके की जाती है।

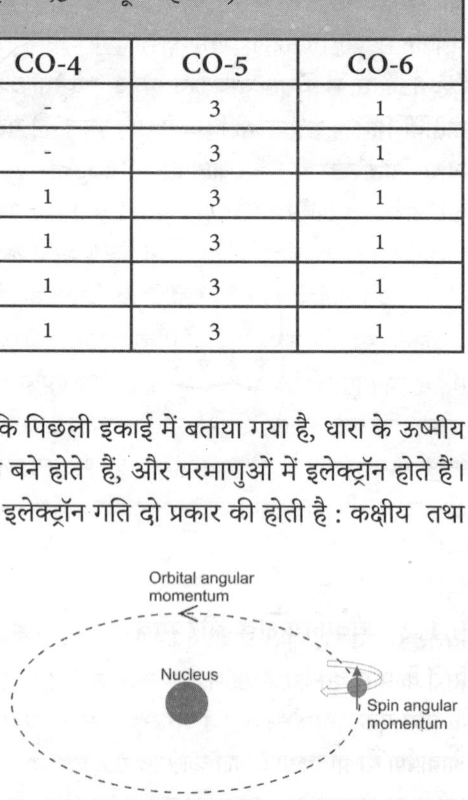


**चित्र 5.1 :** इलेक्ट्रॉनों के साथ जुड़े कक्षीय तथा चक्रण चुंबकीय आघूर्ण का प्रदर्शन

### 5.1.1 प्रति, अनु और लौह चुम्बकीय पदार्थ और उनके गुण

#### (a) प्रतिचुंबकीय पदार्थ

प्रतिचुंबकीय पदार्थों में, परमाणु में कोई चुंबकीय आघूर्ण नहीं होता है, क्योंकि प्रत्येक इलेक्ट्रॉन के चुंबकीय आघूर्ण इस प्रकार से व्यवस्थित होते है कि वे एक दूसरे को रद्द कर देते हैं। ऐसे पदार्थ को प्रतिचुंबकीय पदार्थ के रूप में जाना जाता है। इन पदार्थों को चुंबकीय क्षेत्र द्वारा प्रतिकर्षित किया जाता है। इन पदार्थों को ऋणात्मक चुंबकीय पदार्थों के रूप में भी जाना जाता है। एकल परमाण्विक (He, Ne, A, आदि) बहु परमाण्विक गैसें ($H_2$, $N_2$, आदि), NaCl, हीरा, Si और Ge प्रति चुंबकीय पदार्थों के उदाहरण हैं।

#### (b) अनुचुंबकीय पदार्थ

अनुचुंबकीय पदार्थों में, परमाणु का नेट चुंबकीय आघूर्ण इलेक्ट्रॉनों के वैयक्तिक चुंबकीय आघूर्ण के आंशिक रद्दीकरण (partial cancellation) के कारण होता है। ऐसे पदार्थों में अयुग्मित इलेक्ट्रॉनों की उपस्थिति के कारण चुंबकीय आघूर्ण होता है। जब एक बाह्य चुंबकीय क्षेत्र लगाया जाता है, तो अयुग्मित इलेक्ट्रॉनों का चुंबकीय आघूर्ण प्रयुक्त चुंबकीय क्षेत्र के समानांतर संरेखित हो जाता है, जिससे एक नेट चुंबकीय आघूर्ण उत्पन्न होता है। अयुग्मित इलेक्ट्रॉनों वाले पदार्थ जैसे Al, FeO, ऑक्सीजन, टाइटेनियम अनुचुम्बकीय पदार्थों के उदाहरण हैं।

#### (c) लौह चुम्बकीय पदार्थ

लौहचुंबकीय पदार्थों में, अयुग्मित इलेक्ट्रॉनों की उपस्थिति के कारण एक नेट चुंबकीय आघूर्ण होता है। जब एक बाह्य चुंबकीय क्षेत्र लगाया जाता है, तो ये चुंबकीय आघूर्ण अनुप्रयुक्त क्षेत्र के समानांतर संरेखित हो जाते हैं। इसके परिणामस्वरूप इन पदार्थों के चुंबकन में वृद्धि होती है।

गैर-चुंबकीय अवस्था में, लौहचुंबकीय पदार्थों के छोटे क्षेत्रों में परमाणु द्विध्रुव जिन्हें डोमेन कहा जाता है, एक ही दिशा में संरेखित होते हैं (चित्र 5.2 a) ।अलग–अलग डोमेन बाह्य चुंबकीय क्षेत्र की अनुपस्थिति में भी अलग –अलग दिशाओं में एक नेट चुंबकीय आघूर्ण प्रदर्शित करते हैं। बाह्य चुंबकीय क्षेत्र लगाने पर ये सभी डोमेन अपने आप को अनुप्रयुक्त क्षेत्र की दिशा में संरेखित कर लेते हैं (चित्र 5.2 b)। इस तरह, पदार्थ चुम्बकन क्षेत्र के समानांतर बहुत अधिक चुंबकित हो जाता है।

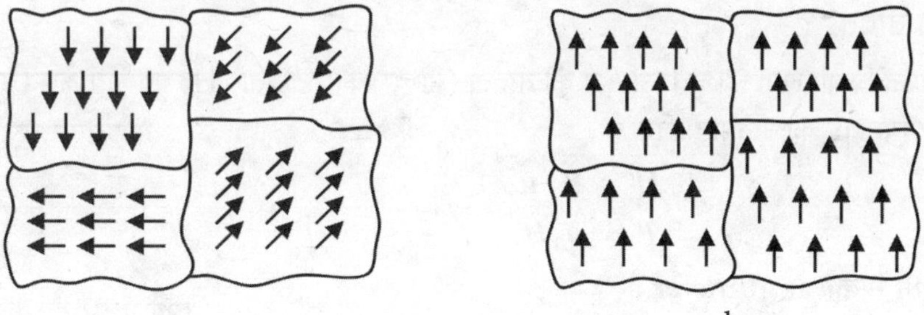

a. b.

चित्र 5.2 : लौहचुम्बकीय पदार्थ

### 5.1.2 चुंबकीय क्षेत्र और मात्रक

सिरों के पास चुंबकीय ध्रुवों (उत्तरी और दक्षिणी ध्रुवों) से युक्त एक छड़ चुंबक पर विचार करते है (चित्र 5.3)। यदि हम इस चुंबक के पास एक और छड़ चुंबक लगाते हैं, तो दोनों ध्रुवों की प्रकृति के आधार पर ध्रुवों के बीच आकर्षण या प्रतिकर्षण बल होगा। आकर्षण या प्रतिकर्षण बल का मान संबंधित ध्रुवों के ध्रुव प्राबल्य के गुणनफल के समानुपाती और दोनों ध्रुवों के बीच की दूरी के वर्ग के व्युत्क्रमानुपाती होता है। यह बल कुलाम चुम्बकीय बल भी कहलाता है। (दो आवेशो के मध्य स्थिर विद्युत बल की तरह) गणितीय रूप से

$$F \alpha m_1 \times m_2 \quad ...(5.1)$$

$$F \, \alpha \, 1/r^2 \qquad ...(5.2)$$

$$F = km_1m_2/r^2 \qquad ...(5.3)$$

$k = \mu_0/4\pi = 10^{-7}$ हेनरी/मीटर और $m_1$ and $m_2$ के SI मात्रक एम्पीयर मीटर हैं, r मीटर में है और निर्वात की चुंबकीय पारगम्यता है

एक पृथक इकाई धनात्मक आवेश हो सकता है, जबकि एक पृथक चुंबकीय ध्रुव नहीं हो सकता है, लेकिन फिर भी अगर हम इकाई ध्रुव प्राबल्य (m) के विलगित उत्तरी ध्रुव को लेते हैं और उसे छड़ चुंबक या धारावाही चालक (चुंबक की तरह कार्य करता है) के पास स्थित बिंदु 'P' पर रखते हैं, तो इकाई ध्रुव प्राबल्य के उत्तरी ध्रुव पर लगने वाला बल उस बिंदु पर छड़ चुंबक या धारावाही चालक के कारण चुम्बकीय क्षेत्र के तुल्य होता है।

$$B = F/m \qquad ...(5.4)$$

$$B \text{ का विमीय सूत्र} = MLT^2/AL = MA^{-1}T^{-2}$$

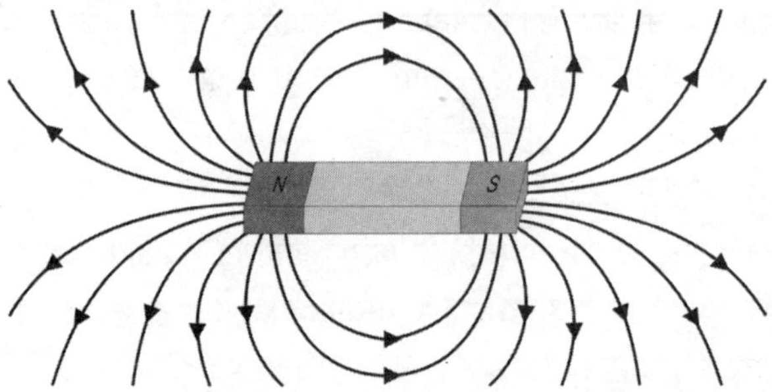


**चित्र** 5.3 : उत्तरी और दक्षिणी ध्रुव वाले छड़ चुंबक का एक बाह्य क्षेत्र।

चुंबकीय क्षेत्र की CGS मात्रक गॉउस तथा SI मात्रक टेस्ला है। पृथ्वी के चुंबकीय क्षेत्र की सामर्थ्य $3.05 \times 10^{-5}$ tesla

$$1 \text{ tesla} = 10^4 \text{ gauss}$$

### 5.1.3 चुंबकीय तीव्रता

इसको H द्वारा प्रदर्शित किया जाता है। चुंबकन क्षेत्र की तीव्रता (या चुम्बकीय तीव्रता) H, चुंबकीय क्षेत्र (या चुम्बकीय प्रेरण) B तथा चुम्बकीय पारगम्यता $\mu_0$ का अनुपात होता है

निर्वात के लिए $$H = B/\mu_0 \qquad ...(5.5)$$

या $$B = \mu_0 H$$

चुंबकीय तीव्रता का SI मात्रक amp/meter है

### 5.1.4 चुंबकीय बल रेखाएं

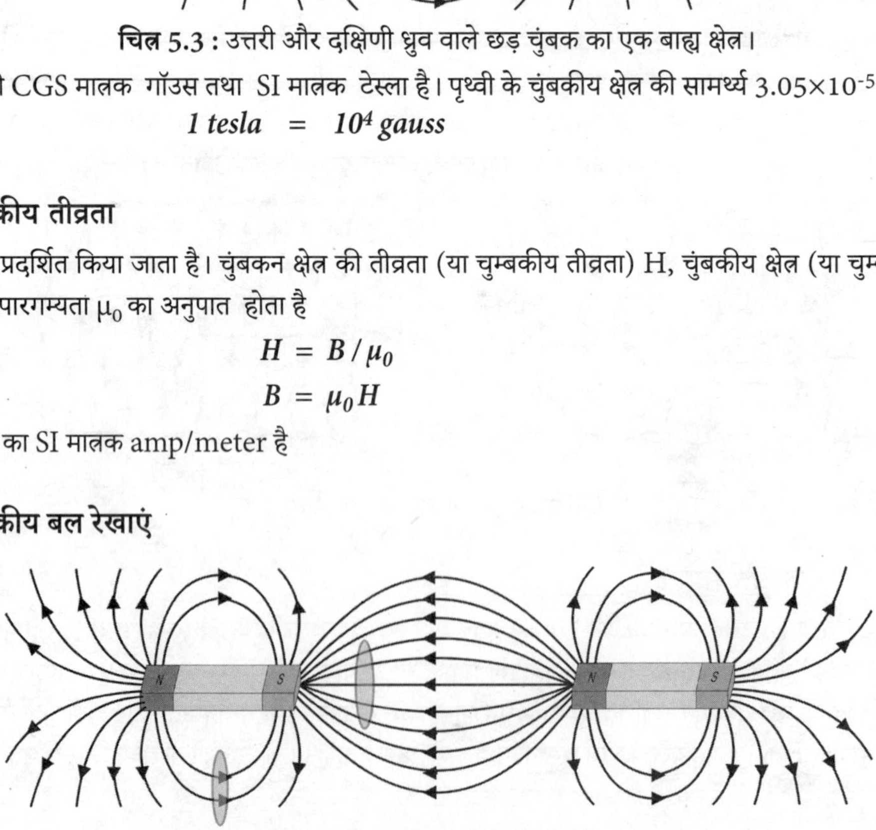


**चित्र** 5.4 : छड़ चुंबक से निकलने वाली चुंबकीय बल रेखाएं।

चुंबक के चारों ओर मौजूद चुंबकीय बल को चुंबकीय बल रेखाओं (चित्र 5.4) के रूप में समझाया जा सकता है। चुंबकीय क्षेत्र रेखाएं छड़ चुम्बक के उत्तरी ध्रुव से उत्पन्न होती हैं और दक्षिणी ध्रुव में विलीन हो जाती हैं। वे एक दूसरे को नहीं काटती हैं और चुंबकीय क्षेत्र की सामर्थ्य को क्षेत्र के लंबवत एकांक क्षेत्रकल से गुजरने वाली बल रेखाओं की संख्या के रूप में परिभाषित किया जाता है।

### 5.1.5 चुंबकीय फ्लक्स एवं मात्रक

चित्र 5.4 में, एक समान क्षेत्रफल की दो सतहें बनाई गई हैं, एक ध्रुव के पास और दूसरी दोनों ध्रुवों से समान दूरी पर स्थित है। ध्रुव के पास की सतह से गुजरने वाली बल रेखाओं की संख्या दूसरी सतह की तुलना में अधिक होती है। इकाई क्षेत्र से गुजरने वाली चुंबकीय बल रेखाओं की संख्या को चुंबकीय फ्लक्स के रूप में जाना जाता है। ऊपरोक्त चित्र से यह स्पष्ट है कि चुंबकीय फ्लक्स तब अधिक होगा जब चुंबकीय क्षेत्र अधिक होता है।

गणितीय रूप से

$$\text{चुंबकीय फ्लक्स} = \oint \vec{B}.\vec{ds} \qquad ...(5.6)$$

चुंबकीय फ्लक्स का SI मात्रक वेबर है। चुंबकीय क्षेत्र B को चुंबकीय फ्लक्स घनत्व के रूप में भी जाना जाता है और इसका मात्रक वेबर / $m^2$ भी है, जो टेसला के बराबर है।

### 5.1.6 चुम्बकन तीव्रता

जब किसी चुंबकीय पदार्थ को चुंबकन क्षेत्र में रखा जाता है, तो वह चुम्बकित हो जाता है। चुम्बकित होने वाले पदार्थ में प्रति इकाई आयतन में उत्पन्न चुम्बकीय आघूर्ण को चुम्बकन या चुम्बकन तीव्रता (I) के रूप में जाना जाता है।

$$I = M / V \qquad ...(5.7)$$

जहाँ, V पदार्थ का आयतन, 2l लंबाई तथा A अनुप्रस्थ काट का क्षेत्रफल है। जैसा कि चुंबकीय आघूर्ण = m×2l {m ध्रुव सामर्थ्य है और 2l चुंबक की लंबाई है} अतः हम समी. 5.7 को निम्न रूप में भी लिख सकते हैं,

$$I = m \times 2l / V = m / (V / 2l) = m / A \qquad ...(5.8)$$

इस प्रकार, चुंबकन तीव्रता (I) को प्रति एकांक अनुप्रस्थ काट क्षेत्रफल के ध्रुव सामर्थ्य के रूप में भी परिभाषित किया जा सकता है। I का मात्रक एम्पीयर/मीटर है।

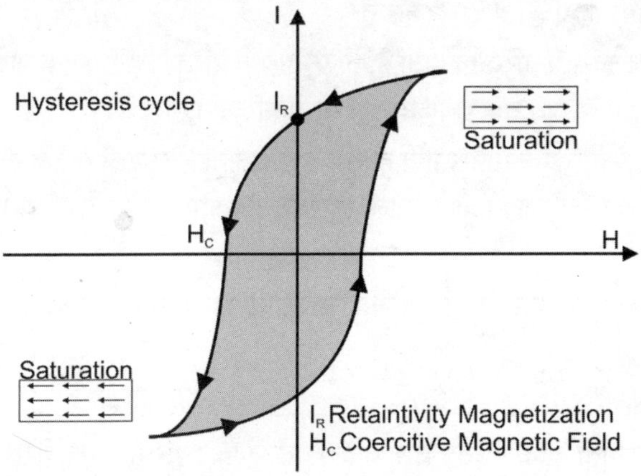


**चित्र 5.5 :** लौहचुंबकीय पदार्थ का चुंबकन वक्र (I-H)

H के साथ I के परिवर्तन के वक्र को चुम्बकन वक्र के रूप में जाना जाता है। प्रतिचुंबकीय तथा अनुचुंबकीय पदार्थों के I-H वक्र में रेखीय सम्बन्ध होता है तथा चुम्बकीय क्षेत्र हटाने पर उसमें चुम्बकत्व भी शेष नहीं रहता है। लौहचुंबकीय पदार्थों के I-H वक्र में अरेखीय सम्बन्ध होता है , H बढ़ाने पर इसके एक उच्च मान पर चुम्बकन तीव्रता I नियत हो जाती है, इसे संतृप्त चुम्बकन तीव्रता ($I_s$) के रूप में जाना जाता है। लौहचुंबकीय पदार्थों में H पुनः घटाते हुए शून्य करने पर उसमें I का मान शून्य नहीं होता है। I के इस मान को पदार्थ की धारणशीलता ($I_R$) कहते हैं। लौहचुंबकीय पदार्थों में I के मान को शून्य करने के लिए विपरीत दिशा में चुम्बकीय क्षेत्र लगाना होता है एवं विपरीत दिशा में लगाए गए चुम्बकीय क्षेत्र के जिस मान पर I शून्य हो जाता है ,उसे निग्रह (बलपूर्वक लगाया हुआ) क्षेत्र ($H_C$) कहते हैं।

## 5.2 विद्युतचुंबकीय प्रेरण की अवधारणा

**गतिविधि**

- तांबे के तार से बनी एक कुण्डली लीजिए। कुण्डली के सिरों को धारामापी से जोड़िये। अब एक स्थायी चुम्बक को कुण्डली के अंदर और बाहर लाइए। धारामापी के पाठ्यांक का निरीक्षण कीजिए।

अध्याय 4 में, यह दिया गया है कि जब धारा एक तार से गुजरती है तो उसका ऊष्मीय प्रभाव होता है। इसी प्रकार, धारावाही तार के चारों ओर एक चुंबकीय क्षेत्र पैदा होता है। जब कुण्डली के रूप में लपेटे गए एक तार अर्थात् परिनालिका (सोलेनॉइड) से धारा प्रवाहित होती है, तब परिनालिका के आसपास चुंबकीय क्षेत्र विकसित हो जाता है और परिनालिका एक छड़ चुम्बक की तरह व्यवहार करती है।

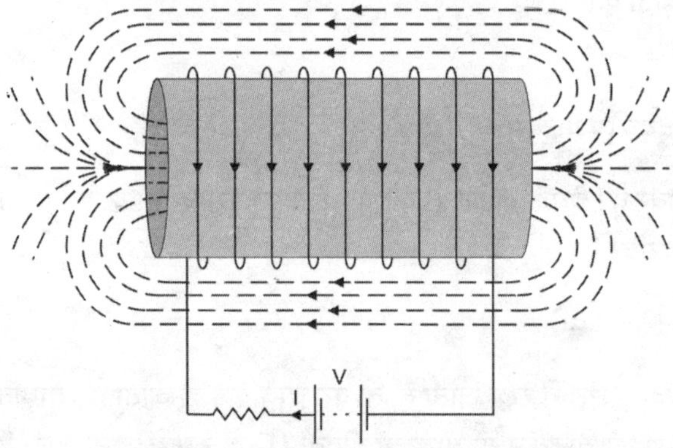


**चित्र 5.6:** परिनालिका के कारण चुंबकीय क्षेत्र

दूसरी ओर, यदि एक स्थायी चुंबक को धारामापी से जुड़ी एक बंद कुंडली के पास लाते हैं और इसे कुंडली के एक सिरे की ओर ले जाया जाता है, तो विद्युत धारा कुंडली के माध्यम से गुजरती है, और धारामापी में विक्षेप प्रेक्षित होता है। यह चुंबक की गति के कारण विद्युत धारा की उपस्थिति को प्रदर्शित करता है। अर्थात् विद्युत धारा चुंबकीय क्षेत्र उत्पन्न करती है और एक गतिशील चुम्बक विद्युत धारा उत्पन्न करता है। इस घटना को विद्युत चुंबकीय प्रेरण के रूप में जाना जाता है।

### 5.2.1 फैराडे का नियम,

1831 में, माइकल फैराडे ने विद्युत चुम्बकीय प्रेरण के दो नियम दिए हैं। वे इस प्रकार हैं:

**प्रथम नियम:** "जब भी बंद परिपथ से संबद्ध चुंबकीय फ्लक्स में परिवर्तन होता है, तो परिपथ में प्रेरित बिद्युत वाहक बल उत्पन्न होता है, यह प्रेरित बिद्युत वाहक बल केवल तब तक बना रहता है, जब तक चुंबकीय फ्लक्स में परिवर्तन होता है"।

यदि हमारे पास एक चुंबक और एक कुंडली है और उनके बीच एक सापेक्ष गति हो रही है अर्थात् या तो कुंडली गति कर रही है, या चुंबक गति कर रही है। इनकी सापेक्ष गति के कारण, चुंबक से निकलने वाले कुंडली से संबद्ध चुंबकीय फ्लक्स में परिवर्तन होता है और कुंडली में प्रेरित बिद्युत वाहक बल उत्पन्न होता है।

**द्वितीय नियम:** "प्रेरित बिद्युत वाहक बल का परिमाण बंद परिपथ से संबद्ध चुंबकीय फ्लक्स में परिवर्तन की दर के समानुपाती होता है"।

गणितीय रूप से, $$emf(e) = -k d\phi / dt$$

जहाँ, k आनुपातिक स्थिरांक है और ऋणात्मक चिन्ह यह दर्शाता है कि प्रेरित बिद्युत वाहक बल फ्लक्स परिवर्तन का विरोध करता है।

### 5.2.2 लोरेंट्ज़ बल (चुंबकीय क्षेत्र में गतिमान आवेश पर बल)

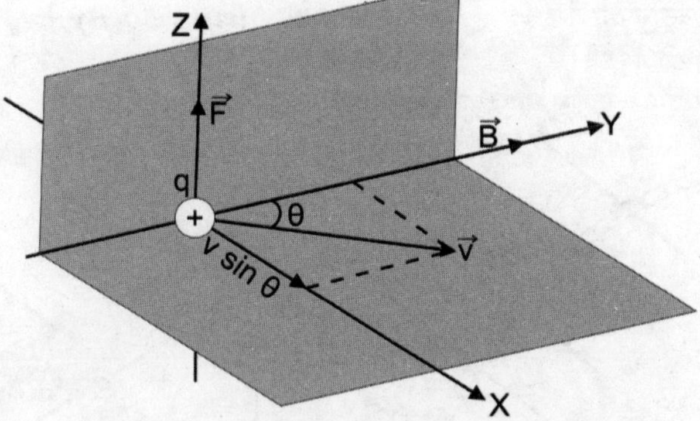


**चित्र 5.7 :** चुंबकीय क्षेत्र में गतिमान आवेश पर बल

Y-दिशा में एक चुंबकीय क्षेत्र (B) और XY-तल में चुंबकीय क्षेत्र की दिशा से  कोण बनाते हुए (v) वेग से गतिशील आवेश (q) पर विचार करते हैं। गतिमान आवेश, इस की गति और चुंबकीय क्षेत्र के लंबवत दिशा में एक बल का अनुभव करेगा। इस बल को लोरेंट्ज़ बल के नाम से जाना जाता है।

लोरेंट्ज़ बल  निम्नलिखित कारकों पर निर्भर करता है-

$$F \; \alpha \; B$$

$$F \; \alpha \; q$$

अतः $$F \; \alpha \; v \sin\theta$$

यदि $\theta = 90^0$ तो, $$F = qvB \sin\theta \qquad ...(5.9)$$

$$F = qvB$$ {$v\sin\theta$ वेग का लम्बवत घटक है}

समी. 5.9 को ऐसे भी लिख सकते है $$\vec{F} = q(\vec{v} \times \vec{B})$$

**केस I:** यदि कण चुंबकीय क्षेत्र के समानांतर दिशा में गति कर रहा है ($\theta = 0^0$) तो बल का परिमाण 0 होगा।

**केस II:** यदि कण चुंबकीय क्षेत्र के लंबवत दिशा में गति कर रहा है ($\theta = 90^0$), तो कण चुंबकीय क्षेत्र की दिशा के लंबवत तल में गोलाकार पथ में गति करेगा। इसके अलावा, यदि कण चुंबकीय क्षेत्र के लंबवत गति कर रहा है तो बल केवल कण की गति की दिशा बदलता है, तो वेग का परिमाण अपरिवर्तित रहता है।

**केस III:** यदि कण उस दिशा में चल रहा है, जो चुंबकीय क्षेत्र के साथ θ कोण बना रही है, तो कण सर्पिलाकार (हेलिकल) पथ में गति करेगा।

**नोट:** लोरेंट्ज़ बल  की दिशा की अवधारणा को भली भांति जानने के लिए विद्यार्थियों को अध्याय के अंत में दिए गए वीडियो लिंक को देखने की सलाह दी जाती है।

### 5.2.3 धारावाही चालक पर बल

ऊपर के भाग  में, यह समझाया गया है कि चुंबकीय क्षेत्र में गतिमान आवेश पर  लोरेंट्ज़ बल लगता है। जैसा कि हम जानते हैं कि आवेश के प्रवाह की दर धारा होता है और यदि धारावाही चालक चुंबकीय क्षेत्र में रखा जाता है तो यह भी बल का अनुभव करेगा। इस बल का मान ज्ञात करने के लिए (L) लम्बाई व (A) अनुप्रस्थ काट क्षेत्रफल के चालक पर विचार करते हैं जिसके  एकांक आयतन में आवेशों की संख्या (n) है तथा इसमें (I) धारा प्रवाहित हो रही है तथा इसे चुंबकीय क्षेत्र (B) में रखा गया है। चुंबकीय क्षेत्र के कारण dl लम्बाई के अल्पांश पर लगने वाले बल को लोरेंट्ज़ बल से दिया जाएगा,

$$dF = qvB \sin(\theta)$$

अल्पांश में आवेश $\quad q = (nAdl)e$

***अल्पांश में इलेक्ट्रॉन का वेग*** $= v_d$ ***{अपवाह वेग (drift velocity)}***

चुंबकीय क्षेत्र और $v_d$ के बीच का कोण $\theta$ है।

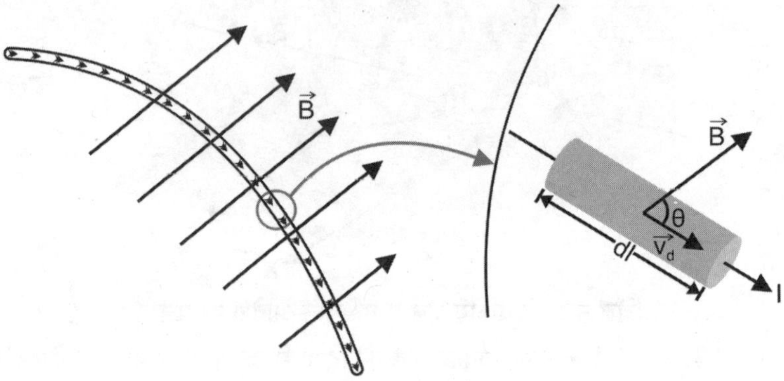


Force on current carrying conductor

**चित्र 5.8 :** धारावाही चालक पर बल

अतः

$$dF = (nAdl)e \times v_d \times B \sin(\theta)$$
$$dF = (nAe \times v_d)\, dl \times B \sin(\theta)$$
$$dF = I \times dl \times B \sin(\theta) \qquad ...(5.10)$$

पूरी लम्बाई पर समाकलन करने पर

$$\vec{F} = I(\vec{l} \times \vec{B})$$

**नोट:** चुंबकीय क्षेत्र के कारण धारावाही चालक पर लगने वाले बल की दिशा की अवधारणा को भली भांति जानने के लिए विद्यार्थियों को अध्याय के अंत में दिए गए वीडियो लिंक को देखने की सलाह दी जाती है।

## 5.2.4 चुंबकीय क्षेत्र में रखी गई आयताकार कुंडली पर बल

चुंबकीय क्षेत्र में रखे एक आयताकार धारावाही लूप PQRS पर विचार करते हैं। चुंबकीय क्षेत्र और धारावाही लूप की दिशा इस प्रकार है कि लूप के तल का अभिलम्ब (n^) चुंबकीय क्षेत्र के साथ $\theta$ कोण बनाता है। जैसा कि पिछले अनुभाग में वर्णित है, धारावाही लूप की प्रत्येक भुजा अर्थात्, PQ, QR, RS तथा SP पर क्रमशः $F_1$, $F_2$, $F_3$ तथा $F_4$ बल लगेगा॥ सरलता के लिए, यदि n^ तथा $\vec{B}$ के मध्य कोण शून्य लेते हैं तो

$$\vec{F_1} = I\left(l\left(-\hat{k}\right)\times B\hat{j}\right) = IlB(\hat{i})$$

$$\vec{F_2} = I\left(l\left(\hat{i}\right)\times B\hat{j}\right) = IlB(\hat{k})$$

$$\vec{F_3} = I\left(l\left(\hat{k}\right)\times B\hat{j}\right) = IlB(-\hat{i})$$

$$\vec{F_4} = I\left(l\left(-\hat{i}\right)\times B\hat{j}\right) = IlB(-\hat{k})$$

अतः कुण्डली पर परिणामी बल शून्य है और यदि n^ और B के मध्य का कोण $90^0$ है तब,

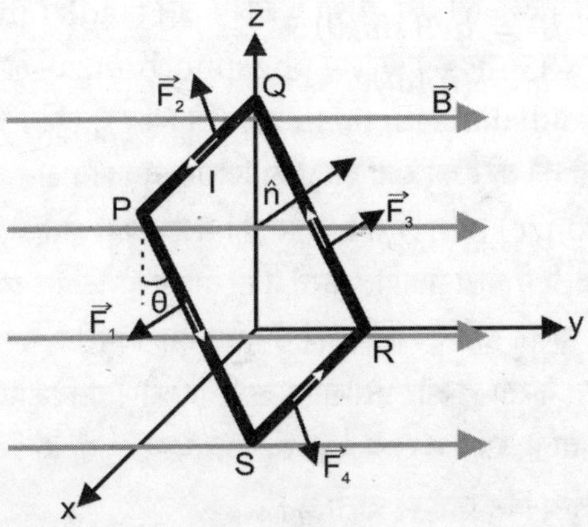


**चित्र 5.9 : चुंबकीय क्षेत्र में रखे आयताकार कुंडली पर बल**

$$\vec{F_1} = I\left(l\left(\hat{j}\right)\times B\hat{j}\right) = 0$$

$$\vec{F_2} = I\left(l\left(\hat{i}\right)\times B\hat{j}\right) = IlB(\hat{k})$$

$$\vec{F_3} = I\left(l\left(\hat{j}\right)\times B\hat{j}\right) = 0$$

$$\vec{F_4} = I\left(l\left(-\hat{i}\right)\times B\hat{j}\right) = IlB(-\hat{k})$$

इसलिए दो समान और विपरीत बलों $F_2$ और $F_4$ की उपस्थिति के कारण जो विपरीत दिशा में लग रहे हैं, कुंडली पर एक बल युग्म कार्य करता है तथा बल आघूर्ण ($\tau$) उत्पन्न करता है, जो कुंडली को विक्षेपित करता है और निम्न द्वारा दिया जाता है,

$$\tau = \textit{बल} \times \textit{बलों के मध्य लंबवत दूरी}$$

$$\tau = IlB \times b$$

$$\tau = I(lb)B = IAB \qquad ...(5.11)$$

सदिश रूप में,

$$\tau = I(\vec{A}\times\vec{B}) \qquad ...(5.12)$$

बल तब अधिकतम होता है जब क्षेत्रकल सदिश $\vec{A}$ (कुंडली के तल के लम्बवत दिशा) और सदिश $\vec{B}$ परस्पर लम्बवत होते हैं , और यह सदिश $\vec{A}$ और $\vec{B}$ के मध्य कोण के घटने पर घटता है।

## 5.2.5 चल कुंडली धारामापी : सिद्धांत, संरचना व कार्य प्रणाली

धारामापी अल्प विद्युत धाराओं को मापने के लिए एक उपकरण है। यह एक ऐसा उपकरण है जो चुंबकीय सुई में एक विक्षेपण देता है जब भी धारा इसमें से गुजरती है। चल कुंडली धारामापी वर्तमान में धारा मापन के लिए सबसे अधिक उपयोग किए जाने वाले धारामापी हैं। यह एक विद्युत चुम्बकीय उपकरण है जो माइक्रोएम्पीयर में प्रवाहित अल्प विद्युत धारा का भी पता लगा सकता है।

यदि किसी धारावाही कुण्डली को चुंबकीय क्षेत्र में रखा जाए तो वह चुम्बकीय बल आघूर्ण का अनुभव करती है। कुंडली में प्रवाहित धारा उस कोण के समानुपाती होती है जिससे चुंबकीय बलाघूर्ण के कारण कुंडली विक्षेपित होती है।

**संरचना :**

चल कुंडली धारामापी में धातु के फ्रेम पर पतले इंसुलेटेड कॉपर तार लपेटी हुई एक आयताकार कुंडली होती है। आयताकार कुंडली एक निश्चित अक्ष पर घूमने के लिए स्वतंत्र होती है। आयताकार कुंडली को चुंबकीय क्षेत्र में एक स्वतंत्र रूप से घूम सकने वाली

अक्ष पर इस प्रकार लटकाया जाता है कि कुंडली का तल हमेशा चुंबकीय क्षेत्र (radial magnetic field) (त्रिज्यीय चुंबकीय क्षेत्र) के समानांतर हो, कुंडली को स्वतंत्र रूप से लटकने के लिए phosphorbronze की पतली पट्टिका का उपयोग किया जाता है। कुंडली का तल हमेशा चुंबकीय क्षेत्र (radial magnetic field) (त्रिज्यीय चुंबकीय क्षेत्र) के समानांतर बनाये रखने के लिए कुंडली के अंदर एक नरम बेलनाकार लोहे की कोर को रखा जाता है, जिससे चुंबकीय क्षेत्र की सामर्थ्य बढ़ती है। कुंडली का नीचे का सिरा फ़ोस्फोर ब्रोंज (phosphorbronze) स्प्रिंग जिसमें चक्करों की संख्या कम होती है, से जुड़ा होता है। स्प्रिंग का दूसरा सिरा बाइंडिंग स्क्रू से जुड़ा होता है। जब हम कुंडली में धारा प्रवाहित करते हैं तो दोलन होंगे और व्यवस्था के अनुसार इस स्थिति में दोलन, अध्याय 1 में चर्चा के अनुसार अवमंदित दोलन होते हैं। स्प्रिंग का उपयोग एक विपरीत बलाघूर्ण का उत्पादन करने के लिए किया जाता है जो चुंबकीय बलाघूर्ण को संतुलित करता है और इसलिए एक स्थिर कोणीय विक्षेपण उत्पन्न करने में मदद करता है। एक समतल दर्पण जो निलंबन तार से जुड़ा होता है, साथ में लैम्प और स्केल व्यवस्था होती है, जिसका उपयोग कुंडली के विक्षेपण को मापने के लिए किया जाता है। स्केल का शून्य बिंदु केंद्र में होता है।

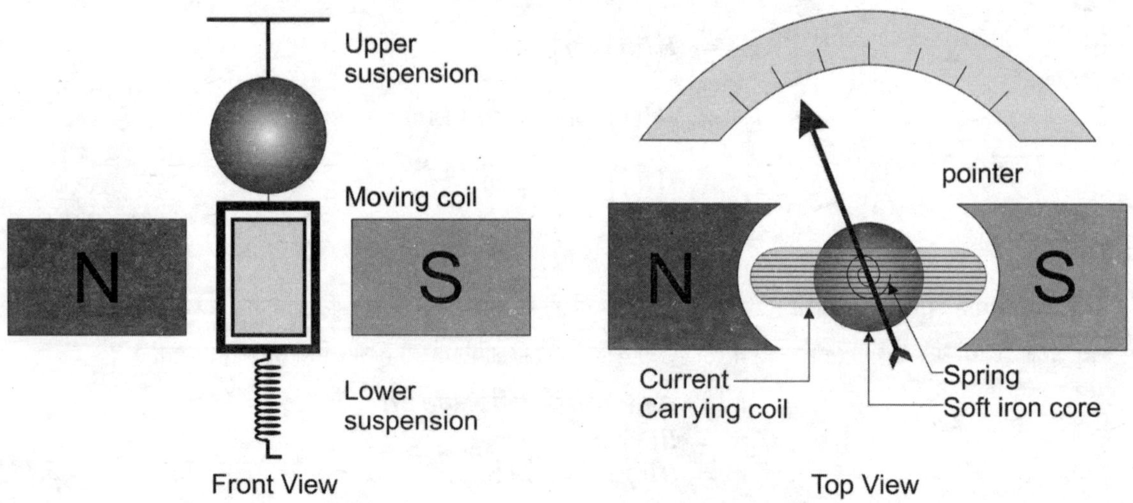


**चित्र 5.10** : चल कुंडली धारामापी

यदि A अनुप्रस्थ काट क्षेत्रफल और N चक्करों की एक आयताकार कुण्डली (चित्र 5.11) से धारा I प्रवाहित होती है। जब कुंडली को एक समान त्रिज्यीय चुंबकीय क्षेत्र B में रखा जाता है तो उसे एक बल आघूर्ण प्राप्त होता है। l लंबाई और b चौड़ाई की आयताकार कुंडली के एक अकेले चक्कर 'PQRS' पर विचार करते हैं। यह कुंडली चुंबकीय क्षेत्र B में लटकी हुई है और इस कुंडली का तल चुंबकीय क्षेत्र के समानांतर है। क्योंकि PQ तथा SR चुंबकीय क्षेत्र की दिशा के समानांतर है अतः वे चुम्बकीय क्षेत्र के कारण प्रभावी बल का अनुभव नहीं करती हैं। भुजाएँ PS तथा QR क्षेत्र की दिशा के लम्बवत हैं अतः वे निम्न प्रभावी बल F का अनुभव करती है।

$$F = BIl$$

दो समान और विपरीत बलों F युगल की उपस्थिति के कारण, एक बल युग्म कुंडली पर कार्य करता है और बलयुग्म आघूर्ण τ उत्पन्न करता है, जिससे कुंडली को विक्षेपित किया जाता है और इसी प्रकार 'N' चक्करों की कुंडली पर कार्यरत बलयुग्म आघूर्ण निम्न है।

{समी.5.11से}

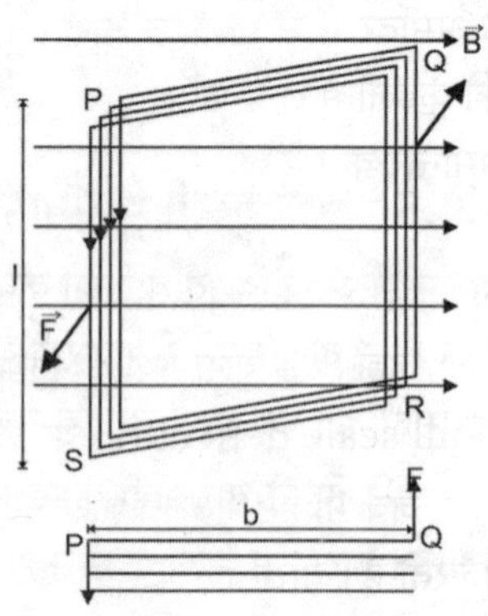


**चित्र 5.11:** चल कुंडली धारामापी में आयताकार कुंडली पर बल

$$\tau = NIAB \quad ...(5.13)$$

कुंडली बल आघूर्ण के कारण घूमती है और फॉस्फोर कांस्य पट्टी ट्विस्ट या ऐंठन करती है। बदले में, कुंडली से जुड़ी हुई स्प्रिंग S एक विपरीत बल आघूर्ण या प्रत्यानयन बल आघूर्ण $k\theta$ उत्पन्न करती है, जिसके परिणामस्वरूप एक स्थिर कोणीय विक्षेपण होता है। संतुलन की स्थिति में :

$$k\theta = NIAB \qquad ...(5.14)$$

यहाँ k स्प्रिंग का मरोड़ी नियतांक कहलाता है। कोणीय विक्षेपण या ट्विस्ट $\theta$ को लटके हुए तार से जुड़े संकेतक द्वारा पैमाने पर दिखाए गए मान से मापा जाता है।

$$\theta = (NAB/k)I \qquad ...(5.15)$$

अतः

$$\theta \,\alpha\, I$$

किसी दिए गए धारामापी के लिए राशि NAB/k एक स्थिरांक है। अतः धारामापी में विक्षेपण इसमें से प्रवाहित होने वाली धारा के समानुपाती होता है। चल कुंडली धारामापी एक अत्यधिक संवेदनशील उपकरण है और इसका उपयोग किसी भी परिपथ में धारा की उपस्थिति का पता लगाने के लिए किया जाता है। धारामापी निम्न को मापने के लिए उपयोग में लिया जा सकता है:

(a) समानांतर क्रम में अल्प प्रतिरोध को जोड़कर परिपथ में धारा का मान।

(b) श्रेणी क्रम में उच्च प्रतिरोध को जोड़कर परिपथ में वोल्टता का मान।

## 5.3 अमीटर और वोल्टमीटर में रूपांतरण

कोई भी धारामापी जो बाजार में मिलता है या प्रयोगशाला में उपलब्ध है, उसके दो विशिष्ट मापदंड हैं। पूर्ण पैमाने पर विक्षेपण के लिए धारा $I_g$ तथा कुंडली के तार के प्रतिरोध के कारण धारामापी का प्रतिरोध। यदि हम इन दो मापदंडों को जानते हैं, तो हम धारामापी को दिए गए वांछित श्रेणी के अमीटर और वोल्टमीटर में बदल सकते हैं।

### (i) धारामापी का अमीटर में रूपांतरण

एक धारामापी को उसके समान्तर क्रम में एक अल्प प्रतिरोध जिसे शंटप्रतिरोध कहा जाता है, को जोड़कर अमीटर में रूपांतरित किया जाता है। शंटप्रतिरोध का चयन धारामापी की वांछित परास हेतु आवश्यकता के आधार पर किया जाता है। परिपथ में प्रवाहित धारा ज्ञात करने के लिए अमीटर सदैव श्रेणी क्रम में जोड़ा जाता है। जैसा चित्र 5.12 में दिया गया है,अमीटर में से प्रवाहित धारा को दो भागों में बांटा जाता है : धारामापी की कुंडली में से प्रवाहित धारा Ig तथा शंट से प्रवाहित शेष धारा (I-Ig)। समान्तर क्रम में जुड़े होने के कारण धारामापी के सिरों पर तथा शंट प्रतिरोध के सिरों पर विभवान्तर समान होता है। अतः

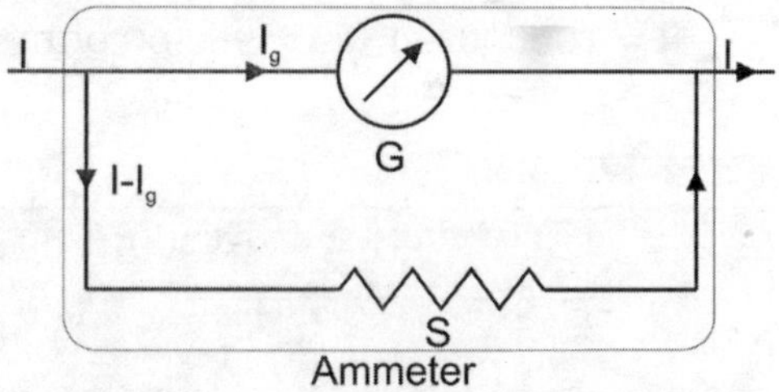


**चित्र 5.12:** धारामापी का अमीटर में परिवर्तन

$$G I_g = (I - I_g)S$$

या

$$S/G = I_g/(I - I_g) \qquad ...(5.16)$$

जहाँ , G- धारामापी की कुंडली का प्रतिरोध, I-परिपथ से गुजरने वाली कुल धारा, Ig - धारामापी के पूर्ण पैमाने पर विक्षेपण (Full scale deflection या FSD) के लिए उसमें से से गुजरने वाली कुल धारा है, S-शंट प्रतिरोध का मान।

जब भी हम शंट को धारामापी से जोड़ते हैं, तो अधिकतम धारा शंट से होकर गुजरती है और अल्प धारा धारामापी से होकर गुजरती है। धारामापी में विक्षेपण परिपथ में धारा के प्रवाह का संकेत है। अमीटर का प्रतिरोध बहुत कम होता है और आदर्श अमीटर के लिए प्रतिरोध शून्य होना चाहिए। **उदाहरण:** यदि हमारे पास 25 माइक्रोएम्पीयर FSD (Ig) और प्रतिरोध 1500 ओम (G) का एक धारामापी है। यदि हमें इसे 2.5 एम्पीयर (I) परास के अमीटर में बदलना है तो शंट प्रतिरोध होगा,

$$S = G \times I_g / (I - I_g) = 1500 \times (25 \times 10^{-6}) / (2.5 - 25 \times 10^{-6})$$

$$\Rightarrow \quad S = 1500 \times \{(25 \times 10^{-6}) / 2.5\}$$

$$\Rightarrow \quad S = 15000 \times 10^{-6} = 15 \times 10^{-3} = 15 \text{ milli ohm}$$

### (ii) धारामापी का वोल्टमीटर में रूपांतरण

धारामापी को उसके श्रेणी क्रम में उच्च प्रतिरोध को जोड़कर वोल्टमीटर में बदला जाता है। समानांतर क्रम में विभवान्तर समान होता है, इसलिए वोल्टमीटर हमेशा किसी दिए गए परिपथ में उस अवयव के समानांतर जोड़ा जाता है, जिसका विभवान्तर (वोल्टेज) हमें मापना है। उपयुक्त उच्च प्रतिरोध का चयन, वोल्टमीटर की परास के आधार पर किया जाता है। दिए गए परिपथ में, G = धारामापी का प्रतिरोध, R = उच्च प्रतिरोध का मान, I = परिपथ से प्रवाहित होने वाली कुल धारा, $I_g$ = पूर्ण पैमाने के विक्षेपण (FSD) के लिए धारामापी से प्रवाहित होने वाली कुल धारा, V = गैल्वेनोमीटर और उच्च प्रतिरोध के श्रेणी संयोजन पर विभव पतन।

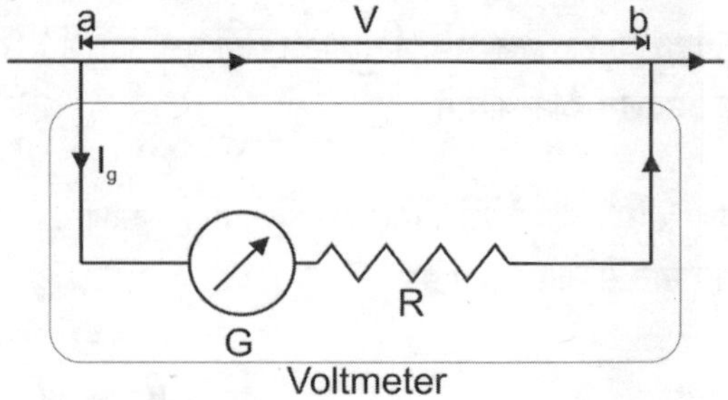


**चित्र 5.13 :** धारामापी का वोल्टमीटर में परिवर्तन

जब धारा Ig धारामापी और उच्च प्रतिरोध R के श्रेणी संयोजन से गुजरती है, तो बिंदु a तथा b के मध्य विभवान्तर निम्न द्वारा दिया जाता है:

$$V = G.I_g + R.I_g$$
$$V/I_g = G+R$$
$$R = (V/I_g)\text{-}G$$

Galvanometer to voltmeter

R का मान उपरोक्त समीकरण का उपयोग करके प्राप्त किया जा सकता है।

**उदाहरण:** यदि हमारे पास 25 माइक्रोएम्पीयर FSD (Ig) और प्रतिरोध 1500 ओम (G) का धारामापी है। यदि हमें 2.5 वोल्ट (V) परास के वोल्टमीटर में परिवर्तित करना है तो श्रेणी प्रतिरोध होगा,

$R = \{2.5 /(25 \times 10^{-6})\} - 1500$

$R = 100000 - 1500 = 98{,}500$ ohm = 98.5 Kilo ohm

### हल किये गए प्रश्न

**उदाहरण 5.1**

5.1 2.5C का एक बिंदु आवेश 20m/s वेग से 10 Amp/मीटर के चुंबकीय क्षेत्र के लंबवत गतिमान है। आवेश पर लोरेंट्ज़ बल ज्ञात कीजिए।

हल :

दिया है q = 2.5C, B = 10Amp/m व v = 20m/s जैसा कि, $F = qvB \sin(\theta) = qvB$ {यहाँ $\theta$ =900}

$F = 2.5 \times 10 \times 20 = 500N$

**उदाहरण 5.2**

5.2 एक धारावाही चालक, जिसकी लंबाई 20 सेमी है, जिसमें धारा 5 A और चुंबकीय क्षेत्र 4 एम्पीयर/मीटर है, पर बल ज्ञात कीजिए। चुंबकीय क्षेत्र और धारा की दिशा के बीच कोण $45^0$ है।

हल :

दिया है, l = 0.2m, I = 5A व B = 4A/m जैसा कि $F = BIL\sin\theta$,

$F = 4 \times 5 \times 0.2 \times \sin(45^0) = 2.8N$

**उदाहरण 5.3**

5.3 एक आयताकार लूप का आकार 20cm × 40cm है, को 0.60 वेबर/मीटर$^2$ के एक समान ऊर्ध्वाधर चुंबकीय क्षेत्र में रखा गया है। फ्लक्स ज्ञात कीजिए जब लूप का तल है (a) उर्ध्वाधर एवं (b) क्षेतिज।

हल :

लूप से गुजरने वाला फ्लक्स है $\phi = BA\cos(\theta)$

जहां $\theta$ लूप के तल के अभिलम्ब और चुम्बकीय क्षेत्र के मध्य कोण है

(a) के लिए $\theta = 90^0$ जैसाकि लूप के तल का अभिलम्ब, चुम्बकीय क्षेत्र लम्बवत है अतः $\phi = 0$

(b) $\theta = 0^0$ जैसाकि लूप के तल का अभिलम्ब, चुम्बकीय क्षेत्र के समान्तर है अतः

$\phi = 0.60 \times 0.2 \times 0.4 = 4.8 \times 10^{-2}$ वेबर

उदाहरण 5.4

5.4 जब एक 3 ओम के शंट को गैल्वेनोमीटर से जोड़ा जाता है, तो विक्षेपण 1/10 वें भाग तक कम हो जाता है। यदि 3 ओम के एक अतिरिक्त शंट को जोड़ा जाता है,तो विक्षेपण में कमी ज्ञात कीजिए।

हल :

दिया गया है $S = 3$ओम, $I_g/I = 1/10$ जैसाकि, $I_g/I = S/(S + G)$

$\Rightarrow 1/10 = 3/(3 + G)$

$\Rightarrow 3 + G = 30$

$\Rightarrow G = 27$ohms

अब यदि हम 3 ओम के अतिरिक्त शंट को जोड़ते हैं, तो नया शंट (S') होगा $1/S' = 1/3 + 1/3 = 2/3$

$\Rightarrow S' = 3/2$

अब धारा में कमी होगी $I_g/I = S'/(S' + G)$

$\Rightarrow I_g/I = 3/2/\{(3/2) + 27\}$

$\Rightarrow I_g/I = 3/2 \times 2/57$

$\Rightarrow I_g/I = 1/19$

## यूनिट सारांश

- चुंबकीय क्षेत्र B और चुंबकीय तीव्रता (चुंबकन क्षेत्र की तीव्रता) H का अनुपात चुंबकीय पारगम्यता होती है।
- किसी सतह से गुजरने वाला चुंबकीय फ्लक्स, चुंबकीय क्षेत्र, सतह का क्षेत्रफल और चुंबकीय क्षेत्र और सतह के अभिलम्ब के बीच के कोण की कोज्या (cos) के गुणनफल के बराबर होता है।
- लोरेंत्ज़ बल की दिशा इलेक्ट्रान की गति की दिशा तथा चुंबकीय क्षेत्र के लंबवत होती है।
- परिवर्तनशील विद्युत क्षेत्र से चुंबकीय क्षेत्र और परिवर्तनशील चुंबकीय क्षेत्र से विद्युत क्षेत्र उत्पन्न होता है।
- धारामापी को इसके श्रेणी क्रम में उच्च प्रतिरोध जोड़कर वोल्टमीटर में बदल दिया जाता है।
- धारामापी को इसके समान्तर क्रम में शंट प्रतिरोध जोड़कर अमीटर में बदल दिया जाता है।

## अभ्यास

### बहु विकल्पी प्रश्न

1. जब किसी पदार्थ का उपयोग चुंबकीय क्षेत्र B में किया जाता है, तो चुंबकीय आघूर्ण B के समानुपाती होता है परन्तु विपरीत दिशा में होता है। वह पदार्थ है

   a. प्रति चुंबकीय

   b. अनु चुंबकीय

   c. लौह चुंबकीय

   d. अचुंबकीय

2. निम्न में से लौहचुम्बकीय पदार्थ है

   a. एल्युमीनियम

   b. क्वार्ट्ज

   c. निकल

   d. बिस्मिथ

3. सापेक्षिक पारगम्यता का मात्रक है

   a. हेनरी/ मीटर

   b. हेनरी

   c. हेनरी / वर्ग मी

   d. विमाहीन

4. 'L' लंबाई के एक चालक से 'I' धारा प्रवाहित हो रही है, जब इसे चुंबकीय क्षेत्र के समानांतर रखा जाता है, तो चालक पर लगने वाला बल होगा

   a. शून्य

   b. BLI

   c. $B^2LI$

   d. $BLI^2$

5 निम्नलिखित में से, सदिश राशि का चयन कीजिए

   a. सापेक्षिक पारगम्यता

   b. चुंबकीय क्षेत्र तीव्रता

   c. फ्लक्स घनत्व

   d. चुंबकीय विभव

6. चुंबकीय क्षेत्र की सामर्थ्य को निम्न से भी जाना जाता है

   a. फ्लक्स

   b. घनत्व

   c. चुंबकीय सामर्थ्य

   d. चुंबकीय फ्लक्स घनत्व

7. उस कण पर लोरेंत्ज़ बल का मान ज्ञात कीजिए, जिसका आवेश 1C तथा वेग 2m/s है, तथा 2 टेस्ला परिमाण के लंबवत चुंबकीय क्षेत्र में गतिमान है।

   a. 2N

   b. 4N

   c. 6N

   d. 1N

| बहु विकल्पी प्रश्नों के उत्तर |
|---|
| 5.1 (a), 5.2 (c), 5.3 (a), 5.4 (a), 5.5 (b), 5.6 (d), 5.7 (b) |

## लघु एवं दीर्घ उत्तरीय प्रश्न

### श्रेणी-I

1. उदाहरण सहित प्रति, अनु तथा लौहचुम्बकीय पदार्थों में अंतर स्पष्ट कीजिए।
2. चुंबकीय क्षेत्र की अवधारणा (concept) को गणितीय संबंध और चित्र सहित समझाइए।
3. चुंबकीय क्षेत्र का मात्रक लिखिए और उसका विमीय सूत्र ज्ञात कीजिए।
4. चुंबकीय तीव्रता का वर्णन कीजिए। चुंबकीय क्षेत्र के साथ इसका संबंध दीजिए।
5. चुंबकीय फ्लक्स को चित्र सहित समझाइए। चुंबकीय क्षेत्र और चुंबकीय फ्लक्स में संबंध बताने वाला समीकरण लिखिए। चुंबकीय फ्लक्स के मात्रक दीजिए।
6. विद्युत चुम्बकीय प्रेरण के फैराडे के नियम को उपयुक्त चित्र की सहायता से समझाइए।
7. यदि आवेश लम्बवत चुंबकीय क्षेत्र में गतिमान है तो आवेशित कण पर लगने वाले लोरेंत्ज़ बल का समीकरण व्युत्पन्न कीजिए।
8. निम्न पर लगने वाले बल का सम्बन्ध व्युत्पन्न कीजिए
   a. धारावाही चालक
   b. एक समान चुंबकीय क्षेत्र में रखी गई आयताकार कुंडली।
10. चल कुंडली धारामापी की सरंचना एवं कार्य प्रणाली को समझाइए।
11. धारामापी को अमीटर तथा वोल्टमीटर में बदलने की विधि समझाइए।
12. 40cm × 40cm आकार का एक वर्गाकार लूप 10 weber / $m^2$ के एकसमान लंबवत चुंबकीय क्षेत्र में रखा गया है। फ्लक्स ज्ञात कीजिए, जब लूप के तल का अभिलम्ब चुंबकीय क्षेत्र के साथ $45^0$ का कोण बना रहा है।

    धारामापी का प्रतिरोध 40 ओम तथा पूर्ण पैमाने के विक्षेपण के लिए आवश्यक धारा 1mA है। धारामापी को निम्न में बदलने के लिए आवश्यक प्रतिरोध की गणना कीजिए :
   a. 500 mA परास का अमीटर
   b. 2 वोल्ट परास का वोल्टमीटर

## प्रयोग

तीन प्रयोगशाला प्रयोग हैं जो इस अध्याय से संबंधित हैं

- अर्ध विक्षेप विधि द्वारा धारामापी का प्रतिरोध ज्ञात करना।
- धारामापी को अमीटर में परिवर्तित करना।
- धारामापी को वोल्टमीटर में परिवर्तित करना।

# P11 - अर्ध विक्षेप विधि

## *P11.1 प्रायोगिक कथन*

अर्ध विक्षेप विधि द्वारा धारामापी (galvanometer) का प्रतिरोध ज्ञात करना।

## *P11.2 प्रायोगिक महत्व*

धारामापी अल्प विद्युत धाराओं को मापने के लिए एक सुग्राही विद्युत उपकरण है। जब भी धारा इसमें से गुजरती है तो यह विक्षेप देता है। धारामापी का आंतरिक प्रतिरोध एक महत्वपूर्ण पैरामीटर है और इसका उपयोग धारामापी को वोल्टमीटर और अमीटर में बदलने के लिए किया जाता है। इस प्रयोग से विद्यार्थी को धारामापी का प्रतिरोध ज्ञात करने में सहायता मिलती है।

## *P11.3 प्रासंगिक सिद्धांत*

अर्ध विक्षेप विधि के लिए निम्नलिखित परिपथ बनाया जाता है।

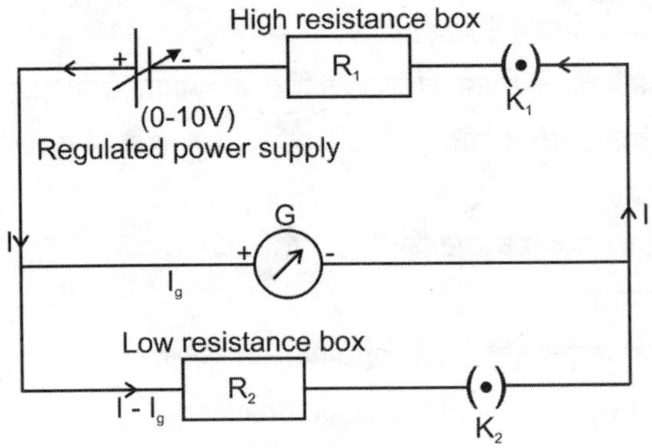


**चित्र P11.1**

जब $R_1$ को परिपथ में जोड़ा जाता है ($K_1$ बंद होता है) और $R_2$ नहीं जोड़ा जाता है (या $K_2$ खुला होता है) तो परिपथ और धारामापी दोनों से गुजरने वाली धारा $I_1$, होगी -

$I_1 = E/(R_1 + G)$, जहाँ G धारामापी का प्रतिरोध है

अब $K_2$ को बंद कर दिया गया है और $R_2$ को इस तरह समायोजित किया गया है कि धारामापी में विक्षेप आधा हो गया है अर्थात धारामापी में धारा $I_1' = I_1/2$ है और परिपथ में धारा ($I_2$) होगी,

$I_2 = E/[R_1 + GR_2/(G + R_2)]$

तथा $GI_1' = R_2(I_2 - I_1')$ अतः $I_1' = I_2R_2/(G + R_2)$

सरलीकरण पर

$I_1' = ER_2/[R_1(R_2 + G) + R_2G]$

चूँकी $I_1' = I_1/2$

$ER_2/[R_1(R_2 + G) + R_2G] = E/[2(R_1 + G)]$

सरलीकरण पर

$G = R_1R_2/ (R_1 - R_2)$

## *P11.4 प्रैक्टिकल आउटकम (PrO)*

इस कोर्स के पाठ्यक्रम से प्राप्त होने वाला प्रैक्टिकल आउटकम :

Pr O1: किसी दिए गए धारामापी का प्रतिरोध ज्ञात करने के लिए अर्द्ध विक्षेप विधि का प्रयोग कीजिए।

## *P11.5 प्रायोगिक व्यवस्था (चित्र /स्केच/परिपथ आरेख/कार्य स्थिति)*

जैसा कि इस प्रयोग के भाग 11.3 में दिया गया है।

## *P11.6 आवश्यक संसाधन*

| क्र. सं. | सुझाए गए आवश्यक संसाधन मशीनें/औजार / उपकरण महत्वपूर्ण विशिष्टताओं सहित | मात्रा | प्रयुक्त वास्तविक संसाधन मशीनें/ औजार / उपकरण व्यापक विशिष्टताओं सहित (विद्यार्थी द्वारा भरा जाना है) | | टिप्पणी (यदि कोई हो) |
|---|---|---|---|---|---|
| | | | निर्माता (Make) | विवरण | |
| 1 | चल कुंडली धारामापी | 01 | | | |
| 2 | DC पॉवर सप्लाई (0-10V) | 01 | | | |
| 3 | प्रतिरोध बॉक्स –परास 0-10kΩ | 01 | | | |
| 4 | प्रतिरोध बॉक्स –परास0–200Ω | 01 | | | |
| 5 | एक मार्गी कुंजी | 02 | | | |

## *P11.7 सावधानियाँ*

1. संयोजन दृढ़ एवं स्पष्ट होने चाहिए।
2. धारामापी से पाठ्यांक लेते समय लंबन दूर करें।
3. धारामापी में धारा को धारामापी के पूर्ण पैमाना विक्षेप (FSD Full scale deflection) से अधिक नहीं बढ़ाना चाहिए

## *P11.8 प्रयोग विधि*

1. परिपथ चित्र P11.1 के अनुसार परिपथ का संयोजन कीजिए।
2. उच्च प्रतिरोध बॉक्स (1-10 kΩ) से, 10 kΩ प्रतिरोध निकालिए और कुंजी $K_1$ को बंद कीजिए।
3. धारामापी पर FSD प्राप्त करने के लिए इस प्रतिरोध बॉक्स से प्रतिरोध $R_1$ को समायोजित कीजिए।
4. प्रतिरोध $R_1$ का मान नोट कीजिए।
5. कुंजी $K_2$ में प्लग लगाइए।
6. $R_2$ के मान को इस प्रकार समायोजित कीजिए कि विक्षेप ठीक आधा हो जाए जितना कि बिन्दु 3 में प्राप्त हुआ है।
7. $R_2$ का मान नोट कीजिए और प्लग $K_2$ को निकाल लीजिए।
8. $R_1$ का मान बदलते हुए बिंदु संख्या 3 से 7 तक के चरणों को दोहराइए (विक्षेप FSD से कम हो सकता है)।

## *P11.9 प्रेक्षण एवं गणना*

वोल्टमीटर का अल्पतमांक = .......... धारामापी का FSD = ......... DC सप्लाई वोल्टेज = V

| क्र. सं. | $R_1$ (ओम) | $R_2$ (ओम) | $G = R_1R_2/(R_1 - R_2)$ |
|---|---|---|---|
| 1 | | | |
| 2 | | | |
| 3 | | | |
| 4 | | | |
| 5 | | | |

माध्य G = .........

## *P11.10 परिणाम एवं/ अथवा विवेचना*

(विद्यार्थी द्वारा भरा जाना है)

1. ..........................................................................................................

## *P11.11 निष्कर्ष एवं/ अथवा सत्यापन*

(विद्यार्थी द्वारा भरा जाना है)

1. ..........................................................................................................

## *P11.12 प्रयोग संबंधित प्रश्न*

(उत्तर के लिए अलग शीट का प्रयोग करें)

नोट: उदाहरण के तौर पर कुछ प्रश्न नीचे दिए गए हैं। पूर्व निर्धारित कोर्स आउटकम की प्राप्ति सुनिश्चित करने के लिए शिक्षकों को ऐसे और अधिक प्रश्न तैयार करने चाहिए।

1. क्या हम इस प्रयोग द्वारा धारामापी का दक्षतांक ज्ञात कर सकते हैं?
2. इस प्रयोग में त्रुटि के कारण बताइए।

## *P 11.13 सुझाए गए शिक्षण संसाधन*

- http://www.olabs.edu.in/?sub=1&brch=6&sim=152&cnt=2

## *P11.14 सुझाई गई मूल्यांकन योजना*

(शिक्षक द्वारा भरा जाना है)

नीचे दिए गए बिंदु, प्रक्रिया और परिणाम से संबंधित अंकों के मूल्यांकन के लिए एक दिशानिर्देश का कार्य करेंगे।

| निष्पादन सूचक | | % भारिता (वेटेज) | प्राप्तांक |
|---|---|---|---|
| प्रक्रिया संबंधित: .... अंक * (.......%) | | | |
| 1 | परिपथ संयोजन करना | | |
| 2 | धारामापी के प्रतिरोध का मापन | | |
| 3 | $R_1$ एवं $R_2$ का चयन | | |
| 4 | उपकरण का रख-रखाव | | |
| परिणाम संबंधित: ..... अंक * (.......%) | | | |
| 5 | परिणाम और निष्कर्ष | | |
| 6 | रिपोर्ट की समय पर प्रस्तुति | | |

| 7 | प्रयोग से सम्बंधित प्रश्नों के उत्तर | | |
|---|---|---|---|
| | कुल | 100% | |

* परिणाम और प्रक्रिया मूल्यांकन के लिए अंक और प्रतिशत वेटेज शिक्षक द्वारा तय किया जाएगा।

| विद्यार्थी का नाम:.................................................. | | प्राप्तांक | शिक्षक के हस्ताक्षर एवं दिनांक |
|---|---|---|---|
| प्रक्रिया संबंधित | परिणाम संबंधित | कुल | |
| | | | |

## प्रयोग -12 धारामापी से अमीटर

### *P12.1 प्रायोगिक कथन*

धारामापी को अमीटर में परिवर्तित करना।

### *P12.2 प्रायोगिक महत्व*

अमीटर धारा को मापने वाला उपकरण है और दिए गए परिपथ की धारा को मापने हेतु इसे श्रेणी क्रम में जोड़ा जाता है। एक चल कुंडली धारामापी को शंट लगाकर वांछित परास (Desired Range) के अमीटर में परिवर्तित किया जा सकता है। इस प्रयोग में विद्यार्थी दिए गए धारामापी को अमीटर में परिवर्तित करेंगे।

### *P12.3 प्रासंगिक सिद्धांत*

देखें : इस अध्याय का भाग 5.3

### *P12.4 प्रैक्टिकल आउटकम्स (PrO)*

इस कोर्स के पाठ्यक्रम से प्राप्त होने वाले प्रैक्टिकल आउटकम्स:

PrO1: किसी दिए गए धारामापी को वांछित परास के अमीटर में बदलना।

PrO2: आवश्यकतानुसार मापन यंत्र बनाना।

### *P12.5 प्रायोगिक व्यवस्था (चित्र /स्केच/परिपथ आरेख/कार्य स्थिति)*

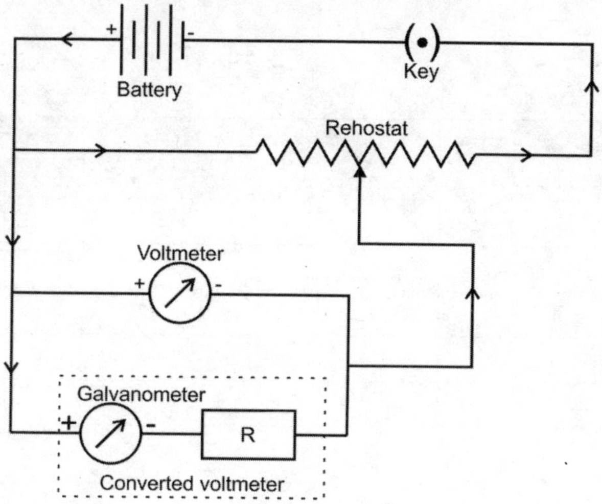


चित्र P12.1

## P12.6 आवश्यक संसाधन

| क्र. सं. | सुझाए गए आवश्यक संसाधन मशीनें/औजार /उपकरण महत्वपूर्ण विशिष्टताओं सहित | मात्रा | प्रयुक्त वास्तविक संसाधन मशीनें/ औजार / उपकरण व्यापक विशिष्टताओं सहित (विद्यार्थी द्वारा भरा जाना है) | | टिप्पणी (यदि कोई हो) |
|---|---|---|---|---|---|
| | | | निर्माता (Make) | विवरण | |
| 1 | धारामापी | 01 | | | |
| 2 | उच्च प्रतिरोध /उच्च प्रतिरोध बॉक्स | 01 | | | |
| 3 | DC पॉवर सप्लाई (0-10V) एवं संयोजन तार | 01 | | | |
| 4 | वोल्टमीटर (0-10V) | 01 | | | |
| 5 | धारा नियंत्रक एवं कुंजी | 01 | | | |

## P12.7 सावधानियाँ

1. संयोजन दृढ़ होने चाहिए।
2. शंट प्रतिरोध की रेटिंग का ध्यान रखा जाना चाहिए।

## P12.8 प्रयोग विधि

1. धारामापी का FSD नोट कीजिए।
2. मल्टीमीटर से धारामापी के आंतरिक प्रतिरोध को मापिये।
3. वांछनीय अमीटर (जैसे 500 mA) के लिए शंट प्रतिरोध की गणना सैद्धांतिक रूप से कीजिए।
4. धारामापी के समानांतर शन्ट प्रतिरोध (निम्न प्रतिरोध बॉक्स) को जोड़ें।
5. चित्र P12.1 के अनुसार संयोजन कीजिए।
6. मानक अमीटर एवं परिवर्तित अमीटर से पाठ्यांक नोट कीजिए।
7. दोनों मीटरों के पाठ्यांक में अंतर होने पर शंट को समायोजित कीजिए।
8. परिपथ में धारा का मान परिवर्तित करें तथा दोनों मीटर से पाठ्यांक नोट कीजिए।

## P12.9 प्रेक्षण एवं गणना

धारामापी का FSD

| क्र.सं. | धारामापी से परिवर्तित किए अमीटर का पाठ्यांक (I) | अमीटर पाठ्यांक (I’) | त्रुटि = I’ – I |
|---|---|---|---|
| 1 | | | |
| 2 | | | |
| 3 | | | |
| 4 | | | |
| 5 | | | |

शंट का सैद्धांतिक मान .........

शन्ट का प्रायोगिक मान .........

## P12.10 परिणाम एवं/ अथवा विवेचना

(विद्यार्थी द्वारा भरा जाना है)

1. ..................................................................................................................................

## P12.11 निष्कर्ष एवं/ अथवा सत्यापन

(विद्यार्थी द्वारा भरा जाना है)

1. ..................................................................................................................................

## P12.12 प्रयोग संबंधित प्रश्न

(उत्तर के लिए अलग शीट का प्रयोग करें)

नोट: उदाहरण के तौर पर कुछ प्रश्न नीचे दिए गए हैं। पूर्व निर्धारित कोर्स आउटकम की प्राप्ति सुनिश्चित करने के लिए शिक्षकों को ऐसे और अधिक प्रश्न तैयार करने चाहिए।

1. शंट बढ़ाए जाने पर परिवर्तित अमीटर में परिवर्तन का पूर्वानुमान लगाइए।
2. दिए गए अमीटर का अल्पतमांक बताइए।
3. परिपथ में अतिरिक्त अमीटर का उपयोग करने के कारण बताइए।

## P 12.13 सुझाए गए शिक्षण संसाधन

- http://amrita.olabs.edu.in/?sub=1&brch=6&sim=26&cnt=4basics

## P12.14 सुझाई गई मूल्यांकन योजना

(शिक्षक द्वारा भरा जाना है)

नीचे दिए गए बिंदु, प्रक्रिया और परिणाम से संबंधित अंकों के मूल्यांकन के लिए एक दिशानिर्देश का कार्य करेंगे।

| | निष्पादन सूचक | % भारिता (वेटेज) | प्राप्तांक |
|---|---|---|---|
| प्रक्रिया संबंधित: .... अंक * (.......%) | | | |
| 1 | परिपथ संयोजन करना | | |
| 2 | शन्ट का मापन | | |
| 3 | प्रतिरोध बॉक्स से शन्ट का समायोजन | | |
| 4 | उपकरण का रख रखाव | | |
| परिणाम संबंधित: ..... अंक * (.......%) | | | |
| 5 | परिणाम और निष्कर्ष | | |
| 6 | रिपोर्ट की समय पर प्रस्तुति | | |
| 7 | प्रयोग से सम्बंधित प्रश्नों के उत्तर | | |
| | कुल | 100% | |

* परिणाम और प्रक्रिया मूल्यांकन के लिए अंक और प्रतिशत वेटेज शिक्षक द्वारा तय किया जाएगा।

| विद्यार्थी का नाम:........................................................ प्राप्तांक | | | शिक्षक के हस्ताक्षर एवं दिनांक |
|---|---|---|---|
| प्रक्रिया संबंधित | परिणाम संबंधित | कुल | |
| | | | |

## प्रयोग -13 धारामापी से वोल्टमीटर

### *P13.1 प्रायोगिक कथन*

धारामापी को वोल्टमीटर में परिवर्तित करना।

### *P13.2 प्रायोगिक महत्व*

वोल्टमीटर विभवांतर मापने का उपकरण है और परिपथ का विभवांतर मापने के लिए इसे समानांतर क्रम में जोड़ा जाता है। चल कुंडली धारामापी के श्रेणी क्रम में उच्च प्रतिरोध लगाकर इसे वांछित परास के वोल्टमीटर में परिवर्तित किया जा सकता है। इस प्रयोग में विद्यार्थी दिए गए धारामापी को वोल्टमीटर में परिवर्तित करेंगे।

### *P13.3 प्रासंगिक सिद्धांत*

देखें : इस अध्याय का भाग 5.3

### *P13.4 प्रैक्टिकल आउटकम्स (PrO)*

इस कोर्स के पाठ्यक्रम से प्राप्त होने वाले प्रैक्टिकल आउटकम्स:

Pr O1: किसी दिए गए धारामापी को वांछित परास के वोल्टमीटर में बदलना।

Pr O2: आवश्यकतानुसार मापन यंत्र बनाना।

### *P13.5 प्रायोगिक व्यवस्था (चित्र /स्केच/परिपथ आरेख/कार्य स्थिति)*

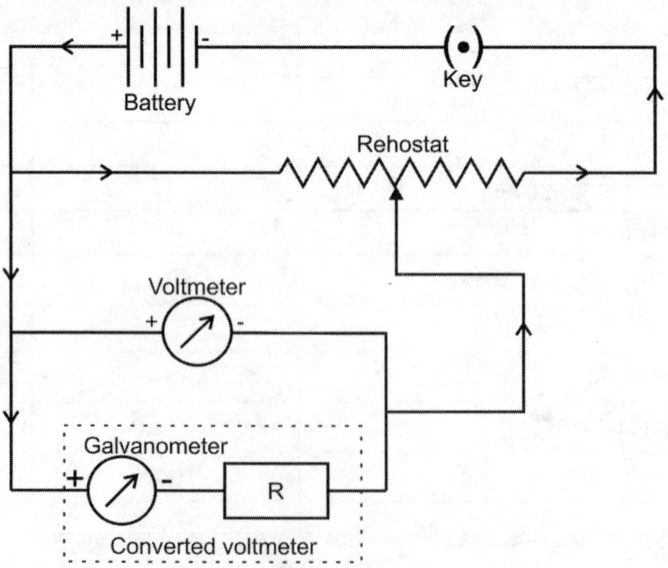


चित्र P13.1

## P13.6 आवश्यक संसाधन

| क्र. सं. | सुझाए गए आवश्यक संसाधन मशीनें/औजार /उपकरण महत्वपूर्ण विशिष्टताओं सहित | मात्रा | प्रयुक्त वास्तविक संसाधन मशीनें/ औजार / उपकरण व्यापक विशिष्टताओं सहित (विद्यार्थी द्वारा भरा जाना है) | | टिप्पणी (यदि कोई हो) |
|---|---|---|---|---|---|
| | | | निर्माता (Make) | विवरण | |
| 1 | धारामापी | 01 | | | |
| 2 | उच्च प्रतिरोध /उच्च प्रतिरोध बॉक्स | 01 | | | |
| 3 | DC पॉवर सप्लाई (0-10V) एवं संयोजन तार | 01 | | | |
| 4 | वोल्टमीटर (0-10V) | 01 | | | |
| 5 | धारा नियंत्रक एवं कुंजी | 01 | | | |

## P13.7 सावधानियाँ

1. संयोजन दृढ़ होने चाहिए।
2. उपकरण का उपयोग सावधानी से करना चाहिए।

## P13.8 प्रयोग विधि

1. धारामापी का FSD नोट कीजिए।
2. मल्टीमीटर से धारामापी के आंतरिक प्रतिरोध को मापिये।
3. वांछित परास के वोल्टमीटर (मानाकि 5V) के लिए सैद्धांतिक रूप से उच्च प्रतिरोध की गणना कीजिए।
4. धारामापी के श्रेणीक्रम में उच्च प्रतिरोध (उच्च प्रतिरोध बॉक्स) लगाइए।
5. चित्र P13.1 के अनुसार संयोजन कीजिए।
6. मानक वोल्टमीटर एवं परिवर्तित वोल्टमीटर से पाठ्यांक नोट कीजिए।
7. दोनों मीटरों के पाठ्यांक में अंतर होने पर उच्च प्रतिरोध को समायोजित कीजिए।
8. धारा नियंत्रक की सहायता से धारामापी के सिरों पर विभवांतर का मान परिवर्तित कीजिए।
9. दोनों मीटर (परिवर्तित वोल्टमीटर एवं वोल्टमीटर) से वोल्टेज नोट कीजिए।

## P13.9 प्रेक्षण एवं गणना

धारामापी का FSD

| क्र.सं. | वोल्टमीटर में परिवर्तित धारामापी का पाठ्यांक (V) | वोल्टमीटर पाठ्यांक (V’) | त्रुटि = V’ – V |
|---|---|---|---|
| 1 | | | |
| 2 | | | |

| | | | |
|---|---|---|---|
| 3 | | | |
| 4 | | | |
| 5 | | | |

उच्च प्रतिरोध का सैद्धांतिक मान .........

उच्च प्रतिरोध का प्रायोगिक मान .........

## P13.10 परिणाम एवं/ अथवा विवेचना

(विद्यार्थी द्वारा भरा जाना है)

1. ........................................................................................................................

## P13.11 निष्कर्ष एवं/ अथवा सत्यापन

(विद्यार्थी द्वारा भरा जाना है)

1. ........................................................................................................................

## P13.12 प्रयोग संबंधित प्रश्न

(उत्तर के लिए अलग शीट का प्रयोग करें)

नोट: उदाहरण के तौर पर कुछ प्रश्न नीचे दिए गए हैं। पूर्व निर्धारित कोर्स आउटकम की प्राप्ति सुनिश्चित करने के लिए शिक्षकों को ऐसे और अधिक प्रश्न तैयार करने चाहिए।

1. श्रेणी क्रम में लगाए गए उच्च प्रतिरोध के मान को बढ़ाने या घटाने पर परिवर्तित वोल्टमीटर में परिवर्तन का पूर्वानुमान लगाइए।
2. वोल्टमीटर का अल्पतमांक बताइए।
3. परिपथ में अतिरिक्त वोल्टमीटर लगाने के कारण बताइए।
4. वोल्टमीटर को समानांतर क्रम में लगाने का कारण बताइए।

## P13.13 सुझाए गए शिक्षण संसाधन

- https://www.robolab.in/conversion-of-galvanometer-to-voltmeter/

## P13.14 सुझाई गई मूल्यांकन योजना

(शिक्षक द्वारा भरा जाना है)

नीचे दिए गए बिंदु, प्रक्रिया और परिणाम से संबंधित अंकों के मूल्यांकन के लिए एक दिशानिर्देश का कार्य करेंगे।

| | निष्पादन सूचक | % भारिता (वेटेज) | प्राप्तांक |
|---|---|---|---|
| प्रक्रिया संबंधित: .... अंक * (.......%) | | | |
| 1 | परिपथ संयोजन करना | | |
| 2 | उच्च प्रतिरोध का मापन | | |
| 3 | प्रतिरोध बॉक्स से उच्च प्रतिरोध का समायोजन | | |

| 4 | उपकरण का रख – रखाव | | |
|---|---|---|---|
| परिणाम संबंधित: ….. अंक * (…….%) | | | |
| 5 | परिणाम और निष्कर्ष | | |
| 6 | रिपोर्ट की समय पर प्रस्तुति | | |
| 7 | प्रयोग से सम्बंधित प्रश्नों के उत्तर | | |
| | कुल | 100% | |

* परिणाम और प्रक्रिया मूल्यांकन के लिए अंक और प्रतिशत वेटेज शिक्षक द्वारा तय किया जाएगा।

| विद्यार्थी का नाम:…………………………………………………<br>प्राप्तांक | | | शिक्षक के हस्ताक्षर एवं दिनांक |
|---|---|---|---|
| प्रक्रिया संबंधित | परिणाम संबंधित | कुल | |
| | | | |

## अधिक जानिए

विद्यार्थियों के मौजूदा ज्ञान को बढ़ाने के लिए इस अध्याय से संबंधित निम्नलिखित विषयों का सुझाव दिया गया है जो अनुप्रयुक्त भौतिक शास्त्र पाठ्यक्रम में रुचि को बढ़ाता है

- एनालॉग और डिजिटल युक्ति (डिवाइस) के बीच अंतर।
- अतिचालक चुम्बक।
- चुंबकीय क्षेत्र मापने के उपकरण।

### अनुप्रयोग

- लोरेंट्ज़ बल को त्वरित्र में कण को वृत्ताकार गति में घुमाने के लिए प्रयुक्त किया जाता है।
- धारामापी सुग्राही उपकरण है जिसका उपयोग अल्प धाराओं को मापने के लिए किया जाता है।

### आईसीटी के उपयोग

विद्युत चुंबकत्व में सिमुलेसन के लिए विद्यार्थी निम्न url देख सकते हैं :

- https://phet.colorado.edu/en/simulation/faradays-law

Faraday's Law

### अभिनव प्रयोग / परियोजनाएं / गतिविधियों को डिजाइन कीजिए

- एलईडी जला कर विद्युत चुम्बकीय प्रेरण को प्रदर्शित करने के लिए मॉडल तैयार कीजिए।
- चुम्बक और धारामापी के साथ फैराडे के नियम को प्रदर्शित करने के लिए मॉडल तैयार कीजिए।

### रचनात्मकता एवं जिज्ञासा के विषय

- पृथ्वी का चुंबकीय क्षेत्र और पृथ्वी का चुंबक की भांति व्यवहार।
- अतिचालक चुम्बक।
- क्या हम गाउस के नियम को चुंबकत्व में भी लागू कर सकते हैं?

## संदर्भ और अध्ययन हेतु सुझाव


- H C Verma, "Concepts of physics" 1st ed., vol. 1, Bharti Bhawan, 1992.
- Richard Feynman et al "The Feynman lectures on Physics", 6th ed. vol1, Addison-Wesley, 1963.
- R K Gaur and S L Gupta "Engineering Physics", 8th ed., Dhanpat Rai, 2011.
- Resnick Halliday and Krane, "Physics" 5th ed. vol1, Wiley, 2014.
- https://phys.libretexts.org

# 6 अर्द्धचालक

## यूनिट विशिष्ट

यह अध्याय निम्नलिखित मुख्य पहलुओं पर केंद्रित है:

- बैंड सिद्धांत के आधार पर ठोसों का वर्गीकरण
- नैज एवं बाह्य अर्द्धचालक
- p–n संधि डायोड
- अवक्षय परत का निर्माण
- डायोड के अग्र एवं पश्च बायस अभिलाक्षणिक
- डायोड का दिष्टकारी के रूप में अनुप्रयोग
- ट्रांजिस्टर एवं इसके अनुप्रयोग
- फ़ोटो सेल एवं सौर सेल

दैनिक जीवन में अर्धचालक भौतिकी के अनुप्रयोगों की चर्चा रुचि पैदा करने के लिए की गई है और विषय को समझने के लिए गतिविधियों का सुझाव भी दिया गया है। हल की गई अनुप्रयोग आधारित समस्याएँ, बहुविकल्पीय प्रश्न और ब्लूम के वर्गीकरण के निचले और उच्च क्रम के संज्ञानात्मक (cognitive) स्तरों के प्रश्न अध्याय में दिए गए हैं ताकि कोई भी अभ्यास के लिए उन्हें हल कर सके, जो अधिगम के पुनर्बलन में सहायक होंगे।

विभिन्न विषयों के लिए वीडियो लिंक के क्यूआर कोड भी दिए गए हैं जिन्हें प्रासंगिक सहायक ज्ञान के लिए स्कैन किया जा सकता है। अवधारणाओं और सिद्धांतों के अनुकरण के लिए क्यूआर कोड भी अध्याय में दिए गए हैं, ताकि विद्यार्थी उपलब्ध सिमुलेशन मॉडल का अनुकरण करने के लिए व्यावहारिक अभ्यास कर सकें। विषय को गहराई से समझने के लिए विद्यार्थी सिमुलेशन मॉडल में विभिन्न मापदंडों को बदल सकते हैं। विषय वस्तु पर आधारित प्रयोग के पश्चात माइक्रो प्रोजेक्ट गतिविधि का सुझाव दिया गया है जो कोर्स आउटकम को प्राप्त करने में मदद करेगा। "अधिक जानिए" अनुभाग को विवेकपूर्ण ढंग से डिज़ाइन किया गया है ताकि इस भाग में प्रदान की गई पूरक जानकारी पुस्तक के उपयोगकर्ताओं के लिए फायदेमंद हो। भविष्य में सीखने के लिए विद्यार्थियों को प्रेरित करने के लिए विभिन्न पहलुओं पर औद्योगिक अनुप्रयोग एवं वास्तविक जीवन के अनुप्रयोग, तथा रचनात्मकता और जिज्ञासा पैदा करना भी अध्याय में शामिल है।

## भूमिका

अर्धचालक पदार्थों का उपयोग उन सभी इलेक्ट्रॉनिक्स और विद्युत उपकरणों में किया जाता है जिनका उपयोग हम घरों, कार्यालयों और उद्योगों में कर रहे हैं। सिलिकॉन एक प्रकार का अर्धचालक पदार्थ है, जिसका उपयोग आई सी (IC) बनाने के लिए किया जाता है, जो कि कंप्यूटर, मोबाइल और अन्य इलेक्ट्रॉनिक उपकरणों को बनाने के लिए बुनियादी आवश्यकता है। किसी भी शाखा के डिप्लोमा इंजीनियर को अर्धचालक और अर्धचालक उपकरणों का ज्ञान होना आवश्यक है। यह अध्याय विद्यार्थियों को विभिन्न

इंजीनियरिंग अनुप्रयोगों में अर्धचालक भौतिकी और अर्धचालक उपकरणों की बुनियादी अवधारणाओं को लागू करने में मदद करेगा।

## पूर्व अपेक्षित ज्ञान

- गणित- बीजगणित
- भौतिकी- चालन, ओम का नियम, किरचॉफ के नियम, ट्रांसफॉर्मर, मध्य निष्कासी ट्रांसफॉर्मर (center tap transformer)
- अन्य - कंप्यूटर की बुनियादी तकनीक और मोबाइल एप्लिकेशन का उपयोग

## यूनिट आउटकम्स

आउटकम्स की सूची निम्नानुसार है :

U6-O1: ठोस के बैंड सिद्धांत के आधार पर धातु, अर्धचालक और कुचालक के बीच अंतर करना।

U6-O2: बाह्य और नैज अर्धचालकों के बीच अंतर करना।

U6-O3: डायोड का अर्ध तरंग और पूर्ण तरंग दिष्टकारी के रूप में उपयोग करना।

U6-O4: ट्रांजिस्टर की कार्यप्रणाली और उसके प्रकारों की व्याख्या करना।

U6-O5: फोटो सेल और सोलर सेल के कार्य सिद्धांत की व्याख्या करना।

| यूनिट – 6 आउटकम्स (UOs) | कोर्स आउटकम्स (COs) के साथ अपेक्षित संबंध *(1- कमजोर सहसंबंध; 2- मध्यम सहसंबंध; 3- मजबूत सहसंबंध)* | | | | | |
|---|---|---|---|---|---|---|
| | CO-1 | CO-2 | CO-3 | CO-4 | CO-5 | CO-6 |
| U6-O1 | - | - | 1 | 1 | - | 3 |
| U6-O2 | - | - | 1 | 1 | - | 3 |
| U6-O3 | 1 | - | 1 | 1 | 1 | 3 |
| U6-O4 | - | - | 1 | 1 | 1 | 3 |
| U6-O5 | | | 1 | 1 | 1 | 3 |

## 6.1 ठोसों में ऊर्जा बैंड

पिछली इकाइयों 4 एवं 5 में जिन पदार्थों से परिचय कराया गया वो हैं चालक जिनसे धारा प्रवाहित होती है, चुम्बकीय पदार्थ जो चुम्बकीय क्षेत्र उत्पन्न करते हैं तथा इकाई 3 में कुचालक जिन्हें परावैद्युत की तरह संधारित्र में इस्तेमाल किया जाता है। इस इकाई में अर्द्धचालक पदार्थों की विस्तार से चर्चा की गई है। ठोस पदार्थों को उनकी चालकता के अनुसार तीन श्रेणियों में विभाजित किया जा सकता है,- कुचालक (Insulator), अर्द्धचालक (Semiconductor) और चालक (Conductor)। जब से चालकता, ऊष्मीय चालकत्व एवं चुम्बकत्व से संबंधित भौतिक घटनाओं का अध्ययन आरंभ हुआ है तब से पदार्थ की भौतिक अवस्था में समानता के बावजूद उनकी विद्युत चालकता में भिन्नता शोध का विषय रहा है।

उक्त प्रश्न के लिए प्रस्तावित मुक्त इलेक्ट्रॉन सिद्धांत मुख्य रूप से धात्विक गुणों के लिए स्पष्टीकरण देता है लेकिन तीनों प्रकार के ठोसों की व्याख्या करने में सक्षम नहीं है। क्वांटम यांत्रिकी पर आधारित ठोस का बैंड सिद्धांत वर्तमान में ठोस अवस्थाओं के क्षेत्र

में काम करने वाले वैज्ञानिकों और सिद्धांतकारों द्वारा उपयोग किया जाने वाला सिद्धांत है।

एक शिक्षार्थी के रूप में आप विलगित (Isolated) परमाणु में इलेक्ट्रॉनों की असतत ऊर्जा स्तरों यथा 1s 2s 2p 3s इत्यादि के बारे में जानते होंगे परंतु जब एक परमाणु बड़ी संख्या में परमाणुओं से घिरा होता है तो ऊर्जा स्तरों की तस्वीर काफी भिन्न होती है।

आइए, हम यह पता लगाने का प्रयास करें कि एक परमाणु के चारों ओर कितने परमाणु हैं? मोलर अवधारणा के अनुसार, किसी भी पदार्थ के 1 मोल में $N = 6.023 \times 10^{23}$ अणु होते हैं। अतः 18 ग्राम पानी या 28 ग्राम सिलिकॉन में क्रमशः पानी के N अणु या सिलिकॉन के N परमाणु होते हैं। 1 ग्राम सिलिकॉन में N/28 परमाणु होते हैं। ऐसे परमाणुओं में ऊर्जा का स्तर स्पष्ट नहीं होता है लेकिन ठोस के बैंड सिद्धांत के अनुसार प्रत्येक स्तर N स्तरों में विभाजित हो जाता है। ये ऊर्जा स्तर ऊर्जा बैंड बनाते हैं जिन्हें ठोस पदार्थों में ऊर्जा बैंड के रूप में जाना जाता है।

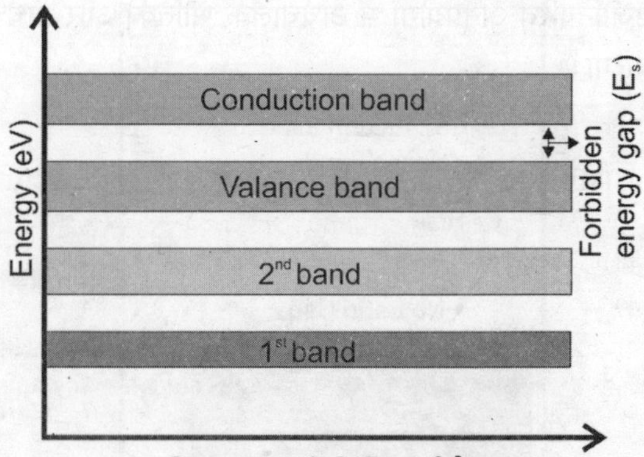


**चित्र 6.1 :** ठोसों में ऊर्जा बैंड

जैसा कि चित्र 6.1 में दिखाया गया है, प्रत्येक स्तर, 1s 2s 2p... कई स्तरों में विभाजित हो जाता है और इलेक्ट्रॉनों के लिए ऊर्जा बैंड उपलब्ध हो जाता है। चित्र 6.1 ठोस में ऊर्जा बनाम इलेक्ट्रॉनों के संवेग के वास्तविक आरेख का एक सरलीकृत रूप है। Y अक्ष पर इलेक्ट्रॉन वोल्ट ($1 \text{ eV} = 1.6 \times 10^{-19}$ J) में ऊर्जा परिवर्तन को दर्शाया गया है।

सबसे ऊपर भरे हुए बैंड को संयोजी बैंड (Valence Band) के रूप में जाना जाता है और वैलेंस बैंड के ऊपर उपलब्ध ऊर्जा बैंड चालन बैंड (Conduction Band) है। परमाणुओं से बंधे इलेक्ट्रॉन संयोजी बैंड में और संयोजी बैंड से कम ऊर्जा वाले अन्य सभी बैंड में रहेंगे। परमाणुओं से अलग और ठोस में स्वतंत्र रूप से घूमने वाले इलेक्ट्रॉन मुक्त इलेक्ट्रॉन होते हैं। चालन बैंड में ऐसे मुक्त इलेक्ट्रॉन होते हैं, जिन्हें चालन इलेक्ट्रॉनों के रूप में भी जाना जाता है।

## 6.2 पदार्थ के प्रकार (कुचालक, अर्द्धचालक और चालक)

चालकता के आधार पर ठोस को तीन श्रेणियों में वर्गीकृत किया जा सकता है, जैसे चालक,अर्द्धचालक और कुचालक। ऊर्जा बैंड के सिद्धांत के आधार पर, उन्हें निम्नानुसार भी वर्गीकृत किया जा सकता है :

- संयोजकता बैंड के शीर्ष ऊर्जा स्तर और चालन बैंड के निम्नतम ऊर्जा स्तर के बीच ऊर्जा अंतर को ऊर्जा अंतराल कहते हैं।
- पदार्थ के चालन बैंड में उपलब्ध इलेक्ट्रॉनों की संख्या उस पदार्थ की चालकता तय करती है।
- धातुओं में संयोजकता बैंड और चालन बैंड अतिव्यापन करते हैं। संयोजकता बैंड में उपलब्ध इलेक्ट्रॉन को संयोजकता बैंड से चालन बैंड में जाने के लिए बहुत कम ऊर्जा की आवश्यकता होती है।चालकों में चालन बैंड में बड़ी संख्या में इलेक्ट्रॉन उपलब्ध होते हैं। चालकों में चालकता तापमान में वृद्धि के साथ घटती है क्योंकि यह इलेक्ट्रॉन टकराव को बढ़ाता है।
- अर्धचालकों में संयोजकता बैंड और चालन बैंड के बीच एक छोटा ऊर्जा अंतराल होता है और यह 1eV कोटि का होता है। संयोजकता बैंड में उपलब्ध इलेक्ट्रॉन तापीय गति के माध्यम से चालन बैंड में स्थानांतरित हो जाता है। अर्धचालकों में चालन बैंड में इलेक्ट्रॉनों की संख्या कम होती है, इसलिए अर्धचालकों की चालकता कम होती है। अर्धचालकों में चालकता तापमान में वृद्धि के साथ बढ़ती है क्योंकि इससे चालन बैंड में इलेक्ट्रॉनों की संख्या बढ़ जाती है।
- कुचालकों में संयोजकता बैंड और चालन बैंड के बीच एक बड़ा ऊर्जा अंतराल लगभग 6eV कोटि का होता है। चालन बैंड में कोई इलेक्ट्रॉन उपलब्ध नहीं होते हैं और संयोजी बैंड इलेक्ट्रॉनों को चालन बैंड में पारगमन के लिए बड़ी मात्रा में ऊर्जा की आवश्यकता होती है। इसलिए कुचालक की चालकता लगभग शून्य होती है।

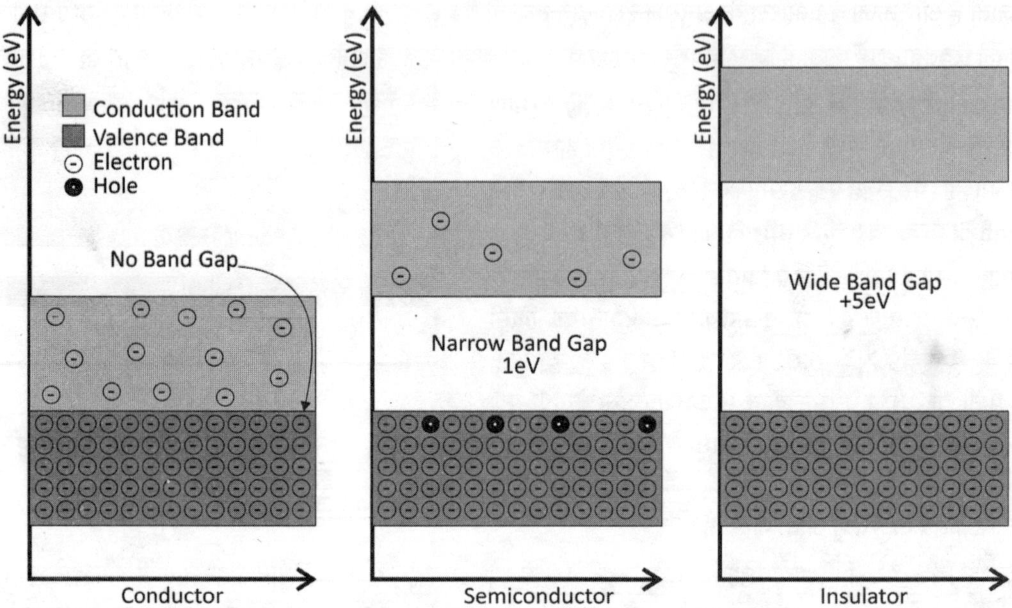


**चित्र 6.2 :** चालक, अर्द्धचालक एवं कुचालक के ऊर्जा बैंड चित्र

## 6.3 नैज एवं बाह्य अर्द्धचालक

आवर्त सारणी के समूह IV A के तत्व जैसे सिलिकॉन (Si) और जर्मेनियम (Ge) प्राकृतिक अर्धचालक हैं और इन्हें नैज अर्धचालक या शुद्ध अर्द्धचालक कहा जाता है।

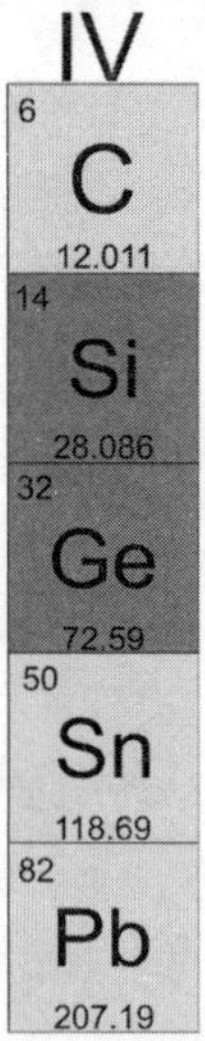


**चित्र 6.3 :** आवर्त सारणी का चौथा समूह

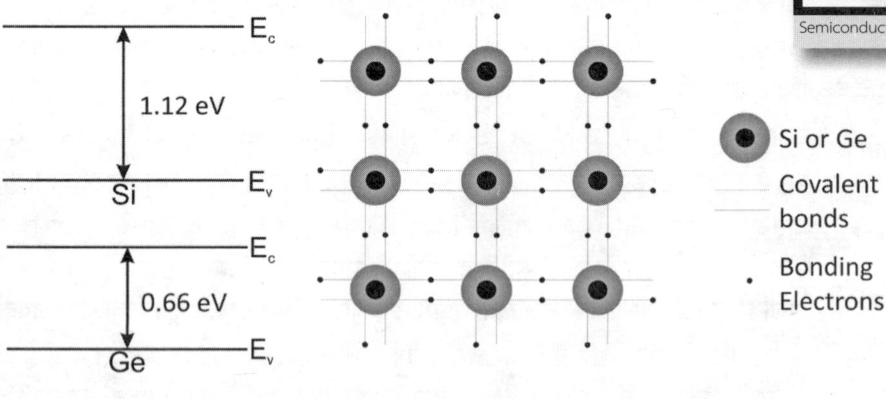


**चित्र 6.4 :** Si एवं Ge में सहसंयोजी बंध

Si और Ge तत्व अवस्था में अर्धचालक पदार्थ हैं। Si और Ge चतुष्संयोजक हैं, जिनके संयोजकता कोश में चार इलेक्ट्रॉन होते हैं। प्रत्येक परमाणु अन्य चार पड़ोसी परमाणुओं के साथ एक सहसंयोजक बंधन बनाता है और 0K पर कोई मुक्त इलेक्ट्रॉन नहीं होता है। 0K पर नैज अर्धचालक कुचालक होते हैं और जैसे-जैसे हम तापमान बढ़ाते हैं, ऊष्मीय उत्तेजना के कारण संयोजी

बंध टूट जाता है और ऊर्जा बैंड आरेख के अनुसार इलेक्ट्रॉन संयोजी बैंड से चालन बैंड में पारगमित हो जाता है। तथा संयोजी बैंड में इलेक्ट्रान की रिक्तता छोड़ जाता है जिसे विवर (Hole) के रूप में जाना जाता है। नैज अर्धचालक में दो प्रकार के गतिशील आवेश वाहक होते हैं वो हैं इलेक्ट्रॉन और विवर। दोनों की संख्या बराबर होती है। चालन बैंड में इलेक्ट्रॉनों की संख्या तापमान पर निर्भर करती है। यदि तापमान बढ़ता है तो इलेक्ट्रॉनों और विवरों की संख्या में वृद्धि होती है। Si और Ge के लिए परमाणु व्यवस्था और ऊर्जा बैंड आरेख चित्र 6.4 में दर्शाया गया है।

Si और Ge का बैंड गैप क्रमशः 1.12 eV और 0.66 eV है। Si की तुलना में Ge तापमान के प्रति अधिक संवेदनशील है। इसलिए Ge से बने उपकरण अधिक तापमान संवेदनशील होते हैं, यही कारण है कि अधिकांश अर्धचालक उपकरण Si से बने होते हैं।

सामान्य तापमान पर जो $27^0C$ या 300K है, अधिकतर इलेक्ट्रॉनों की तापीय ऊर्जा ½ kT यानि 0.0026 eV है, जहाँ k बोल्ट्ज़मान स्थिरांक है और T निरपेक्ष पैमाने में तापमान है। अतः बहुत कम इलेक्ट्रॉनों की ऊर्जा, ऊर्जा अंतराल के बराबर या इससे अधिक होगी जो कि चालन बैंड में कूद पाएँगे। इसलिए, कमरे के तापमान पर अर्धचालक पदार्थ की चालकता बहुत कम है।

नैज अर्द्धचालक में

$n = p = n_i$ एवं $np = n_i^2$ {तापीय साम्यावस्था में}

जहाँ n = चालन या मुक्त इलेक्ट्रॉनों का घनत्व तथा p = विवरों या कोटरों का घनत्व

T = 300 K पर सिलिकॉन के लिए $n_i = 1.5 \times 10^{10}\ cm^{-3}$

चूँकि शुद्ध अर्धचालक की चालकता कमरे के तापमान पर बहुत कम होती है और यदि हम चालकता बढ़ाना चाहते हैं तो तापमान बढ़ाना होगा, जो एक व्यवहारिक समाधान नहीं है। कमरे के तापमान पर अर्धचालक पदार्थ की चालकता बढ़ाने के लिए अन्य तत्वों को अशुद्धता के रूप में मिलाया जाता है। ऐसे अर्धचालकों को बाह्य अर्धचालक कहा जाता है।

शुद्ध अर्धचालक तत्व में अशुद्धि तत्व मिलाने की प्रक्रिया डोपिंग कहलाती है। डोपिंग घनत्व 1 भाग प्रति दस लाख (मिलियन) या 1 पीपीएम है। सिलिकॉन के प्रत्येक दस लाख ($10^6$) परमाणुओं के लिए, अशुद्धि तत्व का एक परमाणु जोड़ा जाता है। बाह्य अर्धचालक दो प्रकार के होते हैं:

**नोट**: 1ppm अशुद्धि परमाणुओं को मिलाने पर, एक ग्राम सिलिकॉन में अशुद्धि परमाणु की कुल संख्या होगी:

28 ग्राम सिलिकॉन में -- $6.023 \times 10^{23}$ परमाणु होते हैं

1 ग्राम सिलिकन में --($6.023 \times 10^{23}/28$) परमाणु होते हैं।

यदि हम 1 ppm अशुद्धि मिलाएँ तो

अशुद्धि परमाणुओं की संख्या-($6.023 \times 10^{17}/28$)परमाणु ~ $10^{17}$ अशुद्धि परमाणु एक ग्राम में।

**p प्रकार के अर्धचालक:** जब शुद्ध अर्धचालकों में त्रिसंयोजक तत्व अशुद्धि के रूप में मिलाया जाता है, तो अर्धचालक p प्रकार का अर्धचालक कहलाता है। p प्रकार के अर्धचालकों के लिए समूह III के तत्वों जैसे एल्युमिनियम, बोरॉन और इंडियम को अशुद्धि के रूप में जोड़ा जाता है। p प्रकार के अर्धचालकों में, अशुद्धि परमाणु चार सिलिकॉन परमाणुओं से घिरा होता है। त्रिसंयोजक अशुद्धि परमाणु में तीन संयोजकता इलेक्ट्रॉन होते हैं और वे तीन Si परमाणुओं के साथ सहसंयोजक बंध बना लेते हैं परंतु चौथे सिलिकॉन परमाणु का एक संयोजकता इलेक्ट्रॉन अयुग्मित रह जाता है। Si का यह अयुग्मित इलेक्ट्रॉन त्रिसंयोजी अशुद्धि परमाणुओं द्वारा आकर्षित होता है और सिलिकॉन परमाणु में इलेक्ट्रॉन की रिक्ति अर्थात विवर (होल) बनाता है। त्रिसंयोजक अशुद्धि परमाणु स्थिर ऋणात्मक आयनों के रूप में कार्य करते हैं क्योंकि वे एक इलेक्ट्रॉन को स्वीकार करते हैं और ग्राही अशुद्धि के रूप में जाने जाते हैं। ऊष्मीय उत्तेजना के कारण भी कुछ अतिरिक्त होल और इलेक्ट्रॉन होते हैं। अतः P प्रकार के अर्धचालकों में तीन प्रकार के आवेश, बहुसंख्यक होल, अल्पसंख्यक इलेक्ट्रॉन और स्थिर ऋणात्मक आयन होते हैं।

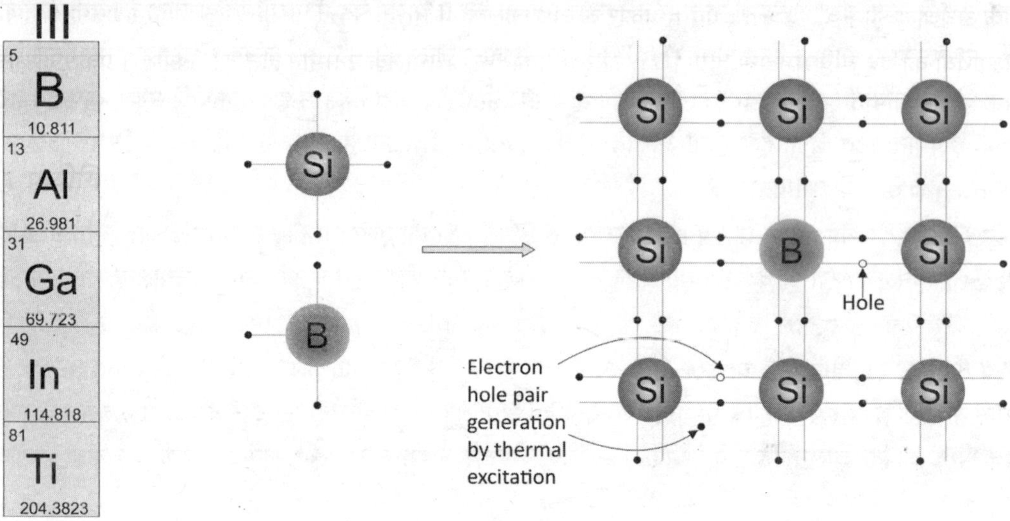


चित्र 6.5 : p प्रकार के अर्द्धचालक

**n प्रकार के अर्धचालक:** जब शुद्ध अर्धचालकों में पंचसंयोजी तत्व अशुद्धि के रूप में मिलाया जाता है, तो अर्धचालक को n प्रकार के अर्धचालक के रूप में जाना जाता है। समूह V के तत्वों जैसे फॉस्फोरस, आर्सेनिक और एंटीमनी को n प्रकार के अर्धचालकों के लिए अशुद्धि के रूप में मिलाया जाता है। n प्रकार के अर्धचालकों में, अशुद्धि परमाणु चार सिलिकॉन परमाणुओं से घिरा होता है। पंचसंयोजी अशुद्धि परमाणु में पाँच संयोजी इलेक्ट्रॉन होते हैं जो चार Si परमाणुओं के साथ सहसंयोजक बंधन बनाते हैं और पाँचवा संयोजी इलेक्ट्रॉन अयुग्मित रहता है। अशुद्धि का यह अयुग्मित इलेक्ट्रॉन अशुद्धि परमाणु से अलग हो जाता है और मुक्त इलेक्ट्रॉन बन जाता है। पंचसंयोजी अशुद्धि परमाणु स्थिर धनात्मक आयनों के रूप में कार्य करते हैं क्योंकि उन्होंने एक इलेक्ट्रॉन दान किया है और उन्हें दाता अशुद्धि के रूप में जाना जाता है। ऊष्मीय उत्तेजनाओं के कारण भी कुछ अतिरिक्त होल और मुक्त इलेक्ट्रॉन उत्पन्न होते हैं। इसलिए n प्रकार के अर्धचालकों में हमारे पास तीन प्रकार के आवेश होते हैं, बहुसंख्यक इलेक्ट्रॉन, अल्पसंख्यक होल और स्थिर धनात्मक आयन।

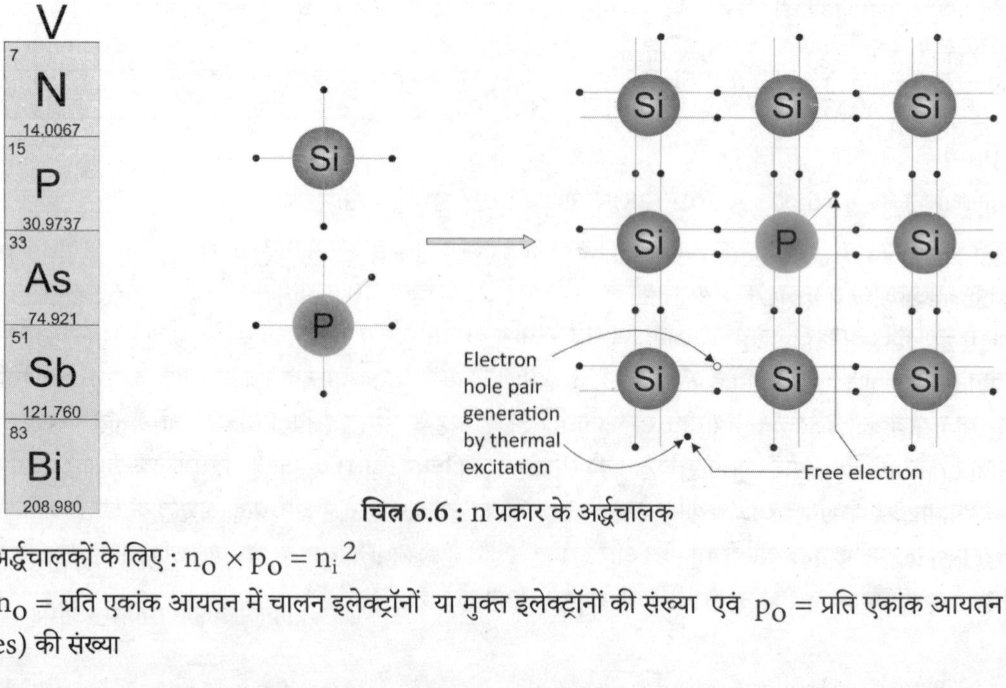


चित्र 6.6 : n प्रकार के अर्द्धचालक

बाह्य अर्द्धचालकों के लिए : $n_o \times p_o = n_i^2$

जहाँ, $n_o$ = प्रति एकांक आयतन में चालन इलेक्ट्रॉनों या मुक्त इलेक्ट्रॉनों की संख्या एवं $p_o$ = प्रति एकांक आयतन में विवरों (holes) की संख्या

P प्रकार के अर्धचालकों में $p_O >> n_O$ एवं n प्रकार के अर्ध चालकों में no >> $p_O$

**नोट** : शिक्षार्थियों को यह स्पष्ट समझना होगा कि p और n प्रकार के अर्धचालक उदासीन होते हैं। p और n प्रकार के अर्धचालकों में धनात्मक और ऋणात्मक आवेशों का कुल योग शून्य होता है।

## 6.4 p–n संधि

पिछले खंड में, p और n प्रकार के अर्धचालक पदार्थों के बारे में बताया गया है। जब हम एक विशेष निर्माण विधि के द्वारा p और n प्रकार के पदार्थों की संधि (Junction) बनाते हैं, तो इस संधि को p-n संधि के रूप में जाना जाता है जैसा कि चित्र 6.7 में दिखाया गया है। संधि इस प्रकार बनाई जाती है कि दोनों पदार्थों के बीच कोई भौतिक दूरी नहीं होती और गतिशील आवेश वाहक एक क्षेत्र से दूसरे क्षेत्र में विसरण (Diffusion ) कर सकते हैं। पी-एन जंक्शन में बहुसंख्यक और अल्पसंख्यक आवेश वाहक n - क्षेत्र से p- क्षेत्र तथा p- क्षेत्र से n - क्षेत्र में विसरण करते हैं।

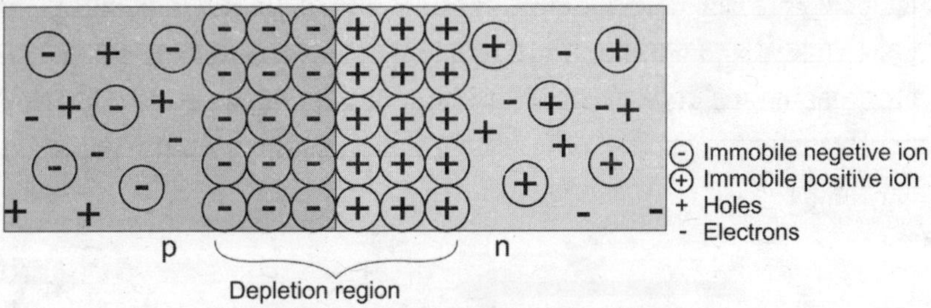


**चित्र 6.7** : p-n संधि में अवक्षय क्षेत्र

बहुसंख्यक आवेश, इलेक्ट्रॉन n -क्षेत्र से p -क्षेत्र में तथा विवर p -क्षेत्र से n - क्षेत्र में विसरित होते हैं इस विसरण के कारण संधि के निकट विवर (holes) तथा इलेक्ट्रॉन एक दूसरे को विलोपित कर देते हैं। जिसके कारण संधि के आस - पास गतिशील आवेश वाहकों की कमी हो जाती है। संधि पर एक परत बन जाती है और इसे अवक्षय परत (depletion layer) के रूप में जाना जाता है। n -क्षेत्र एवं p – क्षेत्र में बहुसंख्यक आवेश वाहकों के विलोपन के कारण अवक्षय परत में p – क्षेत्र में स्थिर ऋणात्मक आयन तथा n – क्षेत्र में स्थिर धनात्मक आयन होंगे। आयनों की यह परत n से p की दिशा में एक विद्युत क्षेत्र उत्पन्न करती है। जैसे-जैसे विद्युत क्षेत्र बढ़ना शुरू होता है, विसरण दर कम होती जाती है, क्योंकि विवरों पर विद्युत क्षेत्र के कारण बल विद्युत क्षेत्र की दिशा में और इलेक्ट्रॉनों पर विद्युत क्षेत्र के विपरीत दिशा में बल लगता है। जब विवर और इलेक्ट्रॉनों की गति को रोकने के लिए विद्युत क्षेत्र पर्याप्त रूप से बढ़ जाता है तो विसरण बंद हो जाएगा। इस तरह एक विभव उत्पन्न हो जाता है जिसे विभव रोधिका या अवक्षय विभव कहते हैं। आवेश एक क्षेत्र से दूसरे क्षेत्र में तभी जा सकते हैं जब उनके पास विभव रोधिका को पार करने के लिए पर्याप्त ऊर्जा हो। अवक्षय परत में n – क्षेत्र की तुलना में p – क्षेत्र उच्च विभव पर होता है।

## 6.5 जंक्शन डायोड और V-I अभिलाक्षणिक

यदि हम ओमिक संपर्क (धातु के तार और अर्धचालक के बीच कोई प्रतिरोध नहीं) के माध्यम से पी-एन जंक्शन के दो खुले सिरों पर दो धातु टर्मिनल जोड़ते हैं, तो परिपथ में उपयोग किए जाने वाले इस दो टर्मिनल डिवाइस को p-n संधि डायोड के रूप में जाना जाता है। इसे चित्र 6.8 (b) में दिए गए प्रतीक द्वारा दर्शाया जाता है।

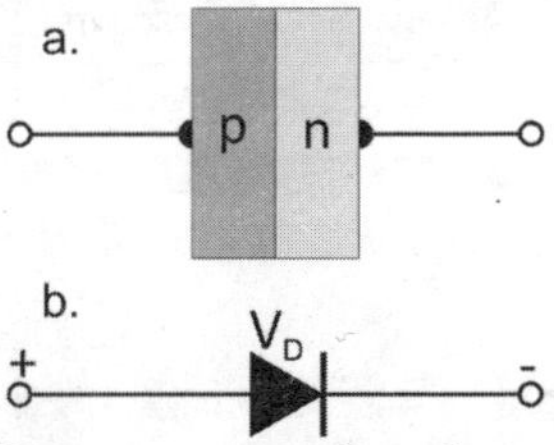


**चित्र 6.8** : p-n संधि डायोड एवं प्रतीक चिन्ह

जब सप्लाइ डायोड पर नहीं जुड़ी होती है, तो उसमें से कोई धारा प्रवाहित नहीं होती है। डायोड से धारा प्रवाहित करने के लिए बाहरी बायसिंग या सप्लाइ की आवश्यकता होती है। ऐसे दो तरीके हैं जिनसे बाह्य डी सी सप्लाइ को डायोड से जोड़ा जा सकता है।

**अग्र बायस (Forward Bias):** जब बैटरी या डीसी पावर सप्लाई का धनात्मक सिरा p से जोड़ा जाता है और बैटरी या डीसी पावर सप्लाई के ऋणात्मक सिरे को n से जोड़ा जाता है, तो इस बायसिंग को फॉरवर्ड बायसिंग के रूप में जाना जाता है।

नोट: धारा को नियंत्रित करने के लिए परिपथ में एक प्रतिरोध जोड़ा जाना चाहिए।

**पश्च बायस (Reverse Bias):** जब बैटरी या डीसी पावर सप्लाई का धनात्मक सिरा n से जोड़ा जाता है और बैटरी या डीसी पावर सप्लाई के ऋणात्मक सिरे को p से जोड़ा जाता है, तो इस बायसिंग को पश्च बायसिंग के रूप में जाना जाता है।

अग्र बायस में, बाह्य सप्लाइ के कारण विद्युत क्षेत्र संधि पर उत्पन्न क्षेत्र के विपरीत होता है। जब एक डायोड अग्र बायस होता है, तो यह तुरंत चालन शुरू नहीं करता है, लेकिन एक निश्चित अग्र बायस वोल्टता के बाद, डायोड से धारा प्रवाहित होती है और इस निश्चित वोल्टता को नी वोल्टता (Knee Voltage ) कहते हैं। Si और Ge डायोड की नी वोल्टता क्रमशः 0.7 V और 0.3 V है। जब डायोड अग्र बायस होता है, तो डायोड पर वोल्टता उसकी नी वोल्टता के बराबर होगी। अग्र बायस में प्रवाहित धारा ($I_D$) मिली एम्पीयर के कोटि की होती है। अग्र बायस में डायोड से प्रवाहित धारा की दिशा p से n की तरफ होती है।

पश्च बायस में, बाह्य सप्लाइ के कारण उत्पन्न विद्युत क्षेत्र की दिशा संधि पर उत्पन्न क्षेत्र की दिशा में ही होती है। पश्च बायस वोल्टता के कारण विभव रोधिका की ऊँचाई और अवक्षय परत की चौड़ाई बढ़ जाती है। बहु संख्यक आवेश वाहक संधि को पार नहीं कर सकते हैं लेकिन अल्पसंख्यक आवेश वाहक यानि n-प्रकार में विवर और p -प्रकार में इलेक्ट्रॉन संधि को पार कर सकते हैं और डायोड से बहुत कम मात्रा में धारा प्रवाहित होती है। इस धारा का मान माइक्रो एम्पीयर ($10^{-6}$ एम्पीयर) कोटि का होता है और इसका मान पश्च बायस वोल्टता के साथ बढ़ता या घटता नहीं है। इस धारा को पश्च संतृप्त धारा ($I_S$) कहते हैं। पश्च बायस में डायोड से प्रवाहित धारा की दिशा n से p की ओर होती है। इसलिए पश्च बायस V-I अभिलाक्षणिक तीसरे III चतुर्थांश में आरेखित किए जाते हैं।

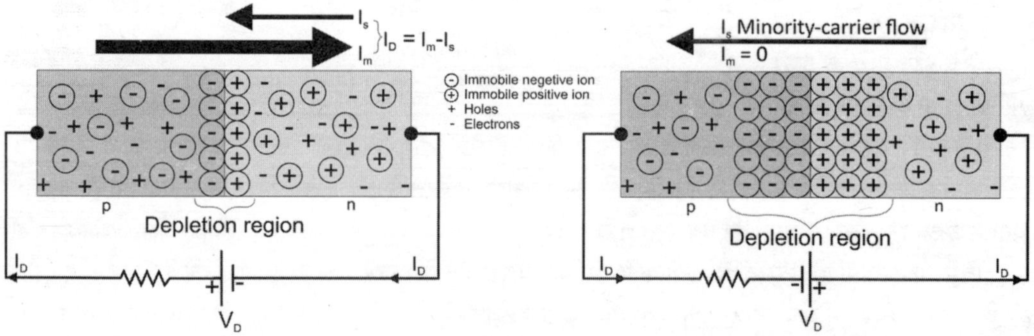


(a)

{नोट : चित्र में Depletion region = अवक्षय क्षेत्र; Immobile negative ion = स्थिर ऋणात्मक आयन; Immobile positive ion = स्थिर धनात्मक आयन; Holes = विवर; Minority - carrier flow = अल्प संख्यक वाहक प्रवाह}

(b)

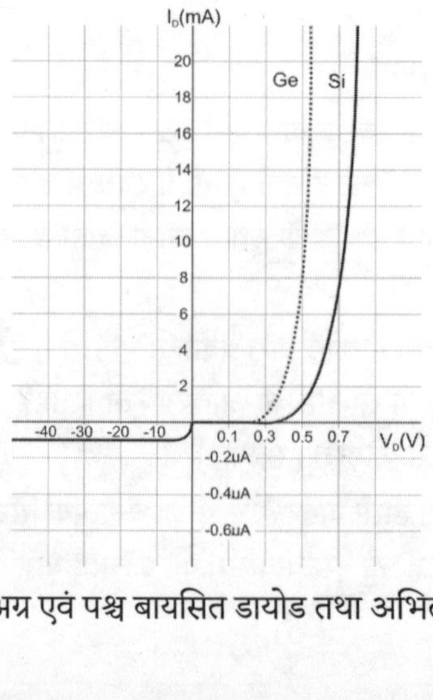


चित्र 6.9 : अग्र एवं पश्च बायसित डायोड तथा अभिलाक्षणिक वक्र

आदर्श रूप से डायोड का अग्र बायस में प्रतिरोध शून्य होता है और पश्च बायस में बहुत अधिक होता है। डायोड को अग्र बायस में उपयोग करने पर लघुपथित (short) और पश्च बायस में उपयोग करने पर खुला (open) माना जा सकता है।

## 6.6 संधि डायोड के प्रकार

V-I अभिलक्षणों और कार्यप्रणाली के आधार पर संधि डायोड को वर्गीकृत किया जा सकता है, जो निम्नलिखित कारकों पर निर्भर करता है:

a. डोपिंग सांद्रता
b. उपयोग किया गया पदार्थ
c. संरचना
d. संधि का प्रकार

**डोपिंग सांद्रता :**

यदि डोपिंग सांद्रता 1ppm से अधिक हो तो डायोड को अत्यधिक डोपित डायोड के रूप में जाना जाता है। अत्यधिक डोपित डायोड का एक उदाहरण जीनर डायोड है। डोपिंग की अधिकता के कारण ऐसे डायोड की अवक्षय परत सामान्य संधि डायोड की तुलना में बहुत पतली होती है। जीनर डायोड का उपयोग वोल्टता नियामक (Voltage Regulator) के रूप में किया जा सकता है।

**उपयोग किया गया पदार्थ :**

सिलिकॉन या जर्मेनियम के स्थान पर, यदि हम GaAs जैसे यौगिक अर्धचालकों का उपयोग करते हैं, तो संधि डायोड की कार्यप्रणाली प्रयुक्त सामग्री पर निर्भर करती है। GaAs से बने डायोड का उपयोग प्रकाश उत्सर्जक डायोड (LED) और फोटो डायोड के रूप में किया जाता है। अग्र बायस में एल ई डी का उपयोग एक संकेतक के रूप में किया जाता है और विद्युत संकेत को प्रकाशिक संकेत में परिवर्तित किया जाता है। पश्च बायस में फोटो डायोड का उपयोग प्रकाशिक संकेतों को विद्युत संकेतों में बदलने के लिए किया जाता है।

**संरचना :**

संधि डायोड की कार्यप्रणाली इसकी संरचना पर भी निर्भर करती है। यदि संधि की p साइड और n साइड की मोटाई भिन्न है, जैसे : मान लीजिए कि n साइड की तुलना में p साइड बहुत पतली है। इस प्रकार की संधियों का उपयोग सौर सेल के निर्माण के लिए किया जाता है, जो प्रकाश ऊर्जा को विद्युत ऊर्जा में परिवर्तित करते हैं।

**संधि का प्रकार :**

इस प्रकार के संधि डायोड में अर्द्धचालक - अर्द्धचालक संधि के स्थान पर धातु - अर्द्धचालक संधि का उपयोग किया जाता है।शॉटकी डायोड (Schottky Diode) धातु - अर्द्धचालक संधि का एक उदाहरण है, जिसका उपयोग पावर इलेक्ट्रॉनिक परिपथ में किया जाता है।

## 6.7 दिष्टकारी के रूप में डायोड

हमारे घर में जो सप्लाई होती है वो AC सप्लाई होती है जिसे AC मेन भी कहते हैं। अधिकांश उपकरण और इलेक्ट्रॉनिक्स सर्किट डीसी आपूर्ति पर काम करते हैं। कई अनुप्रयोगों के लिए AC को DC में बदलने की आवश्यकता होती है।

जैसा कि जंक्शन डायोड के अभिलक्षणों से, यह स्पष्ट है कि जब डायोड को अग्र बायस में उपयोग किया जाता है, तो डायोड करंट का संचालन करता है। इस तथ्य के आधार पर डायोड का उपयोग एक ऐसे परिपथ के डिजाइन के लिए किया जा सकता है, जो कि AC वोल्टेज को DC वोल्टेज में परिवर्तित करे तथा इसे दिष्टकारी (Rectifier) के रूप में जाना जाता है। यदि हम चित्र में डीसी वोल्टेज आपूर्ति के स्थान पर AC वोल्टेज आपूर्ति का उपयोग करते हैं तो AC के धनात्मक चक्र के दौरान डायोड अग्र बायस होगा और AC के ऋणात्मक चक्र में पश्च बायस होगा।

### अर्ध तरंग दिष्टकारी

अर्ध तरंग दिष्टकारी (Half Wave Rectifier) में, AC वोल्टेज (220 V से 12 V तक) को कम करने के लिए एक स्टेप डाउन ट्रांसफार्मर का उपयोग किया जाता है, यह AC सिग्नल एक सर्किट को दिया जाता है जहां एक डायोड प्रतिरोध (R) के साथ श्रृंखला में जुड़ा होता है। डायोड एक अर्ध चक्र के लिए अग्र बायस और दूसरे अर्ध चक्र में पश्च बायस होगा। अग्र बायस में डायोड पर वोल्टेज कम है (नी वोल्टेज (knee voltage) के बराबर), तो प्रतिरोध R पर कुल वोल्टेज किरचॉफ के नियम के अनुसार दिखाई देगा। पश्च बायस में शून्य धारा या बहुत कम धारा प्रवाहित होगी, इसलिए प्रतिरोध R पर वोल्टेज बहुत कम है और पूरा वोल्टेज डायोड पर दिखाई देगा। चित्र 6.10(a)अर्ध तरंग दिष्टकारी के परिपथ को दर्शाता है। निवेशी और निर्गत तरंग को चित्र 6.10(b) में प्रदर्शित किया गया है। R पर दिखाई देने वाला वोल्टेज परिवर्तनशील DC वोल्टेज है और इस परिवर्ती DC को नियत DC में बदलने के लिए आगे इसे फ़िल्टर परिपथ को दिया जाता है।

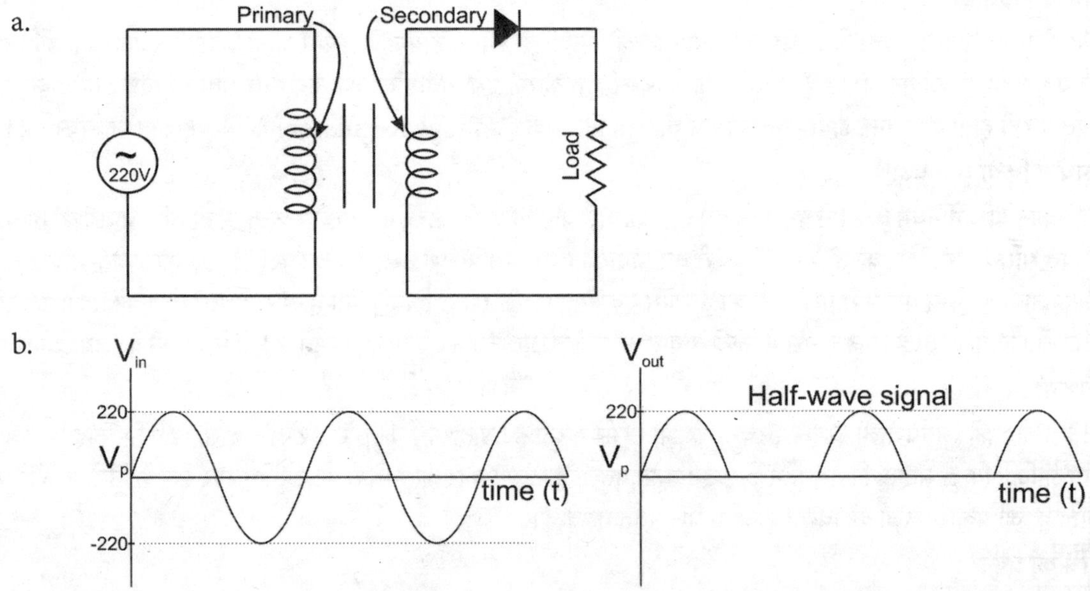


**चित्र 6.10 :** अर्ध तरंग दिष्टकारी

### पूर्ण तरंग दिष्टकारी (सेंटर टेप)

अर्ध तरंग दिष्टकारी में, AC सिग्नल को DC सिग्नल में बदलने के लिए केवल एक-आधा चक्र का उपयोग किया जाता है। यदि हम एक मध्य निष्कासी अपचायी ट्रांसफॉर्मर (centre taped step down transformer)और दो डायोड का उपयोग करते हैं तो AC के पूर्ण चक्र का दिष्टकरण किया जा सकता है। पूर्ण तरंग दिष्टकारी (Full Wave Rectifier) में दो डायोड और एक लोड प्रतिरोध (R) वाले सर्किट को AC सिग्नल दिया जाता है। पहले अर्ध चक्र में पहला डायोड अग्र बायस में होता है और दूसरा डायोड पश्च बायस में होता है। अगले आधे चक्र में स्थिति उलट जाएगी। प्रतिरोध R पर वोल्टेज दोनों आधे चक्रों में दिखाई देगा। चित्र 6.11 (a) पूर्ण तरंग दिष्टकारी के परिपथ को दर्शाता है। निवेशी और निर्गत तरंग को चित्र 6.11(b) में प्रदर्शित भी किया गया है। R पर वोल्टेज परिवर्तनशील DC वोल्टेज है और परिवर्ती DC को नियत DC में बदलने के लिए आगे इसे फ़िल्टर परिपथ को दिया जाता है।

a.

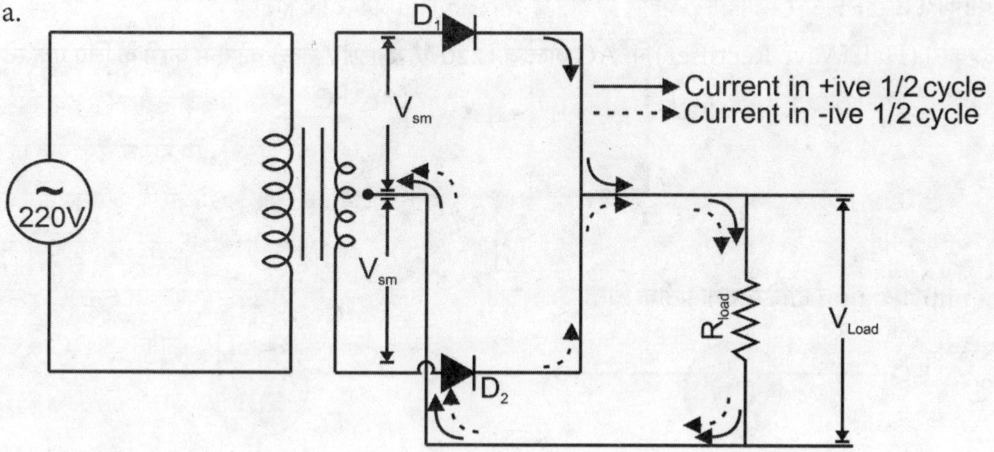


b.

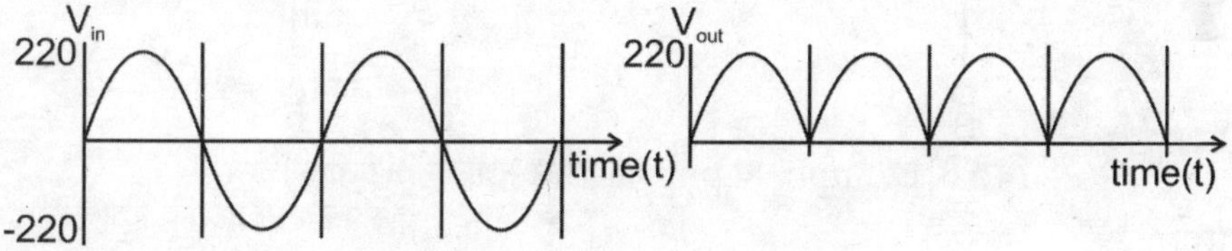


चित्र 6.11 : पूर्ण तरंग दिष्टकारी

## 6.8 ट्रांजिस्टर

ट्रांजिस्टर तीन-टर्मिनल उपकरण है, इसमें दो p-n जंक्शन होते हैं, जो या तो n -टाइप अर्द्धचालक को दो p -टाइप अर्द्धचालक क्षेत्रों या p -टाइप अर्द्धचालक को दो n -टाइप अर्द्धचालक क्षेत्रों के बीच में रखकर बनाया जाता है। डायोड के विपरीत ट्रांजिस्टर में n और p क्षेत्रों की मोटाई भिन्न होती है। ट्रांजिस्टर के तीन टर्मिनलों को आधार (Base), उत्सर्जक (Emitter) और संग्राहक (Collector) के रूप में जाना जाता है। उत्सर्जक और संग्राहक क्षेत्र की तुलना में आधार क्षेत्र की डोपिंग कम होती है। उत्सर्जक और संग्राहक की तुलना में आधार क्षेत्र की मोटाई भी कम होती है। ट्रांजिस्टर में दो p - n संधि बनती है, उत्सर्जक – आधार संधि और संग्राहक – आधार संधि। ट्रांजिस्टर के सामान्य कामकाज के लिए उत्सर्जक – आधार संधि को अग्र बायस और संग्राहक – आधार संधि को पश्च बायस रखा जाता है। जैसा कि हम जानते हैं कि अग्र बायस में संधि का प्रतिरोध अल्प होता है और पश्च बायस में प्रतिरोध उच्च होता है। उत्सर्जक और संग्राहक से गुजरने वाली धारा समान होती है और यह धारा उत्सर्जक – आधार क्षेत्र और संग्राहक – आधार क्षेत्र में अलग-अलग प्रतिरोध देखती है, अतः प्रतिरोध का स्थानांतरण होता है, इसलिए इस उपकरण को ट्रांजिस्टर के रूप में जाना जाता है।

## 6.9 ट्रांजिस्टर के प्रकार

ट्रांजिस्टर दो प्रकार के होते हैं

- npn : उत्सर्जक और संग्राहक n प्रकार के होते हैं और आधार p प्रकार का होता है

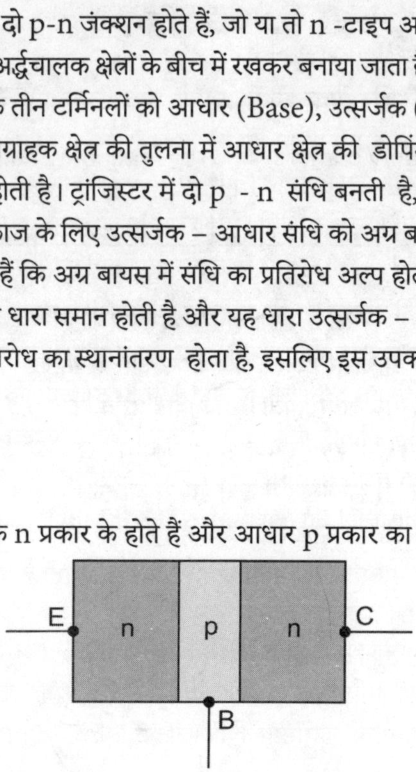

- pnp: उत्सर्जक और संग्राहक p प्रकार के होते हैं और आधार n प्रकार का होता है

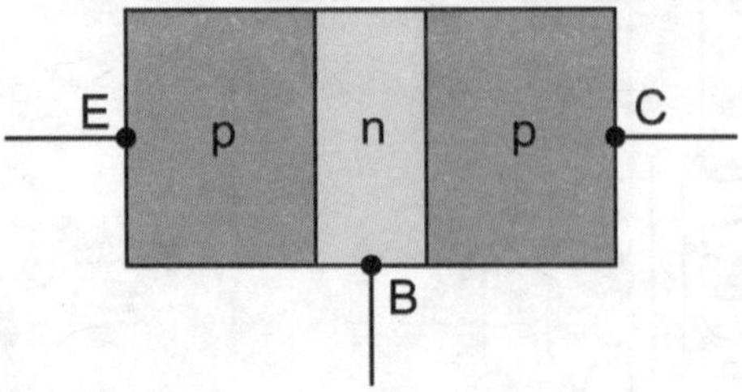


- pnp एवं npn ट्रांजिस्टर के प्रतीक चिन्ह

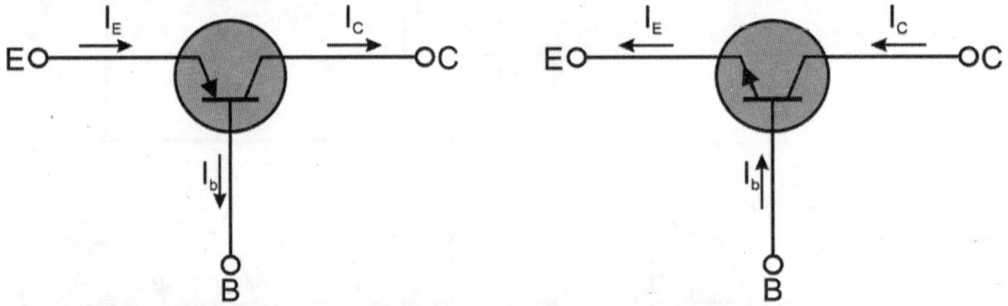


**चित्र 6.12 :** npn एवं pnp ट्रांजिस्टर तथा इनके प्रतीक चिन्ह

**ट्रांजिस्टर का प्रचालन**

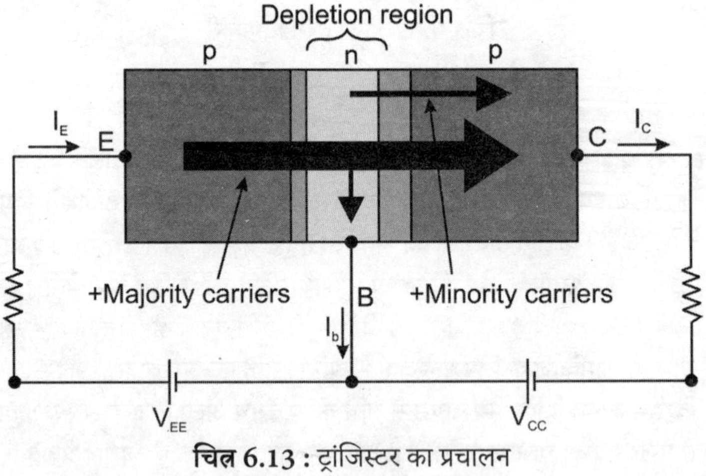


**चित्र 6.13 :** ट्रांजिस्टर का प्रचालन

जैसी कि पहले चर्चा की गई है, उत्सर्जक – आधार संधि को अग्र बायस और संग्राहक – आधार संधि को पश्च बायस रखा जाता है। संधि अभिलाक्षणिकों के अनुसार, जब संधि अग्र बायस होती है तो डायोड पर वोल्टेज 0.7 वोल्ट (यदि Si का उपयोग किया जाता है) कोटि का होता है और धारा मिली एम्पीयर में होती है और पश्च बायस में धारा माइक्रो एम्पीयर में होती है और संधि वोल्टता आरोपित वोल्टेज के बराबर होती है। उत्सर्जक धारा ($I_e$) ट्रांजिस्टर में उत्सर्जक से आधार की ओर प्रवाहित होती है और चूँकि आधार जंक्शन बहुत पतला होता है, आधार से बहुत अल्प आधार धारा ($I_b$) प्रवाहित होती है और उत्सर्जक धारा का अधिकतम भाग संग्राहक से प्रवाहित होता है। संग्राहक – आधार संधि से अत्यधिक मात्रा में धारा प्रवाहित होती है, संधि पर वोल्टेज ($V_{CC}$) अधिक होता है, इसलिए ट्रांजिस्टर में शक्ति का प्रवर्द्धन हो जाता है।

$$I_e = I_c + I_b$$

$$I_e \sim I_c$$

## 6.10 ट्रांजिस्टर के अनुप्रयोग

- वोल्टेज प्रवर्धक
- धारा प्रवर्धक
- एक स्विच के रूप में
- विभिन्न प्रकार के लॉजिक गेट सर्किट को डिजाइन करने के लिए
- संक्रियात्मक प्रवर्धक अर्थात् आपरेशनल एम्प्लिफायर के बुनियादी बिल्डिंग ब्लॉक के रूप में

## 6.11 फोटो सेल

प्रकाश चालकीय (Photoconductive) पदार्थ अर्धचालक होते हैं जिनकी चालकता फोटॉन की उपस्थिति में बढ़ जाती है। संयोजकता बैंड में इलेक्ट्रॉन फोटॉन को अवशोषित करता है और चालन बैंड में कूद जाता है। परिणामस्वरूप फोटॉन या प्रकाश की उपस्थिति में चालन बैंड में इलेक्ट्रॉनों की संख्या बढ़ जाती है। GaAs प्रकाशचालकीय पदार्थ का एक उदाहरण है।

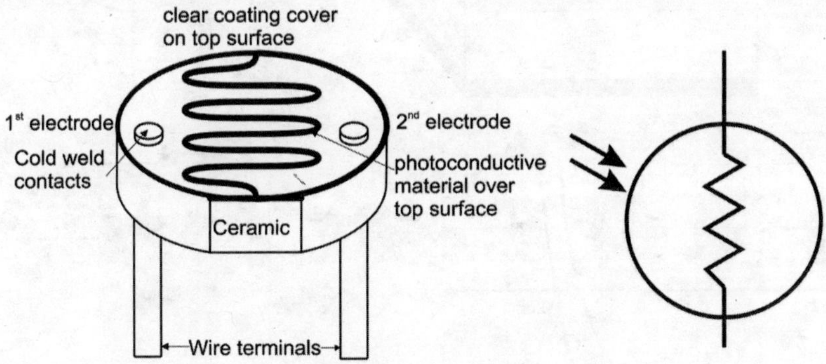


**चित्र 6.14 : फ़ोटो सेल**

प्रकाशचालकीय सेल (photoconductive cell) एक दो टर्मिनल अर्द्धचालक उपकरण है, टर्मिनलों के बीच प्रतिरोध प्रकाश की तीव्रता के साथ बदलता जाता है। चित्र 6.14 एक फोटो सेल की संरचना को दर्शाता है। फोटो सेल में प्रयुक्त प्रकाशचालकीय पदार्थ CdS और CdSe हैं। फोटो सेल में अन्य संधि उपकरणों जैसे फोटोडायोड्स की तरह कोई संधि नहीं होती है। सिरेमिक सब्स्ट्रेट पर प्रकाशचालकीय पदार्थ की एक पतली परत जमा की जाती है। परिपथ में प्रकाशचालकीय सेल को जोड़ने के लिए पतली परत के सिरों पर दो धातु टर्मिनल जुड़े होते हैं। पतली परत के पदार्थ का प्रतिरोध, आमतौर पर 100 k ओम कोटि का होता है और प्रकाश से आलोकित होने पर 100 ओम तक कम हो जाता है। इसका उपयोग कई अनुप्रयोगों के लिए निम्नानुसार किया जा सकता है:

- स्वचालित हेडलाइट डिमर
- रात्रि प्रकाश नियंत्रण
- स्ट्रीट लाइट नियंत्रण

## 6.12 सौर सेल

सौर सेल भी एक संधि उपकरण है, जिसका उपयोग प्रकाश ऊर्जा को विद्युत ऊर्जा में बदलने के लिए किया जाता है। सौर सेल का आरेख चित्र 6.15 में दिया गया है। सौर सेल का n क्षेत्र सामान्य p-n संधि डायोड के विपरीत p क्षेत्र की तुलना में पतला होता है। इस संधि को इस तरह से प्रकाश में रखा जाता है कि n क्षेत्र प्रकाश के संपर्क में आ जाए। संयोजकता बैंड इलेक्ट्रॉन फोटॉन को अवशोषित करता है और चालन बैंड में चला जाता है। इसके कारण n क्षेत्र में बड़ी संख्या में मुक्त इलेक्ट्रॉन और विवर उपलब्ध होते हैं। चूंकि n परत बहुत पतली है, इसलिए अवक्षय परत विद्युत क्षेत्र विवरों और इलेक्ट्रॉनों को अलग कर देता है। इलेक्ट्रॉनों को

n क्षेत्र में रहने के लिए मजबूर करता है तथा विवरों को p क्षेत्र में विसरित करता है। p पर धनात्मक विभव उत्पन्न होता है और n -टर्मिनल पर ऋणात्मक विभव उत्पन्न होता है और जब p और n टर्मिनल के बीच एक बाह्य प्रतिरोध जोड़ा जाता है तो धारा प्रवाहित होती है। बिना लोड के टर्मिनलों में उत्पन्न वोल्टेज को ओपन सर्किट वोल्टेज ($V_{OC}$) कहते हैं, जो 0.5 V की कोटि का होता है और अधिकतम लोड धारा जिसे शॉर्ट सर्किट धारा ($I_{SC}$) के रूप में भी जाना जाता है, कुछ mA की कोटि की होती है,जो प्रकाश की तीव्रता बढ़ने के साथ सोलर सेल में फोटोनों का अवशोषण बढ़ने के कारण बढ़ती जाती है। सोलर सेल के अंदर धारा की दिशा n से p की ओर है, इसलिए V_I अभिलाक्षणिक चतुर्थ चतुर्थांश में खींचा गया है।

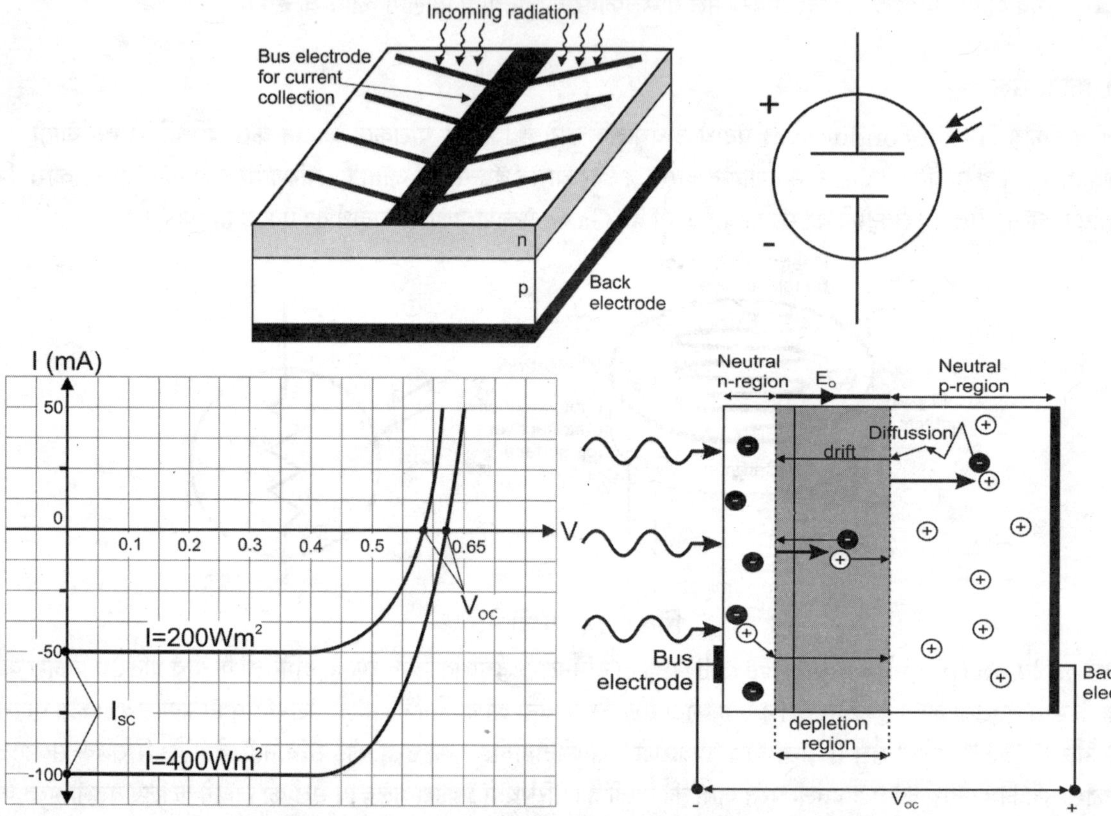


**चित्र 6.15:** सौर सेल : संरचना, प्रतीक चिन्ह,एवं VI अभिलाक्षणिक

**सौर सेल के अनुप्रयोग**

सौर सेल में उत्पन्न वोल्टेज और अधिकतम लोड धारा जो सौर सेल से प्राप्त की जा सकती है, किसी भी उपकरण को चलाने के लिए पर्याप्त नहीं है, इसलिए सौर सेलों के श्रृंखला और समानांतर संयोजन व्यावहारिक उद्देश्यों के लिए उपयोग में लिए जाते हैं और इन्हे सौर पैनल (Solar Panel) के रूप में जाना जाता है। सौर पैनलों के बड़ी संख्या में इंजीनियरिंग अनुप्रयोग हैं :

- विद्युत उत्पादन
- जल निस्पंदन संयंत्र (Water filtration plant)
- सोलर चार्जर

## हल किए गए प्रश्न

| | | |
|---|---|---|
| 6.1 | एक ग्राम सिलिकॉन में पंचसंयोजी (आर्सेनिक) आयनों की संख्या ज्ञात कीजिए, जब डोपिंग सांद्रता 1.2 पीपीएम है। | उदाहरण 6.1 |
| हल : | 28 ग्राम सिलिकॉन में है $= 6.023 \times 10^{23}$ सिलिकॉन के परमाणु<br>1ग्राम सिलिकॉन में है $= 6.023 \times 10^{23} / 28$ सिलिकॉन के परमाणु $= 2.15 \times 10^{22}$ परमाणु<br>अब डोपिंग सांद्रता 1.2 पीपीएम है अर्थात सिलिकॉन के 12 लाख परमाणुओं पर आर्सेनिक (As) का एक परमाणु है<br>1 ग्राम सिलिकॉन में As के परमाणु $= 2.15 \times 10^{22} / 1.2 \times 10^{6} = 1.79 \times 10^{16}$ परमाणु | |
| 6.2 | निम्न परिपथ में धारा ज्ञात कीजिए यदि Si डायोड उपयोग में लिया जाए तथा इसकी नी वोल्टता (Knee वोल्टेज) 0.7 V है। | उदाहरण 6.2 |
| हल : | दिया है Vd = 0.7 V<br>चूँकि डायोड अग्र बायस है अतः किरचॉफ के नियम से $-6V = V_d + V_r$<br>Vr = 6 – 0.7 = 5.3 V<br>प्रतिरोध के सिरों पर विभवांतर = 5.3 V<br>अतः परिपथ में धारा I = 5.3/500 = 0.0106 A = 10.6 mA | |

## यूनिट सारांश

- अर्धचालक पदार्थ में संयोजकता बैंड और चालन बैंड के बीच ऊर्जा अंतराल अल्प होता है।
- कमरे के तापमान पर नैज अर्धचालकों की चालकता बढ़ाने के लिए त्रिसंयोजी और पंचसंयोजी अशुद्धियों को मिलाया जाता है।
- डायोड का उपयोग अर्ध और पूर्ण तरंग के दिष्टिकरण के लिए किया जा सकता है।
- इलेक्ट्रॉनिक सर्किट के बुनियादी बिल्डिंग ब्लॉक डायोड और ट्रांजिस्टर हैं।
- सौर पैनल का बुनियादी बिल्डिंग ब्लॉक सौर सेल है जो प्रकाश ऊर्जा को विद्युत ऊर्जा में परिवर्तित करता है।

## अभ्यास

### बहु विकल्पी प्रश्न

6.1 Ge अर्धचालकों का बैंड अंतराल है -

a. 0.5eV
b. 0.7eV
c. 2.1eV
d. 1.2eV

6.2 निम्न प्रकार के आवेश p प्रकार के अर्धचालकों में उपस्थित नहीं होते हैं -

a. स्थिर धनात्मक आयन
b. स्थिर ऋणात्मक आयन
c. गतिशील विवर
d. गतिशील इलेक्ट्रॉन

6.3 सही कथन का चयन करें -

a. पश्च बायस में प्रयुक्त डायोड में कोई धारा प्रवाहित नहीं होती।
b. अग्र बायस एवं पश्च बायस में समान धारा प्रवाहित होती है।
c. पश्च बायस डायोड से अल्पसंख्यक आवेश वाहकों के कारण अल्प धारा प्रवाहित होती है।
d. पश्च बायस डायोड से बहुसंख्यक आवेश वाहकों के कारण अल्प धारा प्रवाहित होती है।

6.4 सौर सेल के V-I अभिलाक्षणिक खींचे जाते हैं -

a. I चतुर्थांश
b. II चतुर्थांश
c. III चतुर्थांश
d. IV चतुर्थांश

6.5 निम्न परिपथ में R के सिरों पर वोल्टता ज्ञात कीजिए यदि Ge डायोड का इस्तेमाल किया जाए ($V_D = 0.3V$)

a. 3V
b. 2.7V
c. 0V
d. 2.4V

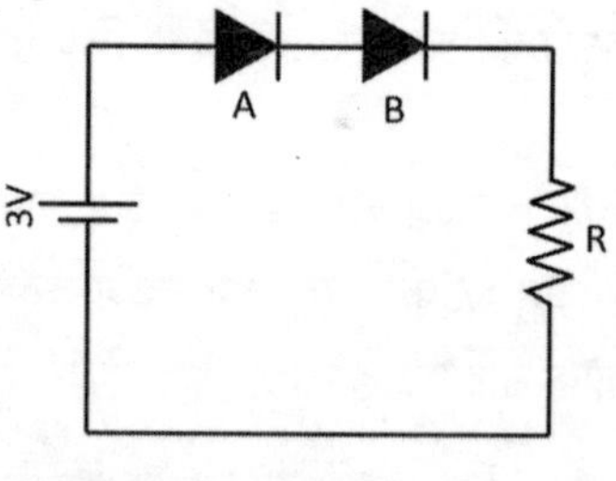


| बहु विकल्पी प्रश्नों के उत्तर |
|---|
| 6.1 (b), 6.2 (a), 6.3 (c), 6.4 (d), 6.5 (d) |

## लघु एवं दीर्घ उत्तरीय प्रश्न

### *श्रेणी-I*

1. किन्हीं पाँच अर्धचालक पदार्थों के नाम लिखिए।
2. त्रिसंयोजी और पंचसंयोजी अशुद्धियों के दो-दो उदाहरण दीजिए।
3. ठोसों के बैंड सिद्धांत के आधार पर चालक, अर्धचालक और कुचालक के बीच भेद करें।

4. किन्हीं चार बिंदुओं पर बाह्य और नैज अर्धचालकों के बीच अंतर करें।
5. किन्हीं चार बिंदुओं पर p और n प्रकार के बाह्य अर्धचालकों में अंतर स्पष्ट कीजिए।
6. p-n संधि को चित्र सहित विस्तार से समझाइए। अवक्षय परत का वर्णन कीजिए।
7. p-n जंक्शन डायोड की कार्यविधि समझाइए और इसके धारा वोल्टता (I-V) अभिलाक्षणिक खींचिए।
8. नी-वोल्टता (Knee Voltage) को परिभाषित कीजिए। Si और Ge डायोड के लिए नी-वोल्टता का मान लिखिए।
9. डायोड के V-I अभिलाक्षणिकों के आधार पर उसके अनुप्रयोगों की सूची बनाइए।
10. अर्ध तरंग दिष्टकारी के लिए परिपथ आरेख बनाइये और निवेशी तथा निर्गत तरंग रूप से इसकी कार्यप्रणाली को समझाइए।
11. पूर्ण तरंग दिष्टकारी (सेंटर टेप) के लिए परिपथ आरेख बनाइये और निवेशी तथा निर्गत तरंग रूप से इसकी कार्यप्रणाली को समझाइए।
12. ट्रांजिस्टर की रचना एवं कार्यविधि को उपयुक्त चित्र की सहायता से समझाइए।
13. ट्रांजिस्टर के प्रकारों को प्रतीक सहित समझाइए।
14. प्रकाश चालकीय सेल (Photo Conductive Cell) के कार्य सिद्धांत की व्याख्या करें।
15. सौर सेल (Solar Cell) के कार्य सिद्धांत को चित्र सहित समझाइए।
16. दैनिक जीवन में सौर सेल के दो अनुप्रयोग बताइए।

***श्रेणी -II***

1. निम्नलिखित परिपथ में बिंदु A और बिंदु B पर निर्गत तरंग रूप खींचिए, (परिपथ में प्रयुक्त डायोड सिलिकॉन है - Vd = 0.7 V)

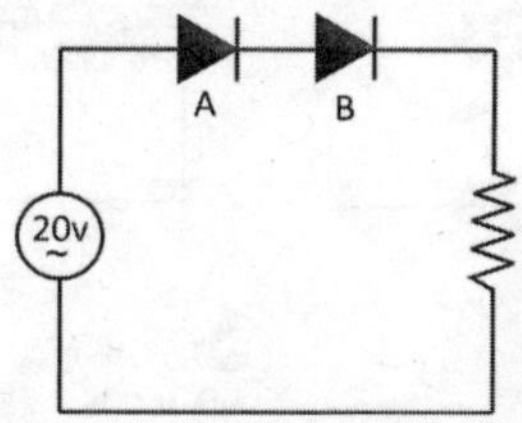


2. चतुर्थ चतुर्थांश में सौर सेल के V-I अभिलाक्षणिकों को खींचने के कारण बताइए।

## प्रयोग

दो प्रयोगशाला प्रयोग हैं जो इस इकाई से संबंधित हैं।

- सेमीकंडक्टर डायोड (Ge, Si) के V-I अभिलाक्षणिक वक्रों को आरेखित करना और नी वोल्टता (Knee Voltage) ज्ञात करना।
- प्रकाश विद्युत सेल का उपयोग करके विकिरणों के व्युत्क्रम वर्ग नियम को सत्यापित करना।

## प्रयोग 14 : डायोड के V-I अभिलाक्षणिक

### *P 14.1 प्रायोगिक कथन*

अर्द्धचालक डायोड (Ge, Si) के V-I अभिलाक्षणिक वक्रों को आरेखित करना और इसकी नी वोल्टता (knee voltage) ज्ञात करना।

## *P 14.2 प्रायोगिक महत्व*

p-n जंक्शन डायोड का उपयोग दिष्टकारी, क्लिपिंग, क्लैम्पिंग और वोल्टेज मल्टीप्लायर परिपथ में किया जाता है। डायोड का उपयोग लॉजिक परिपथ को डिजाइन करने में भी किया जाता है। डायोड के V-I अभिलाक्षणिक इसके कार्य और अनुप्रयोगों को निर्धारित करते हैं। इस प्रयोग में, विद्यार्थी अग्र तथा पश्च बायस अभिलाक्षणिक आरेखित करेंगे और नी वोल्टता भी ज्ञात करेंगे।

## *P 14.3 प्रासंगिक सिद्धांत*

देखें : इस अध्याय का खंड 6.4

## *P 14.4 प्रैक्टिकल आउटकम्स (PROs)*

प्रैक्टिकल आउटकम्स इस कोर्स के पाठ्यक्रम से प्राप्त होते हैं :

PrO1: Si/Ge डायोड के V-I अभिलाक्षणिक वक्रों को आरेखित करना।

PrO2: Si/Ge डायोड की नी वोल्टता (knee voltage) ज्ञात करना।

## *P 14.5 प्रायोगिक व्यवस्था (चित्र/स्केच/परिपथ आरेख/कार्य स्थिति)*

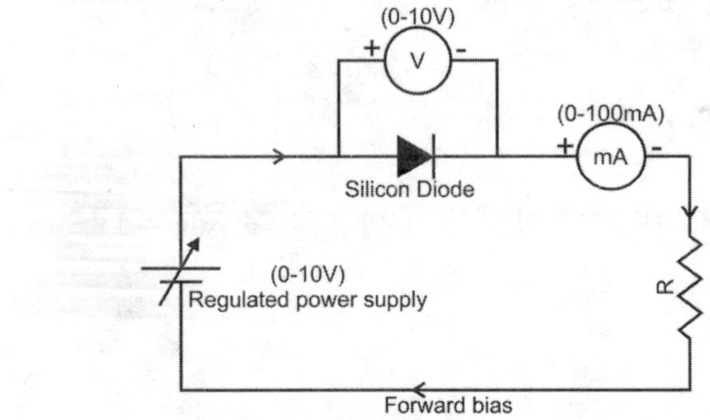


चित्र : P14.1

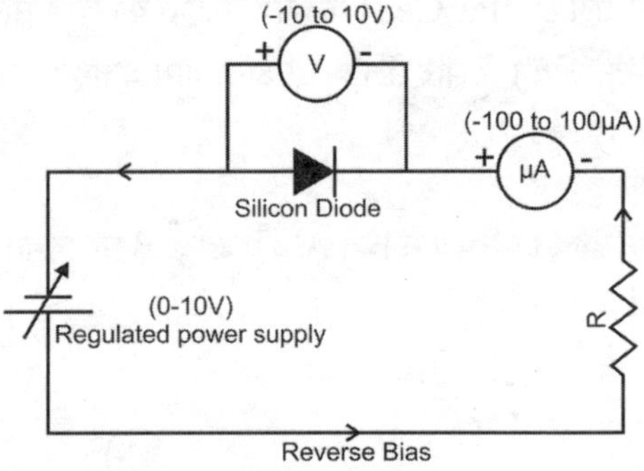


चित्र : P14.2

## *P 14.6 आवश्यक संसाधन*

| क्र. सं. | सुझाए गए आवश्यक संसाधन मशीनें/औजार /उपकरण महत्वपूर्ण विशिष्टताओं सहित | मात्रा | प्रयुक्त वास्तविक संसाधन मशीनें/ औजार / उपकरण व्यापक विशिष्टताओं सहित (विद्यार्थी द्वारा भरा जाना है) | | टिप्पणी (यदि कोई हो) |
|---|---|---|---|---|---|
| | | | निर्माता (Make) | विवरण | |
| 1 | DC पॉवर सप्लाई (0-10V) | 01 | | | |
| 2 | वोल्टमीटर (0-10)V | 01 | | | |
| 3 | अमीटर (0-100mA)/(0-100μA) | 02 | | | |
| 4 | प्रतिरोध (100 Ohm, 1 K Ohm) | 2 | | | |
| 5 | संयोजक तार | | | | |

## *P 14.7* सावधानियाँ

1. संयोजन दृढ़ होने चाहिए।
2. उपकरण का इस्तेमाल सावधानी पूर्वक करें।
3. डायोड से बहने वाली धारा डायोड के निर्दिष्टीकरण (specifications) के अनुसार अधिकतम धारा से अधिक नहीं होनी चाहिए।
4. परिपथ चित्र में दिखाए अनुसार वोल्टमीटर और अमीटर का संयोजन करें।

## *P 14.8* प्रयोग विधि

**अग्र बायस अभिलाक्षणिक वक्र**

1. p-n संधि डायोड (Si/Ge) को अग्र बायस में कनेक्ट करें जैसा कि चित्र P14.1 में दिखाया गया है।
2. आपूर्ति वोल्टेज ($V_s$) को 0.1V के चरणों में बदलें।
3. डायोड के सिरों पर वोल्टेज ($V_d$) नोट करें।
4. संगत अग्र बायस धारा ($I_D$) नोट करें।
5. अग्र बायस धारा ($I_D$) तथा अग्र बायस वोल्टेज ($V_d$) के मध्य ग्राफ आरेखित करें।
6. एक्स-अक्ष पर वह वोल्टेज ज्ञात करें जहाँ अग्र धारा ($I_D$) तेजी से बढ़ती है।
7. इस वोल्टेज को नी वोल्टेज (knee voltage) या अंतक विभव (cut in voltage) के रूप में नोट करें।

**पश्च बायस अभिलाक्षणिक वक्र**

8. p-n संधि डायोड (Si/Ge) को पश्च बायस में कनेक्ट करें जैसा कि चित्र P14.2 में दिखाया गया है।
9. आपूर्ति वोल्टेज ($V_s$) को 0.5V के चरणों में बदलें।
10. डायोड के सिरों पर वोल्टेज ($V_R$) नोट करें।
11. संगत पश्च बायस धारा ($I_R$) नोट करें।
12. पश्च बायस धारा ($I_R$) तथा पश्च बायस वोल्टेज ($V_R$) के मध्य ग्राफ आरेखित करें।

## *P 14.9* प्रेक्षण सारणी एवं गणना

वोल्टमीटर का अल्पतमांक = .................. अमीटर का अल्पतमांक = ............

**सारणी 1**

| क्र.सं. | अग्र बायस वोल्टेज ($V_D$) (volts) | अग्र बायस धारा ($I_D$) (mA) |
|---|---|---|
| 1 | | |
| 2 | | |
| 3 | | |
| 4 | | |
| 5 | | |
| 6 | | |

**सारणी 2**

| क्र.सं. | पश्च बायस वोल्टेज ($V_R$) (volts) | पश्च बायस धारा ($I_S$) (μA) |
|---|---|---|
| 1 | | |
| 2 | | |
| 3 | | |
| 4 | | |
| 5 | | |
| 6 | | |

## *P 14.10 परिणाम एवं /अथवा विवेचना*

(विद्यार्थी द्वारा भरा जाना है)

1. ..........................................................................................................

2. ..........................................................................................................

## *P 14.11 निष्कर्ष एवं /अथवा सत्यापन*

(विद्यार्थी द्वारा भरा जाना है)

1. ..........................................................................................................

2. ..........................................................................................................

## *P 14.12 प्रयोग संबंधित प्रश्न*

(उत्तर के लिए अलग शीट का प्रयोग करें)

नोट: उदाहरण के तौर पर कुछ प्रश्न नीचे दिए गए हैं। पूर्व निर्धारित कोर्स आउटकम की प्राप्ति सुनिश्चित करने के लिए शिक्षकों को ऐसे और अधिक प्रश्न तैयार करने चाहिए।

1. प्रयुक्त Si और Ge डायोड के लिए नी वोल्टेज का आदर्श मान बताएँ।
2. मल्टीमीटर का उपयोग करके डायोड के p और n टर्मिनलों की पहचान करने की चरणबद्ध प्रक्रिया समझाइए।
3. पश्च बायस में माइक्रो अमीटर उपयोग में लेने के कारण बताएँ।
4. इस प्रयोगशाला प्रयोग में प्रयुक्त डायोड की विशिष्टताओं का उल्लेख कीजिए।

## *P 14.13 सुझाए गए शिक्षण संसाधन*

- http://www.olabs.edu.in/?sub=1&brch=6&sim=233&cnt=4

## *P 14.14 सुझाई गई मूल्यांकन पद्धति*

(शिक्षक द्वारा भरा जाना है)

प्रक्रिया और परिणाम से संबंधित अंकों के मूल्यांकन के लिए नीचे दिए गए बिन्दु एक दिशानिर्देश का कार्य करेंगे।

| निष्पादन सूचक | | % भारिता (वेटेज) | प्राप्तांक |
|---|---|---|---|
| प्रक्रिया संबंधित: …. अंक * (…….%) | | | |
| 1 | विद्युत संयोजन बनाना | | |
| 2 | अग्र बायस एवं पश्च बायस धारा तथा वोल्टेज का मापन करना | | |
| 3 | ग्राफ बनाना तथा नी वोल्टेज ज्ञात करना | | |
| 4 | उपकरण का रख रखाव | | |
| परिणाम संबंधित: ….. अंक * (…….%) | | | |
| 5 | परिणाम और निष्कर्ष | | |
| 6 | रिपोर्टकी समय पर प्रस्तुति | | |
| 7 | प्रयोग संबंधित प्रश्नों के उत्तर | | |
| | कुल | 100% | |

* परिणाम और प्रक्रिया मूल्यांकन के लिए अंक और प्रतिशत वेटेज शिक्षक द्वारा तय किया जाएगा।

| विद्यार्थी का नाम:………………………………………………….. प्राप्तांक | | | शिक्षक के हस्ताक्षर मय दिनांक |
|---|---|---|---|
| प्रक्रिया संबंधित | परिणाम संबंधित | कुल | |
| | | | |

## प्रयोग 15 – विकिरणों का व्युत्क्रम वर्ग नियम

### *P 15.1 प्रायोगिक कथन*

एक प्रकाश विद्युत सेल का उपयोग करके विकिरणों के व्युत्क्रम वर्ग नियम को सत्यापित करना

### *P 15.2 प्रायोगिक महत्व*

एक प्रकाश चालकीय सेल एक द्वि टर्मिनल अर्धचालक युक्ति है, टर्मिनलों के मध्य प्रतिरोध प्रकाश की तीव्रता के साथ परिवर्तित होता है। इसका उपयोग स्वचालित हेडलाइट डिमर, रात्रि प्रकाश नियंत्रण (नाइट लाइट कंट्रोल) और स्ट्रीट लाइट कंट्रोल जैसे कई अनुप्रयोगों के लिए किया जाता है। यह प्रयोग विद्यार्थीं को प्रकाश स्रोत और प्रकाश विद्युत् / प्रकाश चालकीय सेल के बीच की दूरी के साथ तीव्रता के परिवर्तन को ज्ञात करने में मदद करेगा।

### *P 15.3 प्रासंगिक सिद्धांत*

देखें: प्रकाश चालकीय सेल के लिए अध्याय 6 का भाग 6.4

बिंदु 'O' पर प्रकाश स्रोत स्थित है तो बिंदु 'P' पर स्थित प्रेक्षक के लिए प्रकाश स्रोत की तीव्रता (I) प्रेक्षक और स्रोत के बीच की दूरी के वर्ग के व्युत्क्रमानुपाती होती है। प्रकाश चालकीय सेल के मामले में, सेल पर पड़ने वाले प्रकाश की तीव्रता फोटो सेल से होकर गुजरने वाली प्रकाश विद्युत धारा के परिमाण को तय करती है। अतः प्रकाश विद्युत धारा का परिमाण भी स्रोत व फोटो सेल के बीच की दूरी के वर्ग के व्युत्क्रमानुपाती होता है।

$I \alpha 1/d^2$

## P 15.4 प्रैक्टिकल आउटकम (PrO)

प्रैक्टिकल आउटकम इस कोर्स के पाठ्यक्रम से प्राप्त होते हैं :

Pr O1: दूरी के साथ प्रकाश विकिरण की तीव्रता के बीच संबंध ज्ञात करना।

## P 15.5 प्रायोगिक व्यवस्था (चित्र /स्केच/परिपथ आरेख/ कार्य स्थिति)

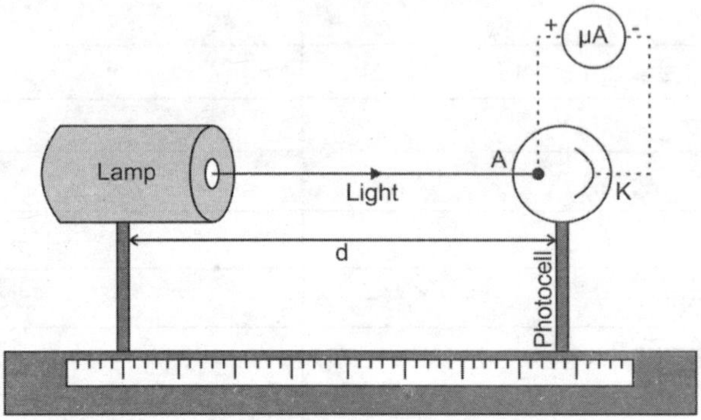


चित्र : P15.1

## P 15.6 आवश्यक संसाधन

| क्र.सं. | सुझाए गए आवश्यक संसाधन मशीनें/ औजार /उपकरण महत्वपूर्ण विशिष्टताओं सहित | मात्रा | प्रयुक्त वास्तविक संसाधन मशीनें/ औजार/ उपकरण व्यापक विशिष्टताओं सहित (विद्यार्थी द्वारा भरा जाना है) | | टिप्पणी (यदि कोई हो) |
|---|---|---|---|---|---|
| | | | निर्माता (Make) | विवरण | |
| 1 | DC शक्ति प्रदाय (0-10V) | 01 | | | |
| 2 | फोटो सेल | 01 | | | |
| 3 | अमीटर 0-100μA | 01 | | | |
| 4 | संयोजन तार, मीटर स्केल | | | | |

## P 15.7 सावधानियाँ

1. कनेक्शन दृढ़ होने चाहिए।
2. उपकरण को सावधानी से संभालें।
3. फोटोसेल पर अवांछित प्रकाश से बचना चाहिए।
4. फोटोसेल तथा लेम्प एक सीध में तथा उर्ध्वाधर होने चाहिए।

## P 15.8 प्रयोग विधि

1. चित्र में दर्शाए अनुसार परिपथ का संयोजन कीजिए।
2. लैम्प तथा फोटो सेल की दूरी (d = 12cm) रखिए।
3. लैम्प को चालू कीजिए।
4. अमीटर में धारा नोट कीजिये।

5. लैंप को नियत बिंदु पर रखते हुए, लैंप और फोटो सेल के बीच की दूरी को कम कीजिए और धारा में परिवर्तन को नोट कीजिए
6. 5 में वर्णित प्रक्रिया को पाँच बार दोहराइए।
7. धारा (I) Vs $1/d^2$ के मध्य ग्राफ बनाइये।

## *P 15.9 प्रेक्षण सारणी एवं गणना*

अमीटर का अल्पतमांक LC = ................ फोटो सेल की स्थिति $(x_1)$ = .........cm

| क्र.सं. | लैम्प की स्थिति $(x_2)$ | $d = x_1 - x_2$ | परिपथ में धारा I (माइक्रो एम्पीयर) | $1/d^2$ |
|---|---|---|---|---|
| 1 | | | | |
| 2 | | | | |
| 3 | | | | |
| 4 | | | | |
| 5 | | | | |

1. I तथा $1/d^2$ के मध्य ग्राफ बनाइए।

## *P 15.10 परिणाम एवं /अथवा विवेचना*

(विद्यार्थी द्वारा भरा जाना है)

1. ..........................................................................................................................

2. ..........................................................................................................................

## *P 15.11 निष्कर्ष एवं / अथवा सत्यापन*

(विद्यार्थी द्वारा भरा जाना है)

1. ..........................................................................................................................

2. ..........................................................................................................................

## *P 15.12 प्रयोग संबंधित प्रश्न*

(उत्तर के लिए अलग शीट का प्रयोग कीजिए)

नोट: उदाहरण के तौर पर कुछ प्रश्न नीचे दिए गए हैं। पूर्व निर्धारित कोर्स आउटकम की प्राप्ति सुनिश्चित करने के लिए शिक्षकों को ऐसे और अधिक प्रश्न तैयार करने चाहिए।

1. इस प्रयोग में ठोस कोण की अवधारणा की व्याख्या कीजिए।
2. इस प्रयोग में त्रुटियों के स्रोत दीजिए।
3. इस प्रयोग में प्रयुक्त फोटो सेल के विनिर्देशों को बताइए।
4. जब फोटो सेल पर प्रकाश आपतित न हो तो परिपथ में धारा को बताइए।

## *P 15.13 सुझाए गए शिक्षण संसाधन*

- https://www.youtube.com/watch?v=LWxzTFW8H44

## *P 15.14* सुझाई गई मूल्यांकन पद्धति

(शिक्षक द्वारा भरा जाना है)

नीचे दिए गए बिंदु, प्रक्रिया और उत्पाद से संबंधित अंकों के मूल्यांकन के लिए एक दिशानिर्देश का कार्य करेंगे।

| निष्पादन सूचक | | % भारिता (वेटेज) | प्राप्तांक |
|---|---|---|---|
| परिणाम संबंधित: ….. अंक * (…….%) | | | |
| 1 | विद्युत कनेक्शन करना | | |
| 2 | प्रयोग व्यवस्थित करना | | |
| 3 | ग्राफ खीचना | | |
| 4 | उपकरण को हेंडिल करना | | |
| परिणाम संबंधित: ….. अंक * (…….%) | | | |
| 5 | परिणाम और निष्कर्ष | | |
| 6 | रिपोर्ट की समय पर प्रस्तुति | | |
| 7 | प्रयोग संबंधित प्रश्नों के उत्तर | | |
| | कुल | 100% | |

* परिणाम और प्रक्रिया मूल्यांकन के लिए अंक और प्रतिशत वेटेज शिक्षक द्वारा तय किया जाएगा।

| विद्यार्थी का नाम:…………………………………………………… प्राप्तांक | | | शिक्षक के हस्ताक्षर मय दिनांक |
|---|---|---|---|
| प्रक्रिया संबंधित | परिणाम संबंधित | कुल | |
| | | | |

## अधिक जानिए

विद्यार्थियों के मौजूदा ज्ञान को बढ़ाने के लिए इस अध्याय से संबंधित निम्नलिखित विषयों का सुझाव दिया गया है जो अनुप्रयुक्त भौतिक शास्त्र पाठ्यक्रम में रुचि को बढ़ाता है।

- प्रत्यक्ष और अप्रत्यक्ष बैंड अंतराल अर्धचालक
- यौगिक अर्धचालक
- फिल्टर परिपथ

### आईसीटी के उपयोग

अर्ध चालकों में सिमुलेशन के लिए विद्यार्थी निम्नलिखित URL देख सकते हैं -

- http://www.olabs.edu.in/?sub=1&brch=6&sim=233&cnt=4

### अभिनव प्रयोग /परियोजनाएँ /गतिविधियाँ डिजाइन करें-

- कम आवृत्ति तथा कम वोल्टता स्रोत के साथ डायोड का उपयोग करके अर्ध तरंग दिष्टकारी डिजाइन कीजिए तथा आउटपुट को धारामापी या एलईडी में प्रदर्शित कीजिए।

- डायोड का उपयोग करके लॉजिक गेट डिजाइन कीजिए।
- सौर सेल का ओपन सर्किट वोल्टेज और शॉर्ट सर्किट धारा ज्ञात कीजिए।

## रचनात्मकता एवं जिज्ञासा के विषय

- क्या डायोड हमेशा अग्र बायस में चालन करता है?
- नैज अर्धचालकों में केवल III और V समूह के तत्वों को मिलाने का कारण।
- p-n संधि डायोड के अनुप्रयोग जब डायोड को पश्च बायस में उपयोग किया जाता है।
- उद्योगों में p-n जंक्शन बनाने की विधियाँ।
- क्या उत्क्रम संतृप्त धारा तापमान के साथ बदलती है?

## संदर्भ एवं अध्ययन हेतु सुझाव


- H C Verma, "Concepts of physics" 2st ed., vol. 1, Bharti Bhawan, 1992.
- Richard Feynman *et al* "The Feynman lectures on Physics", 6th ed. vol1, Addison-Wesley, 1963.
- R K Gaur and S L Gupta "Engineering Physics", 8th ed., Dhanpat Rai, 2011.
- Resnick Halliday and Krane, "Physics" 5th ed. vol1, Wiley, 2014.
- Robert L Boylestad and L Nashelsky," Electronic Devices and circuit Theory", 10 edition, Prentice Hall, 2009.

# 7 आधुनिक भौतिकी

## यूनिट विशिष्ट

यह अध्याय निम्नलिखित मुख्य पहलुओं पर केंद्रित है:

- लेज़र
- लेज़र एवं साधारण प्रकाश के मध्य अंतर
- प्रकाश विकिरण की पदार्थ के साथ परस्पर क्रिया
- लेज़र उत्पादन की आवश्यक शर्तें
- लेज़र के घटक
- रूबी, He-Ne एवं डायोड लेज़र
- प्रकाशीय तंतु एवं इनके प्रकार
- नैनो कण एवं नैनो पदार्थ
- नैनो तकनीक परिचय

दैनिक जीवन में लेज़र, प्रकाशीय तंतु एवं नैनो तकनीक के अनुप्रयोगों की चर्चा, रुचि पैदा करने के लिए की गई है और विषयों को समझने के लिए गतिविधियों का सुझाव भी दिया गया है। हल की गई अनुप्रयोग आधारित समस्याएं, बहुविकल्पीय प्रश्न और ब्लूम के वर्गीकरण के निचले और उच्च क्रम के संज्ञानात्मक (cognitive) स्तरों के प्रश्न अध्याय में दिए गए हैं ताकि कोई भी अभ्यास के लिए उन्हें हल कर सके, जो अधिगम के पुनर्बलन में सहायक होंगे। विभिन्न विषयों के लिए वीडियो लिंक के क्यूआर कोड भी दिए गए हैं जिन्हें प्रासंगिक सहायक ज्ञान के लिए स्कैन किया जा सकता है।

अवधारणाओं और सिद्धांतों के अनुकरण के लिए क्यूआर कोड भी अध्याय में दिए गए हैं, ताकि विद्यार्थी उपलब्ध सिमुलेशन मॉडल का अनुकरण करने के लिए व्यावहारिक अभ्यास कर सकें। विषय को गहराई से समझने के लिए विद्यार्थी सिमुलेशन मॉडल में विभिन्न मापदंडों को बदल सकते हैं। माइक्रो प्रोजेक्ट गतिविधि का सुझाव दिया गया है जो कोर्स आउटकम को प्राप्त करने में मदद करेगा। अधिक जानिए अनुभाग को विवेकपूर्ण ढंग से डिज़ाइन किया गया है ताकि इस भाग में प्रदान की गई जानकारी पुस्तक के उपयोगकर्ताओं के लिए फायदेमंद हो। भविष्य में सीखने के लिए विद्यार्थी को प्रेरित करने के लिए विभिन्न पहलुओं पर औद्योगिक अनुप्रयोग और वास्तविक जीवन अनुप्रयोग, केस स्टडी और रचनात्मकता एवं जिज्ञासा के विषय भी अध्याय में शामिल है।

## भूमिका

लेज़र, ऑप्टिकल फाइबर (प्रकाशीय तंतु) और नैनो तकनीक, पिछली शताब्दी में भौतिकी में नवीनतम प्रगति हैं। इंजीनियरिंग के हर क्षेत्र में लेज़र, ऑप्टिकल फाइबर (प्रकाशीय तंतु) और नैनो टेक्नोलॉजी के अनुप्रयोग पाए जा सकते हैं। किसी भी शाखा के डिप्लोमा इंजीनियर के रूप में लेज़र, ऑप्टिकल फाइबर और नैनो टेक्नोलॉजी के प्रासंगिक अनुप्रयोगों का ज्ञान होना आवश्यक है। इस अध्याय

से विद्यार्थियों को लेज़र, फाइबर ऑप्टिक्स और नैनो टेक्नोलॉजी की मूलभूत अवधारणाओं (concepts) को समझने में मदद मिलेगी।

## पूर्व अपेक्षित ज्ञान

- गणित- बीजगणित, त्रिकोणमिति
- भौतिकी –ऊर्जा बैंड अन्तराल, ऊर्जा स्तर, परमाण्विक ऊर्जा स्तर, किरण प्रकाशिकी, पूर्ण आन्तरिक परावर्तन, P-N संधि
- अन्य - कंप्यूटर की मूलभूत तकनीक और मोबाइल एप्लिकेशन का उपयोग

## यूनिट आउटकम्स (UOs)

आउटकम्स की सूची निम्नानुसार है :

U7-O1: प्रकाश विकिरण के स्वतः और उद्दीप्त उत्सर्जन में अंतर

U7-O2: रूबी, He-Ne एवं डायोड लेज़र की संरचना और कार्य प्रणाली की व्याख्या करना।

U7-O3: किसी दिए गए फाइबर का संख्यात्मक द्वारक Numerical Aperature ज्ञात करना।

U7-O4: विभिन्न प्रकार के प्रकाशिक तंतुओं में प्रकाश के संचरण की व्याख्या करना।

U7-O5: नैनो तकनीक की व्याख्या करना और नैनो पैमाने पर पदार्थ के गुणों में परिवर्तन की व्याख्या करना।

U7-O6: लेज़र, तंतु प्रकाशिकी और नैनो तकनीक के इंजीनियरिंग अनुप्रयोगों को समझना।

| यूनिट-7 आउटकम्स (UOs) | कोर्स आउटकम्स (COs) के साथ अपेक्षित संबंध *(1-कमजोर सहसंबंध; 2-मध्यम सहसंबंध; 3-मजबूत सहसंबंध)* | | | | | |
|---|---|---|---|---|---|---|
| | CO-1 | CO-2 | CO-3 | CO-4 | CO-5 | CO-6 |
| U7-O1 | 1 | - | 1 | 1 | - | 3 |
| U7-O2 | 1 | - | 1 | 1 | - | 3 |
| U7-O3 | - | 1 | - | - | - | 3 |
| U7-O4 | - | 1 | - | - | - | 3 |
| U7-O5 | 1 | - | - | - | 1 | 3 |
| U7-O6 | 1 | 1 | 1 | 1 | 1 | 3 |

## 7.1 लेज़र

रोचक तथ्य

- लेज़र की अवधारणा 20 वी शताब्दी की शुरुआत में आइंस्टीन द्वारा दी गई थी लेकिन पहला लेज़र मैमन द्वारा 1960 में प्रदर्शित किया गया था।

LASER “विकिरण के उद्दीप्त उत्सर्जन द्वारा प्रकाश प्रवर्धन” का संक्षिप्त रूप है और यह अन्य प्रकाश स्रोतों जैसे कि बिजली के बल्ब, CFL, ट्यूब लाइट और लैंप की तरह है तथा कुछ अद्वितीय गुणों के साथ है जो इसे अन्य से अलग प्रकाश का विशेष स्रोत बनाते हैं। आजकल हमें दैनिक जीवन में अधिकांश स्थानों पर लेज़र प्रकाश स्रोत मिलते हैं। हमारे पास प्रिंटिंग उपकरण, बारकोड

मशीन, कटिंग टूल्स, कपड़ा उद्योग, हॉस्पिटल, अनुसन्धान प्रयोगशाला आदि में लेज़र है। हमें अलग अलग रंग और अलग अलग शक्ति स्तर के लेज़र मिलते हैं।

विज्ञान और इंजीनियरिंग अनुप्रयोगों के लिए, उच्च एकवर्णता और उच्च तीव्रता वाले प्रकाश स्रोत की आवश्यकता थी, लेज़र प्रकाश ऐसी सभी आवश्यकताओं को पूरा करता है। लेज़र प्रकाश साधारण प्रकाश स्रोत से भिन्न होता है। लेज़र प्रकाश स्रोत के कुछ गुण हैं:

- उच्च एकवर्णता (मोनोक्रोमैटिसिटी) {लेज़र में केवल एक रंग का प्रकाश या एकल तरंग दैर्ध्य होता है}
- चूंकि श्वेत प्रकाश में 4000 $A^0$ से 7000 $A^0$ तक का प्रकाश होता है, यह एकवर्णी नहीं होता है, सोडियम प्रकाश में दो तरंग दैर्ध्य 5890 $A^0$ और 5896 $A^0$ ($\Delta\lambda = 6\ A^0$) का प्रकाश होता है, इसे मोनोक्रोमैटिक माना जाता है और लेज़र अत्यधिक मोनोक्रोमैटिक है जहाँ $\Delta\lambda = 0.01\ A^0$ या उससे कम होती है।
- उच्च कला सम्बद्धता {लेज़र पुंज (बीम) से जुड़ी सभी तरंगें समान कला में होती हैं}
- दिशात्मक {लेज़र प्रकाश केवल एक दिशा में चलता है}
- कम विचलन {लेज़र प्रकाश का विचलन या बीम का फैलाव बहुत कम होता है}
- उच्च शक्ति {लेज़र प्रकाश में उच्च शक्ति होती है क्योंकि तीव्रता अधिक होती है}

अध्याय 2 में हमने प्रकाश से सम्बंधित परिघटनाओ को समझाने के लिए प्रकाश के किरण मॉडल का उपयोग किया है। वर्तमान अध्याय में हम प्रकाश विकिरण के फोटॉन मॉडल का उपयोग करते हैं। प्रकाश की द्वैत प्रकृति होती है। प्रकाश विकिरण द्वारा दिखाई गई कुछ घटनाओं जैसे व्यतिकरण और विवर्तन को केवल प्रकाश विकिरण की तरंग प्रकृति का उपयोग करके समझाया जा सकता है, जहां कई घटनाएं जैसे कि प्रकाश विद्युत प्रभाव को कण प्रकृति द्वारा समझाया जा सकता है। प्रकाश के कण मॉडल में विकिरण ऊर्जा के क्वांटा से बने होते हैं, जिन्हें फोटॉन कहा जाता है जिनकी ऊर्जा $E = h\nu$
जहां h ($6.67 \times 10^{-34}$ Js) प्लांक नियतांक है और $\nu$ प्रकाश विकिरण की आवृत्ति है।

### 7.1.1 ऊर्जा स्तर

जैसा कि अध्याय 6 में बताया गया है कि ठोस में मौजूद इलेक्ट्रानों के लिए ऊर्जा बेंड होते हैं और एक पृथक परमाणु में इलेक्ट्रॉनों के लिए तीक्ष्ण ऊर्जा स्तर होते हैं। एक परमाणु में इलेक्ट्रॉन, फोटॉन के रूप में ऊर्जा को अवशोषित और मुक्त करके या जब एक ऊर्जावान इलेक्ट्रॉन परमाणु से टकराता है, तो इन स्तरों के बीच संक्रमण करता है। परमाणुओं के बोहर सिद्धांत के अनुसार एक परमाणु में इलेक्ट्रॉन के लिए उपलब्ध ऊर्जा स्तर असतत होते हैं। उदाहरण के लिए, हाइड्रोजन परमाणु में ऊर्जा स्तर चित्र 7.1 में दिए गए हैं।

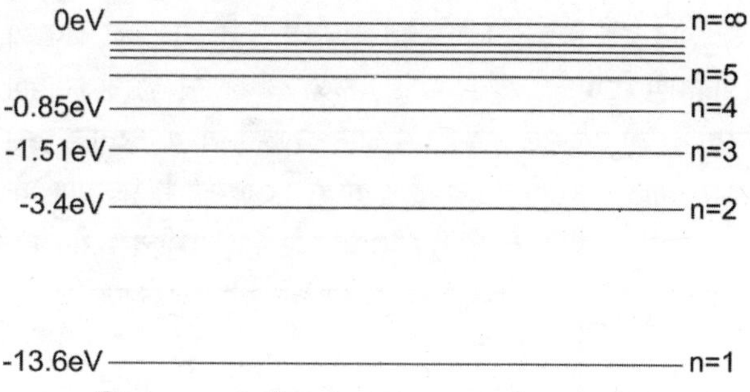


**चित्र 7.1:** हाइड्रोजन परमाणु का ऊर्जा स्तर आरेख

विभिन्न तत्वों के परमाणुओं में ऊर्जा स्तर अलग अलग होंगे और उनका चित्र 7.1 से काफी भिन्न होगा क्योंकि प्रत्येक प्रकार के परमाणुओं में इलेक्ट्रोनों की संख्या में परिवर्तन होता है। ठोसों में तीक्ष्ण ऊर्जा स्तरों के स्थान पर ऊर्जा बेंड होते हैं।

### 7.1.2 आयनन और उत्तेजन विभव

एक इलेक्ट्रॉन के लिए परमाणु में उपलब्ध न्यूनतम ऊर्जा अवस्था को मूल उर्जा अवस्था के रूप में जाना जाता है। मूल स्तर से ऊपर की सभी ऊर्जा अवस्थाओं को उत्तेजित ऊर्जा अवस्थाओं के रूप में जाना जाता है। एक इलेक्ट्रॉन को मूल अवस्था से किसी भी उत्तेजित अवस्था में उत्तेजित करने के लिए आवश्यक ऊर्जा को उत्तेजन ऊर्जा के रूप में जाना जाता है। यदि हाइड्रोजन परमाणु में एक इलेक्ट्रॉन को मूल अवस्था से पहली उत्तेजित अवस्था में उत्तेजित करना है तो, $-3.4 - (-13.6\text{eV}) = 10.2$ eV ऊर्जा की

आवश्यकता है, इसलिए 10.2 eV प्रथम उत्तेजन ऊर्जा है जो प्रथम उत्तेजित स्तर ($n = 1$)। तक उत्तेजित करने के लिए आवश्यक है। इलेक्ट्रॉन को $n = \infty$ तक उत्तेजित करने या परमाणु से इलेक्ट्रॉन को बाहर निकालने के लिए आवश्यक ऊर्जा को आयनन ऊर्जा के रूप में जाना जाता है, हाइड्रोजन परमाणु के लिए आयनन ऊर्जा 13.6eV है।

यदि एक इलेक्ट्रॉन को 1V के विभवान्तर से त्वरित किया जाता है, तो वह 1 eV ऊर्जा प्राप्त करता है। मूल अवस्था से उत्तेजित अवस्था में इलेक्ट्रॉन का उत्तेजन, इस के लिए आवश्यक ऊर्जा वाले इलेक्ट्रॉन से टकराकर किया जा सकता है। इसलिए, इलेक्ट्रॉन को ऊर्जा देने के लिए आवश्यक विभव ताकि वह परमाणु में उपलब्ध इलेक्ट्रॉन को किसी भी उत्तेजित अवस्था में उत्तेजित कर सके, इसे उत्तेजन विभव के रूप में जाना जाता है। परमाणु को आयनित करने के लिए, इलेक्ट्रॉन को ऊर्जा देने के लिए आवश्यक विभव को आयनन विभव के रूप में जाना जाता है। हाइड्रोजन परमाणु को आयनित करने के लिए आवश्यक आयनन विभव 13.6 V है और इलेक्ट्रॉन को मूल अवस्था से पहली उत्तेजित अवस्था में उत्तेजित करने के लिए आवश्यक उत्तेजन विभव 10.2 V है।

### 7.1.3 स्वतः और उद्दीप्त उत्सर्जन

पिछले भाग में, यह समझाया गया है कि ऊर्जावान इलेक्ट्रॉन किसी इलेक्ट्रोन को मूल अवस्था से उत्तेजित अवस्था में उत्तेजित करता है। इस भाग में हम उस घटना को समझेंगे जो तब होती है जब प्रकाश पदार्थ के साथ परस्पर क्रिया करता है। उत्तेजित अवस्था और मूल अवस्था के बीच ऊर्जा के अंतर के बराबर ऊर्जा वाला एक फोटॉन भी इलेक्ट्रॉन को मूल अवस्था से उत्तेजित अवस्था में उत्तेजित कर सकता है। इस घटना को प्रकाशीय अवशोषण के रूप में जाना जाता है।

$$E = h\nu = E_2 - E_1 \qquad \ldots(7.1)$$

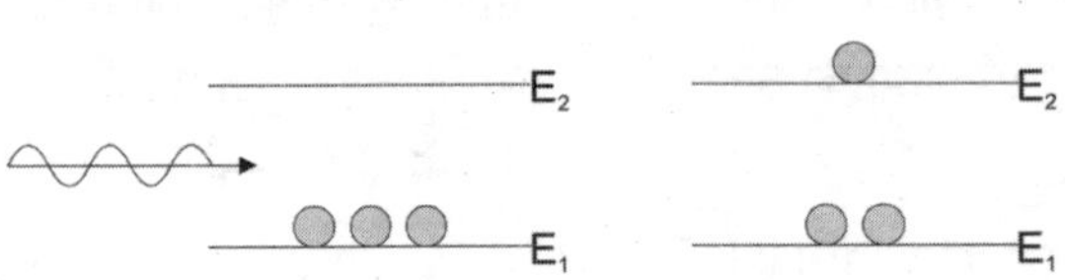


चित्र 7.2: प्रकाशिक अवशोषण

उच्च ऊर्जा स्तर में उत्तेजित इलेक्ट्रॉन का उत्तेजित अवस्था में एक निश्चित आयु काल होता है और यह $10^{-7}$ सेकंड की कोटि का होता है। उत्तेजित अवस्था से परमाणु, मूल ऊर्जा स्तर में स्थानांतरित होता है और इस प्रक्रिया में, यह $E_2 - E_1$ ऊर्जा का एक फोटॉन उत्सर्जित करता है, इस घटना को स्वतः उत्सर्जन के रूप में जाना जाता है। क्रमागत स्वतः उत्सर्जन से उत्सर्जित फोटानों के बीच कोई कला संबंध नहीं होता है।

यदि एक इलेक्ट्रॉन उत्तेजित अवस्था में है और मूल अवस्था में संक्रमण से पहले, यह $E_2 - E_1$ ऊर्जा के फोटॉन का अवशोषण करता है, जो उसे मूल अवस्था में आने के लिए बाध्य करता है ,इस प्रकार फोटॉन उत्तेजित इलेक्ट्रॉन को मूल अवस्था में संक्रमण के लिए उद्दीप्त या प्रेरित करता है। इस प्रक्रिया में दो सभी तरह से समान फोटॉन उत्सर्जित होते हैं और इस घटना को उद्दीप्त उत्सर्जन के रूप में जाना जाता है। दोनों फोटोन में समान ऊर्जा, एक ही दिशा और एक ही कला होती है। उद्दीप्त उत्सर्जन कलासंबद्ध (cohrent) फोटॉन बनाता है।

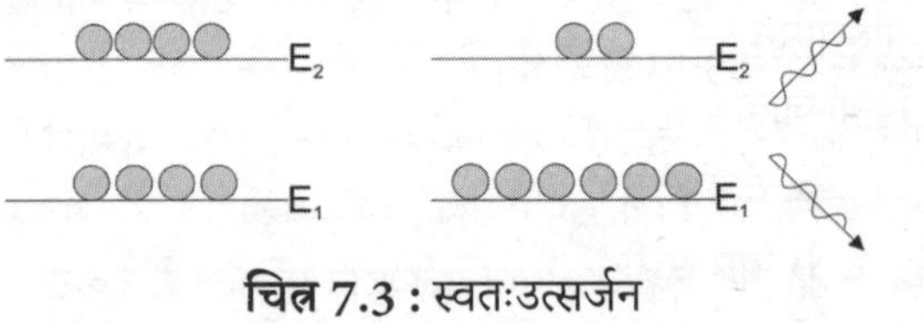


चित्र 7.3 : स्वतःउत्सर्जन

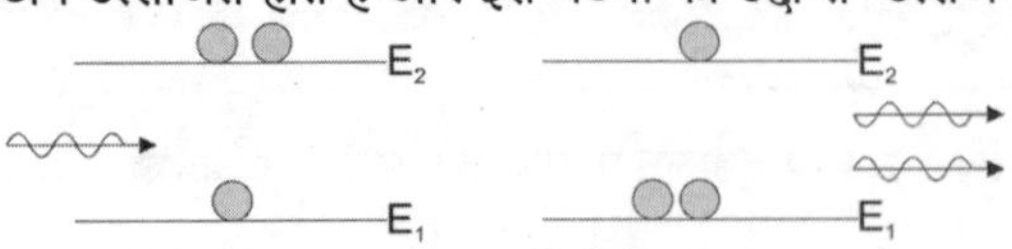


चित्र 7.4: उद्दीप्त उत्सर्जन

**नोटः** उद्दीप्त और स्वतः उत्सर्जन की घटना को इलेक्ट्रॉन संक्रमण द्वारा समझाया गया है। कुछ पुस्तको में इसे परमाणुओं के उत्तेजन द्वारा भी समझाया गया है।

लेज़र के उत्पादन के लिए उद्दीप्त उत्सर्जन की घटना को बढ़ाया जाना चाहिए।

### 7.1.4 जनसंख्या प्रतिलोमन या जनसँख्या व्युत्क्रमण

जैसा कि पिछले भाग में बताया गया है कि लेज़र अत्यधिक एकवर्णी होता है और लेज़र का उत्पादन करने के लिए अधिक से अधिक उद्दीप्त उत्सर्जन होना चाहिए। उत्तेजित अवस्था में अधिक समय तक रहने पर उद्दीप्त उत्सर्जन की संभावना अधिक होती है। हम

इसे और अधिक विस्तार से देखते हैं। उत्तेजित ऊर्जा स्तरों की चौड़ाई निम्न चित्र में दर्शाई गई है:

समी. (7.1) से $$E_2 - E_1 = h\Delta\nu$$

$E_2$ से $E_1$ में संक्रमण के कारण निकलने वाले प्रकाश विकिरण की स्पेक्ट्रमी चौड़ाई होती है अर्थात इसमें आवृत्तियों की परास होती है। अतः यह एकवर्णता कोप्रभावित करेगा। इसके अलावा, ऊर्जा स्तर की चौड़ाई के कारण इलेक्ट्रॉन के उत्तेजित अवस्था में रहने का समय भी कम होता है। अधिक उद्दीप्त उत्सर्जन के लिए हमें उत्तेजित अवस्था में बड़ी संख्या में परमाणुओं की आवश्यकता होती है। वे उत्तेजित ऊर्जा स्तर, जिसके लिए चौड़ाई बहुत कम होती है, मितस्थाई या मेटास्टेबल अवस्थाओं के रूप में जाने जाते हैं। मितस्थाई अवस्था में परमाणुओं का आयुकाल $10^{-3}$ सेकंड की कोटि का होता है। इसलिए जब परमाणु मितस्थाई अवस्था में उत्तेजित होते हैं तो वे वहां अधिक समय तक रहते हैं और इसी बीच में, उचित क्रियाविधि द्वारा, बड़ी संख्या में परमाणु इसी अवस्था में उत्तेजित हो सकते हैं। इस प्रकार उत्तेजित अवस्था में परमाणुओं की संख्या मूल अवस्था में परमाणुओं की संख्या से अधिक हो जाती है। इस स्थिति (सामान्य स्थिति के विपरीत) को जनसंख्या प्रतिलोमन या जनसंख्या व्युत्क्रमण के रूप में जाना जाता है। किसी भी पदार्थ के ऊर्जा स्तरों में मितस्थाई अवस्था की उपस्थिति, उस पदार्थ को लेज़र के उत्पादन के लिए उपयुक्त बनाती है।

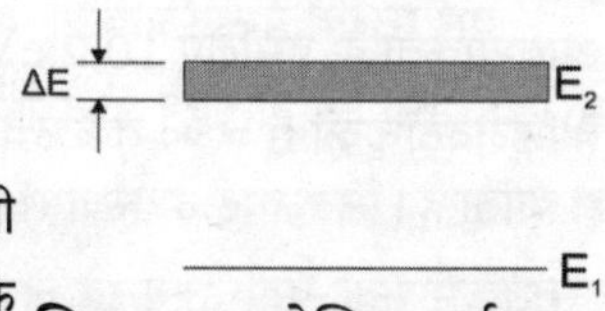


**चित्र** 7.5 **:** उत्तेजित ऊर्जा स्तर की चौड़ाई

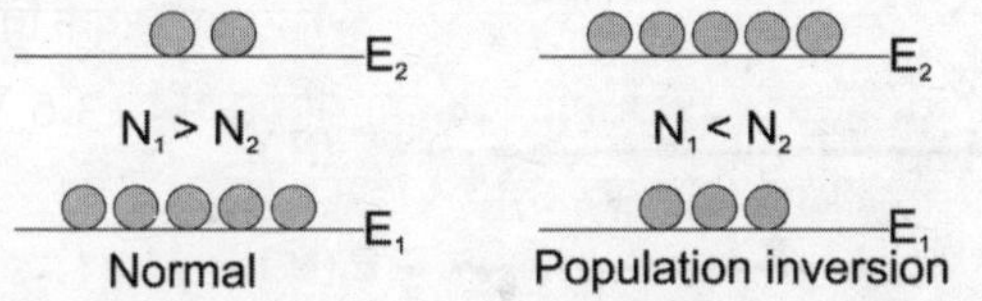


**चित्र 7.6:** सामान्य और जनसंख्या प्रतिलोमन स्थितियों में उत्तेजित अवस्था में परमाणुओं की संख्या

मानाकि $E_2$ स्तर में परमाणुओं की संख्या $N_2$ है और मूल अवस्था $E_1$ में परमाणुओं की संख्या $N_1$ है, सामान्य तौर पर $N_1 >> N_2$ होता है , लेकिन जनसंख्या प्रतिलोमन $N_2 >> N_1$ में, जनसंख्या व्युत्क्रमण के कारण परमाणुओं की एक बड़ी मात्रा को एक साथ मूल अवस्था में ले जाया जा सकता है और एक कला सम्बद्ध तीव्र प्रकाश पुंज (बीम) का उत्पादन किया जा सकता है।

### 7.1.5 पम्पन विधि

पम्पन विधि को पम्पन प्रक्रिया के रूप में भी जाना जाता है। जैसा कि हम देख चुके हैं कि लेज़र का उत्पादन करने के लिए हमें उद्दीप्त उत्सर्जन करना चाहिए और उद्दीप्त उत्सर्जन के लिए हमें जनसंख्या प्रतिलोमन करना होता है तथा जिस विधि से हम जनसंख्या प्रतिलोमन करते हैं उसे पंपन विधि के रूप में जाना जाता है। लेज़र में दो प्रकार की पम्पन विधियों या पम्पन प्रक्रियाओं का उपयोग किया जाता है।

a. तीन स्तरीय

b. चार स्तरीय

तीन स्तरीय पम्पन क्रियाविधि में परमाणु प्रकाशिक अवशोषण या विद्युत उत्तेजन द्वारा मितस्थाई अवस्था से ऊपर के उच्च ऊर्जा स्तर तक उत्तेजित किए जाते हैं। प्रकाशिक अवशोषण, प्रकाश विकिरण के बाहरी स्रोत द्वारा किया जाता है। बाहरी स्रोत के फोटॉन मूल स्तर के परमाणुओं को उत्तेजित ऊर्जा स्तर में स्थानांतरित करते हैं। जबकि विद्युत उत्तेजन में, ऊर्जावान इलेक्ट्रॉन मूल अवस्था के परमाणुओं से टकराते हैं और उन्हें उत्तेजित स्तर में स्थानांतरित करते हैं।

उच्च ऊर्जा स्तरों से ये परमाणु मितस्थाई अवस्था में स्थानांतरित हो जाते हैं, जहाँ जनसंख्या प्रतिलोमन उत्पन्न हो जाता है। इस के पश्चात, मितस्थाई अवस्था से बड़ी संख्या में परमाणु मूल स्तर में स्थानांतरित हो जाते हैं और यह स्थानांतरण प्रवर्धित होकर लेज़र बनाता है। तीन स्तरीय विधि में लेज़र प्रकाश मितस्थाई अवस्था और मूल अवस्था के बीच संक्रमण के कारण होता है (चित्र 7.7 a)। चूँकि सभी परमाणु सामान्य स्थिति में मूल अवस्था में होते हैं, अतः मूल अवस्था को खाली करना बहुत मुश्किल होता है। एक बार जब जनसंख्या प्रतिलोमन हो जाता है और तीव्र बीम बाहर आ जाती है, तो तीन स्तरीय प्रणालियों में पुनः जनसंख्या प्रतिलोमन करने में समय लगता है।

चार स्तरीय पम्पन प्रक्रिया में परमाणु प्रकाशिक अवशोषण या विद्युत उत्तेजन के द्वारा मितस्थाई अवस्था से ऊपर उच्च ऊर्जा स्तर में उत्तेजित होते हैं। उच्च ऊर्जा स्तरों से परमाणु मितस्थाई अवस्था में संक्रमित हो जाते हैं, जहाँ जनसंख्या प्रतिलोमन उत्पन्न हो जाता है। मितस्थाई अवस्था से बड़ी संख्या में परमाणु मूल स्तर से ऊपर एक अस्थाई उत्तेजित स्तर तक संक्रमित हो जाते हैं और इस संक्रमण को प्रवर्धित करके लेज़र बनाया जाता है। चार स्तरीय विधि में मितस्थाई अवस्था और अस्थाई उत्तेजित अवस्था के बीच संक्रमण के कारण लेज़र प्रकाश उत्पन्न होता है (चित्र 7.7 b)। चूँकि मूल स्तर से ऊपर उत्तेजित अवस्था अस्थाई है इसलिए खाली रहती है और तीन स्तरीय पंपन विधि की तुलना में चार स्तरीय विधि में जनसंख्या प्रतिलोमन आसानी से किया जा सकता है।

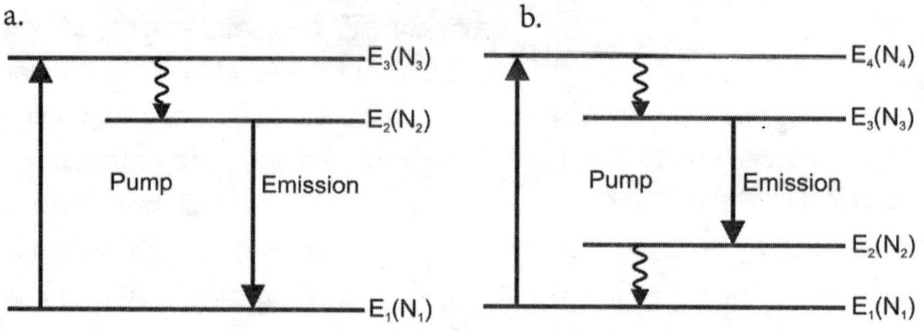


**चित्र 7.7:** तीन और चार स्तरीय पंपिंग योजनाएं

## 7.1.6 प्रकाशिक केविटी

अब तक, पिछले भागों से यह प्रमाणित हो गया है कि लेज़र के उत्पादन हेतु, अधिक उद्दीप्त उत्सर्जन और जनसंख्या प्रतिलोमन के लिए पदार्थ में मितस्थाई अवस्था होनी चाहिए। केवल एक चीज बची है वह है प्रवर्धन। वांछित तरंग दैर्ध्य के प्रकाश को आवर्धित करने की प्रक्रिया में परमाणु मितस्थाई (जनसँख्या व्युत्क्रमण के कारण) अवस्था से मूल अवस्था (तीन स्तरीय लेवल के लिए) और उत्तेजित मितस्थाई अवस्था से निम्न उत्तेजित अवस्था (चार स्तरीय लेवल के लिए) में लाता है। लेज़र में (चार स्तरीय में) प्रकाश विकिरण को प्रवर्धित करने के लिए प्रयुक्त क्रियाविधि को प्रकाशिक पुनर्निवेश या ऑप्टिकल फीडबैक के रूप में जाना जाता है। जिस पदार्थ में मितस्थाई अवस्था होती है या जिस पदार्थ के परमाणु संक्रमण से लेज़र बनते हैं उसे सक्रिय माध्यम के रूप में जाना जाता है। सक्रिय माध्यम को एक प्रकाशिक गुहा में रखा जाता है जिसे ऑप्टिकल रेज़ोनेटर के रूप में जाना जाता है। ऑप्टिकल रेज़ोनेटर एक बेलनाकार आकार का कांच का प्रकोष्ठ होता है जिसके दोनों सिरों पर समतल दर्पण होते हैं। एक दर्पण 100% परावर्तक है और दूसरा 50 % परावर्तक है। प्रकाशिक विधि के मामले में पंपन स्रोत को ऑप्टिकल रेज़ोनेटर के बाहर रखा जाता है।

पदार्थ से निकलने वाले फोटॉन हर दिशा में उत्सर्जित होते हैं। समतल दर्पणों के लंबवत दिशाओं वाले फोटोन लंबे समय तक प्रकाशिक गुहा में रहते हैं। क्योंकि वे हर बार उसी दिशा में परावर्तित होते हैं। प्रकाशिक गुहा की लंबाई कुछ सेंटीमीटर होती है। प्रकाश की गति $3 \times 10^{10}$ सेमी प्रति सेकंड है। अतः ये फोटॉन दो दर्पणों के मध्य हजारों चक्कर लगाएँगे। प्रत्येक चक्कर के दौरान ये फोटॉन उद्दीप्त उत्सर्जन द्वारा अतिरिक्त फोटॉन उत्पन्न करेंगे। प्रवर्धन की प्रक्रिया प्रकाशिक गुहा में फोटॉन के गमन के दौरान प्राप्त की जाती है, जैसा कि चित्र 7.8 में दिखाया गया है। प्रकाश फोटॉन के प्रत्येक चक्कर के साथ बीम की तीव्रता बढ़ती है, जब तक कि यह एक साम्य के स्तर तक नहीं पहुंच जाती। 100 % परावर्तन वाला दर्पण लगभग समस्त आपतित प्रकाश को परावर्तित करता है, जबकि 50 % परावर्तन वाला निर्गत दर्पण कुछ प्रकाश को परावर्तित करता है और एक हिस्से को लेज़र बीम के रूप में पारगमित करता है।

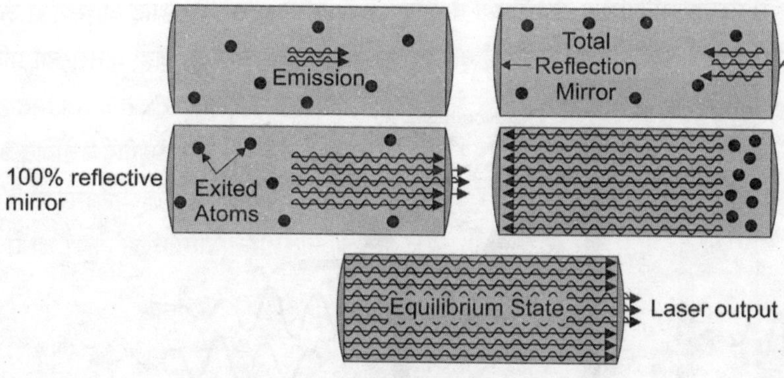


**चित्र 7.8:** ऑप्टिकल रेजोनेटर

## 7.1.7 लेज़र के प्रकार

लेज़र प्रकाश स्रोत बनाने के लिए अनिवार्य रूप से निम्नलिखित की आवश्यकता होती है और इन्हें लेज़र के अवयव के रूप में जाना जाता है:

a. सक्रिय माध्यम: ठोस और गैस

b. पम्पन विधि: तीन स्तरीय और चार स्तरीय

c. प्रकाशिक अनुनादक या ऑप्टिकल रेजोनेटर : सक्रिय माध्यम के अनुसार

लेज़र में प्रयुक्त अवयवों के आधार पर लेज़र के प्रकारों में अंतर किया जा सकता है। किसी भी लेज़र की कार्यप्रणाली को उपयोग किए गए सक्रिय माध्यम, लगाई गई पंपन विधि, ऊर्जा स्तर आरेख, ऑप्टिकल रेज़ोनेटर के डिजाइन और आने वाले विकिरण की तरंग दैर्ध्य के आधार पर समझाया जा सकता है।

**रूबी लेज़र**

| विशिष्ट गुण | विवरण |
|---|---|
| सक्रिय माध्यम | ठोस: रूबी छड़ ($Al_2O_3$) 0.5% क्रोमियम परमाणु $Cr_3$+ के साथ डोपित (सक्रिय पदार्थ) ठोस अवस्था लेज़र |
| पंपन विधि | ज़िनोन फ्लेश लेम्प 80W |
| प्रयुक्त पम्पन योजना | तीन स्तरीय |
| ऑप्टिकल रेज़ोनेटर | छड़ के सिरे पॉलिश हैं दर्पण के रूप में कार्य करते हैं |
| तरंग दैर्ध्य | 6943 $A^0$ |

**संरचना**

a.

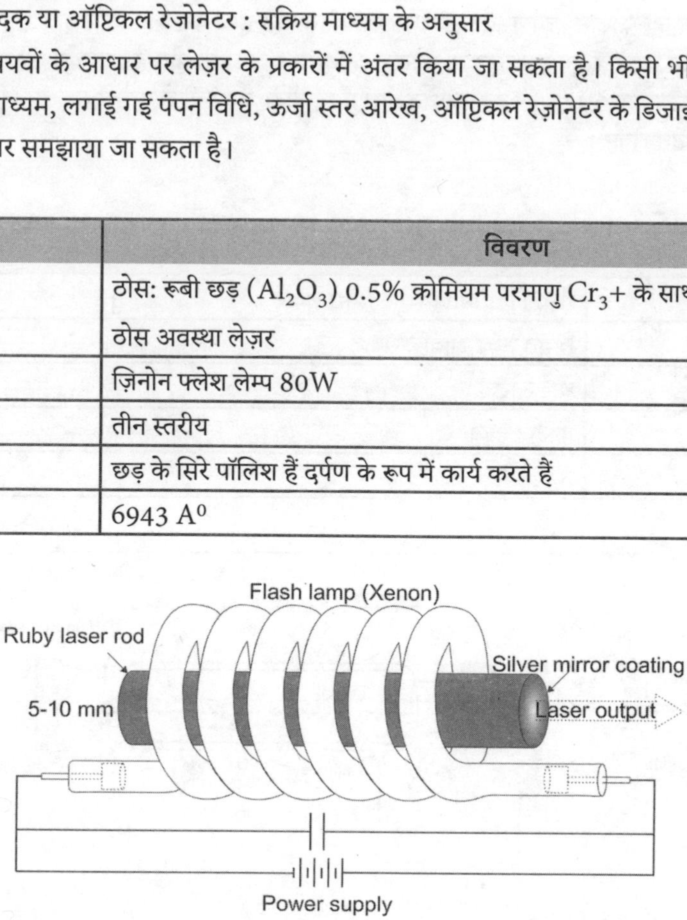

**ऊर्जा स्तर आरेख**

b.

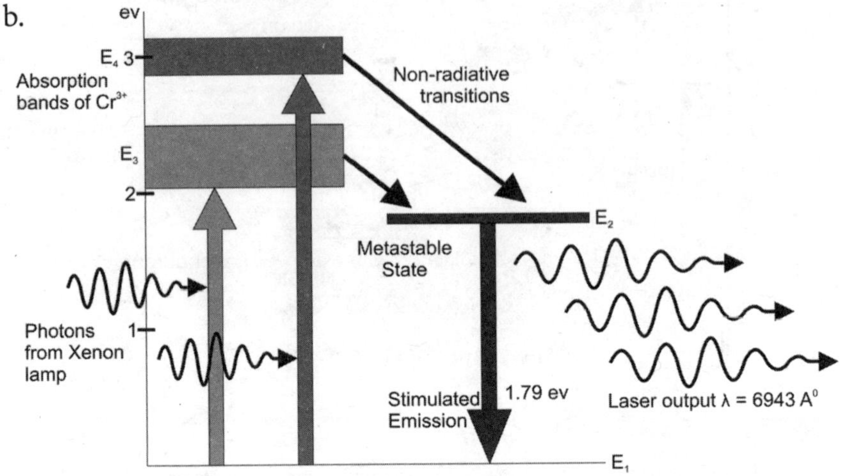


**चित्र 7.9:** रूबी लेज़र की संरचना एवं ऊर्जा स्तर आरेख

ज़िनोन लैंप का प्रकाश $5500A^0$ और $4000A^0$ तरंगदैर्घ्य के फोटॉन देता है जो Cr परमाणुओं को मूल स्तर से $E_3$ तथा $E_4$ तक उत्तेजित करता है, इन अवस्थाओं से परमाणु मितस्थाई अवस्था $E_2$में संक्रमित होता है। इस प्रकार $E_2$ और $E_1$ में जनसंख्या प्रतिलोमन स्थापित हो जाता है। $E_2$ से स्वतः उत्सर्जन 6943 $A^0$ का फोटॉन देता है। इस तरह स्वतः उत्सर्जित फोटॉन रूबी रॉड के अन्दर चलने लगते हैं एवं जो फोटॉन दर्पण पर लम्बवत आपतित होते हैं वे परावर्तन के पश्चात $E_2$ ऊर्जा स्तर के परमाणु को उद्दीप्त उत्सर्जन के लिए प्रेरित करते हैं एवं इस तरह दो फोटॉन $6943A^0$ के प्राप्त होते हैं। प्रवर्धन की यह प्रक्रिया दोहराई जाती है और इसके परिणामस्वरूप तरंगदैर्घ्य $6943A^0$ की प्रवर्धित बीम प्राप्त होती है। रूबी लेज़र की दक्षता बहुत कम होती है, और निर्गम पल्स लेज़र होता है न कि सतत लेज़र।

## He-Ne लेज़र

| विशिष्ट गुण | विवरण |
|---|---|
| सक्रिय माध्यम | गैस: He: Ne (10:1) गैस लेज़र |
| पंपन विधि | विद्युत उच्च आवृत्ति संकेत |
| प्रयुक्त पम्पन योजना | चार स्तरीय |
| ऑप्टिकल रेज़ोनेटर | क्वार्ट्ज ट्यूब |
| तरंग दैर्घ्य | $6328A^0$ |

**संरचना :**

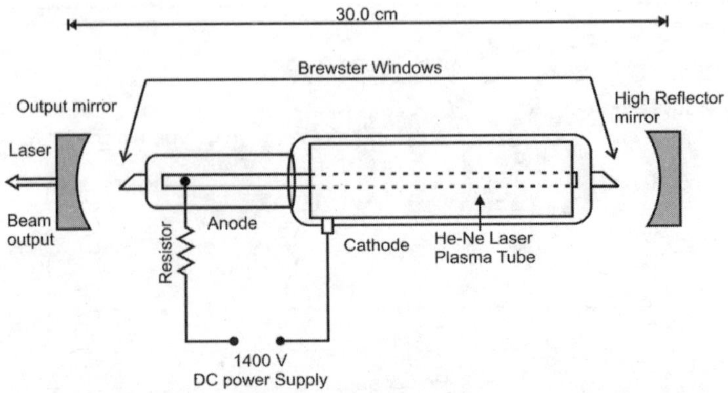

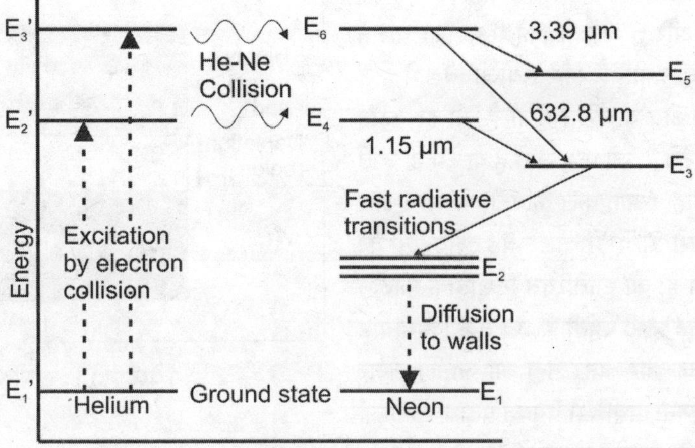


**चित्र 7.10:** He-Ne लेज़र की संरचना एवं ऊर्जा स्तर आरेख

**कार्यप्रणाली**

इलेक्ट्रॉनिक विसर्जन (डिस्चार्ज) विधियों द्वारा, हीलियम परमाणु इलेक्ट्रॉनों से टक्कर के कारण $E_2$' और $E_3$' स्तर (मितस्थाई अवस्था) तक उत्तेजित हो जाते हैं। He के ये उत्तेजित परमाणु Ne के मूल स्तर के परमाणुओं से प्रत्यास्थ टक्कर करते हैं और उन्हें सीधे $E_4$ और $E_6$ स्तरों तक उत्तेजित कर देते हैं। $E_6$ और $E_4$ स्तर से Ne परमाणु फोटॉन के उत्सर्जन के साथ $E_3$ में संक्रमण करते हैं और ये फोटॉन गैस मिश्रण में गमन करते हैं। ट्यूब की अक्ष के समानांतर गमन करने वाले फोटॉन ट्यूब के अंत में जुड़े दर्पण द्वारा आगे और पीछे परावर्तित होते हैं और उत्तेजित नियॉन परमाणु का उद्दीप्त उत्सर्जन शुरू करते हैं। यह प्रक्रिया जारी रहती है और ट्यूब में कलासंबद्ध विकिरणों का निर्माण होता है। जब बीम पर्याप्त रूप से तीव्र हो जाती है तो इसका एक हिस्सा लेज़र के रूप में बाहर आ जाता है।

**अर्द्धचालक लेज़र**

| विशिष्ट गुण | विवरण |
|---|---|
| **सक्रिय माध्यम** | ठोस: p-n संधि डायोड (अर्द्धचालक पदार्थ -GaAs) |
| **पंपन विधि** | विद्युत धारा |
| **प्रयुक्त पम्पन योजना** | बैण्ड से बैण्ड में संक्रमण |
| **ऑप्टिकल रेज़ोनेटर** | अवक्षय परत के सिरे क्लिव्ड होते है जो ऑप्टिकल रेजोनेटर बनाते हैं |
| **तरंग दैर्ध्य** | $6328A^0$ |

**कार्य प्रणाली:**

लेज़र डायोड भी p-n संधि डायोड है जैसा कि अध्याय 6 में बताया गया है। प्रकाश उत्सर्जक डायोड (LED), p-n संधि डायोड में से एक हैं जिसका उपयोग विद्युत ऊर्जा को प्रकाश ऊर्जा में परिवर्तित करने के लिए किया जाता है। जब LED अग्र बायस में होता है तो p-n संधि में बहुसंख्यक आवेश वाहक संयुक्त होकर प्रकाश विकिरण देते हैं। LED से जो प्रकाश हमें मिलता है,वह कलासंबद्ध नहीं होता है। डायोड लेज़र LED का संशोधित संस्करण है। यह लेज़र का एक किफायती और लघु संस्करण है।

डायोड लेज़र अन्य डायोड की तरह p-n संधि है और संधि पर अवक्षय क्षेत्र होता है। संधि क्षेत्र के सिरे अर्थात अवक्षय क्षेत्र के सिरों को इस तरह से साफ (cleaved) किया जाता है कि वे दर्पण के रूप में कार्य करते हैं और माइक्रो मीटर आकार की छोटी प्रकाशिक गुहा बनती है जैसा कि चित्र 7.11 में दिखाया गया है। p और n क्षेत्र की तुलना में अवक्षय क्षेत्र का अपवर्तनांक भी कम होता है। यह संधि क्षेत्र में फोटॉन की ऑप्टिकल ट्रैपिंग में मदद करता है। LED में प्रयुक्त पदार्थ की तुलना में लेज़र डायोड के लिए

प्रयुक्त पदार्थ में डोपिंग अधिक होती है। डायोड लेज़र में उपयोग किए जाने वाले क्रमशः n और p अर्द्धचालकों में क्रमशः चालन बैंड में बड़ी संख्या में इलेक्ट्रॉन होते हैं और संयोजी बैंड में होल होते हैं। जब लेज़र डायोड अग्र बायसित होता है, तो इलेक्ट्रॉन और होल मिलकर फोटॉन देते हैं, जो फंस जाते हैं या ट्रेप हो जाते हैं और संधि में प्रकाशिक गुहा (ऑप्टिकल कैविटी) में आगे और पीछे परावर्तित होते हैं। इससे संधि में चालन बैंड इलेक्ट्रॉनों का उद्दीप्त उत्सर्जन होने लगता है, जो अतिरिक्त दिशात्मक फोटॉन देता है। यह प्रक्रिया तब तक जारी रहती है जब तक कि डायोड लेज़र से एक प्रवर्धित लेज़र बीम बाहर नहीं आ जाती। लेज़र डायोड की तरंगदैर्ध्य की गणना डायोड में प्रयुक्त पदार्थ के ऊर्जा बैंड अन्तराल से की जाती है। डायोड लेज़र में He-Ne लेज़र की तुलना में कम एकवर्णता, कलासम्बद्धता और शक्ति होती है, लेकिन इसके छोटे आकार के कारण यह बहुत उपयोगी होता है।

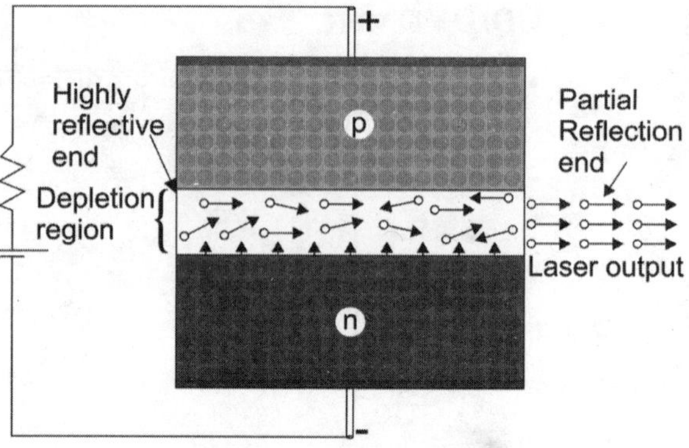

**चित्र 7.11:** डायोड लेज़र

## 7.1.8 लेज़र की विशेषताएँ

- **अत्यधिक दिशात्मक :** लेज़र स्रोत केवल एक दिशा में प्रकाश विकिरण उत्सर्जित करता है। यह अत्यधिक दिशात्मक है। साधारण स्त्रोत सभी दिशाओं में प्रकाश विकिरण उत्सर्जित करता है।
- **एकवर्णी :** लेज़र प्रकाश अत्यधिक एकवर्णी होता है, लेज़र प्रकाश का फैलाव 0.01 $A^0$ की कोटि का होता है, जबकि साधारण सफेद प्रकाश स्रोत का फैलाव 3000 $A^0$ का होता है (चित्र 7.12 a)।
- **कलासम्बद्ध :** लेज़र प्रकाश अत्यधिक कलासम्बद्ध है। हम लेज़र बीम द्वारा व्यतिकरण घटना को देख सकते हैं। लेज़र बीम में सभी तरंगों की एक ही कला होती है (चित्र 7.12 b)।
- **अत्यल्प अपसरण :** पारंपरिक प्रकाश स्रोतों की तुलना में लेज़र बीम का अपसरण या कोणीय फैलाव बहुत कम होता है। लेज़र बीम लगभग समान बीम आकार में ही लम्बी दूरी तय करती है।
- **उच्च तीव्रता :** लेज़र बीम में ऊर्जा बहुत छोटे क्षेत्र में केंद्रित होती है। की चेन लेज़र या प्रयोगशाला में उपयोग किया जाने वाले लेज़र में मिलीवाट शक्ति होती है, लेकिन फिर भी सीधे संपर्क में आने पर हमारी आंख को नुकसान होता है।

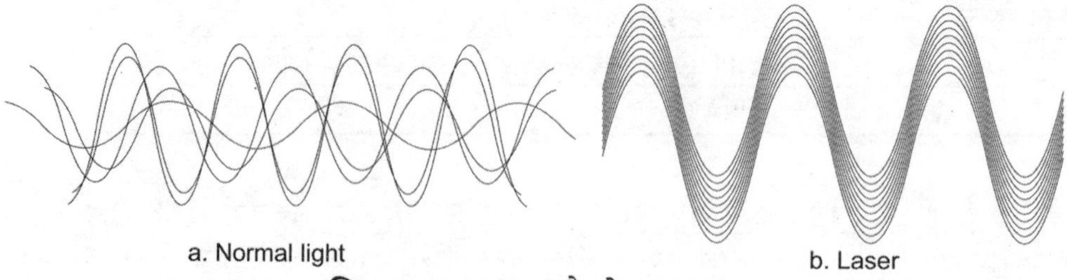

**चित्र 7.12:** साधारण और लेज़र प्रकाश

## 7.1.9 लेज़र के इंजीनियरिंग और चिकित्सा अनुप्रयोग

- **बार कोड रीडर**
  - बार कोड तकनीक का उपयोग करके डेटा को पढ़ने के लिए, इसे पहले लेज़र से स्कैन किया जाना चाहिए और फिर विश्लेषण किया जाना चाहिए। स्कैनर्स, जिन्हें अक्सर लेज़र के रूप में जाना जाता है, का उपयोग बारकोड को पढ़ने के लिए किया जाता है। वे रैखिक बारकोड तकनीक द्वारा परावर्तित प्रकाश को मापते हैं और सफेद और काली रेखाओं के बीच अंतर बता सकते हैं।

- **CD/DVD प्लेयर**
    - CD/ DVD प्लेयर, में एक अर्द्धचालक डायोड लेज़र की लघु लेज़र बीम और एक छोटा फोटो सेल होता है। एक CD/ DVD प्लेयर, डेटा को एन्कोड करने के लिए CD/ DVD में बम्प्स अर्थात उभार तथा पिट अर्थात गड्ढे के रूप में सतह के पास संग्रहित डिजिटल जानकारी को पढ़ता है। बम्प पर गिरने वाला लेज़र परावर्तित होता है लेकिन प्रकाश जो पिट पर गिरता है वह परावर्तित नहीं होता है, इसलिए डिजिटल सिग्नल को फोटो सेल में संबंधित परावर्तन के साथ एन्कोड किया जाता है।
- **कंप्यूटर प्रिंटर :**
    - लेज़र प्रिंटर में, लेज़र बीम का उपयोग ऋणात्मक आवेश वाले ड्रम पर प्रतिबिम्ब या टेक्स्ट के पैटर्न को स्थानांतरित करने के लिए किया जाता है। जिन क्षेत्रों में लेज़र नहीं गुजरता है, वे धनात्मक रूप से आवेशित होते हैं और कागज पर प्रतिबिम्ब की प्रतिकृति बनाने के लिए ऋणात्मक आवेशित टोनर को आकर्षित करते हैं।
- **लेज़र शो**
    - लेज़र शो में उच्च शक्ति के विभिन्न रंगीन लेज़र बीम का उपयोग किया जाता है।
- **होलोग्राफी**
    - होलोग्राम वस्तु का एक 3D प्रतिबम्ब है जिसमें प्रयुक्त लेज़र के कलासम्बद्धता के गुण का उपयोग किया जाता है। आजकल, डिजिटल होलोग्राफी का उपयोग करके दूर स्थान पर व्यक्ति का 3D प्रतिबिम्ब बनाया जा सकता है।
- **स्थिति और गति नियंत्रण**
    - सटीक precise गति नियंत्रण के लिए लेज़र प्रकाश परावर्तन का उपयोग किया जाता है।
- **फाइबर ऑप्टिक संचार**
    - चूंकि ऑप्टिकल फाइबर में संचार के लिए लाइट सिग्नल का उपयोग किया जाता है, डायोड लेज़र का उपयोग डिजिटल सिग्नल को ऑप्टिकल सिग्नल में बदलने के लिए किया जाता है।
- **पदार्थ प्रसंस्करण**
    - चूंकि लेज़र बीम का आकार बहुत छोटा होता है और इसमें उच्च शक्ति होती है, इसलिए लेज़र की मदद से धातु की सटीक precise कटिंग की जा सकती है। लेज़र का उपयोग धातु की सतह पर पैटर्न बनाने के लिए भी किया जाता है।
- **चिकित्सा**
    - त्वचा की बहुत पतली लगभग 0.1 मिमी की परत को हटाने के लिए अवरक्त (infrared) लेज़र का उपयोग किया जाता है। वे सामान्य रूप से त्वचा में पानी की उपस्थिति का लाभ उठाते हुए वर्णक की अनुपस्थिति में त्वचा और शरीर के ऊतकों को हटाने की क्षमता प्रदान करते हैं।
    - कॉस्मेटिक प्रक्रियाओं में लेज़र द्वारा बालों को हटाना सबसे आम अनुप्रयोगों में से एक है। लेज़र बीम बालों के रोम पर गिरते हैं। रोम में वर्णक प्रकाश को अवशोषित करते हैं। यह अवशोषण बालों को नष्ट कर देता है।
    - रेटिना ऑपरेशन के लिए, दृश्य लेज़र का उपयोग किया जाता है। दृश्य प्रकाश कॉर्निया के लिए पारदर्शी होता है और क्रिस्टलीय लेंस को आंख के लेंस के साथ रेटिना पर केंद्रित किया जा सकता है। सबसे लोकप्रिय दृश्य लेज़र ग्रीन आर्गन लेज़र है।
    - लेज़र का उपयोग करके रक्त रहित सर्जरी की जा सकती है।
    - कैंसर के निदान में लेज़र उपयोगी होते हैं।

## 7.2 फाइबर ऑप्टिक्स या तंतु प्रकाशिकी

पिछली शताब्दी में, वैज्ञानिकों और इंजीनियरों ने संचार प्रणालियों की डिजाइन और बेहतर बनाने की कोशिश की है, ताकि संदेश बिना किसी विक्षोभ या रव (noise) के लंबी दूरी तक भेजे जा सकें। संदेश ट्रांसमीटर से रिसीवर को निर्देशित माध्यम (Wired / Guided medium) या गैर निर्देशित माध्यम (Unguided medium) से भेजा जा सकता है। मोबाइल और DTH टीवी सिग्नल हमें गैर निर्देशित माध्यम से प्राप्त होते हैं। लैंडलाइन फोन सिग्नल हमें निर्देशित माध्यम से प्राप्त होते हैं। निर्देशित माध्यम में श्रव्य (ऑडियो) संकेतों के संचरण के लिए तांबे के तार का प्रमुख रूप से उपयोग किया जाता था लेकिन संचार के लिए तांबे के तार का उपयोग करने में निम्नलिखित कमियां हैं:

- तांबा धातु है, यह रव (noise) को पकड़ लेगा और यही रिसीवर पर भी प्राप्त होगा।
- तांबे में विद्युत संकेत का वेग लगभग 5000m/s होता है।
- तांबे के तार की धारिता संकेतों के संचरण को भी प्रभावित करती है।

लेज़र के आविष्कार के साथ, एक ऊच्च शक्ति प्रकाश स्रोत उपलब्ध हो गया है और संचार उद्देश्य के लिए इसका उपयोग किया जा सकता है। ऑडियो संकेतों को प्रकाश संकेतों में परिवर्तित किया जा सकता है और लंबी दूरी तक प्रेषित किया जा सकता है। विद्युत संकेतों के लिए तांबे के तार के समान प्रकाश संकेतों के लिए भी निर्देशित माध्यम की आवश्यकता होती है। सिलिका या कांच से बने ऑप्टिकल फाइबर इस उद्देश्य की पूर्ति करते हैं। ऑप्टिकल फाइबर ने संचार प्रणालियों में क्रांति ला दी है और इसके कई अन्य इंजीनियरिंग अनुप्रयोग हैं। ऑप्टिकल फाइबर में प्रयुक्त विज्ञान और प्रौद्योगिकी से संबंधित भौतिकी की शाखा को फाइबर ऑप्टिक्स के रूप में जाना जाता है। मानव बाल की मोटाई लगभग 100 से 200 माइक्रोमीटर होती है। ऑप्टिकल फाइबर की मोटाई आम तौर पर मानव बाल की मोटाई के बराबर होती है।

### 7.2.1 ऑप्टिकल फाइबर का परिचय

ऑप्टिकल फाइबर तार के प्रकार की बेलनाकार संरचनाएं हैं जो कांच या सिलिका से बनी होती हैं। इसे कांच के तंतु के रूप में भी जाना जाता है। जैसे कांच पारदर्शी पदार्थ है और प्रकाश तरंग को इसमें से गुजरने देता है और कुचालक के रूप में कार्य करता है, वैसे ही ऑप्टिकल फाइबर प्रकाश संकेतों को इसमें से गुजरने की अनुमति देता है और कुचालक के रूप में यह रव (noise) के रूप में विद्युत चुम्बकीय तरंगों को नहीं पकड़ता है।

**ऑप्टिकल फाइबर में निम्न होते हैं**

- ठोस बेलनाकार कांच की छड़ जिसे कोर कहा जाता है, जिसके माध्यम से ऑप्टिकल सिग्नल के रूप में प्रकाश संचरित होता है। कोर का व्यास 5 माइक्रोमीटर से 100 माइक्रोमीटर तक होता है।
- एक अन्य समाक्षीय बेलनाकार संरचना से घिरा हुआ होता है जो कम अपवर्तनांक के कांच से बना होता है जिसे क्लैडिंग कहा जाता है। क्लैडिंग का व्यास आमतौर पर 125 माइक्रोमीटर होता है।
- **सुरक्षात्मक आवरण:** इस कोर क्लैडिंग व्यवस्था को यांत्रिक शक्ति प्रदान करने के लिए, अन्य समाक्षीय आवरण को बफर कोटिंग और जैकेटिंग कहा जाता है। बफर जैकेट का व्यास लगभग 250 माइक्रोमीटर होता है।

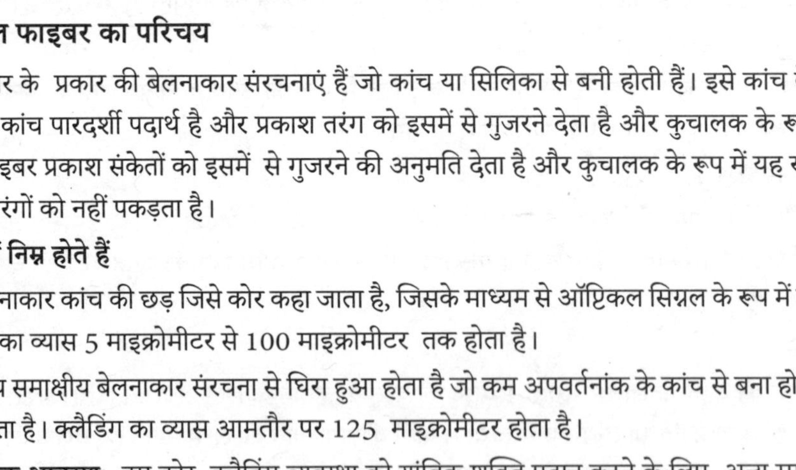


**चित्र 7.13:** ऑप्टिकल फाइबर का निर्माण

### 7.2.2 प्रकाश संचरण, स्वीकृति कोण (acceptance angle) और संख्यात्मक द्वारक (numerical aperture)

प्रकाश तरंग पूर्ण आंतरिक परावर्तन (TIR) घटना के द्वारा ऑप्टिकल फाइबर में संचरित होता है। TIR और प्रकाश के संचरण को अध्याय 2 में विस्तार से समझाया गया है। चित्र 7.14 ऑप्टिकल फाइबर में प्रकाश के संचरण को प्रदर्शित करता है।

स्नेल के नियम को माध्यम 1-कोर इंटरफ़ेस पर लागू करने पर

चित्र 7.14 से

$$n_0 \sin\alpha = n_1 \sin\theta \qquad ...(7.2)$$

θ के लिए प्रतिस्थापन के बाद

$$\theta = \frac{\pi}{2} - \theta_C$$

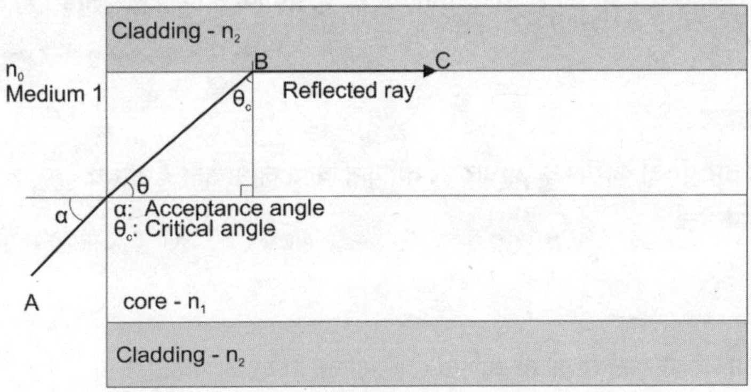


**चित्र 7.14:** ऑप्टिकल फाइबर में प्रकाश का संचरण

$$\sin\alpha = \frac{n_1}{n}\cos\theta_C$$

$$\cos\theta_C = \sqrt{1-\sin^2\theta_C}$$

$$\sin\theta_C = \frac{n_2}{n_1}$$

$$\cos\theta_C = \sqrt{1-\frac{n_2^2}{n_1^2}}$$

$$\sin\alpha = \frac{\sqrt{n_1^2 - n_2^2}}{n_0} \qquad ...(7.2)$$

चूँकि $n_0 = 1$ प्रारंभिक माध्यम 1 के लिए जिससे प्रकाश छोड़ा जाता है। कोण $\alpha$ ऑप्टिकल फाइबर की प्रकाश ग्रहण करने की क्षमता light accepting capability का सूचक है।

हवा में एक ऑप्टिकल फाइबर के लिए, कोर अपवर्तनांक $n_1$ और क्लैडिंग अपवर्तनांक $n_2$ और $\alpha$ का स्वीकृति कोण (acceptance angle) होने पर संख्यात्मक द्वारक (numerical aperture) निम्न सूत्र के द्वारा दिया जाता है।

$$NA = \sin\alpha = \sqrt{n_1^2 - n_2^2} \qquad ...(7.4)$$

यहां $\alpha$ अधिकतम स्वीकृति कोण है, यदि आपतन कोण $\alpha$ से कम है, केवल तभी प्रकाश तरंग फाइबर के माध्यम से संचरण करेगी। यदि कोण $\alpha$ से अधिक है, तो प्रकाश तरंग में TIR नहीं होगा और इसलिए फाइबर के माध्यम से संचरण नहीं कर सकती है।

न्यूमेरिकल एपर्चर (NA) ऑप्टिकल फाइबर की एक सबसे मौलिक विशेषता है। यह एक ऑप्टिकल फाइबर की प्रकाश संग्रहण दक्षता को इंगित करता है। NA का मान जितना अधिक होगा, फाइबर उतना ही बेहतर होगा। NA के अधिक मान के लिए समी. 7.4 के दाईं ओर के अंतर को अधिकतम करना होगा। अंतर को अधिकतम करने के लिए, या तो कोर के अपवर्तनांक $(n_1)$ को बढ़ाना होगा या क्लैडिंग के अपवर्तनांक $(n_2)$ को कम करना होगा। चूंकि उपयोग किया जाने वाला कोर हमेशा कांच का होता है, इसलिए इसके अपवर्तनांक $(n_1)$ का मान लगभग 1.5 निश्चित होता है। यदि हम $n_2 = 1$ बनाते हैं, तो हमें ऑप्टिकल फाइबर के लिए अधिकतम संभव NA प्राप्त होगा। लेकिन फिर हम मूल रूप से क्लैडिंग को हटाने की बात कर रहे हैं, क्योंकि अगर कोई क्लैडिंग है, तो $n_2$ का मान हमेशा 1 से अधिक होगा।

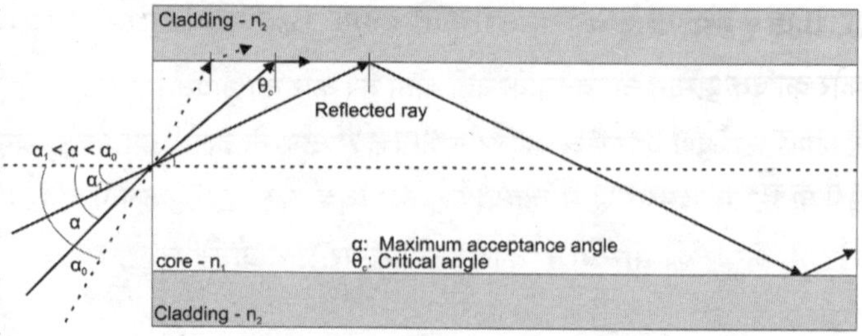


**चित्र 7.15:** ऑप्टिकल फाइबर में पूर्ण आंतरिक परावर्तन

## 7.2.3 फाइबर के प्रकार

ऑप्टिकल फाइबर को मोटे तौर पर दो कारकों के आधार पर वर्गीकृत किया जा सकता है और वे हैं:

- अपवर्तनांक प्रोफ़ाइल
- मोड की संख्या

**अपवर्तनांक प्रोफ़ाइल**

अपवर्तनांक प्रोफाइल के आधार पर फाइबर को दो श्रेणियों में विभाजित किया जा सकता है:

**a. स्टेप इंडेक्स फाइबर**

जैसा कि, कोर और क्लैडिंग के अपवर्तनांक क्रमशः $n_1$ और $n_2$ होते हैं तथा $n_1 > n_2$ होता है। कोर का अपवर्तनांक इसके पूरे व्यास में एक समान होता है। कोर क्लैडिंग इंटरफेस पर अपवर्तनांक में अचानक परिवर्तन होता है और क्लैडिंग में अपवर्तनांक निरंतर $n_2$ होता है।

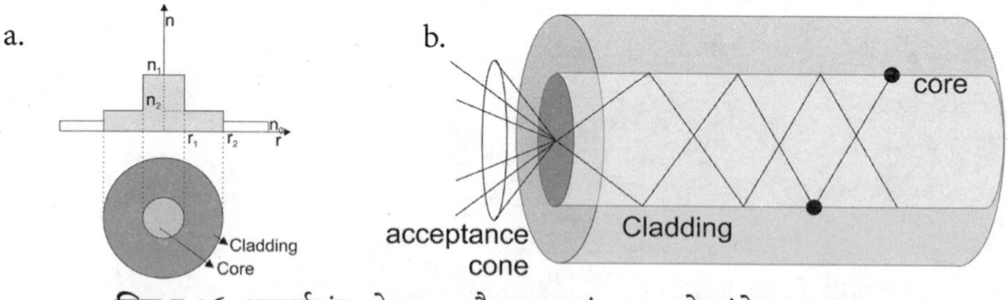


**चित्र 7.16:** अपवर्तनांक प्रोफ़ाइल और प्रकाश संचरण : स्टेप इंडेक्स फाइबर

यदि कोर त्रिज्या $r_1$ है और क्लैडिंग त्रिज्या $r_2$ है और हम अपवर्तनांक तथा कोर अक्ष से दूरी के मध्य ग्राफ बनाते हैं, तो यह अपवर्तनांक प्रोफ़ाइल सीढियों की तरह दिखती है और इस तरह के फाइबर को स्टेप इंडेक्स फाइबर के रूप में जाना जाता है।

स्टेप इंडेक्स फाइबर में, प्रकाश किरणें पूर्ण आन्तरिक परावर्तन के माध्यम से सीधी रेखाओं में संचरित होती हैं। अलग-अलग कोणों पर स्टेप इंडेक्स फाइबर में एक ही समय में प्रवेश करने वाली प्रकाश किरण फाइबर में अलग-अलग पथ पर संचरित होती है और अलग-अलग समय में निकलती हैऔर इस घटना को स्पंद विक्षेपण के रूप में जाना जाता है। कम आपतन कोण से प्रवेश करने वाली किरणों की तुलना में अधिक आपतन कोण से प्रवेश करने वाली किरणें अधिक दूरी तय करती हैं।

### b. ग्रेडेड इंडेक्स फाइबर

कोर का एक समान अपवर्तनांक नहीं होता है। कोर का अपवर्तनांक $n_1$ कोर त्रिज्या के फलन के रूप में कोर के केंद्र से धीरे धीरे घटता है। कोर क्लैडिंग इंटरफेस पर, अपवर्तनांक में अचानक कमी दर्शाता है और कोर क्लैडिंग इंटरफेस के बाद अपवर्तनांक $n_2$ रेडियल दूरी के सापेक्ष स्थिर या एक समान रहेगा।

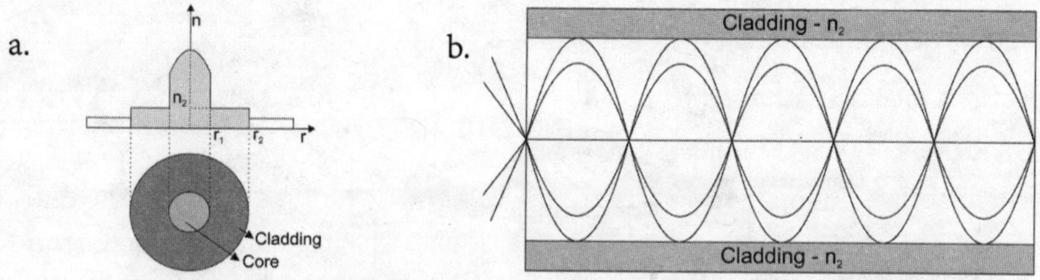


**चित्र 7.17:** अपवर्तनांक प्रोफ़ाइल और प्रकाश संचरण : ग्रेडेड इंडेक्स फाइबर

जब एक प्रकाश किरण ग्रेडेड इंडेक्स फाइबर में प्रवेश करती है, तो कोर अक्ष से कोर क्लैडिंग इंटरफेस तक अपवर्तनांक में क्रमिक भिन्नता के कारण प्रकाश किरणें सीधे पथ के बजाय वक्राकार पथ में चलती हैं। किरणें जो अधिक आपतन कोण के साथ फाइबर में प्रवेश करती हैं, उस क्षेत्र में अधिक दूरी तय करती हैं जहां अपवर्तनांक कम होता है। इस प्रकार कम आपतन कोण से प्रवेश करने वाली किरणों की तुलना में अधिक वेग और कम समय। अलग-अलग आपतन कोण वाली दो किरणों के लिए संचरण का पथ अलग अलग होता है लेकिन दोनों किरणों को तंतु से निकलने में लगने वाला समय समान होता है। ग्रेडेड इंडेक्स फाइबर में पल्स विक्षेपण कम होता है।

### मोड की संख्या

प्रकाश के संचरण के तरीके के आधार पर ऑप्टिकल फाइबर को दो श्रेणियों में विभाजित किया जा सकता है:

- सिंगल मोड फाइबर
- मल्टीमोड फाइबर

### सिंगल मोड़ फाइबर या एकल विधा तंतु

सिंगल मोड फाइबर में प्रकाश के संचरण के लिए प्रकाश संचरण के केवल एक मोड की अनुमति होती है। कोर का व्यास 5 माइक्रोमीटर होता है और क्लैडिंग का व्यास लगभग 50 माइक्रोमीटर होता है। यह स्टेप इंडेक्स फाइबर होता है। ऐसे फाइबर का निर्माण बहुत मुश्किल होता है। चूंकि केवल एक ही विधा होती है, इसलिए कोई पल्स विक्षेपण नहीं होता है। यह लंबी दूरी के संचार के लिए उपयुक्त है।

### मल्टी-मोड फाइबर या बहु विधा तंतु

मल्टीमोड फाइबर में प्रकाश संचरण के लिए कई मोड या विधाओं की संभावना होती है। कोर का व्यास 50 माइक्रोमीटर होता है और क्लैडिंग का व्यास लगभग 100 माइक्रोमीटर होता है। मल्टीमोड फाइबर एक स्टेप इंडेक्स फाइबर या ग्रेडेड इंडेक्स फाइबर हो सकता है। चूँकि इस फाइबर में कई मोड की सम्भावना है, अतः फाइबर में पल्स विक्षेपण होता है जिसे ग्रेडेड इंडेक्स फाइबर के मामले में कम किया जा सकता है। सिंगल मोड फाइबर की तुलना में मल्टीमोड फाइबर का निर्माण कम कठिन होता है।

## 7.2.4 दूरसंचार, चिकित्सा एवं सेंसर में अनुप्रयोग

चित्र 7.18, ऑप्टिकल फाइबर संचार प्रणालियों का व्यवस्था आरेख प्रदर्शित करता है और अन्य संचार प्रणालियों पर इसके निम्नलिखित लाभ हैं:

- अधिक जानकारी ले जाने की क्षमता
- छोटा आकार और वजन

- फाइबर के लिए कच्चे माल की उपलब्धता।
- सिग्नल का तेजी से संचरण।
- बाहरी प्रकाश फाइबर में प्रवेश नहीं कर सकता क्योंकि यह अच्छी तरह से सुरक्षित है।
- कोई बाहरी विद्युत चुंबकीय सिग्नल नहीं लेता है क्योंकि फाइबर अधातु है।
- तांबे के तार की तुलना में संक्षारण कम गंभीर होता है।

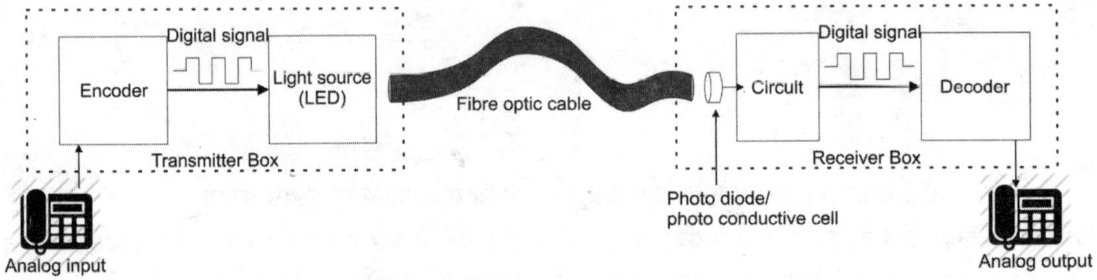


**चित्र 7.18:** ऑप्टिकल फाइबर संचार प्रणाली

**चिकित्सा में अनुप्रयोग**

- **एंडोस्कोप:** बहु विधा फाइबर से बने एंडोस्कोप का उपयोग करके आंतरिक अंगों और ऊतकों को शारीरिक छिद्रों के माध्यम से देखा जा सकता है। एंडोस्कोप का उपयोग डॉक्टरों द्वारा मतली और गैस्ट्रोइंटेस्टाइनल दर्द सहित लक्षणों का पता लगाने, बायोप्सी का उपयोग करके निदान की पुष्टि करने और चिकित्सा उपचार देने के लिए किया जाता है।
- ऑप्टिकल कोहेरेंस टोमोग्राफी OCT, बायोमेडिकल सेंसर का एक रूप है, जो एक मेडिकल इमेजिंग तकनीक होती है जो ऑप्टिकल स्कैटरिंग माध्यम जैसे जैविक ऊतक से माइक्रोस्केल, त्रि-आयामी चित्रों को इकट्ठा करने के लिए इमेजिंग सेंसर का उपयोग करती है।

**सेंसर**

फाइबर ऑप्टिक सेंसर का उपयोग विभिन्न भौतिक घटनाओं जैसे विकृति और तापमान को मापने के लिए ट्रांसड्यूसर के रूप में किया जाता है। फाइबर सेंसर विशेष रूप से डिज़ाइन किए गए सेंसर होते हैं जिसमें दाब और ताप देने पर आपतित एवं परावर्तित तरंग की आवृत्ति में बदलाव होता है। ये सेंसर चरम स्थितियों में काम करते हैं जहां सामान्य सेंसर का उपयोग नहीं किया जा सकता है। फाइबर आधारित उच्च वोल्टेज और उच्च धारा सेंसर का उपयोग अत्यधिक कठोर परिस्थितियों में किया जा सकता है। चूंकि फाइबर कुचालक होता है, इसलिए ये विद्युत चुम्बकीय व्यवधान से सुरक्षित होते हैं।

## 7.3 नैनो विज्ञान और नैनो तकनीक : परिचय

अध्याय 4 में विद्युत गुणों वाले पदार्थ जोकि धातु या चालक हैं, की जानकारी दी गयी है, अध्याय 5 में चुंबकीय पदार्थों की जानकारी दी गई है और अध्याय 6 में अर्धचालक पदार्थ और अर्धचालक पदार्थों से बने उपकरणों की व्याख्या की गई है। अब तक आपके भौतिकी के पिछले और वर्तमान पाठ्यक्रमों के दौरान, बड़े आकार के पदार्थों से संबंधित घटना पर चर्चा की गई है। ठोस अवस्था पदार्थ के विशिष्ट गुण जोकि उसकी अभिलाक्षणिक विशेषता होते हैं, उसके आकार पर निर्भर नहीं करते हैं, उदाहरण के लिए विशिष्ट प्रतिरोध।

एक 1 वर्ग मिमी अनुप्रस्थ काट क्षेत्रफल और 1 मिमी, 1 सेमी, 1 मीटर यहाँ तक कि 1 माइक्रोमीटर लम्बाई के तांबे के तार की प्रतिरोधकता भी समान होती है। यदि हम नैनोमीटर लम्बाई का तार लेंतो क्या तार की प्रतिरोधकता समान होगी?

उपरोक्त प्रश्न के उत्तर ने ज्ञान का एक नया निकाय या विज्ञान और प्रौद्योगिकी का एक नया क्षेत्र बनाया जिसे नैनो विज्ञान और नैनो प्रौद्योगिकी के रूप में जाना जाता है। नैनो टेक्नोलॉजी इंजीनियरिंग के हर क्षेत्र में नवीन प्रगति है। नैनो टेक्नोलॉजी एक अंतःविषय

(interdisciplinary) और एक सामान्य उद्देश्य वाली तकनीक है। वर्त्तमान में नैनो टेक्नोलॉजी 21 वीं सदी में सबसे तेजी से बढ़ने वाली तकनीक है और इंजीनियरिंग के लगभग हर क्षेत्र में इसका अनुप्रयोग है।

**इतिहास**

नैनोटेक्नोलॉजी की अवधारणा सबसे पहले प्रसिद्ध भौतिक विज्ञानी और नोबल पुरस्कार विजेता रिचर्ड फेनमैन द्वारा दी गई थी। उनके उद्धरणों के अनुसार "भौतिकी के सिद्धांत जहाँ तक मै देख सकता हूँ, परमाणु द्वारा चीजों के युक्तिपूर्ण प्रबंध की संभावना से इंकार नहीं करते हैं। सिद्धांत रूप में यह किया जा सकता है परन्तु व्यवहार में ऐसा नहीं किया गया है।" तथा "There is plenty of room at the bottom" अर्थात् "छोटे पैमाने पर भी बहुत संभावनाएं हैं"। एरिक ड्रेक्सलर ने अपनी पुस्तक "इंजन ऑफ़ क्रिएशन" में नैनो टेक्नोलॉजी शब्द की शुरुआत की। ड्रेक्सलर ने मशीन के बड़े भागों तथा जीव कोशिका के घटकों के मध्य सीधी तुलना की।

**रोचक तथ्य**

- पिन के शीर्ष पर संपूर्ण विश्वकोश ब्रिटानिका लिखा जा सकता है
- पूरी दुनिया की किताब एक पैम्फलेट में आ सकती है

नैनो विज्ञानं परमाण्विक (0.5 nm), आणविक (1-5 nm और मैक्रोमोलेक्यूलर (5-100 nm) पैमाने पर पदार्थ की घटनाओं और संश्लेषण का अध्ययन है और नैनो तकनीक को, नैनोमीटर ($10^{-9}$ m) पैमाने पर आकृति और आकार को नियंत्रित करते हुए संरचनाओं, युक्तियों तथा निकायों के डिजाइन, निरूपण, उत्पादन और अनुप्रयोग के रूप में परिभाषित किया जा सकता है।

## 7.3.1 नैनो कण और नैनो पदार्थ

नैनो शब्द ग्रीक शब्द "dwarf" से बना है और इसका अर्थ है $10^{-9}$, या एक अरबवां भाग। वर्तमान संदर्भ में नैनो का अर्थ है $10^{-9}$ मीटर, या 1 नैनोमीटर (nm) तथा 1nm = 1/1,00,00,00,000 मीटर या मीटर का एक अरबवाँ भाग

1मिलीमीटर = (1/1000) मीटर

1माइक्रोमीटर = (1/1000)मिलीमीटर

1नैनोमीटर = (1/1000) माइक्रोमीटर

नैनो पदार्थ के आकार की सभी विमाएं यथा लम्बाई, चौड़ाई तथा ऊंचाई नैनो स्केल ($10^{-9}$ मीटर) में होती हैं या कम से कम एक विमा नैनो स्केल में होती है। बड़े आकार के पदार्थ के साथ नैनो आकार के पदार्थ की तुलना चित्र 7.19 में दी गई है। फुलरीन एक नैनो पदार्थ है और इसकी तुलना पृथ्वी और फुटबॉल से की गई है।

$10^{24}$ footballs into planet Earth    $10^{24}$ Fullerens into Football

**चित्र 7.19:** बड़े पदार्थों के साथ नैनो पदार्थों की तुलना

नैनो पदार्थ का अनिवार्य रूप से इतना छोटा होना जरुरी नहीं है कि उसे आँखों द्वारा देखा ही न जा सके, यह एक बड़ी सतह या एक लंबा तार हो सकता है जिसकी मोटाई नैनोमीटर के पैमाने में हो।

- पदार्थ जिनकी एक विमा नैनो पैमाने में हैं वे परतें हैं, जैसे पतली फिल्म या सतह का आवरण।
- दो विमाओं में नैनो पैमाने वाले पदार्थ में नैनो तार और नैनो ट्यूब शामिल हैं।
- पदार्थ जिनकी तीनों विमाएं नैनो पैमाने में होती हैं, उदाहरण के लिए अवक्षेप, कोलाइड और क्वांटम डॉट्स (अर्धचालक पदार्थ के छोटे कण और ऐसे कण नैनो कण के रूप में जाने जाते हैं)।

**वस्तुओं के छोटे होने के लाभ**

- अधिक तेज
- अधिक हल्का
- अधिक सस्ता
- छोटे आकार में आता है
- अधिक ऊर्जा कुशल

## 7.3.2 नैनो पैमाने पर गुण

नैनो पदार्थ अलग होते हैं। नैनो आकार के पदार्थ द्वारा दिखाए गए गुण बड़े आकार के पदार्थ द्वारा दिखाए गए गुणों से भिन्न होते हैं। निम्नलिखित गुण हैं, जो नैनो मीटर परास तक आकार में कमी के कारण बदलते हैं।

- गलनांक का घटना
    - आकार के साथ पदार्थ के गलनांक में कमी
- जालक (Lattice) नियतांक
    - नैनो कणों का जालक नियतांक आकार और आकृति पर निर्भर करता है।
- यांत्रिक गुण
    - उच्च कठोरता (stiffness) तथा उच्च सामर्थ्य
    - नैनोट्यूब में दोषों का घनत्व (Density of defects) कम होता है
    - विरूपण
- वैद्युत गुण
    - धातुएं कुचालक बन जाती हैं
    - CNT अर्धचालक और धात्विक गुण दर्शाती है
- प्रकाशीय गुण
    - सोने के नैनो कण हरे होते हैं
    - अर्धचालक नैनोकणों का अवशोषण
- निष्क्रिय से रासायनिक रूप से अधिक सक्रिय
- धात्विक से अधातु
- लौहचुंबकीय से अनुचुंबकीय

नैनो पदार्थों के गुण बड़े पैमाने के पदार्थों के गुणों से बहुत भिन्न होते हैं।

दो प्रमुख कारक जो नैनो पदार्थों के गुणों को अन्य पदार्थों से महत्वपूर्ण रूप से भिन्न करते हैं।

- **बढ़ा हुआ सापेक्ष सतह क्षेत्र**। जैसा कि निम्नलिखित चित्र में दिखाया गया है कि जब हम छोटे आकार में कण लेते हैं तो सतह के क्षेत्रकल व आयतन का अनुपात बढ़ता है (चित्र 7.20).

क्वांटम कन्फाइनमेंट प्रभाव (Quantum confinement effect)। नैनोमटेरियल में इलेक्ट्रॉनों को नैनोमीटर आकार के क्षेत्र में घूमने के लिए सीमित किया जाता है और इसे क्वांटम कन्फाइनमेंट प्रभाव के रूप में जाना जाता है

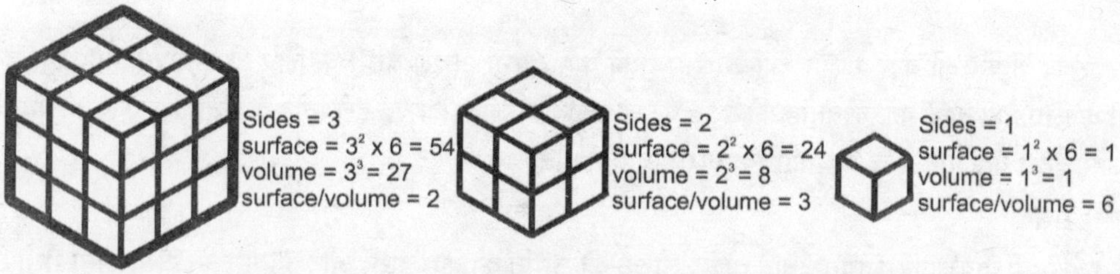


**चित्र 7.20: सतह के क्षेत्रकल व आयतन के अनुपात में भिन्नता**

ये कारक प्रतिक्रियाशीलता (reactivity), सामर्थ्य और वैद्युत विशेषताओं जैसे गुणों को बढ़ा सकते हैं।

## 7.3.3 नैनो तकनीक

नैनो तकनीक को संश्लेषण (निर्माण), निरूपण (आकार और गुण निर्धारित करना) और लम्बाई, चौड़ाई व ऊंचाई में से कम से कम एक विमा नैनो पैमाने में हो उन पदार्थों के अनुप्रयोगों को खोजने के रूप में परिभाषित किया जा सकता है।

नैनो पदार्थों का संश्लेषण: नैनो पदार्थों के संश्लेषण के लिए दो पद्धतियां हैं।

**ऊपर से नीचे (Top down):** उच्च ऊर्जा प्रक्रियाओं के माध्यम से स्रोत पदार्थ को भौतिक रूप से तोड़कर बड़े पैमाने के पदार्थ से शुरू करके नैनो पैमाने के आकार तक पहुंचना। उदाहरण: बॉल मिलिंग, यांत्रिक संघर्षण।

**नीचे से ऊपर (Bottom up):** रासायनिक विधि और अन्य संश्लेषण प्रक्रियाओं द्वारा परमाणु पैमाने के पदार्थ से शुरू करके नैनो पैमाने के आकार तक पहुंचना। उदाहरण : रासायनिक वर्षा, रासायनिक वाष्प जमाव।

**नैनो पदार्थों का निरूपण (Characterisation)**

नैनो पदार्थ बनाने के बाद, अगली प्रक्रिया बनाए गए पदार्थ के आकार को मापने और गुणों में परिवर्तन को मापने के लिए होती है, इसे नैनो पदार्थ निरूपण के रूप में जाना जाता है।

उदाहरण: STM (Scanning tunnelling microscope), SEM (Scanning electron microscope), AFM (Atomic force microscopy) नैनो पदार्थ के निरूपण के लिए उपयोग किए जाने वाले उपकरण हैं।

## 7.3.4 नैनो तकनीक आधारित उपकरण और अनुप्रयोग

नैनो- तकनीक आधारित उपकरण वे उपकरण हैं जो नैनो पदार्थों को घटकों के रूप में उपयोग करते हैं या उपकरणों का आकार नैनोमीटर परास में है। ऐसे उपकरणों के बहुत अधिक इंजीनियरिंग और चिकित्सा अनुप्रयोग होते हैं।

**नैनो पदार्थ का उपयोग करने वाले उपकरण**

**सेंसर**

नैनो तकनीक पर आधारित सेंसर बहुत कम मात्रा की रासायनिक वाष्प का पता लगा सकते हैं। नैनो तकनीक-आधारित सेंसर मे, कार्बन नैनोट्यूब, जिंक ऑक्साइड व नैनो तार जैसे कई प्रकार के पता लगाने वाले अवयवों का उपयोग किया जा सकता है। नैनोट्यूब, नैनो तार और नैनो कण इतने छोटे हैं कि इनके वैद्युत गुणों को प्रभावित करने के लिए केवल कुछ गैस अणुओं की आवश्यकता होती है।

**सौर सेल**

*चांदी के नैनो तार, टाइटेनियम डाइऑक्साइड नैनो कण और एक अवरक्त किरणों को अवशोषित करने वाले पॉलीमर* को मिलाकर एक सौर सेल बनाया जाता है जो दृश्य प्रकाश के लिए लगभग 70% पारदर्शी होता है। कम लागत वाले और उच्च दक्षता वाले लचीले

सौर सेलों का उत्पादन जिंक आक्साइड से आवरित नैनो तारों का उपयोग करके किया जा सकता है। सौर सेलों के उत्पादन के लिए कार्बन नैनोट्यूब और बकी बॉल bucky balls के संयोजन का उपयोग किया जाता है।

**बैटरियां**

बैटरी की उपलब्ध शक्ति को बढ़ाना और चार्जिंग समय को कम करना अच्छी बैटरी के लिए दो आवश्यकताएं हैं। इन लाभों को प्रदान करने के लिए नैनो कणों को इलेक्ट्रोड की सतह पर लेपित किया जाता है। यह इलेक्ट्रोड के सतह क्षेत्रफल को बढ़ाता है, जिससे इलेक्ट्रोड और बैटरी के रसायनों के बीच अधिक धारा प्रवाहित होती है।

**ईंधन (फ्यूल) सेल**

मेथनॉल जैसे ईंधन से हाइड्रोजन आयन बनाने वाले उत्प्रेरक की लागत को कम करने और ऑक्सीजन जैसी अन्य गैसों से हाइड्रोजन आयनों को अलग करने वाली झिल्ली की दक्षता को बढ़ाने के लिए ईंधन सेलों में नैनो तकनीक का उपयोग किया जा रहा है।

## 7.3.5 नैनोमीटर आकार के उपकरण

**सिंगल इलेक्ट्रॉन ट्रांजिस्टर (SET)**

सिंगल इलेक्ट्रॉन ट्रांजिस्टर (SET) एक नए प्रकार का स्विचिंग उपकरण है जो धारा को बढ़ाने के लिए नियंत्रित इलेक्ट्रॉन टनलिंग का उपयोग करता है। SET का आकार नैनोमीटर परास में हैं।

**क्वांटम वेल और क्वांटम डॉट लेज़र**

क्वांटम वेल और क्वांटम डॉट लेज़र अर्धचालक लेज़र हैं जो क्वांटम डॉट्स और क्वांटम वेल का उपयोग प्रकाश उत्सर्जक क्षेत्र में सक्रिय लेज़र माध्यम के रूप में करते हैं।

## हल किए गए प्रश्न

उदाहरण 7.1

7.1 निम्नांकित आरेख में इलेक्ट्रॉन के $E_2$ से $E_1$ में संक्रमण के कारण उत्सर्जित फोटॉन की तरंगदैर्घ्य ज्ञात कीजिए:

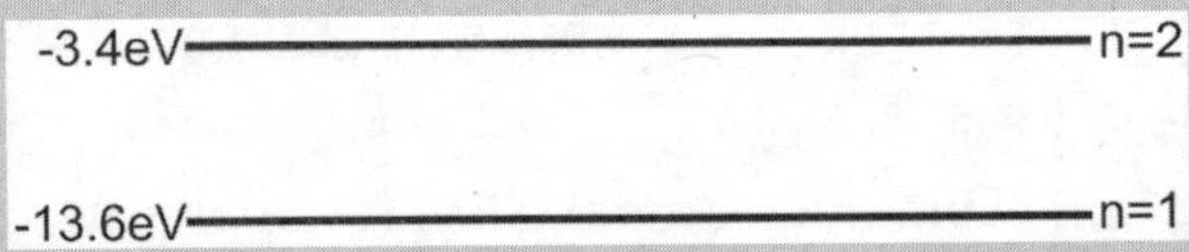


हल :

फोटोन की ऊर्जा (E) $= E_2 - E_1 = -3.4\text{eV} - (-13.6\text{eV}) = 10.2\text{eV} = 10.2 \times 1.6 \times 10^{-19}$

Joule $E = h\nu = hc/\lambda$

$\lambda = hc/E = (6.67 \times 10^{-34} \times 3 \times 10^{8})/(10.2 \times 1.6 \times 10^{-19}) = 1.226 \times 10^{-7}\text{m}$

$= 1226 \times 10^{-10}\ \text{m} = 1226\text{A}^0$

उदाहरण 7.2

7.2 यदि $n_2 = 1.65$ और $n_1 = 1.6$ हो तो फाइबर का संख्यात्मक द्वारक NA ज्ञात कीजिए। जब फाइबर को पानी में रखा जाता है तो अधिकतम आपतन कोण ज्ञात कीजिए।

हल :

दिया हुआ है $n_1 = 1.62$ तथा $n_2 = 1.60$

$$NA=\sqrt{\left((1.62)^2-(1.60)^2\right)}=0.253$$

पानी में NA = हवा में NA/1.33 = 0.19

पानी में अधिकतम आपतन कोण, $\alpha = \sin - 1(0.19) = 10.880$

## यूनिट सारांश

- लेज़र प्रकाश का एकवर्णी और कला सम्बद्ध स्रोत है।
- लेज़र के निर्माण के लिए सक्रिय माध्यम, पंपिंग विधि और ऑप्टिकल रेज़ोनेटर की आवश्यकता होती है।
- आप्टिकल फाइबर कांच के रेशे होते हैं।
- प्रकाश पूर्ण आन्तरिक परावर्तन की घटना द्वारा ऑप्टिकल फाइबर में संचरित होता है।
- नैनो पदार्थ, वे पदार्थ हैं जिनकी कम से कम एक विमा नैनोमीटर परास में है।
- पदार्थ के भौतिक और रासायनिक गुण नैनो पैमाने पर बदलते हैं।
- लेज़र, ऑप्टिकल फाइबर और नैनो तकनीक का विज्ञान और इंजीनियरिंग के हर क्षेत्र में अनुप्रयोग है।

## अभ्यास

### बहु विकल्पी प्रश्न

7.1 रूबी लेज़र की तरंग दैर्ध्य है

a. $6328A^0$

b. $6439A^0$

c. $6329A^0$

d. $6943A^0$

7.2 He-Ne लेज़र स्तर की लेज़र प्रणाली है।

a. चार

b. तीन

c. दो

d. पांच

7.3 मितस्थाई अवस्था में इलेक्ट्रॉनों के आयु काल की कोटि होती है।

a. $10^{-5}$seconds

b. $10^{-6}$seconds

c. $10^{-3}$seconds

d. $10^{-8}$seconds

7.4 यदि डायोड लेज़र में प्रयुक्त पदार्थ का बैंड अन्तराल 3.2 eV है, तो निर्गत विकिरण की तरंग दैर्ध्य है।

a. $3807A^0$

b. $3784\ A^0$

c. 3874 $A^0$

d.3847$A^0$

7.5 यदि ऑप्टिकल फाइबर का उपयोग पानी में किया जाता है, तो इसका NA

a. हमेशा घटता है।

b. हमेशा बढ़ता है।

c. हर बार वही रहना है।

d. कभी बढ़ता है तो कभी घटता है।

7.6 1 नैनोमीटर बराबर होता है

a. (1/1000)micrometer

b. 10$A^0$

c. $10^{-9}$meter

d. ऊपरोक्त सभी

| बहु विकल्पी प्रश्नों के उत्तर |
|---|
| 7.1 (d), 7.2 (a), 7.3 (c), 7.4 (c), 7.5 (a), 7.6 (d) |

## लघु एवं दीर्घ उत्तरीय प्रश्न

### *श्रेणी-I*

1. उदाहरणों का प्रयोग करते हुए साधारण प्रकाश और लेज़र के बीच किन्हीं पांच बिंदुओं पर अंतर कीजिए।
2. उदाहरण के साथ आयनन विभव और उत्तेजन विभव की अवधारणा की व्याख्या कीजिए।
3. ऊर्जा स्तर आरेख की सहायता से स्वतः उत्सर्जन और उद्दीप्त उत्सर्जन में अंतर स्पष्ट कीजिए।
4. तीन स्तरीय और चार स्तरीय पंपिंग प्रणालियों के बीच किन्हीं तीन बिंदुओं पर अंतर कीजिए।
5. जनसंख्या व्युत्क्रमण तथा लेज़र के उत्पादन के लिए इसकी आवश्यकता की व्याख्या कीजिए।
6. प्रकाशीय अनुनादक (ऑप्टिकल रेजोनेटर) की रचना तथा कार्यप्रणाली को चित्र सहित समझाइए।
7. निम्नलिखित लेज़र की कार्यप्रणाली को संरचना, कार्य करने के सिद्धांत और ऊर्जा स्तर आरेख के साथ समझाइए।

    a. रूबी लेज़र

    b. He-Ne लेज़र

    c. डायोड लेज़र
8. इंजीनियरिंग में लेज़र के पांच अनुप्रयोग लिखिए।
9. स्वीकृति कोण (accepting angle) और संख्यात्मक द्वारक (NA) पदों को परिभाषित कीजिए।
10. संख्यात्मक द्वारक (NA) तथा कोर और क्लैडिंग के अपवर्तनांकों के मध्य संबंध व्युत्पन्न कीजिए।
11. प्रकाशिक तंतु में प्रकाश संचरण के लिए चित्र बनाइए।

12. स्टेप इंडेक्स फाइबर और ग्रेडेड इंडेक्स फाइबर के बीच अंतर कीजिए।
13. निम्नलिखित में प्रकाशिक तंतुओं के दो अनुप्रयोग दीजिए-
    a. दूरसंचार
    b. चिकित्सा
    c. सेंसर
14. संचार के लिए तांबे के तार के स्थान पर ऑप्टिकल फाइबर के उपयोग के कारण बताइए।
15. स्वच्छ चित्र की सहायता से प्रकाशिक तंतु की संरचना को समझाइए।
16. नैनो तकनीक और नैनो विज्ञान पदों का वर्णन कीजिए।
17. नैनो कणों की परिभाषा दीजिए।
18. बड़े आकार के पदार्थ तथा नैनो पदार्थ के गुणों में अंतर स्पष्ट कीजिए।
19. नैनो तकनीक आधारित उपकरणों के पाँच अनुप्रयोग उदाहरण सहित लिखिए।

## प्रयोग

दो प्रयोगशाला प्रयोग हैं जो इस अध्याय से संबंधित हैं :

- विवर्तन ग्रेटिंग का उपयोग करके He-Ne/ डायोड लेज़र की तरंग दैर्ध्य को मापना।
- प्रकाशिक तन्तु का संख्यात्मक द्वारक (NA) ज्ञात करना।

## प्रयोग-16 लेज़र की तरंग दैर्ध्य

### *P16.1* प्रायोगिक कथन

विवर्तन ग्रेटिंग का उपयोग करके He-Ne / डायोड लेज़र की तरंग दैर्ध्य को मापना।

### *P16.2* प्रायोगिक महत्व

दृश्य प्रकाश स्पेक्ट्रम की तरंग दैर्ध्य की परास $4000A^0 - 7000A^0$ होती है। विवर्तन घटना का उपयोग प्रकाश के रंग की तरंग दैर्ध्य के मापन के लिए किया जाता है। लेज़र प्रकाश का एक कला सम्बद्ध स्रोत है। यह प्रयोग विद्यार्थी को विवर्तन ग्रेटिंग का उपयोग करके प्रकाश की तरंग दैर्ध्य को मापने में मदद करेगा।

### *P16.3* प्रासंगिक सिद्धांत

ग्रेटिंग एक प्रकाशिक युक्ति है, जिसमें पारदर्शी पदार्थ पर कई समांतर स्लिट बनती है। यह N समांतर स्लिट्स की एक व्यवस्था होती है जिनकी चौड़ाई प्रकाश की तरंग दैर्ध्य की कोटि की होती है। जब प्रकाश इन स्लिट्स छिद्रों से होकर गुजरता है, तो विवर्तन घटना घटित होती है। विवर्तन का उच्चिष्ट $\theta$ कोण पर प्रेक्षित होता है और निम्न से दिया जाता है :

ग्रेटिंग समीकरण (उच्चिष्ट के लिए) : $(a + b)\sin\theta = n\lambda$

जहाँ, $(a + b)$ = ग्रेटिंग तत्व, $\theta$ = विवर्तन कोण, n = विवर्तन पैटर्न की कोटि तथा $\lambda$ = ग्रेटिंग पर आपतित प्रकाश की तरंग दैर्ध्य है।

अतः
$$\lambda = \frac{(a+b)\sin\theta}{n}$$

## *P16.4 प्रैक्टिकल आउटकम (PrO)*

इस कोर्स के पाठ्यक्रम से प्राप्त होने वाला प्रैक्टिकल आउटकम:

PrO1: He-Ne/डायोड लेज़र की तरंगदैर्घ्य ज्ञात करने के लिए प्रयुक्त विवर्तन घटना और ग्रेटिंग का उपयोग करना।

## P 16.5 प्रायोगिक व्यवस्था (चित्र /स्केच/परिपथ आरेख/कार्य स्थिति)

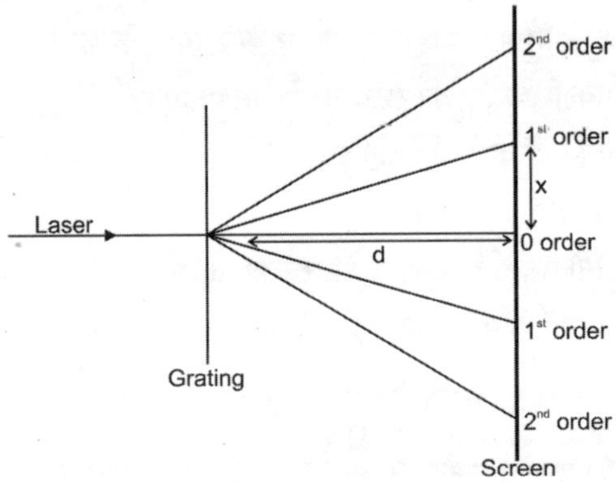


**चित्र P16.1**

## *P16.6 आवश्यक संसाधन*

| क्र.सं. | सुझाए गए आवश्यक संसाधन मशीनें/औजार / उपकरण महत्वपूर्ण विशिष्टताओं सहित | मात्रा | प्रयुक्त वास्तविक संसाधन मशीनें/ औजार/ उपकरण व्यापक व विशिष्टताओं सहित (विद्यार्थी द्वारा भरा जाना है) | | टिप्पणी (यदि कोई हो) |
|---|---|---|---|---|---|
| | | | निर्माता (Make) | विवरण | |
| 1 | विभिन्न ग्रेटिंग तत्वों की विवर्तन ग्रेटिंग (100, 300 & 600 lines/mm), ग्रेटिंग स्टैंड | 01 | | | |
| 2 | मीटर स्केल | 01 | | | |
| 3 | He-Ne/डायोड लेज़र | | | | |

## *P16.7 सावधानियाँ*

- लेज़र बीम को सीधे नहीँ देखें।
- उपकरण को सावधानी से संभालें।
- विवर्तन की दो कोटियों के बीच की दूरी को ध्यानपूर्वक लेवें।

## *P16.8 प्रयोग विधि*

लेज़र को ऐसे सेट करें कि वह 1-1.5 मीटर की दूरी पर रखे सफ़ेद कागज के पर्दे पर प्रतिबिंबित हो।

1. प्रेक्षित स्पॉट की स्थिति को कागज पर चिह्नित कीजिए।
2. लेज़र बीम के सामने 100 रेखाएं/मिमी की विवर्तन ग्रेटिंग रखिए।
3. पर्दे और ग्रेटिंग के बीच की दूरी को मापिये।

4. स्क्रीन पर बने शून्य कोटि के उच्चिष्ट और अगले क्रमागत उच्चिष्ट के बीच की दूरी को मापिये।
5. अन्य दो विवर्तन ग्रेटिंग अर्थात स्लाइड पर 300 रेखाएं/ मिमी तथा 600 रेखाएं/ मिमी के लिए 3 से 5 तक की प्रक्रिया को दोहराइए।
6. लेज़र के विवर्तन कोण और तरंगदैर्घ्य की गणना कीजिए।

## *P16.9 प्रेक्षण एवं गणना*

| क्र.सं | (n) कोटि का विवर्तन उच्चिष्ट | शून्य कोटि के उच्चिष्ट से दूरी (x) | विवर्तन कोण = x/D |
|---|---|---|---|
| 1 | प्रथम कोटि (n = 1) | | |
| 2 | द्वितीय कोटि (n = 2) | | |
| 3 | तृतीय कोटि (n = 3) | | |
| 4 | चतुर्थ कोटि (n = 4) | | |

1. ग्रेटिंग का तत्त्व = 100 रेखाएं /mm, पर्दे व ग्रेटिंग के मध्य दूरी (D) =

| क्र.सं | (n) कोटि का विवर्तन उच्चिष्ट | शून्य कोटि के उच्चिष्ट से दूरी (x) | विवर्तन कोण = x/D |
|---|---|---|---|
| 1 | प्रथम कोटि (n =1) | | |
| 2 | द्वितीय कोटि (n = 2) | | |
| 3 | तृतीय कोटि (n = 3) | | |

2. ग्रेटिंग का तत्त्व = 300 रेखाएं /mm, पर्दे व ग्रेटिंग के मध्य दूरी (D) =

| क्र.सं | (n) कोटि का विवर्तन उच्चिष्ट | शून्य कोटि के उच्चिष्ट से दूरी (x) | विवर्तन कोण =x/D |
|---|---|---|---|
| 1 | प्रथम कोटि (n =1) | | |
| 2 | द्वितीय कोटि (n = 2) | | |

3. ग्रेटिंग का तत्त्व = 600 रेखाएं /mm, पर्दे व ग्रेटिंग के मध्य दूरी (D) =

## *P16.10 परिणाम एवं / अथवा विवेचना*

(विद्यार्थी द्वारा भरा जाना है)

1. ..............................................................................................................................

## *P16.11 निष्कर्ष एवं / अथवा सत्यापन*

(विद्यार्थी द्वारा भरा जाना है)

1. ..............................................................................................................................

## *P16.12 प्रयोग संबंधित प्रश्न*

(उत्तर के लिए अलग शीट का प्रयोग करें)

नोट: उदाहरण के तौर पर कुछ प्रश्न नीचे दिए गए हैं। पूर्व निर्धारित कोर्स आउटकम की प्राप्ति सुनिश्चित करने के लिए शिक्षकों को ऐसे और अधिक प्रश्न तैयार करने चाहिए।

1. जब ग्रेटिंग तत्व कम हो जाता है, तो कोटि की छोटी संख्या प्रेक्षित होने का कारण दीजिए।
2. क्या यह प्रयोग किसी अन्य प्रकाश स्रोत का उपयोग करके किया जा सकता है?
3. इस प्रयोग में त्रुटियों के स्रोत दीजिए।

## *P16.13 सुझाए गए शिक्षण संसाधन*

- https://vlab.amrita.edu/index.php/index.php?sub=1&brch=189&sim=334&cnt=4

## *P16.14 सुझाई गई मूल्यांकन पद्धति*

(शिक्षक द्वारा भरा जाना है)

नीचे दिए गए बिंदु, प्रक्रिया और परिणाम से संबंधित अंकों के मूल्यांकन के लिए एक दिशानिर्देश का कार्य करेंगे।

| निष्पादन सूचक | | % भारिता (वेटेज) | प्राप्तांक |
|---|---|---|---|
| प्रक्रिया संबंधित: .... अंक * (.......%) | | | |
| 1 | प्रयोग व्यवस्थित करना | | |
| 2 | कोणों का मापन | | |
| 3 | सुरक्षा के उपाय | | |
| 4 | उपकरण को हेंडिल करना | | |
| परिणाम संबंधित: ..... अंक * (.......%) | | | |
| 5 | परिणाम और निष्कर्ष | | |
| 6 | रिपोर्ट की समय पर प्रस्तुति | | |
| | कुल | 100% | |

* परिणाम और प्रक्रिया मूल्यांकन के लिए अंक और प्रतिशत वेटेज शिक्षक द्वारा तय किया जाएगा।

| विद्यार्थी का नाम:......................................................... प्राप्तांक | | | शिक्षक के हस्ताक्षर एवं दिनांक |
|---|---|---|---|
| प्रक्रिया संबंधित | परिणाम संबंधित | कुल | |
| | | | |

## प्रयोग -17 प्रकाशिक तन्तु का संख्यात्मक द्वारक

### *P17.1 प्रायोगिक कथन*

प्रकाशिक तन्तु का संख्यात्मक द्वारक Numerical Aperture NA ज्ञात करना।

### *P17.2 प्रायोगिक महत्व*

प्रकाशिक तन्तु का संख्यात्मक द्वारक प्रकाशिक तन्तु की प्रकाश एकत्रित करने की क्षमता है। यदि संख्यात्मक द्वारक अधिक है तो अधिक प्रकाश किरणें तन्तु के माध्यम से यात्रा कर सकती हैं। यह प्रयोग विद्यार्थी को दिए गए प्रकाशिक तन्तु के संख्यात्मक द्वारक को मापने में मदद करेगा।

## P17.3 प्रासंगिक सिद्धांत

देखें : इस अध्याय का भाग 7.2

## P17.4 प्रैक्टिकल आउटकम (PrO)

इस कोर्स के पाठ्यक्रम से प्राप्त होने वाला प्रैक्टिकल आउटकम:

PrO1: प्रकाशिक तन्तु का संख्यात्मक द्वारक (NA) ज्ञात करना।

## P17.5 प्रायोगिक व्यवस्था (चित्र /स्केच/परिपथ आरेख/कार्य स्थिति)

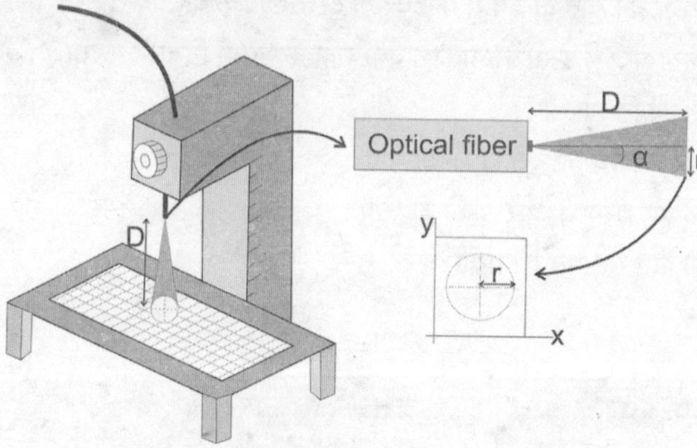


चित्र P17.1

संख्यात्मक द्वारक

$$NA = \sin\alpha = \frac{r}{\sqrt{r^2 + D^2}}$$

जहाँ r वृत्त की त्रिज्या है तथा D ग्राफ पेपर एवं प्रकाशिक तन्तु के मध्य की दूरी है।

## P17.6 आवश्यक संसाधन

| क्र.सं. | सुझाए गए आवश्यक संसाधन मशीनें/ औजार /उपकरण महत्वपूर्ण विशिष्टताओं सहित | मात्रा | प्रयुक्त वास्तविक संसाधन मशीनें/ औजार/ उपकरण व्यापक व विशिष्टताओं सहित (विद्यार्थी द्वारा भरा जाना है) | | टिप्पणी (यदि कोई हो) |
|---|---|---|---|---|---|
| | | | निर्माता (Make) | विवरण | |
| 1 | प्रकाशिक तन्तु (1मी.,लंबा), स्केल, ग्राफ पेपर | 01 | | | |
| 2 | ऊँचाई परिवर्तन के लिए लकड़ी का स्टेंड | 01 | | | |
| 3 | हीलियम नियोन /डायोड लेज़र | 01 | | | |
| 4 | ग्राफ पेपर | 01 | | | |

## P17.7 सावधानियाँ

- लेज़र बीम को सीधे नहीं देखें।
- उपकरण को सावधानी से काम में लें।
- मापन के दौरान प्रकाशिक तन्तु स्थिर रहना चाहिए।

## P17.8 प्रयोग विधि

1. चित्र P17.1 में दिखाए अनुसार ऑप्टिकल फाइबर का एक सिरा लकड़ी के स्टैंड में कसें।
2. He-Ne / डायोड लेज़र को स्रोत के रूप में फाइबर के दूसरे छोर के बहुत करीब रखें।
3. जैसा कि चित्र में दिखाया गया है उत्सर्जित प्रकाश एक शंकु के रूप में निर्गमन करता है।
4. ग्राफ पेपर पर बने वृत्त की त्रिज्या मापें।
5. फाइबर और ग्राफ पेपर के बीच की दूरी (D) को मापें।
6. D को परिवर्तित करते हुए चरण 4 और 5 को दोहराएँ।
7. गणना के लिए चित्र में दिए गए सूत्र का प्रयोग करें।

## P17.9 प्रेक्षण एवं गणना

| क्र. स. | फाइबर और ग्राफ पेपर के बीच की दूरी D (cm) | वृत्त की त्रिज्या r cm | संख्यात्मक द्वारक |
|---|---|---|---|
| 1 | | | |
| 2 | | | |
| 3 | | | |
| 4 | | | |
| 5 | | | |

माध्य NA =

## P17.10 परिणाम एवं / अथवा विवेचना

(विद्यार्थी द्वारा भरा जाना है)

1. ..............................................................................................................

## P17.11 निष्कर्ष एवं / अथवा सत्यापन

(विद्यार्थी द्वारा भरा जाना है)

1. ..............................................................................................................

## P17.12 प्रयोग संबंधित प्रश्न

(उत्तर के लिए अलग शीट का प्रयोग करें)

नोट: उदाहरण के तौर पर कुछ प्रश्न नीचे दिए गए हैं। पूर्व निर्धारित कोर्स आउटकम की प्राप्ति सुनिश्चित करने के लिए शिक्षकों को ऐसे और अधिक प्रश्न तैयार करने चाहिए।

1. क्या पर्दे और प्रकाशिक तन्तु के बीच की दूरी परिवर्तित करने से स्वीकृति कोण बदलता है?
2. क्या यह प्रयोग किसी अन्य प्रकाश स्रोत का उपयोग करके किया जा सकता है?
3. इस प्रयोग में त्रुटियों का स्रोत बताइए।

## *P17.13 सुझाए गए शिक्षण संसाधन*

- https://vlab.amrita.edu/index.php/index.php?sub=1&brch=189&sim=334&cnt=4

## *P17.14 सुझाई गई मूल्यांकन पद्धति*

(शिक्षक द्वारा भरा जाना है)

नीचे दिए गए बिंदु, प्रक्रिया और परिणाम से संबंधित अंकों के मूल्यांकन के लिए एक दिशानिर्देश का कार्य करेंगे।

| | निष्पादन सूचक | % भारिता (वेटेज) | प्राप्तांक |
|---|---|---|---|
| प्रक्रिया संबंधित: …. अंक * (…….%) | | | |
| 1 | प्रायोगिक व्यवस्था | | |
| 2 | R एवं D का मापन | | |
| 3 | सुरक्षा उपाय | | |
| 4 | उपकरण का रख रखाव | | |
| परिणाम संबंधित: ….. अंक * (…….%) | | | |
| 5 | परिणाम और निष्कर्ष | | |
| 6 | रिपोर्ट की समय पर प्रस्तुति | | |
| 7 | प्रयोग संबंधित प्रश्नों के उत्तर | | |
| | कुल | 100% | |

* परिणाम और प्रक्रिया मूल्यांकन के लिए अंक और प्रतिशत वेटेज शिक्षक द्वारा तय किया जाएगा।

| विद्यार्थी का नाम:………………………………………………….. प्राप्तांक | | | शिक्षक के हस्ताक्षर एवं दिनांक |
|---|---|---|---|
| प्रक्रिया संबंधित | परिणाम संबंधित | कुल | |
| | | | |

## अधिक जानिए

विद्यार्थियों के मौजूदा ज्ञान को बढ़ाने के लिए इस अध्याय से संबंधित निम्नलिखित विषयों का सुझाव दिया गया है जो अनुप्रयुक्त भौतिक शास्त्र पाठ्यक्रम में रुचि को बढ़ाता है :

- लेज़र और नैनो तकनीक के विकास की समयरेखा
- फाइबर में मोड गठन की अवधारणा
- नैनो पदार्थों के लिए संश्लेषण और निरूपण तकनीक

### आई.सी.टी के उपयोग

लेज़र में सिमुलेसन के लिए विद्यार्थी निम्न *url* देख सकते हैं :

- https://phet.colorado.edu/en/simulation/legacy/lasers

### अभिनव प्रयोग / परियोजनाएँ / गतिविधियों को डिजाइन कीजिए

- बाजार में उपलब्ध की चेन डायोड लेज़र और ग्रीन लेज़र की तरंगदैर्घ्य ज्ञात कीजिए (शिक्षक के मार्गदर्शन में)।
- पानी या कांच में पूर्ण आन्तरिक परावर्तन प्रदर्शित करने के लिए एक मॉडल तैयार कीजिए।
- विभिन्न आकारों की वस्तुओं (वर्ग, गोला, घनाभ) के सतह के क्षेत्रफल व आयतन का अनुपात ज्ञात कीजिए।

### रचनात्मकता एवं जिज्ञासा के विषय

- क्या एल्युमीनियम कुचालक की भांति कार्य कर सकता है?
- सोने के नैनो कण का रंग हरा और लाल होता है?
- श्वेत प्रकाश की LED कैसे बनाई जाती है?
- क्या फाइबर का संख्यात्मक द्वारक NA बदल जाता है, जब इसे पानी में प्रयोग किया जाता है?

## सन्दर्भ एवं अध्ययन हेतु सुझाव


- H C Verma, "Concepts of physics"2st ed.,vol.1, Bharti Bhawan, 1992.
- Richard Feynman *et al* "The Feynman lectures on Physics", 6th ed. vol1, Addison-Wesley, 1963.
- R K Gaur and S L Gupta "Engineering Physics", 8th ed., Dhanpat Rai, 2011.
- Resnick Halliday and Krane, "Physics" 5th ed. vol1, Wiley, 2014.

# भौतिक स्थिरांकों की तालिका

**तालिका I: भौतिक स्थिरांकों की तालिका**

| भौतिक स्थिरांक | चिन्ह | भौतिक स्थिरांक का मान |
|---|---|---|
| सार्वत्रिक गुरुत्वीय नियतांक | $G$ | $6.67 \times 10^{-11}\ Nm^2 kg^{-2}$ |
| निर्वात में प्रकाश का वेग | $c$ | $3 \times 10^8\ ms^{-1}$ |
| इलेक्ट्रॉन का आवेश | $e$ | $1.6 \times 10^{-19}\ C$ |
| प्रोटोन का द्रव्यमान | $m_p$ | $1.67 \times 10^{-27}\ kg$ |
| इलेक्ट्रॉन  का द्रव्यमान | $m_e$ | $9.10 \times 10^{-31}\ kg$ |
| निर्वात की विद्युतशीलता | $\varepsilon_0$ | $8.85 \times 10^{-12}\ Fm^{-1}$ |
| निर्वात का स्थिरवैद्युतांक | $1/4\pi\varepsilon_0$ | $9 \times 10^9\ Nm^2 C^{-2}$ |
| एवोगेडरो संख्या | $N_A$ | $6.023 \times 10^{23}$ |
| पृथ्वी की त्रिज्या | $R$ | $6.38 \times 10^6\ m$ |

# परिशिष्ट

## परिशिष्ट - A : ब्लूम के स्तर के अनुरूप आकलन

ब्लूम्स टैक्सोनॉमी के विभिन्न स्तरों को निम्नानुसार दो श्रेणियों में बाँटा गया है।

| श्रेणी I के प्रश्न | श्रेणी II के प्रश्न<br>- उच्च स्तरीय मनन कौशल |
|---|---|
| ब्लूम का स्तर 1 : स्मरण | ब्लूम का स्तर 4 : विश्लेषण |
| ब्लूम का स्तर 2 : समझ | ब्लूम का स्तर 5 : मूल्याँकन |
| ब्लूम का स्तर 3 : अनुप्रयोग | ब्लूम का स्तर 6 : सृजन |

## परिशिष्ट - B : प्रायोगिक अनुक्रमणिका

| क्र. सं. | पृष्ठ सं. | प्रयोग का नाम | दिनांक | | | अंक | हस्ताक्षर |
|---|---|---|---|---|---|---|---|
| | | | वास्तविक | रिपीट | रिकॉर्ड | | |
| 1 | 24 | एक कैंटीलीवर का आवर्तकाल ज्ञात करना एवं सत्यापित करना। | | | | | |
| 2 | 27 | पराश्रव्य व्यतिकरणमापी का उपयोग करके विभिन्न द्रव पदार्थों में पराश्रव्य तरंगों का वेग ज्ञात करना। | | | | | |
| 3 | 56 | समतल दर्पण / इंटरफेस से परावर्तन के नियमों को सत्यापित करना। | | | | | |
| 4 | 59 | काँच के स्लैब का उपयोग करके अपवर्तन के नियम (स्नेल के नियम) को सत्यापित करना। | | | | | |
| 5 | 62 | उत्तल लेंस की फोकस दूरी एवं आवर्धन क्षमता ज्ञात करना। | | | | | |
| 6 | 116 | धारा और विभवांतर के मध्य ग्राफ बनाकर ओम के नियम का सत्यापन करना। | | | | | |
| 7 | 119 | प्रतिरोधों के श्रेणी और समांतर संयोजन के नियमों को सत्यापित करना। | | | | | |
| 8 | 122 | विद्युत कंपित्र (Electric vibrator) की सहायता से AC मेंस (AC Mains) की आवृति ज्ञात करना। | | | | | |

| क्र. सं. | पृष्ठ सं. | प्रयोग का नाम | दिनांक | | | अंक | हस्ताक्षर |
|---|---|---|---|---|---|---|---|
| | | | वास्तविक | रिपीट | रिकॉर्ड | | |
| 9 | 126 | विद्युत परिपथों का उपयोग करके किरचॉफ के नियम को सत्यापित करना। | | | | | |
| 10 | 91 | समानांतर प्लेट संधारित्र की धारिता की विभिन्न कारकों पर निर्भरता का अध्ययन करना और एक स्थान पर हवा की विद्युतशीलता ज्ञात करना। | | | | | |
| 11 | 146 | अर्ध विक्षेप विधि द्वारा धारामापी (galvanometer) का प्रतिरोध ज्ञात करना। | | | | | |
| 12 | 149 | धारामापी  को अमीटर में परिवर्तित करना। | | | | | |
| 13 | 152 | धारामापी  को वोल्टमीटर में परिवर्तित करना। | | | | | |
| 14 | 173 | अर्द्धचालक डायोड (Ge, Si) के V-I अभिलक्षणों को आरेखित करना और इसकी नी वोल्टता (knee voltage) ज्ञात करना। | | | | | |
| 15 | 177 | एक प्रकाश विद्युत  सेल का उपयोग करके विकिरणों के व्युत्क्रम वर्ग नियम को सत्यापित करना। | | | | | |
| 16 | 205 | विवर्तन ग्रेटिंग का उपयोग करके He – Ne डायोड लेसर की तरंग दैर्ध्य को मापना। | | | | | |
| 17 | 208 | प्रकाशिक तन्तु का संख्यात्मक द्वारक (Numerical Aperture N.A.) ज्ञात करना। | | | | | |
| 18 | 66 | प्रकाशिक प्रक्षेपण तंत्र (OHP/LCD) का अध्ययन। (प्रोजेक्ट रिपोर्ट) | | | | | |

# अनुलग्ननक

## अनुलग्नक-II

प्रयोगशाला में काम करते समय कुछ सामान्य और विशिष्ट निर्देश

### सामान्य निर्देश

साइकोमोटर डोमेन और कॉग्निटिव डोमेन लर्निंग के बावजूद, अफेक्टिव डोमेन में सीखने की पर्याप्त गुंजाइश है, इसलिए प्रयोगशाला में काम करते समय निम्नलिखित निर्देशों का पालन करना चाहिए।

1. प्रयोगशाला में शांतिपूर्वक और सावधानी से काम करें। {अनुशासन}
2. याद रखें कि, किसी भी प्रयोग को करने का मुख्य उद्देश्य विश्वसनीय माप करना होता है।
3. कार्य के सभी चरणों को हमेशा अपने साथी के साथ समान रूप से साझा करें। {समूह कार्य}
4. सारणीबद्ध रूप में आँकड़ों का प्रस्तुतीकरण, रेखांकन और गणना ठीक से और सत्यनिष्ठा से की जानी चाहिए।
5. प्रयोगात्मक आँकड़ों की रिकॉर्डिंग और प्रस्तुतिकरण के समय हमेशा सत्यनिष्ठ रहें। {नैतिकता}
6. यह ध्यान रखना बहुत जरूरी है कि सिद्धांत के अनुसार ग्राफ को बेहतर ढंग से फिट करने के लिए कभी भी रीडिंग मन से न बनाएँ और हेर – फेर करने से बचें। यदि कोई पठन गलत प्रतीत होता है, तो त्रुटि के स्रोत का पता लगाने के लिए माप को बार-बार दोहराना चाहिए। {नैतिकता}
7. ग्राफ आरेखित करते समय प्रयोग से प्राप्त सभी आँकड़ों को ठीक से आलेखित करें।
8. यह सत्य है कि प्रयोगशाला का उद्देश्य सीखना एवं आपके द्वारा एकत्र किए गए ज्ञान का सत्यापन करना है। भौतिकी के सभी महत्वपूर्ण क्षेत्रों में विभिन्न घटनाओं को दर्शाने के उद्देश्य से प्रयोगों को ठीक प्रकार से डिजाइन किया गया है।
9. केवल अपनी रुचि के साथ प्रयोग करने से ही सभी बारीक बिंदुओं से परिचित होना और मापक यंत्रों से आपको परिचित कराना संभव है।
10. आपने जो सैद्धांतिक ज्ञान एकत्र किया है, उसे सत्यापित करने के लिए हमेशा सीखने की प्रवृत्ति और अपनी रुचि के साथ प्रयोग करें।
11. प्रयोगशाला सत्रों के लिए हमेशा समय पर पहुँचे और प्रयोग के बारे में स्पष्ट ज्ञान के साथ हमेशा उचित तैयारी के साथ तैयार रहें। {समय प्रबंधन}

### विशिष्ट निर्देश

1. अपने प्रयोग के डेटा एकत्र करने के लिए प्रयोगशाला में कार्य करते समय, यह महत्वपूर्ण है कि सभी लिए गए डेटा को नोटबुक में अच्छी तरह से नोट करें।
2. नोटबुक में दर्ज किए गए डेटा को प्रयोगशाला छोड़ने से पहले आपके प्रशिक्षक द्वारा पुष्टि की जानी चाहिए।
3. एक ही प्रयोग करने वाले सभी विद्यार्थीं को रिकॉर्ड किए गए डेटा की अलग-अलग कॉपी रखनी चाहिए। प्रायोगिक कार्य के लिए प्रयोगशाला नोटबुक को नियमित रूप से प्रयोगशाला में लाना आवश्यक है।
4. प्रत्येक प्रयोग के अंत में ग्राफ ठीक से आलेखित करना चाहिए।
5. इसके लिए आपको यह जानना होगा कि ग्राफ पेपर के उपयोग को कैसे अनुकूलित किया जाए। याद रखें कि सभी दोहराए गए डेटा को एक ही ग्राफ शीट पर समायोजित करना होता है।
6. ग्राफों को संबंधित इकाइयों को दर्शाने वाले अक्षों के साथ ठीक से लेबल किया जाना चाहिए।
7. प्रयोगशाला में कार्य अवधि के दौरान, आपको समय का पूरी तरह से उपयोग करना चाहिए और कार्य अवधि के पूरा होने से पहले प्रयोगशाला को नहीं छोड़ना चाहिए। यदि आप जल्दी खत्म कर लेते हैं, तो आपको शेष समय का उपयोग गणना और ग्राफ आलेखन में करना चाहिए, इसलिए प्रयोगशाला में आपके पास कैलकुलेटर, पेंसिल और स्केल होना चाहिए।

## आगामी अध्ययन हेतु संदर्भ

कुछ पुस्तकों की सूची नीचे दी गई है जिनका उपयोग इच्छुक विद्यार्थियों द्वारा विषय (सिद्धांतिक और प्रायोगिक दोनों) को आगे सीखने के लिए किया जा सकता है :


1. Text Book of Physics for Class XI& XII (Part-I, Part-II); N.C.E.R.T., Delhi
2. Applied Physics, Vol. I and Vol. II, TTTI Publications, Tata McGraw Hill, Delhi
3. Concepts in Physics by HC Verma, Vol. I & II, Bharti Bhawan Ltd. New Delhi
4. Engineering Physics by PV Naik, Pearson Education Pvt. Ltd, New Delhi.
5. Modern approach to Applied Physics-I and II, AS Vasudeva, Modern Publishers.
6. A Textbook of Optics, N Subramanyam, Brij Lal, MN Avahanulu, S Chand and Company Ltd.
7. Introduction to Fiber Optics, Ajoy Ghatak and K Thyagarajan, Cambridge University Press India Pvt. Ltd, New Delhi.
8. Nanoscience and Nanotechnology, KK Choudhary, Narosa Publishing House, Pvt. Ltd. New Delhi.
9. Nanotechnology: Importance and Applications, M.H. Fulekar, IK International Publishing House Pvt. Ltd, New Delhi.
10. e-books/e-tools/ learning physics software/websites etc

**Online resources:**

1. https://www.vlab.co.in
2. http://www.olabs.edu.in
3. https://phet.colorado.edu
4. https://www.physicsclassroom.com
5. https://www.robolab.in


नोट: उपरोक्त ऑनलाइन शिक्षण संसाधनों को उनके उपयोग के लिए क्रिएटिव कॉमन्स लाइसेंस प्रदान करने के लिए आभार।

## CO एवं PO अटैनमेंट तालिका

पाठ्यक्रम पूर्ण होने के उपरांत कोर्स आउटकम्स (COs) को प्रोग्राम आउटकम्स (POs) के साथ मैप (परस्पर संबंध) किया जा सकता है तथा अन्तर का विश्लेषण करने के लिए POs प्राप्ति हेतु सहसंबंध स्थापित किया जा सकता है। POs प्राप्ति में अन्तर के उचित विश्लेषण पश्चात प्राप्त कमियों को दूर करने के लिए उचित उपाय भी किये जा सकते हैं।

**CO और PO अटैनमेंट तालिका**

| कोर्स आउटकम्स (COs) | प्रोग्राम आउटकम्स (POs) के साथ अपेक्षित संबंध *(1- कमजोर सहसंबंध; 2- मध्यम सहसंबंध; 3- मजबूत सहसंबंध)* | | | | | | |
|---|---|---|---|---|---|---|---|
| | PO-1 | PO-2 | PO-3 | PO-4 | PO-5 | PO-6 | PO-7 |
| CO-1 | | | | | | | |
| CO-2 | | | | | | | |
| CO-3 | | | | | | | |
| CO-4 | | | | | | | |
| CO-5 | | | | | | | |
| CO-6 | | | | | | | |

उपरोक्त तालिका में उल्लेखित किये गए आँकड़ों का उपयोग, अन्तर के विश्लेषण करने में किया जा सकता है।

# अनुक्रमणिका

**न**



**प**



**ब**



**म**



**र**



**ल**



**व**

# शब्दकोष

| अ | |
|---|---|
| अनुचुम्बकीय पदार्थ | Paramagnetic materials |
| अनुनादी कंपन | Resonant vibration, 29 |
| अनुदैर्ध्य तरंग | Longitudinal Wave |
| अनुप्रस्थ तरंग | Transverse Wave |
| अपवर्तन | Refraction |
| अपवर्तन के नियम | Laws of refraction |
| अपवर्तन गुणांक | Refractive Index |
| अपवाह वेग | Drift velocity |
| आयनन विभव | Ionization Potential |
| अर्द्धचालक | Semiconductor |
| अर्ध तरंग दिष्टकारी | Half Wave Rectifier |
| अवमंदित दोलन | Damped Oscillation |
| आ | |
| आवर्धन और दोष | Magnification and Defects |
| आवर्धन क्षमता | Magnifying Power |
| आवृत्ति | Frequency |
| उ | |
| उत्तेजन विभव | Excitation Potential |
| उद्दीप्त उत्सर्जन | Stimulated emission |
| क | |
| कला | Phase |
| कलांतर | Phase Difference |
| कुचालक | Insulator |
| ख | |
| खगोलीय दूरदर्शी | Astronomical telescope |
| ग | |
| गूँज | Echo |
| गोलीय विपथन | Spherical aberration |
| च | |
| चल कुंडली धारामापी | Moving Coil Galvanometer |
| चालक | Conductor |
| चालकत्व | Conductance |
| चुम्बकीय तीव्रता | Magnetic Intensity |

| चुम्बकीय फ्लक्स | Magnetic Flux |
|---|---|
| चुम्बकीय बल रेखाएँ | Magnetic lines of forces |
| चुम्बकीय क्षेत्र | Magnetic Field |
| **ज** | |
| जनसंख्या प्रतिलोमन | Population Inversion |
| **ट** | |
| टर्मिनल विभवान्तर | Terminal Potential Difference |
| ट्रांजिस्टर | Transistor |
| **त** | |
| तरंग दैर्ध्य | Wave Length |
| **द** | |
| दिष्ट धारा | Direct Current |
| दूरदर्शी | Telescope |
| दृष्टि वेषम्य | Asigmatism |
| **ध** | |
| ध्वनि का अवशोषण गुणांक | Absorption Coefficient of Sound |
| धारिता | Capacitance |
| **न** | |
| नैज अर्धचालक | Intrinsic Semiconductor |
| नैनो विज्ञान | Nano Science |
| **प** | |
| p -n संधि | p-n Junction |
| पतले लेंस | Thin lenses |
| पम्पन विधि | Pumping Method |
| पूर्ण तरंग दिष्टकारी | Full Wave Rectifier |
| प्रकाशिक तन्तु | Optical Fiber |
| प्रकाशिक प्रक्षेपण तंत्र | Optical Projection System |
| प्रणोदित कंपन | Forced Vibration |
| प्रत्यावर्ती धारा | Alternating Current |
| प्रतिचुम्बकीय पदार्थ | Dimagnetic Materials |
| प्रतिध्वनि | Reverberation |
| प्रतिरोध | Resistance |
| पृष्ठ आवेश घनत्व | Surface Charge Density |
| परावर्तन | Reflection |
| परावैद्युत | Dielectric |

| | |
|---|---|
| परावैद्युत भंजन | Dielectric Breakdown |
| पराश्रव्य तरंगे | Ultrasonic Waves |
| पूर्ण आंतरिक परावर्तन | Total Internal Reflection |
| **ब** | |
| बाह्य अर्धचालक | Extrinsic Semiconductor |
| **म** | |
| मुक्त कंपन | Free Vibration |
| **र** | |
| रेखीय आवेश घनत्व | Linear Charge Density |
| **ल** | |
| लेसर की विशेषताएँ | Laser Characteristics |
| लौह चुम्बकीय पदार्थ | Ferromagnetic Materials |
| **व** | |
| व्हीटस्टोन सेतु | Wheatstone Bridge |
| वर्ण विपथन | Chromatic aberration |
| विद्युतचुम्बकीय प्रेरण | Electromagnetic Induction |
| विद्युत फ्लक्स | Electric Flux |
| विद्युत बल रेखाएँ | Electric lines of forces |
| विद्युत वाहक बल | Electro Motive Force |
| विद्युत विभव | Electric Potential |
| विद्युत विभवान्तर | Electric Potential difference |
| विद्युत क्षेत्र | Electric Field |
| विभेदन क्षमता | Resolving Power |
| विशिष्ट प्रतिरोध | Specific resistance |
| विस्पंद | Beats |
| **स** | |
| स्वतः उत्सर्जन | Spontaneous Emission |
| समानान्तर पट्टिका संधारित्र | Parallel Plate Condenser |
| सरल आवर्त गति (SHM) | Simple Harmonic Motion |
| सरल आवर्ती प्रगामी तरंग | Simple Harmonic Progressive Wave |
| सरल सूक्ष्मदर्शी | Simple Microscope |
| सौर सेल | Solar Cell |
| संख्यात्मक द्वारक | Numerical Aperature |
| संधारित्र | Condenser |
| संधि डायोड | Junction Diode |
| संयुक्त सूक्ष्मदर्शी | Compound Microscope |
| **ह** | |
| हीलियम- नीआन लेजर | Helium-Neon Laser |